一学就会

魔法书

（第3版）

Dreamweaver CS6
网页制作（第3版）

九州书源

廖 宵 杨 颖 编著

清華大學出版社

北 京

内 容 简 介

本书讲述了学习Dreamweaver CS6所需的相关知识，主要内容包括网页制作的基本知识、初识Dreamweaver CS6、网页的基本操作方法、使用表格和框架布局网页、制作简单的文本页面、制作内容丰富的图形页面、创建超链接、制作绚丽多姿的多媒体页面、使用Div+CSS布局并美化页面、使用模板和库资源、使用表单和Spry制作交互性网页、使用行为制作特效网页、制作动态网页以及发布和维护网站等知识，最后通过综合实例练习通过Dreamweaver CS6制作一个完整网站的各种操作，提高读者的综合应用能力。

本书深入浅出，以小魔女对制作网页一窍不通到能熟练掌握网页制作的方法为线索贯穿始终，引导初学者学习。书中选择了大量网页制作中的应用实例帮助读者掌握相关知识，每章最后附有丰富生动的练习题，以检验读者对本章知识点的掌握程度，达到巩固所学知识的目的。

本书及光盘还有如下特点及资源：情景式教学、互动教学演示、模拟操作练习、丰富的实例、大量学习技巧、素材源文件、电子书阅读、大量拓展资源等。

本书定位于喜好通过Dreamweaver制作网页的初学者使用，适用于办公人员、在校学生、网页设计人员、网页设计爱好者，也可作为各类网页制作的学习教材。

图书在版编目（CIP）数据

Dreamweaver CS6网页制作/九州书源编著. —3版. —北京：清华大学出版社，2013（2020.8重印）
（一学就会魔法书）

ISBN 978-7-302-31642-8

Ⅰ. ①D… Ⅱ. ①九… Ⅲ. ①网页制作工具 Ⅳ. ①TP393.092

中国版本图书馆CIP数据核字（2013）第041024号

责任编辑：赵洛育
封面设计：刘洪利
版式设计：文森时代
责任校对：柴 燕
责任印制：宋 林

出版发行：清华大学出版社
网 址：http://www.tup.com.cn，http://www.wqbook.com
地 址：北京清华大学学研大厦A座 邮 编：100084
社 总 机：010-62770175 邮 购：010-62786544
投稿与读者服务：010-62776969，c-service@tup.tsinghua.edu.cn
质 量 反 馈：010-62772015，zhiliang@tup.tsinghua.edu.cn
印 装 者：三河市铭诚印务有限公司
经 销：全国新华书店
开 本：185mm×260mm **印 张**：18 **字 数**：416千字
（附光盘1张）
版 次：2005年8月第1版 2013年10月第3版 **印 次**：2020年8月第6次印刷
定 价：49.80元

产品编号：046285-02

再致亲爱的读者

——一学就会魔法书（第3版）序

首先感谢您对“一学就会魔法书”的支持与厚爱！

“一学就会魔法书”（第1版）自2005年8月出版以来，曾在全国各大书店畅销一时，2009年7月“一学就会魔法书”（第2版）出版，备受市场瞩目。截止目前，先后有百余万读者通过这套书学习了电脑相关技能，被全国各地550多家电脑培训机构、机关、社区、企业、学校选作培训教材，累计销售近150万册。其中丛书第1版本5种荣获2006年度“全行业优秀畅销品种”，丛书第2版1种荣获第2届“全国大学出版社优秀畅销书”，丛书第1版、第2版荣获清华大学出版社优秀畅销系列书，连续8年在市场上表现良好。

许多热心读者反映，通过“一学就会魔法书”学会了电脑操作，为自己的工作与生活带来了乐趣。有的读者希望增加一些新的品种；有的读者反映一些知识落后了，希望能出新的版本。为了满足广大读者的需求，我们对“一学就会魔法书”（第2版）进行了大幅度更新，包括内容、版式、封面和光盘运行环境的更新与优化，同时还增加了很多新的、流行的品种，使内容更加贴近读者，与时俱进。

“一学就会魔法书”（第3版）继承了第2版的优点：“轻松活泼”“起点低，入门快，实例多”和“情景式学习”等，光盘则“可快慢调节、可模拟操作练习、包含素材源文件”，还有大量学习技巧和拓展视频等。

一、丛书内容特点

本丛书内容有以下特点：

（一）情景式教学，让电脑学习轻松愉快

本丛书为读者设置了一个轻松、活泼的学习情境，书中以“小魔女”的学习历程为线索，循着她学习的脚步，解决日常电脑应用的常见知识，同时还有“魔法师”深入浅出讲解各个知识点，并及时提出常见问题、学习技巧、学习建议等。情景式学习，寓教于乐，让学习轻松、充满乐趣。

（二）动态教学，操作流程一目了然

为了让读者更为直观地看到操作的动态过程，本丛书在讲解时尽量采用图示方式，并用醒目的序号标示操作顺序，且在关键处用简单的文字描述，在有联系的图与图之间用箭头连接起来，将电脑上的操作过程动态地体现在纸上，让读者在看书的同时感觉就像在电脑上操作一样直观。

（三）解疑释惑让学习畅通无阻，动手练习让学习由被动变主动

“魔力测试”让您可以随时动手，“常见问题解答”帮您清除学习路上的“拦路虎”，“过关练习”让您能强化操作技能，这些都是为了让读者主动学习而精心设计的。

本丛书中穿插的“小魔女”的各种疑问就是读者常见的问题，而“魔法师”的回答则让读者豁然开朗。这种一问一答的互动模式让学习畅通无阻。

二、光盘内容及其特点

本丛书的光盘是一套专业级交互式多媒体光盘，采用全程语音讲解、情景式教学、详细的图文对照方式，通过全方位的结合引导读者由浅至深，一步一步地完成各个知识点的学习。

（一）同步、互动多媒体教学演示，手把手教您

多媒体演示中，提出各式各样的问题，引出了各个知识点的学习任务；安排了一个知识渊博的“魔法师”耐心、详细地解答问题；另外还安排了一个调皮的“小精灵”，总是在不经意间让您了解一些学习的窍门。

（二）多媒体模拟操作练习，边看边练

通过“新手练习”按钮，用户可以边学边练；通过“交互”按钮，用户可以进行模拟操作，巩固学到的知识。

（三）素材、源文件等学习辅助资料

模仿是最快的学习方式，为了便于读者直接模仿书中内容进行操作，本书光盘提供所有实例的素材和源文件，读者可直接调用，非常方便。

（四）常见问题与学习技巧

光盘中给出了百余个与本书内容相关的各类实用技巧和常见问题，为读者扫清学习障碍，提高学习效率。

（五）深入拓展学习资源

为了便于读者后续深入学习，开拓视野，本光盘赠送了较为深入的“视频教程”。

（六）电子阅读

为了方便读者在电脑上学习，光盘中配备了电子书，读者可直接在电脑或者部分手机上学习。

九州书源

前　言

随着网络的迅速发展，上网已成为人们日常工作、休闲和娱乐的一部分，而人们浏览的网站不仅成为了宣扬个性、彰显自我的舞台，也成为了企业宣传的重要平台。通过Dreamweaver CS6，可为广大用户提供一个学习并开发网页的平台。Dreamweaver CS6是Adobe公司最新开发的一款网页制作软件，它不仅集网页制作和网站管理于一身，并能制作出表现力极强、交互性极好、动感效果极佳、功能极强大的网站，而且还能将其他软件制作的多媒体、视频和音乐融为一体，为浏览者呈现出图、文、声音及动画多位于一体的全方位感观效果。本书将详细介绍Dreamweaver CS6的操作，通过对该书的学习，使读者能够轻松地制作出具有个性的网站。

本书内容

本书从Dreamweaver CS6的用途、各功能的使用频率以及操作的难易程度出发，以循序渐进的方式将全书分为以下6个部分。

章　　节	内　　容	目　　的
第1部分（第1章）	网页制作的流程、技巧	使用户了解网页的制作流程及一定的制作技巧
第2部分（第2～4章）	认识Dreamweaver CS6、网页的基本操作、使用表格和框架布局网页	认识Dreamweaver CS6的工作方式，了解网页的操作方法，掌握简单的布局
第3部分（第5～8章）	在网页中添加文本、图像、超链接和多媒体文件	掌握在网页中添加对象的方法
第4部分（第9～13章）	使用Div+CSS布局并美化网页、模板和库资源的使用、表单的创建和动态页面的制作	掌握使用Div+CSS布局并美化网页的方法，了解通过库管理网页的知识，了解表单和动态页面的制作
第5部分（第14章）	发布和维护网页	学会网站的发布及维护
第6部分（第15章）	综合实例	掌握综合运用Dreamweaver CS6制作网页的各种知识，完成网站的制作

本书适合的读者对象

本书适合以下读者。

（1）需要综合提高使用Dreamweaver CS6技能的初学者。

（2）对学习Dreamweaver CS6非常有兴趣的电脑爱好者及学生。

如何阅读本书

本书每章按“内容导读+学习要点+本章内容+本章小结+过关练习”的结构进行讲述，简单介绍如下。

- **内容导读**：通过“小魔女”和“魔法师”的对话引出本章内容，活泼生动的语言让人读来兴趣盎然，同时了解学习本章的原因和重要性。
- **学习要点**：以简练的语言列出本章要点，使读者对本章将要讲解的内容一目了然。
- **本章内容**：将实例贯穿于知识点中讲解，将知识点和实例融为一体，以图示方式进行讲解，并通过典型实例强化巩固知识点。
- **本章小结**：由“小魔女”提出在学习和应用本章相关知识时遇到的疑难问题，“魔法师”给出具体问答，并传授几招给“小魔女”，帮读者解惑的同时也扩展了所学的知识。
- **过关练习**：列举一些上机操作题，以提高读者的实际动手能力。

另外，了解以下几点更有利于学习本书。

（1）本书设计了调皮好学的“小魔女”和知识渊博的“魔法师”两个人物，分别扮演学生和老师的角色，这两个人物将一直引导读者进行学习，在多媒体光盘中更是可以随着小魔女的学习步伐，掌握所需的知识。

（2）本书在讲解知识点时尽量采用图示方式，用1、2、3等表示操作顺序，并在关键步骤用简单的文字描述，有联系的图与图之间用箭头连接起来，体现操作的动态变化过程。

（3）本书将丰富生动的实例贯穿于知识点中，读者学完一个实例就学会了一种技能，能解决一个实际问题，读者在学习时可以有意识地用它来完成某个任务，帮助理解知识点。

（4）本书中穿插了小魔女和魔法师的提示语言以及“魔法档案”和“晋级秘诀”两个小栏目。这些都是需要重点注意的地方。这些讲解将帮助读者进一步了解知识的应用方法和技巧。

（5）“过关练习”是巩固所学知识点和提高动手能力的关键，必须综合运用前面所学的知识点才能完成。建议读者一定要正确做完所有题目后再进入下一章的学习。

（6）本书配套有多媒体互动式教学光盘，读者可以在模拟环境下边学边练，达到事半功倍的效果。若读者想获取相关的软件，则需要自行购买正版软件或在网站上下载试用版使用。

本书的创作团队

本书由九州书源组织编写，由廖宵、杨颖主笔，其他参与本书编写、资料整理、多媒体开发及程序调试的人员有向萍、丛威、简超、宋玉霞、张娟、羊清忠、贺丽娟、宋晓均、刘凡馨、常开忠、曾福全、向利、付琦、杨明宇、陈晓颖、陆小平、张良军、徐云江、李伟、赵云、赵华君、张永雄、余洪、唐青、范晶晶、牟俊、陈良、张笑、穆仁龙、黄沄、刘斌、骆源、夏帮贵、王君、朱非、杨学林、何周、卢炜等，在此对大家的辛勤工作表示衷心的感谢！

若您在阅读本书过程中遇到困难或疑问，可以给我们写信，我们的E-mail是book@jzbooks.com。我们还专门为本书开通了一个网站，以解答您的疑难问题，网址是http://www.jzbooks.com。另外也可以申请加入九州书源QQ群：122144955，进行交流与答疑。

编 者

目 录

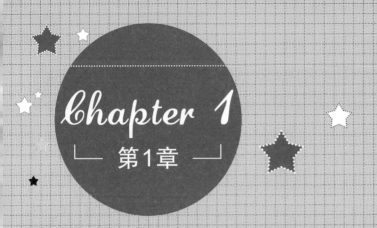

Chapter 1

第1章

网页制作的基本知识

魔法师：小魔女，你在看什么呢，看得这么津津有味。

小魔女：哦，魔法师啊！我正在欣赏朋友制作的网页呢！你快来看看，多漂亮啊！要是我也会制作网页该多好啊！

魔法师：呵呵，要想学制作网页也并不是什么难事嘛，我可以教你啊！

小魔女：真的吗？那太好了！学会制作网页后我一定要建立自己的网站。

魔法师：嗯，不过在学习网页制作之前，要先给你讲一些网页的基本知识。

学习要点：

- 网页的基础知识
- 了解HTML语言
- 认识CSS
- 制作网页的流程
- 网页制作的原则和技巧

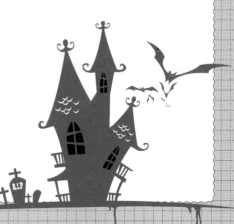

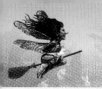

1.1 网页的基础知识

魔法师：在学习网页制作前，我们需要先对网页的基础知识进行了解，掌握网页制作的原理，这样在以后的学习过程中目标才更加明确。

小魔女：嗯，我知道了！那你可一定要给我讲讲啊！

魔法师：由于网络迅速发展，网页制作从以前的纯文本形式逐步发展到图、文、声音、视频和动画兼有的综合形式，下面对网页的基础知识进行介绍。

1.1.1 什么是网页

用户在网上冲浪时，在浏览器中看到的一个个页面就是网页，其中包括各种各样的网页元素，主要有网页标题、文本、超链接、动画、表单和图像等，如图1-1所示。

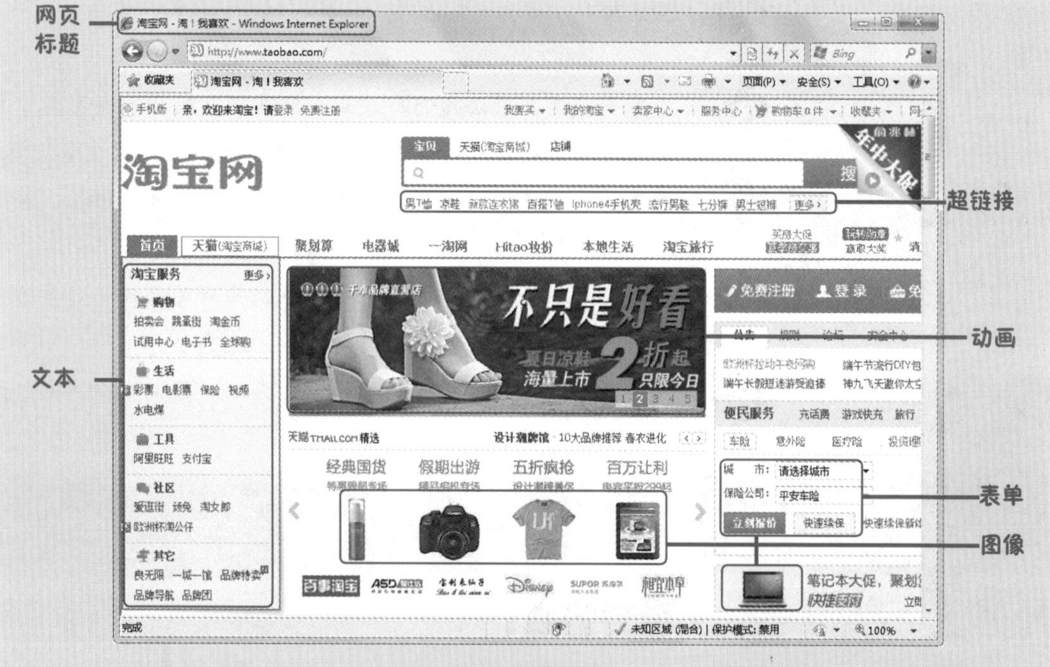

图1-1　网页

1.1.2 网页的组成元素

网页之所以生动形象，这与它的组成元素是密不可分的。其中文本和图像是网页中最基本的元素，是网页信息的主要载体，它们在网页中起着基本框架的作用，而动画、音乐和网页特效的添加则丰富了网页的构造，使网页更加美观。

1. 文本

文本是网页中最基本的组成元素之一，通过它可以详细地将需要传达的信息传达给浏览者。文本在网络上传输速度较快，用户可方便地浏览和下载文本信息，因此是网页主要的信息载体。

2. 图像

图像也是网页中不可或缺的元素，它比文本更加生动、形象，给人以更强的视觉冲击，传递一些文本不能传递的信息。图像常用于制作网站标识Logo、背景和链接等。

3. 其他元素

音乐、动画等多媒体元素也在网页中有非常广泛的运用。在网页中加入了这些极富动感的多媒体元素后，可使平淡无奇的网页变得生机勃勃、绚丽多彩。

网页中常用的音乐格式有mid、mp3。其中mid为通过计算机软硬件合成的音乐，不能被录制；而mp3为压缩文件，其压缩率非常高，音质也不错，是背景音乐的首选。

网页中常用的动画格式主要有两种，分别是gif动画和swf动画。gif动画是逐帧动画，相对比较简单，而swf动画则更富表现力和视觉冲击力，还可结合声音和互动功能，吸引浏览者的眼球。

1.1.3 网页中的专用术语

每一个领域都有其专业的术语，熟练地掌握这些术语后，有利于对该领域的深入了解。在制作网页的过程中，也要接触到一些专业名词，如统一资源定位器、文件传输协议、浏览器、万维网、IP地址、域名、发布、超链接、导航条和表单等。

1. 统一资源定位器

统一资源定位器简称URL，是用来指出某项信息的位置及存取方式，以取得各种服务信息的一种标准方法。简单地说，URL就是网络服务器主机的地址，也称作网址，如http://www.sina.com.cn/index.html，其中包括如下几个部分。

- **通信协议：**指http部分，它包括HTTP（超文本传输协议）、FTP（文件传输协议）、Gopher（Gopher协议）和News（新闻组）等。
- **主机名：**指www.sina.com.cn部分，这是新浪网站的主机地址，另外一种书写主机的方法是用202.106.185.241（IP地址）的形式来表示，它们的作用是相同的。
- **所要访问的文件路径及文件名：**指/index.html部分，它指明要访问资源的具体位置。在主机名与文件路径之间，一般用“/”符号隔开。

2. 文件传输协议

文件传输协议简称FTP，是一种快速、高效和可靠的信息传输方法。通过这个协议，可以把文件从一个地方传送到另外一个地方，从而真正地实现资源共享。

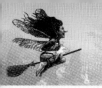

3. 浏览器

浏览器是把在Internet上找到的文本文档和其他类型的文件翻译成网页的软件。通过浏览器，可方便地与Internet互连，从而充分地利用网上的免费资源进行各种工作。

目前使用最广泛的是基于Windows平台的浏览器，主要有以下几类。

- Microsoft Internet Explorer（IE）：IE浏览器是由Microsoft（微软）公司开发的一种浏览器，也是目前全球范围内拥有用户量最多的一种浏览器，如图1-2所示。
- 傲游浏览器：傲游浏览器是一种强大的多页面浏览器，除了方便的浏览功能，还提供了大量的实用功能供用户选择使用，如图1-3所示。

图1-2　IE浏览器

图1-3　傲游浏览器

- Tencent Traveler（TT）：它是一款集多线程、黑白名单、智能屏蔽和鼠标手势等功能于一体的多页面浏览器，具有快速、稳定和安全的特点，如图1-4所示。
- Firefox（火狐）：它是一款开放代码的自由软件，运用时占据的内存非常小，而且操作非常方便，如图1-5所示。

图1-4　TT浏览器

图1-5　火狐浏览器

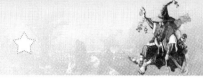

4. 万维网

万维网简称WWW或3W，是目前Internet上最流行的一种基于超文本形式的资源信息系统。万维网的最大好处是它能将全世界的各种信息链接在一起，用户可通过网络无偿地访问这些资源并加以利用。

5. IP地址

IP地址是一组32位的数字号码，用于标识网络中的每一台电脑，如61.172.249.143、192.168.0.25，在浏览器中输入网站所在服务器的IP地址就可以访问该网站。如在浏览器窗口的地址栏中输入IP地址“202.106.185.241”后按【Enter】键即可打开新浪网站。

6. 域名

域名就如同网站的名字，任何网站的域名都是全世界唯一的。也可以说域名就是网站的网址，如www.sohu.com就是搜狐网站的网址。域名由固定的网络域名管理组织进行全球统一管理，需向各地的网络管理机构进行申请才能获取。

域名的一般格式为：机构名.主机名.类别名.地区名。如新浪网的域名为www.sina.com.cn，其中，www为机构名，sina为主机名，com为类别名，cn为地区名。

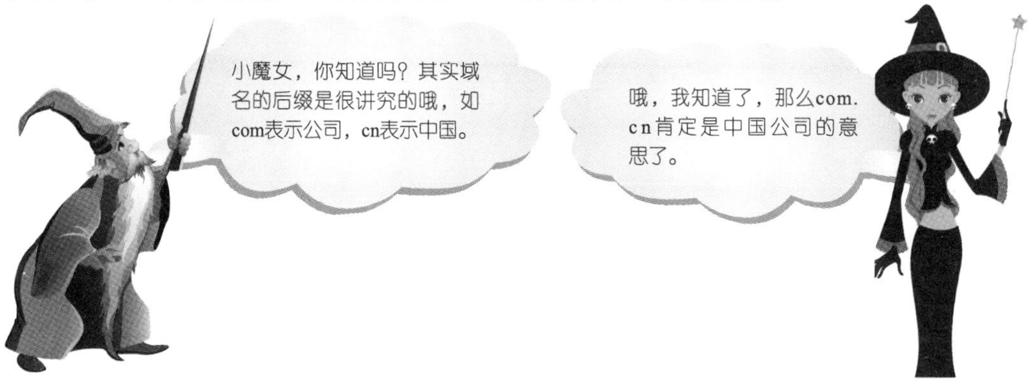

7. 发布

将制作好的网页上传到Internet的过程即发布，也称为上传。如果没有将网站的内容放到主页服务器上，那么别人将无法访问到这些资源，因为这些资源只是保存在本地硬盘上的。

8. 超链接

超链接是指页面对象之间的链接关系，当用户将鼠标移动到网页中的超链接上后，鼠标光标一般都会变为形状。超链接通常分为文字超链接（如图1-6所示）和图片超链接（如图1-7所示）两种，它可以是网站内部页面、对象的链接，也可以是与其他网站的链接，通过单击网页中的链接就可以跳转到相应的页面上进行浏览。

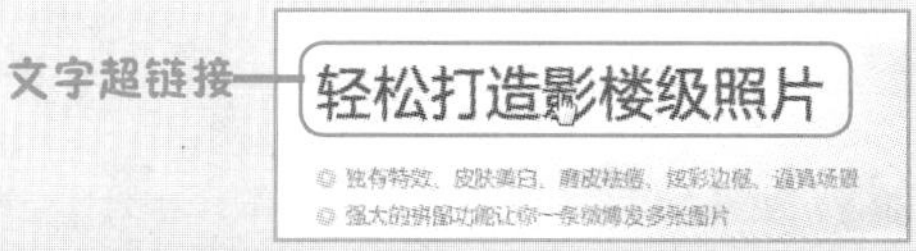

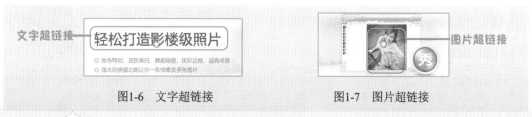

图1-6 文字超链接

图1-7 图片超链接

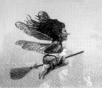

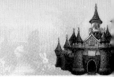

9. 导航条

导航条是整个站点的索引，如图1-8所示。导航条总括了整个网站的主要页面的关键词，通过单击导航条上的超链接，就可跳转到相应的页面进行浏览。

导航条的放置方式一般有横式和竖式两种，实现的方法也有很多，可以是纯文本的，也可以是按钮，还可以是一些图片，用户也可以将它做成Flash动画或用脚本语言来实现。

图1-8　导航条

10. 表单

表单是用于填写申请或提交信息的交互页面，如电子邮箱、主页空间和QQ号码等的申请页面，以及论坛、聊天室和留言簿等，都是采用表单来实现与用户的互动的。

1.1.4 网页的类型

按网页在一个站点中所处的位置可将其分为主页和内页。主页又称首页，是指进入一个站点时看到的第一个页面，该页面通常在整个网站中起导航作用；内页是指与主页相链接的与本网站相关的其他页面。

按网页的表现形式可将网页分为静态网页和动态网页，下面分别对其进行介绍。

- 静态网页：不使用程序语言编写，网页内容不会随访问的用户不同而呈现不同的内容，需通过专用的网页制作工具（Dreamweaver、FrontPage等）来进行修改和更新。其网页后缀名通常以.htm、.html和.shtml等形式呈现，如图1-9所示。
- 动态网页：采用ASP、PHP、JSP和ASP.NET等程序语言，通过程序将网站内容动态存储到数据库中，使用户通过访问数据库的方式来动态读取其中的数据，生成动态网页。在网络空间中并不存在动态网页的页面，只有在收到用户的访问请求后才生成并传输到用户的浏览器上，如图1-10所示。

图1-9　静态网页

图1-10　动态网页

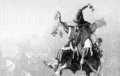

1.2　了解HTML语言

魔法师：小魔女，你知道吗，无论网络中的网页是什么结构，它都遵循一种标准，并以一定的结构形式存在，同时按照特定的方式相互关联，它们所遵循的这种标准就是HTML语言规范。

小魔女：原来网页是按HTML语言规范来制作的呀！那你快给我讲讲吧！

魔法师：呵呵，别心急，下面我将对HTML语言的含义、标签和属性以及HTML中常用的标签等进行介绍。

1.2.1　什么是HTML

HTML是表示网页的一种规范，可通过特定的标签来定义网页内容的呈现方式。HTML文档有.html和.htm两种格式，它们能很好地被Web浏览器软件识别和解析，并具有良好的跨平台特性，不论电脑安装的是哪种操作系统，使用的是何种Web浏览器软件，HTML文档都能够被正确地解析和呈现。

HTML文档属于纯文本文件（可使用任意一种文本编辑器来进行编写），其语法比较简单，不具备真正编程语言的一些重要特性，因此并不能称其为一种编程语言，掌握起来相对较为容易。HTML通过浏览器的解析，即可将用户的需求发送给服务器，然后服务器再从数据库中提取相应的数据返回给用户，其工作示意图如图1-11所示。

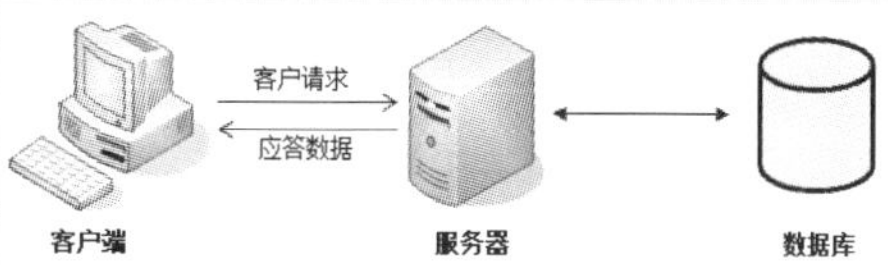

图1-11　HTML工作示意图

1.2.2　标签和属性

HTML（Hypertext Markup Language），即超文本标记语言，是用于描述网页文档的一种标记语言，它主要由标签和属性组成。下面将分别对其进行介绍。

1. 标签

HTML的内容都是以标签的形式组织起来的，这些标签的书写格式为“< 标签名称 >”，即用“< >”将具体的标签名称框起来表示一个标签，如图1-12所示。

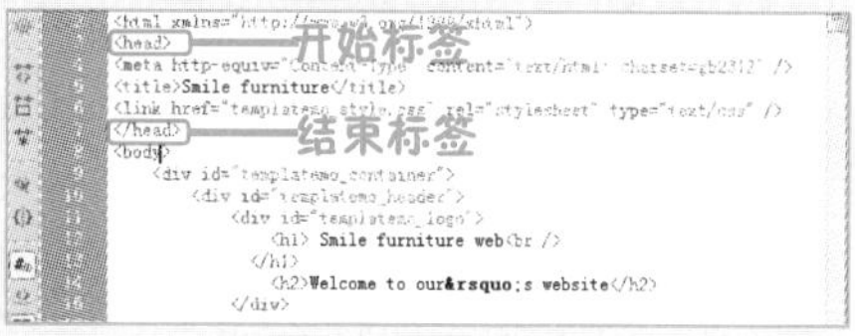

图1-12　标签

在代码窗口中，可以查看到一段HTML文档代码，这段代码是由一些HTML标签组成的，如<html>、<meta>、<head>、<title>和<body>等。在HTML文档中，每个标签都被赋予了一定的意义，用于描述具体的HTML的元素或构成要件，如<head>标签用于描述网页头的内容，<title>标签描述的是网页标题的文字内容等。

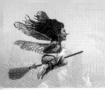

魔法档案——闭合标签的含义

在HTML中常出现“</标签名称>”形式的标签，它们的名称和前面一些标签的名称完全一致，只是多了一个“/”符号，这样的标签为闭合标签，前面的标签（起始标签）表示一个标签元素的开始，后面一个标签（闭合标签）表示这个标签元素的结束，中间是具体的标签内容，如HTML文档“<title>无标题文档</title>”的<title>为起始标签，</title>为闭合标签。

2. 标签对应的属性

大部分标签在“< >”中除了标签名称外，还有一些附加的信息，用来对标签所对应的网页元素进行具体的描述，这些附加信息就是该标签对应的属性。

每种标签对应各自的一组属性，有通用的常规属性，也有这种标签独有的属性。属性信息出现在标签名称之后，一个标签可以有多个属性来描述，各个属性之间用“空格”符号隔开，如<img src="images/12-10004.jpg" width="94" height="109">中的src、width、height表示img标签的属性。

1.2.3 HTML常用标签

下面对位于网页体（BODY）中的各种常用标签进行介绍，主要包括文字格式化标签、段落格式化标签、列表标签、图像标签、表格标签和表单标签。

1. 文字格式化标签

文字格式化标签用于对文档主体中的文本进行字符及格式化相关设置，如图1-13所示。

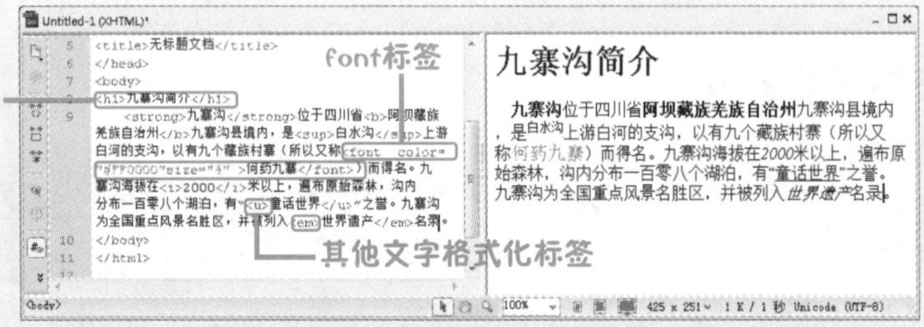

图1-13 文字格式化标签

在代码窗口中看到的文字格式化标签都是较为常用的，其主要组成方式介绍如下。

- 标题标签：标题标签能分割大段的文字，概述下文内容，根据逻辑结构安排信息，在HTML中提供了六级标题，从大到小分别为<h1>到<h6>，其格式为“<hn>文本内容</hn>”。
- <font>标签：<font>标签用于设置文本的字体特性，包括文本的大小、颜色、字体等属性。font标签也要求起始和闭合双标签配对，其格式为“<font属性="属性值">文本内容</font>”，如<font color="#FF6600" size="6" >文本内容 </font>。

- 其他文字格式化标签：其他文字格式化标签还包括<b>、<strong>、<em>、<i>、<u>、<sub>、<sup>，这些标签用于对单个字母、汉字、单词进行强调、修饰。它们都以起始、闭合双标签配对方式出现，其格式为“<标签名>文本文字</标签名>”，如图1-13所示。

2. 段落格式化标签

段落格式化标签用于指定整段文本的格式，通过段落格式化标签，可以方便地实现段落格式、换行、划分正文不同部分等功能，如图1-14所示。

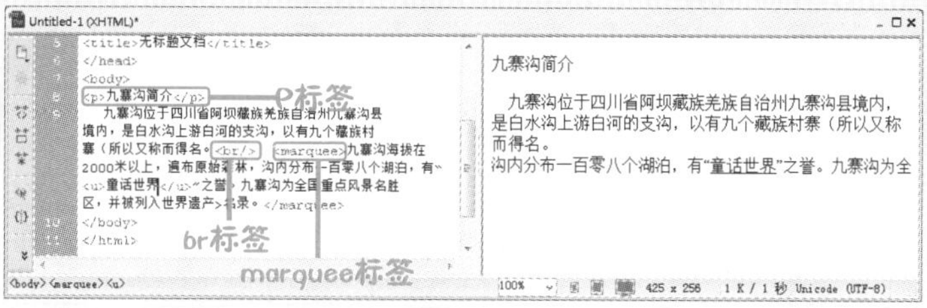

图1-14 段落格式化标签

常用的段落格式化标签介绍如下。

- <p>标签：<p>标签是最常用的段落格式化标签，称为段标签，它定义了一个段落的有效范围，同时通过段标签可以方便地划分正文段落，利用其属性设置，还可以方便地对整个段落进行格式化操作。
-
标签：在HTML文本中，分段与换行的概念有所不同，段标签可以把两部分文本分割开，两个段落之间由一个空白行隔开，如果要在段落中强制换行而不增加空白行，则需要使用
标签。
是自闭合标签，不需要配对使用，使用时将
标签插入到需要强制换行处即可。
- <marquee>标签：在浏览网页时常常可以看到一种跑马灯似的滚动文字效果，这种效果可以使用<marquee>标签来实现。<marquee>标签是一种实现网页文字特效的标签，但它也应该归类为段落格式化标签，其格式为“<marquee 属性='属性值'>需滚动的文本内容</marquee>”。

3. 列表标签

列表标签主要用于为文档设置自动编号、项目符号等格式信息，使用列表标签可以使文档层次结构更分明、条理更清晰，便于访问者更方便地找到信息，并引起访问者对重要信息的注意。列表标签包括<ol>、<ul>和<li>等。

4. 图像标签

HTML最大的特点就在于它可以将各种文本、图像和多媒体对象等元素方便地组织在一起。在HTML文档中插入图像的方法非常简单，使用<img>标签就可以将当前计算机或来自网络的图像插入到网页文档中。

HTML文档主要支持3种格式的图像文件，分别为GIF、JPG（JPEG）和PNG文件，其中JPG（JPEG）和PNG为静态图像格式，GIF格式既可以是静态图像，也可以是动态图像。

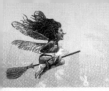

设置图像的标签是<img>标签，该标签是自闭合标签，使用时无须双标签配对。

5. 表格标签

表格是HTML文档中最常见的组成部分之一，在HTML中，表格可以用于传统意义的表格数据组织，而更多的时候它是作为一种页面布局和元素定位的工具来使用。用于组织数据的表格有可见的边框，用于页面布局的表格则往往没有可见边框，看似隐形的。表格由行和列组成，行列交叉构成了单元格，一个表格由多个相互联系的单元格共同构成，如图1-15所示。

图1-15　表格标签

HTML中构成表格的主要标签有4个，即<table>、<tr>、<td>和<th>，其功能介绍如下。

- <table>标签：用于定义整个表格，表格内的所有内容都位于<table>和</table>之间。
- <tr>标签：用于定义表格的行，每一个表格行都对应一组<tr></tr>标签。
- <td>标签：用于定义行内的列，即一个单元格，表格中每一个单元格都对应一组<td></td>标签。
- <th>标签：用于定义表格中的表头单元格，标签内的文本通常呈粗体居中的方式显示。该标签的属性与<td>标签相同。

6. 表单标签

大多数表单元素都是用<input>标签进行定义，通过其type属性来设置元素的类型，常用的类型有文本框（<input type="text"…>）、文本区域（<textarea>…</textarea>）、按钮（<input type="button"…>）、单选框（<input type="radio"…>）、下拉菜单（<input type="select"…>）和复选框（<input type="checkbox"…>）等。

1.3　认识CSS

魔法师：小魔女，HTML是学习网页的基础，熟练掌握它能使我们在后面的学习中事半功倍，所以刚才讲解的内容你一定要牢牢记住。

小魔女：嗯，我知道了！现在可是都装在我的脑袋里了，你还是说说我们接下来需要学习的知识吧，我可是非常期待的！

魔法师：一般情况下，当用户编辑网页文档时，为了使网页效果更加美观，可通过CSS样式对网页文档的格式进行定义，使网页文档中相应元素的格式自动和定义格式相匹配。下面就来学习CSS的基础知识吧！

1.3.1　什么是CSS

CSS是英文Cascading Style Sheets的缩写，意为层叠样式表。当用户在文档中定义了CSS样式后，就可以把它应用到相同的网页元素中，并且应用该CSS样式的网页元素就会具有相同的属性。当修改该CSS样式后，使用该CSS样式的网页元素的属性就会一同被修改，非常方便，如图1-16所示为在网页中应用层叠样式表前后的效果。

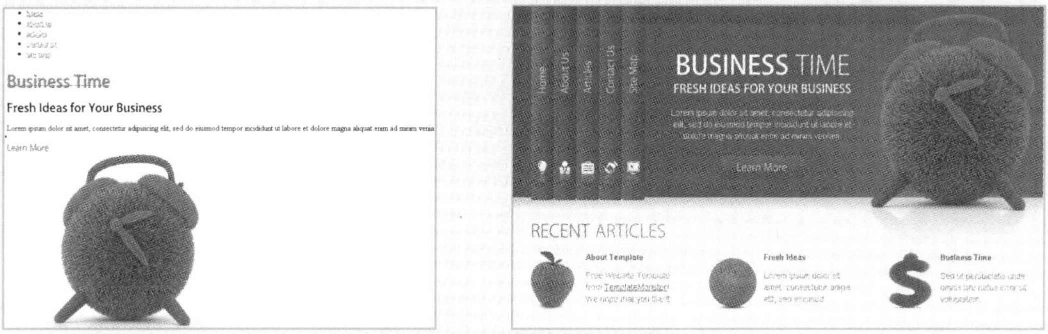

图1-16　应用CSS层叠样式表前后的效果

1.3.2　CSS的类型

CSS样式位于网页文档中<head> </head>标签之间，其类型主要有类、ID、标签和复合内容4种，下面分别对其进行介绍。

- 类：可应用于任何HTML元素，当需要使用时，可通过网页元素的class属性进行引用。如自定义了“font-style1”CSS样式，在Div标签中使用该样式的代码如下：

```
<div id="balk" class=".font-sytle1"></div>
```

- ID：ID类型的CSS样式表示该标签的ID是唯一的，并且只能应用于一个HTML元素。在使用时则直接在网页元素的id属性中进行引用即可，如定义了ID值为box的标签，则在<Div>标签中使用该样式的代码如下：

```
<div id="box"></div>
```

- 标签：即重新定义HTML元素，如在网页文档中重新定义图像文件的代码如下：

```
img {
    background-color: #F93;
    background-image: url(file:///F|/furniture/images/templatemo_bg.jpg);
    background-repeat: repeat;
}
```

- 复合内容：当用户创建或改变一个同时影响两个或多个标签、类或ID的复合规则样式表时，所有包含在该标签中的内容将遵循定义的CSS样式的格式显示，如输入“div a:link”，则<Div>标签内所有a:link元素都将受此规则影响。如定义的复合内容为a:link，则在<Div>标签内应用该样式的代码如下：

```
div a:link {
        font-size: 12px;
        color: #F00;
        text-decoration: underline;
  }
```

1.3.3 CSS的基本语法

CSS规则由两个主要的部分构成，即选择器和属性。CSS样式表的基本语法如下：

CSS选择器{属性1：属性值1；属性2：属性值2；属性3：属性值3；……}

在上述的语法结构中，CSS选择器表示需要改变样式的 HTML 元素，属性（property）是希望设置的样式属性（style attribute）。每个属性有一个值，属性和值之间使用“:”分隔。

CSS样式表一般位于网页文档的头部，即<head> </head>标记内，以<style>开始，</style>结束。CSS样式表的定义代码如下：

```
<!DOCTYPE html PUBLIC "-//W3C//DTD XHTML 1.0 Transitional//EN" "http://www.w3.org/TR/xhtml1/DTD/xhtml1-transitional.dtd">
<html xmlns="http://www.w3.org/1999/xhtml">
<head>
<meta http-equiv="Content-Type" content="text/html; charset=utf-8" />
<title>无标题文档</title>
<style type="text/css">
body {
    font-family: "Lucida Console", Monaco, monospace;
    font-size: 12px;
    color: #666;
    background-color: #CC6;
}
.pagefont {
    font-family: "Comic Sans MS", cursive;
    font-size: 14px;
    color: #F00;
    white-space: pre;
}
</style>
}
</head>
<body >
```

```
<div class="pagefont" >输入内容</div>
</body>
</html>
```

小魔女，在这里我只介绍了CSS的基本知识，关于CSS的使用方法会在后面的章节中进行详细讲解，你可不要心急哟！

嗯，看来我还是要先掌握好这些基本知识才能更好地学习制作网页的方法！

1.4 制作网页的流程

魔法师：小魔女，下面我将给你讲制作网页的一般流程，如果前面讲解的知识没有听懂可要提出来喔！

小魔女：嗯，没问题，我都明白了！你还是快讲讲网页的制作流程吧！

魔法师：为了能制作出界面美观、内容丰富的网站，在正式制作网站之前必须做好一系列的准备工作，如收集资料、素材、规划站点和制作网页，当制作好网站后还需要对站点进行测试、发布、更新和维护等。

1.4.1 收集资料和素材

在制作网页前应先收集要用到的文字资料、图片素材及用于增添页面效果的动画等。例如制作个人网站应收集个人简历、爱好等方面的材料；制作企业网站则应收集企业的介绍、产品信息及其他相关资料。收集资料的方法有以下几种：

- 从提供免费资源的网站上下载，目前资源比较丰富的网站有网页制作大宝库（http://www.dabaoku.com）、梦幻作坊（http://www.softs.cn.tf）、素材精品屋（http://sucai.silversand.net）和5D多媒体（http://www.5dmedia.com）等。
- 购买网页素材光盘。
- 使用图形图像软件制作。

1.4.2 规划站点

当用户将需要的材料收集完毕后，还需要通过站点对收集到的资料进行有效地管理。而在创建站点之前需对站点进行规划，站点的形式有并列、层次和网状等，用户需根据实际情况进行选择。规划站点时应按素材的不同种类分为几个站点，再将收集好的素材分类放置在相应站点中，然后在不同站点中将不同的素材进行细分。站点规划好后即可对其进行创建。

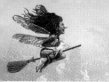

1.4.3 分析页面版式与布局

规划好站点后，就可以正式开始网页的设计与制作了，在制作前需要先确定页面的版式与布局，确定网页的整体结构，使网页制作的目标更加明确，提高网页制作的效率。

在进行页面版式与布局分析时，可以采用图纸与软件的方法来进行。其中使用图纸分析可使设计者更加方便、快捷地绘制出页面版式与布局；而采用软件分析则可进一步对网页中的用色、图形和其他元素进行分析，但使用的时间相对较长。

魔法档案——网页布局的技术

Dreamweaver中最为常用的网页布局技术主要有表格布局和CSS布局两种，其中表格布局主要是通过其无边框的特性进行布局的，而CSS布局则是通过Div+CSS将数据与格式进行分离，缩减网页文件的数据量，提高页面载入速度并美化网页的方法来进行布局。

1.4.4 确定页面的风格和色调

要想让网页成功吸引访问者的视线，良好的页面风格和色调是必不可少的。在制作网页时，一般按照和谐、均衡和重点突出的原则，先确定网页的风格，再在其基础上将不同的色彩进行搭配，使网页效果更加美观。如图1-17所示为页面风格和色调合理搭配的网页。

图1-17　页面风格和色调合理搭配的网页

魔法档案——合理搭配颜色

不同的颜色带给用户的感觉并不一样，用户在设计网页时应合理搭配各种颜色，使网页色彩更加协调，如红色代表热情、奔放和喜悦；黑色代表严肃、沉稳；蓝色代表干净、清爽；绿色代表青春、和平。

1.4.5 设计整个网页

完成网页制作前的准备后，就可对网页使用的模块进行设计，主要包括以下几个方面。

- 页面框架：构建页面的框架就是针对导航条、主题按钮等将页面有条理地划分为几部分，对页面做一个宏观的布局。
- 导航条：在网站的任何一个页面上都需提供站点的相关主题，以便引导用户有条理地浏览网站，所以创建导航条是非常必要的。一般在网站的上部或左侧位置都放置了该网站的导航条。
- 页面内容：将网页的内容合理地分配到页面的各个部分，并插入图片和Flash动画等。
- 超链接：在各个网页中设置超链接，便于用户快速在各个页面之间进行浏览。

1.4.6 设计其他页面元素

设计其他页面元素主要是指对网页元素进行装饰的一些按钮、图标和边框等进行设计。这些元素不仅能够使页面的内容更加丰富，页面更加美观，还能为网页增添一些其他功能，如按钮可作为链接到其他页面的工具。

在设计这些元素时，需要尽量与页面的风格保持统一，并保持页面的整体色调，使网页效果更加突出，吸引浏览者的视线。

1.4.7 切割和优化页面

在其他软件中设计完网页后，不能直接将其运用到网页中，需要对网页进行切割，并将其保存为符合网页要求的图片格式。常用的切割和优化页面的图像处理软件有Photoshop和Fireworks，用户可根据需要进行选择。

1.4.8 制作网页

完成各项设计后，就可以使用网页制作软件来制作网页了。而Dreamweaver是目前最为流行的网页制作软件，可对切割好的网页进行各种设置，如对站点进行管理、添加文字、插入和美化图片以及添加多媒体元素等。使用Dreamweaver具体制作网页的方法将在后面进行详细介绍，这里不再进行说明。

1.4.9 测试站点

完成网页的制作后，还需对站点进行测试，检查网页是否存在错误。站点测试可根据浏览器种类、客户端要求以及网站大小等要求进行，通常是将站点移到一个模拟调试服务器上对其进行测试或编辑。测试站点的过程中应注意以下几方面：

- 监测页面的文件大小以及下载速度。
- 运行链接检查报告对链接进行测试。在网页制作中，由于各站点的重新设计、重新调整会使某些链接所指向的页面已被移动或删除，所以应检查站点是否有断开的链接，若有，则自动重新修复断开的链接。
- 为了使页面不支持的样式、层和插件等在浏览器中能兼容且功能正常，可进行浏览器兼容性的检查。使用“检查浏览器”功能，可自动将访问者定向到另外的页面，这样就可解决在较早版本的浏览器中无法运行的问题。
- 网页布局、字体大小、颜色和默认浏览器窗口大小等区别在目标浏览器检查中是无法预见的，需在不同的浏览器和平台上预览页面进行查看。

1.4.10 发布站点

当用户制作好网站后，必须先在Internet上申请一个主页空间，用于指定网站或主页在Internet上存放的位置，然后使用FTP（远程文件传输）软件将网站上传到服务器中申请的网址目录下。也可直接用Dreamweaver中的发布站点命令进行上传，但使用专门的FTP软件上传或下载速度较快，而且还可以断点续传。

1.4.11 更新和维护站点

一般情况下，当网站上传到服务器后，每隔一段时间应对站点中的某些页面进行更新，保持网站内容的新鲜感以吸引更多的浏览者。此外，还应定期打开浏览器检查页面元素显示是否正常、各种超链接是否正常等。

1.5 网页制作的原则和技巧

小魔女：我得回味一下制作网页的流程，牢牢掌握这些知识！

魔法师：是的，为了让你记忆更加深刻，下面我再给你讲讲网页制作的原则、网页元素的设计标准和配色技巧等，让你能更好地掌握制作网页的方法。

小魔女：那可真是太好了，我可正愁不知道该如何下手呢！

魔法师：那你可要仔细学习！这可能帮你解决在制作网页过程中遇到的难题。

1.5.1　网页制作的基本原则

为了使制作的网页美观、合理，在制作网页的过程中需要掌握一些网页制作的基本原则，主要包括以下几个方面。

- 整体规划：为能合理安排站点中的各项内容，制作网页之前需对整个站点进行有条理的规划。
- 站名要有创意：名称对于网站非常重要，有创意的站名能给浏览者留下较深的印象，也有利于网站的宣传和推广。给站点取名时应基于简洁、好记并与站点内容相适应的原则，此外最好还能让人有耳目一新的感觉。
- 鲜明的主题：标题内容不能太长太复杂，需简单、明了。主题内容需要醒目抢眼，具有较强的针对性。
- 通用网页：为了让大多数浏览者可正常地浏览网页，在制作网页时通常需考虑满足800×600像素的显示屏。使用漂亮的网页背景可填充左右两侧多余的空白空间，让800×600像素的网页在分辨率高的显示器中也显得较为美观。
- 动画不能过多：动画元素虽能使网页更加生动，但动画文件通常比较大，若网页中动画过多则会降低网页下载速度，造成网页打开速度慢甚至不能打开网页的状况，因此网页中动画不宜过多。
- 导航要明确：网页的导航需明确，主页导航条上的链接项目不宜太多，最好只限于几个主要页面，通常用6～8个链接比较合适，大型网站可适当增加导航链接个数。
- 图像优化：网页中的图片太多也会影响网页下载的速度。网页中的图片要进行优化，为了在图片大小和显示质量两个方面取得一个平衡，网页中的图像最好保持在10KB（千字节）以下。
- 定期更新：定期更新页面内容或更改主页的样式，才能让浏览者对网站保持一种新鲜感，从而保持较高的浏览率。

1.5.2　网页基本元素的制作标准及技巧

正常情况下，每个网页都应包含有导航栏、Logo、banner、文本、图片和按钮等元素，使用这些元素要遵循一定的原则，具备一定的技巧。

1. 导航栏

导航栏是网站的地图，它可分为框架导航、文本导航和图片导航等，根据导航栏放置的位置可分为横排导航栏和竖排导航栏。导航栏的使用原则介绍如下：

- 图片导航虽很美观，但占用的空间较大，会影响网页打开的速度，不应多用。
- 导航栏目超过6个的可考虑分两排进行排列。
- 多行排列导航条应在导航栏目很多的情况下使用。
- 若利用JS、DHTML等动态隐藏层技术实现导航栏，需注意浏览器是否支持。
- 对于内容丰富的网站，可以使用框架导航，以便浏览者在任何页面都可快速切换到另一个栏目。

2. Logo

所谓Logo就是站点的标志，如图1-18所示分别为百度、17173、谷歌和魔兽世界的Logo。Logo相当于公司的标志，体现了站点的整体形象，在制作Logo时有一些小细节需要注意。

- Logo通常位于网页的左上角，要根据需要制作符合网页风格的Logo。
- Logo可以是静态的，也可以是动态的，但动态效果不要太繁琐。
- Logo应与网站的内容、形式等相符合。

图1-18 Logo

3. banner

banner就是网页中的宣传广告，国际上banner的尺寸（单位为像素）有几个常用的标准，如392×60（全尺寸导航条banner）、234×60（半尺寸banner）、468×60（全尺寸banner）、120×240（垂直banner）、88×31（小按钮类型）、120×60（按钮类型2）、120×90（按钮类型1）及125×125（方形按钮）等。其中468×60和88×31的banner使用最为广泛，468×60的banner大小应大致在15KB左右，最好不要超过22KB；而88×31的banner最好在5KB左右，最好不要超过7KB。如图1-19所示为一个468×60的banner。

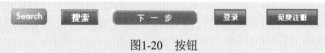

图1-19 全尺寸的banner

4. 按钮

按钮实际上是一种超链接，制作按钮时应注意要与网页的整体风格一致、协调，不能太过抢眼；若是页面很单调，可以使用按钮来点缀一下。制作按钮时一般字体颜色较深，背景颜色较淡，也可采用有较强对比度的颜色，如图1-20所示。

图1-20 按钮

5. 图片

图片是网站中不可或缺的元素，制作图片首先应注意图片所含文字要清晰，背景与主体明度对比应大致在3:1～5:1之间；图片的主题需明确，含义要简单明了；图片的背景最好使用浅色系。

6. 文本

文本是网页中的主要内容，其设计的好坏对网页的整体美感有很重要的影响。首先同版面中的字型最好不要超过3种；文字的颜色要与背景有较大的反差；每行文字的长度最好为20～30个中文字，英文则最好为40～60个。还应注意段落与段落间应空一行并首行缩进以便于阅读。

1.5.3 用色技巧

要想制作的网页能在众多的网页中脱颖而出，必须在第一时间以和谐、美观的配色吸引浏览者的注意。在网页中配色时应根据以下几点来考虑。

- 主题：针对不同的主题来搭配色彩，如旅游类网站可以选用草绿色搭配黄色；校园类网站可以选用绿色。
- 访问者的类别、社会背景、心理需求和场合的差异：社会背景不同的人对色彩的感受不同，所以网站的用色就要考虑到多方面的需求，尽可能地吸引各种注意力。如少儿类的网站可采用绿色和白色进行搭配，表现一种青春、活力的感觉；女性、购物类网站则可采用粉色或柔和系的色彩来进行设计。
- 流行：网页设计的用色也要特别关注流行色的发展。日本或者欧美每年都要发布一批流行色，这是从大部分人的喜好中挑选出来的。关注它、研究它，并且努力将这种观念应用到自己的设计中去，做一个色彩方面的有心人，这样就会使自己的网页富有朝气，更受欢迎。
- 用一种色彩：指先选定一种色相（H），然后调整饱和度（S）或者亮度（B），产生新的色彩。这样用色的页面看起来色彩统一、有层次感。
- 用两种色彩：先选定一种色彩，然后再选择它的对比色，使整个页面色彩丰富但不花哨。
- 用一个色系：简单地说就是用一个感觉的色彩，如淡蓝、淡黄、淡绿或者土黄、土灰、土蓝。

1.6 本章小结——更多制作网页的技巧

魔法师：小魔女，学习了这些知识后，你有什么感想吗？

小魔女：嗯，我原本以为制作网页是很简单的，没想到还需要这么多的准备工作，看来要制作出漂亮的网页可不是件容易的事啊！

魔法师：小魔女，可不要灰心呀！我们现在才刚开始学习，后面可还有更精彩的内容呢！

小魔女：嗯，我只是感慨一下嘛！对于制作网页我还是很有信心的哟！

魔法师：哈哈，这才对嘛！看你这么有信心，我就再给你讲一些制作网页时还能用到的知识与技巧。

第1招：Dreamweaver与其他软件的配合

在制作网页时除了使用Dreamweaver外，还会经常使用其他软件进行辅助设计，如专门制作网页特效的软件——网页特效王；专门制作三维动画的软件——Cool 3D、Xtra 3D；专门制作网页按钮的软件——Crystrl Button（水晶按钮）等。如果有需要可与Dreamweaver进行配合使用，使制作的网页效果更加美观。

第2招：网页元素的用色技巧

除了前文讲解的网页整体效果的配色技巧外，对网页元素的用色也有一定的要求与技巧，如网页中的文字与背景要求有较高的对比度，通常用白底黑字，淡色背景、深色字体；站点Logo一般要用深色，要有较高的对比度，醒目度要高，以便浏览者查看并记住其形象；对于导航栏所在区域，通常是把菜单背景颜色设置得暗一些，然后依靠较亮的颜色、对比强烈的图形元素或独特的字体将网页内容和菜单准确地区分开来。

第3招：新手学网页的方法与技巧

网页制作是一个循序渐进的过程，要想学好网页制作，除了勤学多练外，还需在美学方面有一定的悟性。当用户学习制作网页时，可从以下几个方面开始：

- 在学习网页制作时，应先从最简单的网页入手，由易到难、循序渐进；最好选择Flash作为页面动画制作的工具；选择网页三剑客配套的Fireworks作为网页图像处理工具；选择Access作为数据库工具。
- 在学习过程中应边学习理论知识边操作，这样可增强学习兴趣，达到知识点与实践相结合的目的。
- 制作网页不能闭门造车，需对优秀的网页进行分析和借鉴，借用某些可用的元素。同时也要不断地创新，大胆尝试各种制作方法。
- 在学习网页制作的初期阶段不必关心太多的网页设计语言，在有一定网页设计基础后，再学习一些编程语言（如DHTML、JavaScript和ASP等）以增强网页动态效果。
- 在学习网页制作时，应尽量以一种或几种模板来制作同一网站中的网页。
- 网页制作的后期工作也同样重要，网页制作完成后，可先预览网页的效果，如果存在问题则还应对网页进行调试，避免用户不能正常浏览网页，造成网站流量降低。

1.7 过关练习

（1）通过在网上搜索，收集一些制作网页的文字和图片资料，为后面制作网页准备资源。

（2）打开新浪（http://www.sina.com.cn）、淘宝（http://www.taobao.com）等网站，并说出其所属类型。

（3）打开拍拍网（http://www.paipai.com），指出该网页各组成元素的名称，并说出其相应的制作标准或技巧。

Chapter 2

第2章

初识Dreamweaver CS6

小魔女：制作网页原来还需要了解这么多知识呀！那学习了网页的这些知识后，就可以开始制作网页了吧！

魔法师：呵呵，先别急呀，在制作网页前，还是先了解一下Dreamweaver CS6。

小魔女：哇！已经发布Dreamweaver CS6了吗？为什么要学习Dreamweaver CS6呢？

魔法师：Dreamweaver CS6是2012年4月份发布的新版本，它针对以前的版本进行了优化，所以我们以Dreamweaver CS6为基础进行学习。

小魔女：那魔法师快给我讲解一下Dreamweaver CS6吧！我已经迫不及待了……

魔法师：下面我们就一起来看看Dreamweaver CS6吧。

学习要点：

- 启动与退出Dreamweaver CS6
- 认识Dreamweaver CS6的工作界面
- 认识Dreamweaver CS6的视图方式
- Dreamweaver CS6中网页的预览方式

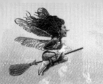

2.1 启动与退出Dreamweaver CS6

魔法师：Dreamweaver CS6 是Adobe公司目前最新推出的用于制作并编辑网站的软件。要想使用Dreamweaver CS6，需要掌握其启动与退出方法。

小魔女：Dreamweaver CS6的启动与退出方法与其他的软件有什么区别吗？

魔法师：Dreamweaver CS6的启动与退出方法与其他软件的操作方法类似，下面我们就来看一看吧！

2.1.1 启动Dreamweaver CS6

安装好Dreamweaver CS6后，即可启动Dreamweaver CS6进行网页设计。启动Dreamweaver CS6的方法有多种，其中常用的有以下两种。

- **在“开始”菜单中启动：**选择【开始】/【所有程序】/【Adobe Dreamweaver CS6】命令，即可启动Dreamweaver CS6，如图2-1所示。
- **通过快捷方式启动：**双击桌面上Dreamweaver CS6的快捷方式图标可快速启动Dreamweaver CS6，如图2-2所示。

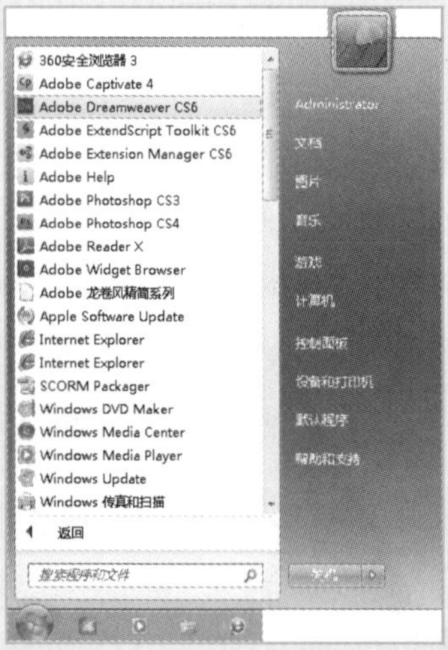

图2-1　在“开始”菜单中启动

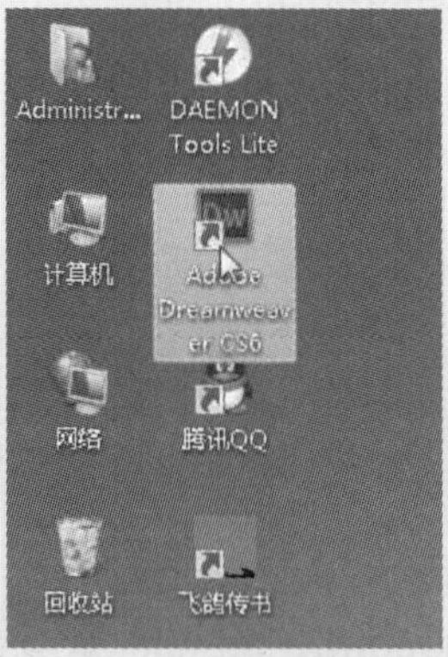

图2-2　通过快捷方式启动

2.1.2 退出Dreamweaver CS6

完成网页文档的编辑后即可退出Dreamweaver CS6，退出Dreamweaver CS6的方法通常有以下两种。

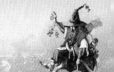

- 通过按钮退出：直接单击操作窗口右上角的“关闭”按钮 x 。
- 通过菜单命令退出：选择【文件】/【退出】命令即可。

2.2　认识Dreamweaver CS6的工作界面

魔法师：掌握了启动与退出Dreamweaver CS6的方法后，就可打开Dreamweaver CS6并查看它的工作界面。

小魔女：认识了Dreamweaver CS6的工作界面后，我们就可以开始进行网页设计了吗？

魔法师：呵呵，工作界面是进行一切操作的基础，Dreamweaver CS6的默认工作界面是设计器，但用户可选择适合自己的工作界面，如我们常常使用的“经典”模式。

启动Dreamweaver CS6，新建或打开网页后即可看到Dreamweaver CS6的工作界面（关于新建和打开网页的方法将在第3章中进行讲解），然后就可以在软件界面上方的下拉列表框中选择需要的视图模式。如图2-3所示为Dreamweaver CS6的经典模式视图，主要包括标题栏、菜单栏、插入栏、文档标题栏、文档工具栏、文档窗口、状态栏、属性面板和面板组。

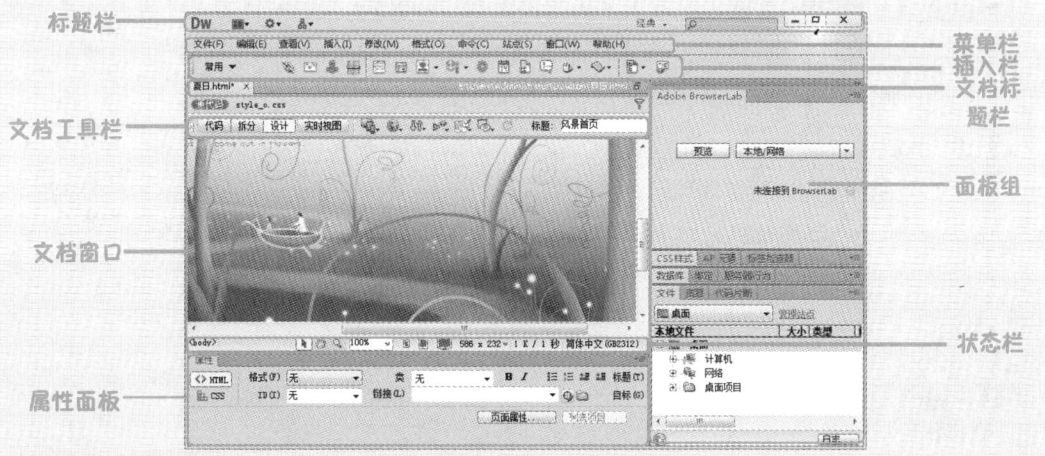

图2-3　Dreamweaver CS6的“经典”工作界面

魔法档案

“经典”模式是Dreamweaver CS6为了方便用户制作网页而开发的，因此，后文讲述的都是该模式。

1. 标题栏

Dreamweaver CS6中的标题栏主要由控制按钮、视图模式和窗口控制按钮等组成，可进行扩展管理和站点管理、设置网页的显示样式并对窗口大小进行调整等。

2. 菜单栏

菜单栏中几乎包含了Dreamweaver CS6中的所有操作命令，通过选择相应的命令可执行相应的操作。如选择【文件】/【关闭】命令可关闭当前打开的网页文件。

3. 插入栏

插入栏中包含了Dreamweaver中的所有编辑元素，用户在编辑网页的过程中可通过该栏快速插入网页元素。如“常用”插入栏、“布局”插入栏、“表单”插入栏、“数据”插入栏、Spry插入栏、jQuery Mobile插入栏、InContext Editing插入栏、“文本”插入栏和“收藏夹”插入栏。插入栏有“制表符”和“菜单”两种显示方式，其中“制表符”模式中列出了插入栏中的所有项目，选择选项卡可在不同的插入栏中切换项目；而“菜单”模式中只显示插入栏中的某一个项目，可单击该项目名称右侧的按钮，在弹出的下拉列表中选择切换的栏名称。切换这两种模式的方法如下。

- **“制表符”模式：** 默认情况下显示为制表符状态，在制表符显示方式下，在插入栏中的选项卡上单击鼠标右键，在弹出的快捷菜单中选择“显示为菜单”命令，即可以菜单方式进行显示，如图2-4所示。
- **“菜单”模式：** 在菜单状态下单击菜单按钮，如 常用▼ 按钮，在弹出的菜单中选择“显示为制表符”命令，即可以制表符的方式进行显示，如图2-5所示。

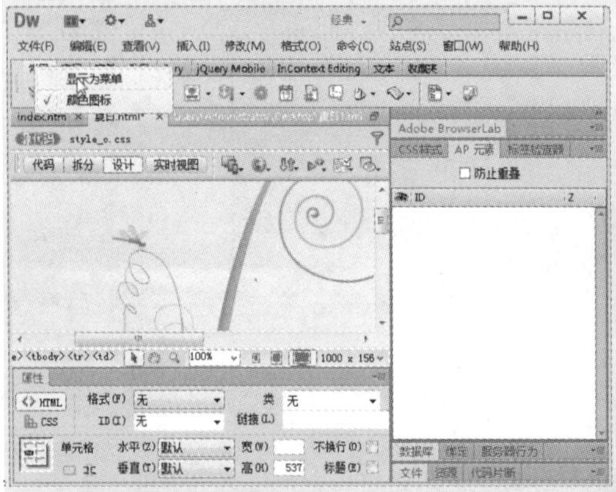

图2-4　制表符状态下的插入栏

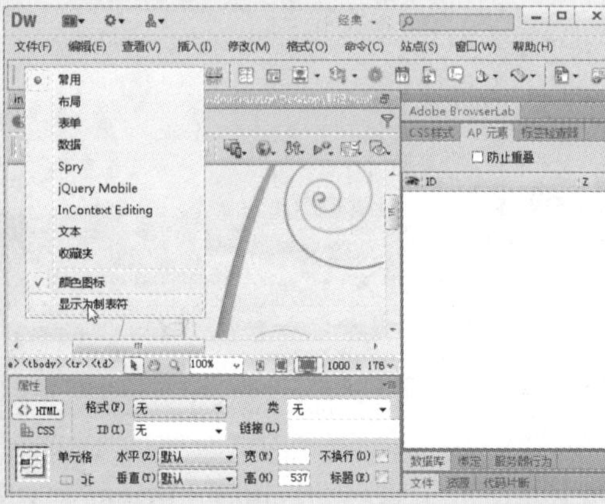

图2-5　菜单状态下的插入栏

4. 文档窗口

窗口栏主要用于文档的编辑和加工，可显示当前文档的具体内容，文档窗口主要包括文档标题栏、文档工具栏、文档窗口和状态栏，下面分别对其进行介绍。

（1）文档标题栏

文档标题栏主要用于显示当前打开网页的名称与路径以及调整文档窗口的显示方式。其中文档窗口的显示方式有两种，即最大化文档窗口和层叠显示文档窗口，其设置方法如下。

- **最大化文档窗口**：Dreamweaver CS6默认以最大化文档窗口的样式显示网页文件，当打开了多个文档时，文档将以选项卡的方式进行排列，此时单击需要查看的文档名称即可切换到对应的文档中，如图2-6所示。
- **层叠显示文档窗口**：单击窗口栏右上角的按钮，被打开的网页文档将以层叠的浮动窗口进行显示，此时每个文档窗口中都包含该文档对应的标题栏和功能按钮，如图2-7所示。

图2-6　最大化文档窗口

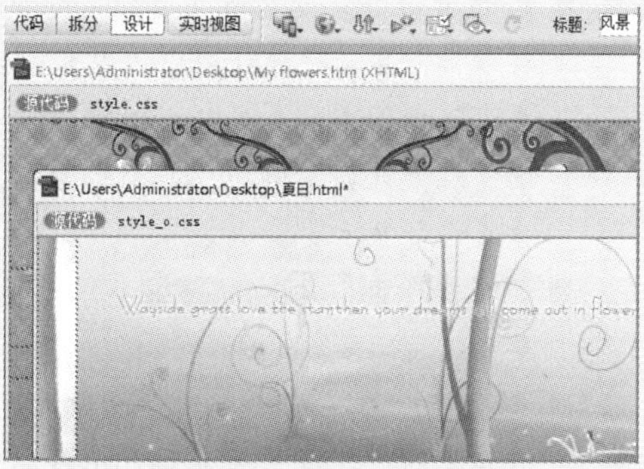

图2-7　层叠显示文档窗口

（2）文档工具栏

文档工具栏主要用于切换编辑区的视图模式、设置网页标题、进行标签验证以及在浏览器中浏览网页等操作，如图2-8所示。

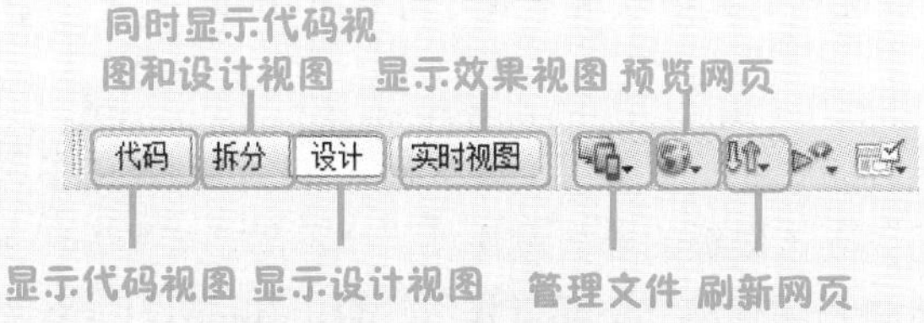

图2-8　文档工具栏

（3）文档窗口

文档窗口主要用于显示当前打开的网页内容，以及在其中对网页中的元素进行编辑操作，是编辑网页的主要场所。

（4）状态栏

状态栏位于编辑区域的下方，其中包括标签选择器、选取工具、手形工具、缩放工具、设置缩放比率下拉列表框、视图尺寸、窗口大小栏和文件大小栏等项目，如图2-9所示。

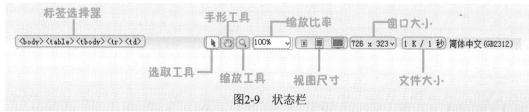

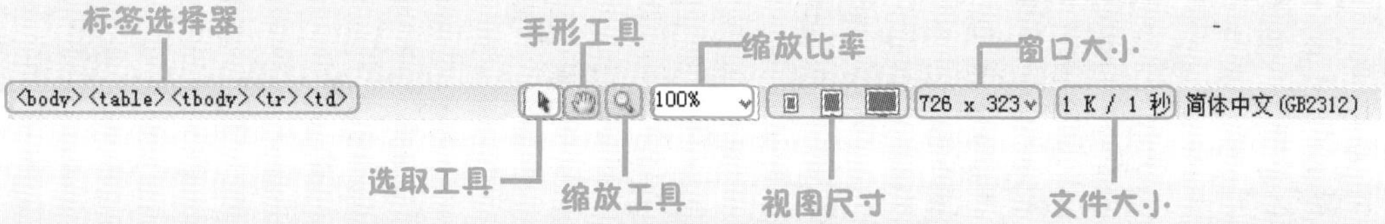

图2-9　状态栏

下面对状态栏中各个部分的含义进行讲解。

- **标签选择器：**用于显示一些常用的HTML标签，灵活运用这些标签可以很方便地选择编辑区域中的某些项目，提高工作效率。如需要选择表格中的某一列，可将鼠标光标定位到该行中的任意一个单元格中，然后再单击标签选择器中的<td>标签。
- **选取工具：**单击该工具，鼠标光标将变为形状，可以选择设计视图中的各种对象。
- **手形工具：**单击该工具，鼠标光标将变为形状，此时按住鼠标左键不放并拖动鼠标，可移动设计视图中整个网页的位置，从而方便查看原来未显示出来的部分内容。
- **缩放工具：**单击该工具，鼠标光标将变为形状，此时在设计视图中单击鼠标左键可以放大显示设计视图中的内容；按住【Alt】键不放，鼠标光标将变为形状，此时在设计视图中单击鼠标左键可以缩小显示设计视图中的内容；按住鼠标左键不放并拖动，在设计视图中拖出一个矩形框，释放鼠标，此时被矩形框框住的部分将以最大化方式进行显示。
- **"缩放比率"下拉列表框：**用于设置设计视图的缩放比率，可在其下拉列表中选择需要的缩放比率。
- **"视图尺寸"按钮：**用于设置网页在屏幕中的显示尺寸，是Dreamweaver为了使用户能在不同的环境中开发网页而添加的新功能。在其中分别单击对应按钮，可使网页以相应的尺寸进行显示。其中单击"手机大小"按钮，可使页面以480×800的像素进行显示；单击"平板电脑大小"按钮，可使页面以768×1024的像素进行显示；单击"桌面电脑大小"按钮，可使页面以系统设置屏幕分辨率大小进行显示。
- **"窗口大小"栏：**用于显示当前设置视图的尺寸大小。
- **"文件大小"栏：**用于显示当前网页文件的大小以及下载时需要的时间。

5. 属性面板

属性面板位于Dreamweaver CS6工作界面的底部，主要用于查看和更改所选对象的各种属性。在Dreamweaver CS6中选取的对象不同，则该面板的参数设置项目也不同。如图2-10所示为文本"属性"面板，在该面板中可对文本进行字体格式、超链接等设置；如图2-11所示为图像"属性"面板，在该面板中可对图片的大小、位置和效果等进行设置。单击属性面板右上角的按钮，在弹出的下拉列表中选择"关闭标签组"选项可关闭该面板。需要显示时则在菜单栏中选择【窗口】/【属性】命令即可。

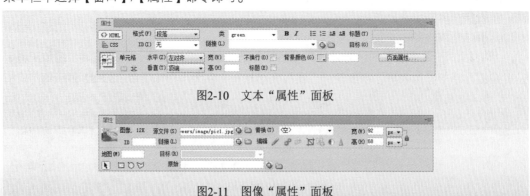

图2-10　文本"属性"面板

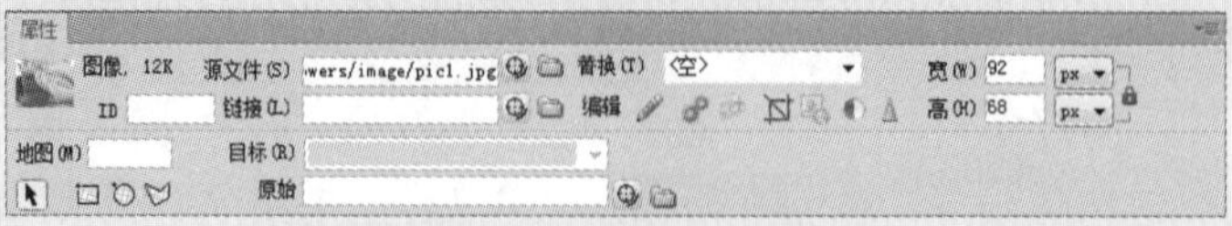

图2-11　图像"属性"面板

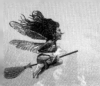

6. 面板组

面板组位于文档窗口的右侧，是组合在相同标题下的多项相关设置功能的面板集合，主要包括CSS样式、AP元素、标签检查器、数据库、绑定、服务器行为、文件和资源等多个面板。单击该面板组右上方的按钮，将使面板折叠为图标显示，此时该按钮变为形状，如图2-12所示为改变面板组折叠方式后的效果。

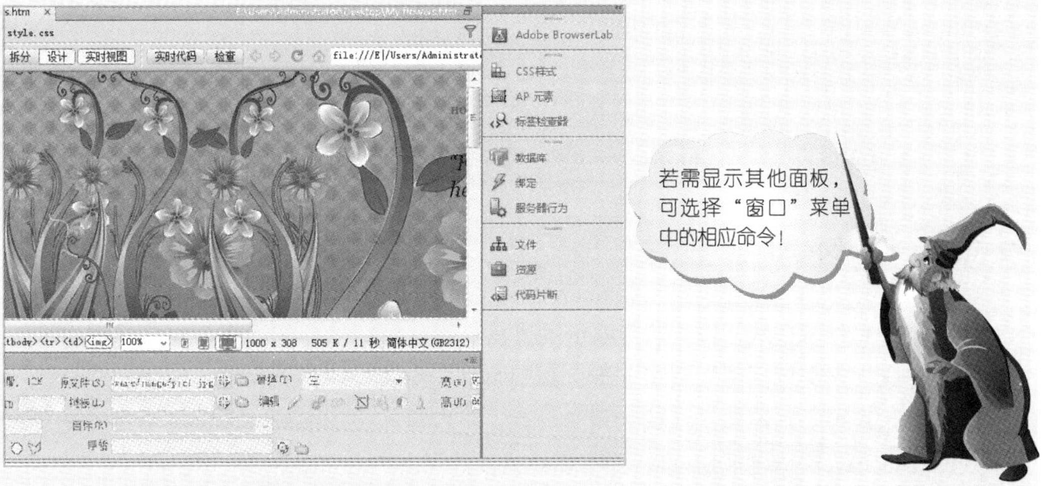

图2-12　设置面板的显示方式

2.3　认识Dreamweaver CS6的视图方式

魔法师：现在你对Dreamweaver CS6的工作界面已经有了一定的了解了吧！

小魔女：是啊，经典模式的工作界面还是很简单的。但是你之前说过的视图方式又是什么呢？

魔法师：呵呵，视图方式就是用户在Dreamweaver CS6中进行网页制作时所操作的界面，主要有代码视图、设计视图、拆分视图、实时视图和实时代码视图。

2.3.1　代码视图

在文档窗口中单击 代码 按钮即可切换到代码视图，该视图主要用于显示网页中所有的代码，包括网页源代码（HTML）、CSS样式代码、JavaScript 源代码和PHP源代码等，通过单击文档窗口中的选项卡标签可切换到不同的代码视图中进行编辑。对于编程语言及网页设计语言有一定基础的用户，可直接在该界面中编写网页的代码。如图2-13所示为网页源代码界面；如图2-14所示为CSS样式代码界面。

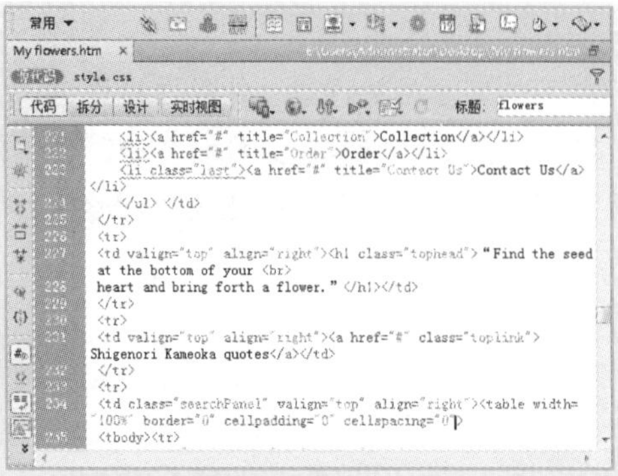

图2-13　网页源代码

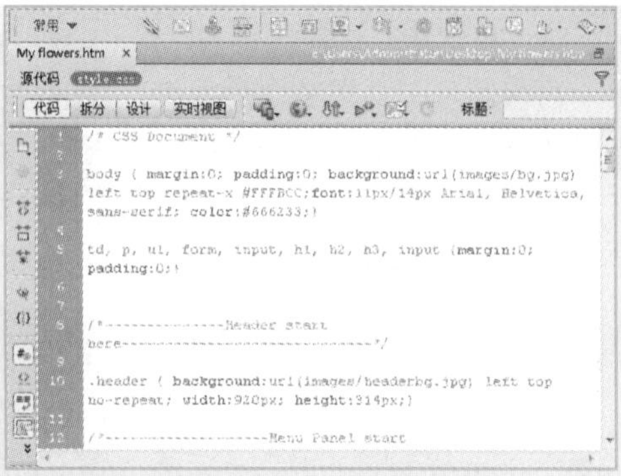

图2-14　CSS样式代码

2.3.2　设计视图

设计视图是Dreamweaver为用户提供的进行可视化编辑的视图界面。在该视图中可直接通过菜单栏或常用文档栏插入网页元素，对网页进行编辑，如插入表格、编辑文字、插入图片和多媒体元素等。对不熟悉代码的用户而言，不仅操作更加简单，而且能快速提高工作效率。在Dreamweaver中单击 设计 按钮即可切换到设计视图中，如图2-15所示。

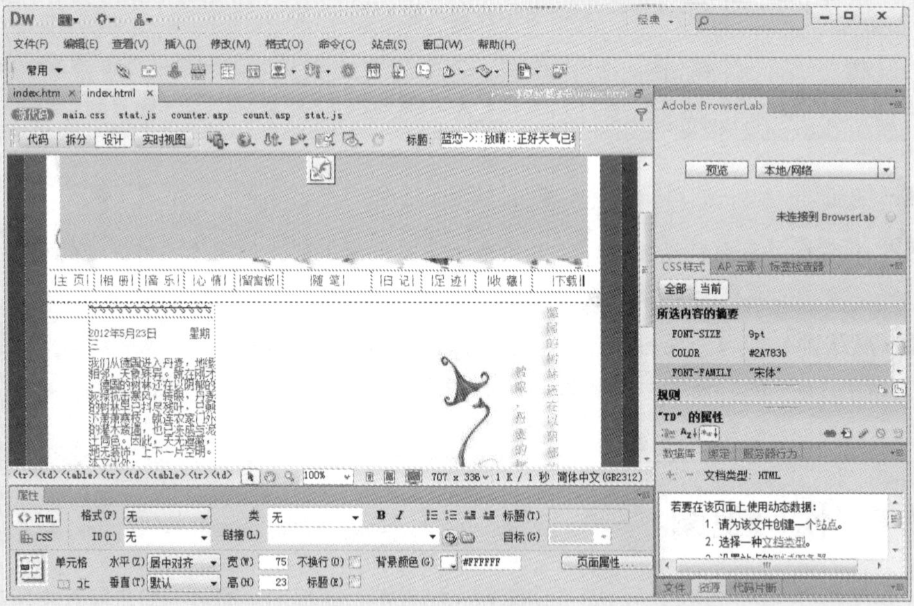

图2-15　设计视图

2.3.3　拆分视图

拆分视图是结合了代码视图和设计视图的一种视图界面。在该视图中，界面被拆分为左右两部分，左边界面中显示为代码视图，右边界面中显示为设计视图，使用户能在选择和编辑源代码的过程中及时查看网页的效果。在文档窗口中单击 拆分 按钮即可切换到该视图，如图2-16所示。

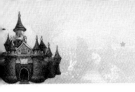

图2-16　拆分视图

2.3.4　实时视图

从Dreamweaver CS4开始，Dreamweaver就为用户提供了实时视图功能，在该视图中可直接查看制作的网页在浏览器中的效果。该视图模式可与其他视图模式共存，但与设计视图共存时，插入栏与属性面板将不能使用，如图2-17所示。

图2-17　实时视图

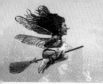

2.3.5 实时代码视图

当用户切换到实时视图界面时，实时代码界面按钮被激活，此时只需单击 实时代码 按钮即可切换到实时代码界面。在该界面中，用户只需在实时视图界面单击需要查看的元素，即可自动在代码视图中显示其源代码，如图2-18所示。

在该视图模式中，
代码视图的源代码
呈黄色底纹显示。

图2-18 实时代码视图

晋级秘诀——检查视图

当激活实时代码视图后，检查界面也被激活，可单击 检查 按钮进行切换。检查视图的作用主要是对网页的HTML代码进行检查，查看网页源代码。

2.4 Dreamweaver CS6中网页的预览方式

小魔女：原来在这些视图中都可以对网页进行设计，那设计完成后该如何查看其效果呢？

魔法师：其实通过实时视图就可以查看制作的网页效果，但该效果只是在当前的屏幕分辨率和IE浏览器中看到的效果，要想看到更多效果，可通过Dreamweaver CS6的多屏幕预览功能或在浏览器中查看。

2.4.1 多屏幕预览

多屏幕预览是Dreamweaver CS6的新增功能，是为了使用户能在多种分辨率下查看网页效果而设置的。在Dreamweaver CS6中可直接选择软件预设的分辨率，也可自行设置需要的屏幕分辨率，下面分别进行讲解。

1. 直接应用预设的屏幕分辨率

在文档插入栏中单击“多屏幕”按钮，在弹出的下拉列表中可查看软件预设的一些屏幕分辨率大小选项，选择需要的屏幕分辨率大小即可切换到该分辨率下查看网页的效果，如图2-19所示为在320×480屏幕分辨率下的效果；如图2-20所示为在1260×875屏幕分辨率下的效果。

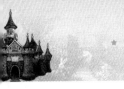

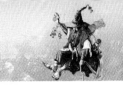

图2-19 320×480屏幕分辨率下的效果

图2-20 1260×875屏幕分辨率下的效果

2. 自定义屏幕分辨率

在Dreamweaver CS6中，不仅可以通过系统预设的分辨率预览网页，还可以修改系统预设的分辨率大小、添加常用的分辨率或删除不需要的分辨率等操作。

下面在Dreamweaver中新建一个1280×960的屏幕分辨率，并删除分辨率为240×320的选项，其具体操作如下：

步骤 01 双击Dreamweaver CS6快捷图标启动软件，单击“新建”栏中的HTML超链接新建一个空白网页，在文档工具栏中单击“多屏幕”按钮，在弹出的下拉列表中选择“编辑大小”选项，如图2-21所示。

步骤 02 打开“首选参数”对话框，在“窗口大小”栏中单击+按钮，在被激活的文本框中输入“1280”，在其后的文本框中输入“960”，如图2-22所示。

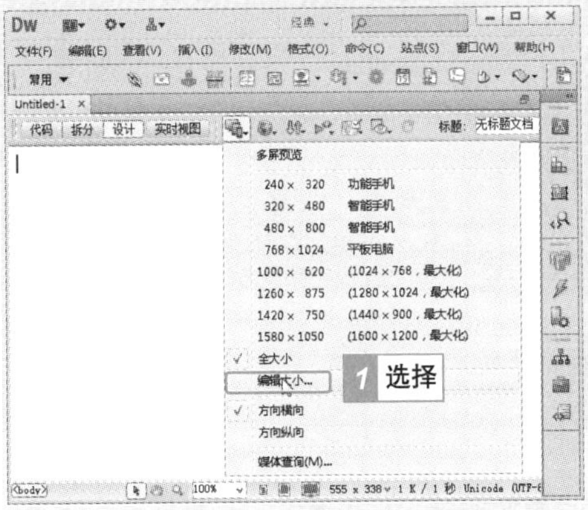

图2-21 选择“编辑大小”选项

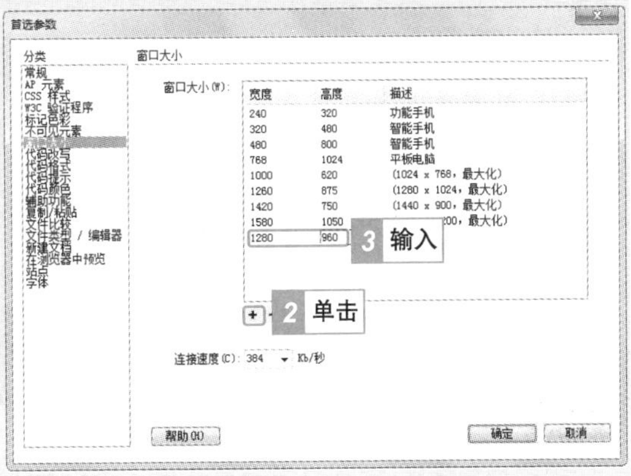

图2-22 新建屏幕分辨率

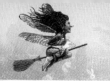

步骤 03 输入完成后，在“窗口大小”列表框中选择宽度为240，高度为320的选项，然后单击列表框下方的-按钮，如图2-23所示。

步骤 04 系统自动删除选择的选项，此时在列表框中可看到分辨率为240×320的选项已经被删除，单击确定按钮完成设置，如图2-24所示。

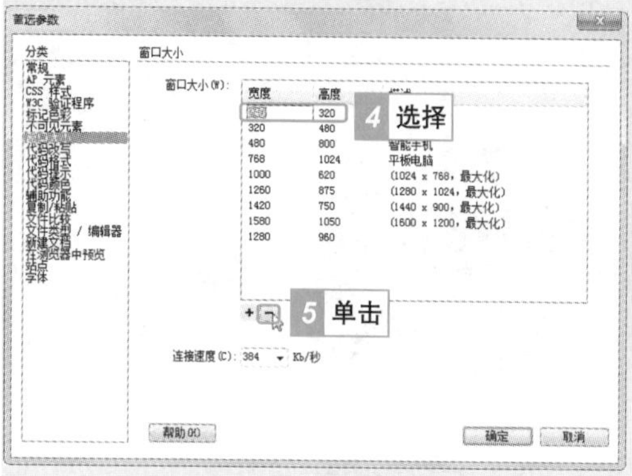

图2-23　删除不需要的分辨率

图2-24　完成设置

2.4.2　在IE浏览器中预览网页

在Dreamweaver中制作完网页后，可先在浏览器中进行预览，查看其最终的显示效果与在Dreamweaver中的区别，以便及时修改存在的误差。在Dreamweaver中单击“在浏览器中预览/调试”按钮，在弹出的下拉列表中选择“预览在 IExplore”选项即可在IE浏览器中预览效果，如图2-25所示。

图2-25　在浏览器中预览网页

魔法档案——在其他浏览器中预览网页

如果读者的电脑中安装了其他浏览器，单击“在浏览器中预览/调试”按钮后，在弹出的下拉列表中还可看到其他选项，如选择图2-25中的“预览在360se”选项，可在360浏览器中浏览网页。

2.5 本章小结——用可视化工具布局设计界面

魔法师：小魔女，学习了Dreamweaver的基本知识后，对Dreamweaver有一定的了解了吗？

小魔女：那当然了，这还不是小菜一碟！对于启动与退出Dreamweaver CS6的方法以及Dreamweaver CS6的工作界面、视图方式和在浏览器中预览的方法已经全部掌握了，让我来操作一下吧！

魔法师：别着急，这些知识都是比较简单的，我打算再教你几招使用可视化工具来布局网页视图的方法，这在实际制作网页的时候可是非常有用的哟！

小魔女：魔法师，那你就快教教我吧！别磨磨蹭蹭的了！

魔法师：你总是这么心急，还是听我慢慢讲吧……

第1招：使用标尺布局

为了使用户在制作网页时能更精确地计算网页的宽度和高度，使制作的网页效果更符合浏览器的显示需要，Dreamweaver CS6为用户提供了标尺。

在Dreamweaver CS6中选择【查看】/【标尺】/【显示】命令，Dreamweaver会自动在文档窗口的左侧和上侧显示标尺，如图2-26所示。

图2-26 使用标尺布局视图界面

第2招：使用网格布局

在设计视图中，用户可使用Dreamweaver CS6提供的网格来定位或调整可视化元素的布局方式，使网页中的元素在移动后自动靠齐到网格，其设置方法介绍如下。

- 显示网格：在Dreamweaver CS6中选择【查看】/【网格设置】/【显示网格】命令即可显示网格，如图2-27所示。
- 自动靠齐到网格：在Dreamweaver CS6中选择【查看】/【网格设置】/【靠齐到网格】

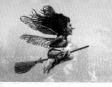

命令，使网页元素自动靠齐到网格。

- 设置网格样式：在Dreamweaver CS6中选择【查看】/【网格设置】/【网格设置】命令，打开“网格设置”对话框，单击“颜色”按钮可设置网格的颜色；选中☑显示网格(D)复选框可在设计界面显示网格；选中☑靠齐到网格(G)复选框可自动对齐到网格；在“间隔”文本框中可设置网格线的间距，并可在后面的下拉列表框中设置网格线的单位；在“显示”栏中选中◉线(L)单选按钮可设置网格线以线条进行显示；选中◉点(D)单选按钮则以点进行显示，如图2-28所示。

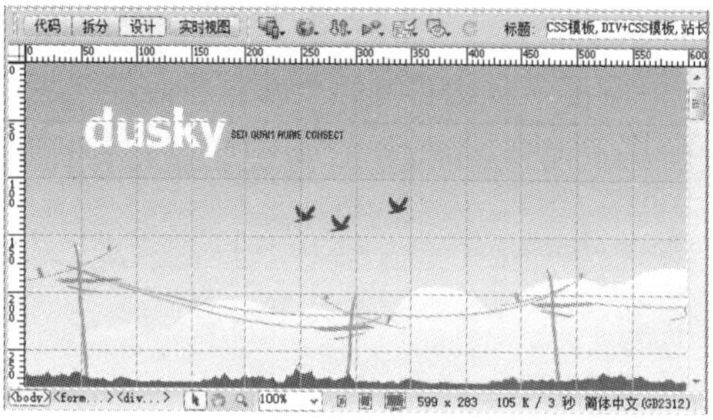

图2-27　显示网格

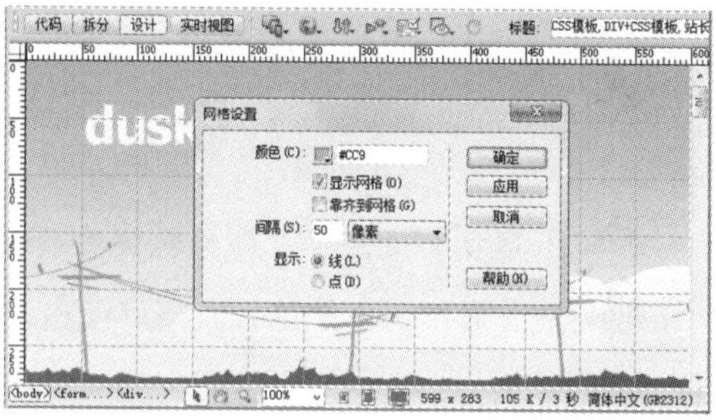

图2-28　设置网格样式

第3招：使用辅助线布局

辅助线与网格的作用类似，都可用于定位网页元素。在Dreamweaver CS6中选择【查看】/【辅助线】/【显示辅助线】命令即可显示辅助线，然后将鼠标放置在左侧或上侧的标尺处，向右或向下拖动鼠标即可在页面中绘制辅助线，如图2-29所示。

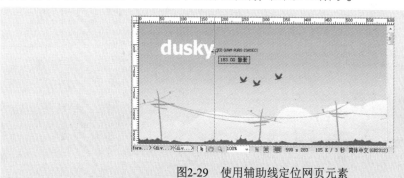

图2-29　使用辅助线定位网页元素

2.6　过关练习

（1）应用不同的方法启动Dreamweaver CS6，然后说说其工作界面中各部分的名称。

（2）Dreamweaver CS6中有几种视图模式？其特点分别是什么？

（3）在Dreamweaver CS6中新建一个分辨率为1280×720的选项。

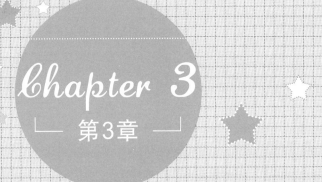

Chapter 3

第3章

网页的基本操作方法

小魔女：学习了网页和Dreamweaver CS6的基本知识后，就可以开始制作网页了吧!

魔法师：在使用Dreamweaver CS6制作网页前，还需要掌握它的基本操作方法。

小魔女：不是直接在Dreamweaver CS6中新建网页就可以了吗?

魔法师：制作网页可不是你想象的那么简单，在新建网页前还需要对站点进行规划，以便更好地对网页进行操作。

小魔女：原来还需要先建立站点呀!

魔法师：是的，下面我就先给你讲讲站点的建立，以及如何对网页进行新建、打开、保存和关闭等操作。

学习要点：

- 创建与管理站点
- 网页文件操作
- 设置文件头属性
- 设置页面属性

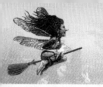

3.1 创建与管理站点

魔法师：要想更好地使用Dreamweaver CS6来制作网页，需要先规划站点，对站点的含义、规划和管理方法等进行了解。

小魔女：原来站点还有这么多知识呀！那么该怎么进行操作呢？

魔法师：为了更好地把握整个网页的大致结构，可在创建网页前为网页设置一个站点，用于规划并管理网页，下面先从站点的含义开始讲解。

3.1.1 站点的含义

站点是由多个网页通过各种链接关联起来形成的一种内在关系。Dreamweaver CS6中提供了本地站点、远程站点和测试站点等站点管理，下面分别对这些站点的含义进行讲解。

- 本地站点：是用来存放在本地磁盘上的站点，可用于存放制作网页过程中的所有文件和资源，如图像、声音和动画等。
- 远程站点：在不连接Internet的情况下，需对所建的站点进行测试和修改，可在本地计算机上创建远程站点，模拟真实的Web服务器环境进行测试。
- 测试站点：用于对动态页面进行测试，是Dreamweaver处理动态页面的文件夹。Dreamweaver使用此文件夹生成动态内容并在工作时连接到数据库。

3.1.2 规划站点

规划站点结构是指利用不同的文件夹将不同的网页内容分门别类地保存，合理地组织站点结构，提高工作效率，加快对站点的设计。

在规划站点结构时，最常采用的是树形模式。即首先划分频道，然后再划分栏目，栏目内又划分出具体的子栏目，依此类推，形成树根式的模式图，如图3-1所示为一个美食网站规划的站点树形模式图。

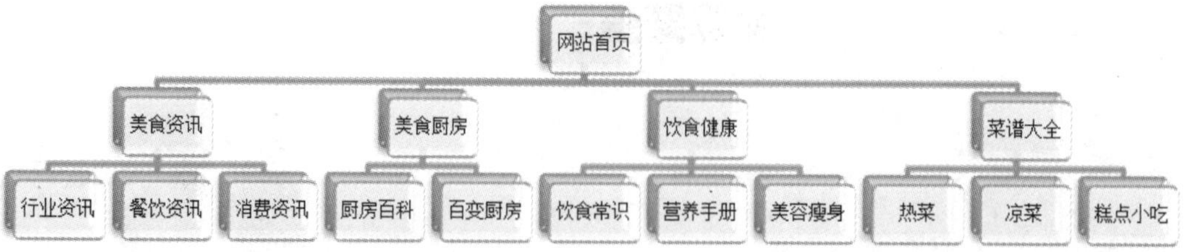

图3-1 用树形模式规划的站点结构

使用Dreamweaver CS6制作站点时，需先在本地磁盘上创建一个站点根目录文件夹，然后在该文件夹中创建所有的频道文件夹，再在各频道文件夹中创建各栏目文件夹，最后在各栏目文件夹中创建子栏目文件夹即可完成站点结构的规划与创建。

在站点规划过程中，需使用合理的文件名称、文件夹名称，以便用户理解和记忆，并且能够表达出网页的内容。通常，在命名时可采用与其内容相同的英文或拼音进行命名（应避免使用长文件名和中文），如音乐文件夹可以命名为music（音乐）或tune（曲子）。

魔法档案——文件名的命名注意事项

由于很多Web服务器使用的是英文操作系统或UNIX操作系统，而在UNIX操作系统中是要区分大小写的，在命名时需注意名称的大小写，如music.htm和music.HTM会被Web服务器视为两个不同的文件。

3.1.3 创建站点

站点是存放网页文档的地方，也是管理网页文档的重要场所，规划好后即可在Dreamweaver CS6中创建站点。Dreamweaver中提供了两种创建站点的方式，即本地站点与远程站点，下面分别进行讲解。

1. 创建本地站点

本地站点通常是指本地计算机中的一个文件地址，是在Dreamweaver中包含了该目录中所有文件的关联后建立的一个本地Web站点。下面将新建一个名为myWeb的本地站点，并设置其默认的图像文件夹为F:\myWeb\photos，其具体操作如下：

步骤 01 启动Dreamweaver CS6，选择【站点】/【新建站点】命令，打开“站点设置对象myWeb”对话框，在“站点名称”文本框中输入“myWeb”，在“本地站点文件夹”文本框中输入“F:\myWeb\”，如图3-2所示。

步骤 02 选择“高级设置”选项卡，在下方展开的列表框中选择“本地信息”选项，在“默认图像文件夹”文本框中输入“F:\myWeb\photos”，单击 保存 按钮，如图3-3所示。

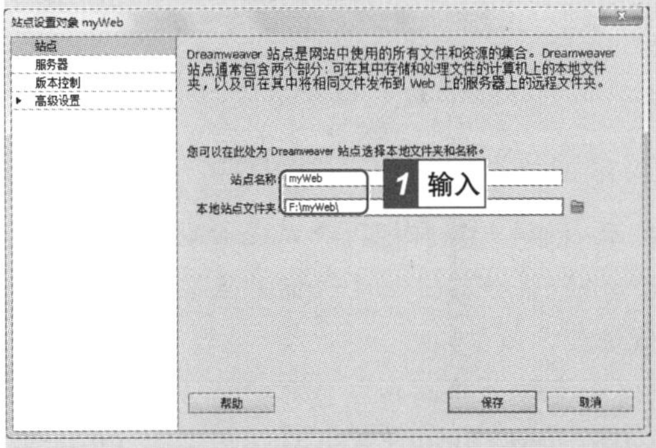

图3-2 设置站点名称与文件夹路径

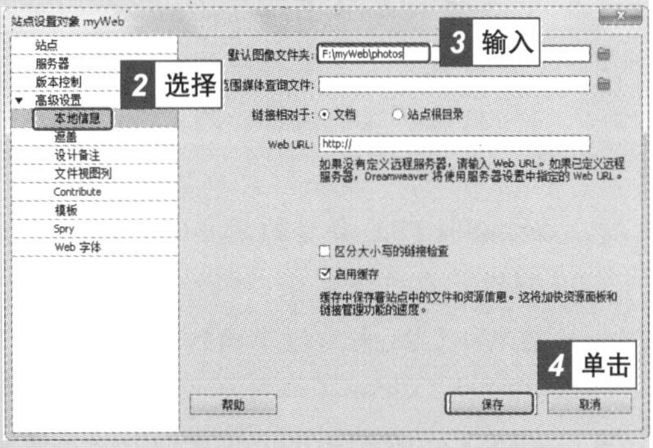

图3-3 设置默认图像文件夹

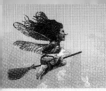

步骤03 系统自动在设置的路径下新建站点文件夹，并在Dreamweaver中的"本地文件"面板中显示其结构，如图3-4所示。

小魔女，创建站点前还可以先在本地计算机的硬盘上建立站点文件夹，新建站点时可选择该文件夹。

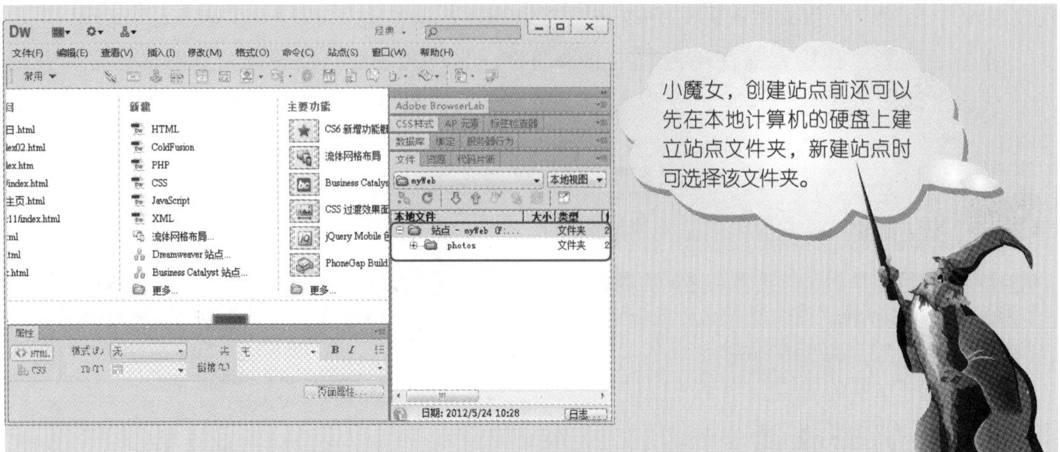

图3-4　查看站点结构

2．创建远程站点

如果用户需要通过Dreamweaver将文件上传到远程服务器，则需要创建远程站点。远程站点是在本地站点的基础上进行创建的，在创建时只需在"站点设置对象"对话框中选择"服务器"选项卡，然后单击"添加新服务器"按钮 ，在打开的对话框中设置相关信息即可。

Dreamweaver CS6中提供了7种连接远程服务器的方法，分别是FTP、SFTP、FTP over SSL/TLS（隐式加密）、FTP over SSL/TLS（显式加密）、本地/网络、WebDAV和RDS，下面分别进行讲解。

- FTP：FTP是目前最为常用的连接远程服务器的方式。在"站点设置对象myWeb"对话框中的"连接方法"下拉列表框中选择FTP选项后即可看到FTP服务器的设置界面，如图3-5所示。在其中的"服务器名称"文本框中输入服务器的名称；在"FTP地址"文本框中输入需要连接的FTP服务器的地址；在"用户名"和"密码"文本框中分别输入用于

图3-5　FTP服务器设置

连接到FTP服务器的用户名和密码；然后单击 测试 按钮即可测试是否成功连接到服务器。其中还可在"根目录"文本框中输入远程服务器上用于存储站点文件的目录；在Web URL文本框中输入Web站点的URL地址。

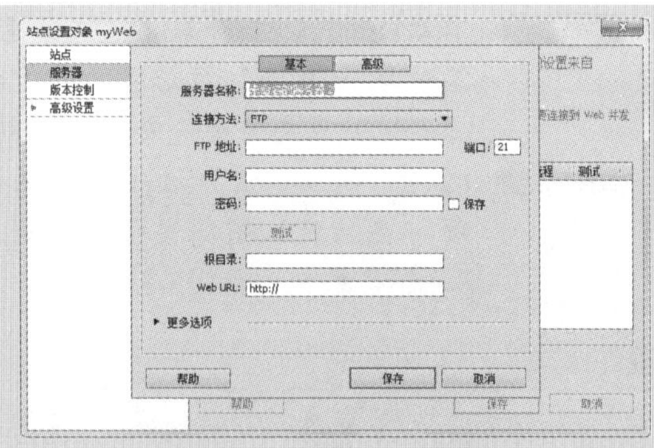

- SFTP：SFTP是一种使用加密密钥和公用密钥来保证指向测试服务器的方法，是一种具有安全机制的FTP协议。在"设置站点对象myWeb"对话框中的"连接方法"下拉列表框中选择SFTP选项，即可看到SFTP服务器的设置界面，如图3-6所示。其设置方

法与FTP服务器的设置方法类似。

- **FTP over SSL/TLS（隐式加密）**：也叫FTPS，是一种扩展的FTP协议，它支持Transport Layer Security（TLS）和Secure Sockets Layer（SSL）加密协议。在该方式下，服务器定义了一个特定的端口（TCP端口990）让客户端与其建立安全连接。当FTP客户端连接到FTP服务器时，隐式安全将会自动与SSL进行连接并开始运行。在Dreamweaver CS6的“连接方法”下拉列表框中选择“FTP over SSL/TLS（隐式加密）”选项，即可看到FTP over SSL/TLS（隐式加密）服务器的设置界面，如图3-7所示。其设置方法与FTP服务器的设置方法类似。

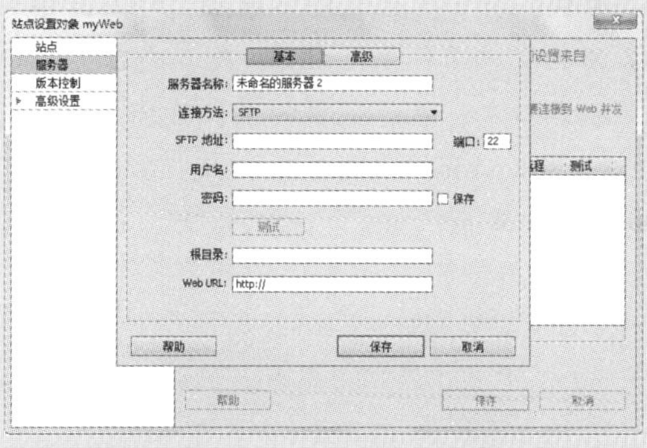

图3-6　SFTP服务器设置

图3-7　FTP over SSL/TLS（隐式加密）服务器设置

- **FTP over SSL/TLS（显式加密）**：也叫FTPES，该方式要求FTPS客户端和FTPS服务器必须显式使用相同的加密方法。如果客户端未请求安全性，服务器可选择进行不安全事务或拒绝/限制连接。在Dreamweaver CS6的“连接方法”下拉列表框中选择“FTP over SSL/TLS（显式加密）”选项，即可看到FTP over SSL/TLS（显式加密）服务器的设置界面，如图3-8所示。其设置方法与FTP服务器的设置方法类似。
- **本地/网络**：如果需要运行测试服务器或在连接到的网络文件夹或本地计算机上存储文件，可在Dreamweaver CS6“连接方法”下拉列表框中选择“本地/网络”选项，在打开对话框的“服务器文件夹”文本框中输入或单击按钮，在打开的对话框中设置存储站点文件的位置即可，如图3-9所示。

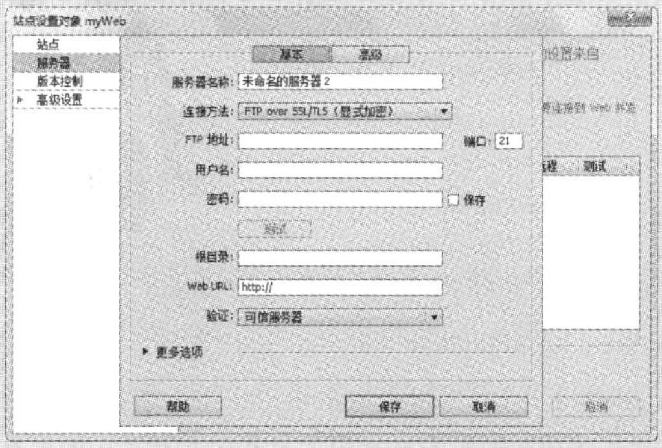

图3-8　FTP over SSL/TLS（显式加密）服务器设置

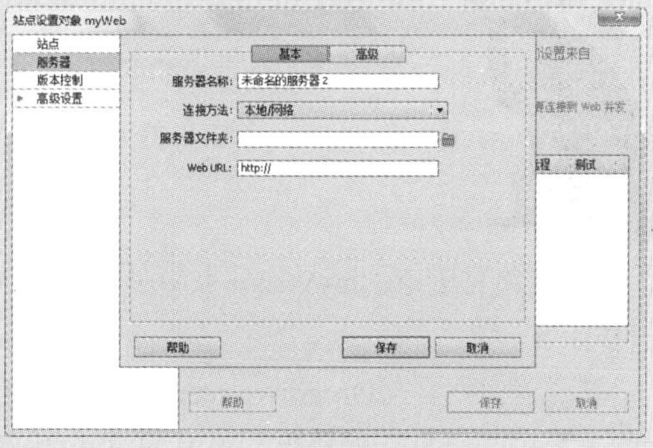

图3-9　本地/网络服务器设置

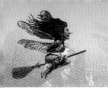

- WebDAV：又叫Web的分布式和版本控制协议。在使用WebDAV作为连接方法时，需要有支持WebDAV协议的服务器，如配置Microsoft Internet Information Server（IIS）5.0、安装Apache Web服务器等。在Dreamweaver CS6的“连接方法”下拉列表框中选择WebDAV选项，在URL文本框中输入WebDAV服务器上需要连接的目录的完整URL地址，包括协议、端口和目录等，然后使用前面介绍的设置方法进行设置即可，如图3-10所示。
- RDS：即远程开发服务。当使用该方式连接时，要求远程服务器必须位于运行Adobe ColdFusion的计算机上。在Dreamweaver CS6的“连接方法”下拉列表框中选择RDS选项，在打开的对话框中单击 设置 按钮，打开“配置RDS服务器”对话框，在“主机名”文本框中输入安装Web服务器的主机名称（可以为IP地址或URL）；在“端口”文本框中输入端口号（默认为80端口）；在“完整的主机目录”文本框中输入远程文件夹的主机目录（如C:\inetpub\wwwroot\myWeb\）；在“用户名”和“密码”文本框中输入RDS的用户名和密码；单击 确定 按钮即可，如图3-11所示。

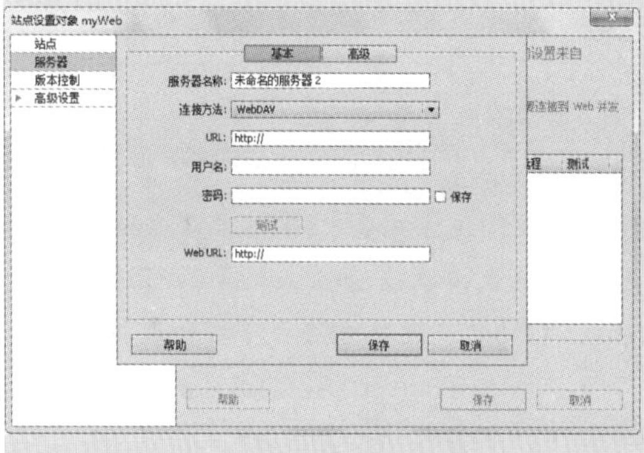

图3-10　WebDAV服务器设置

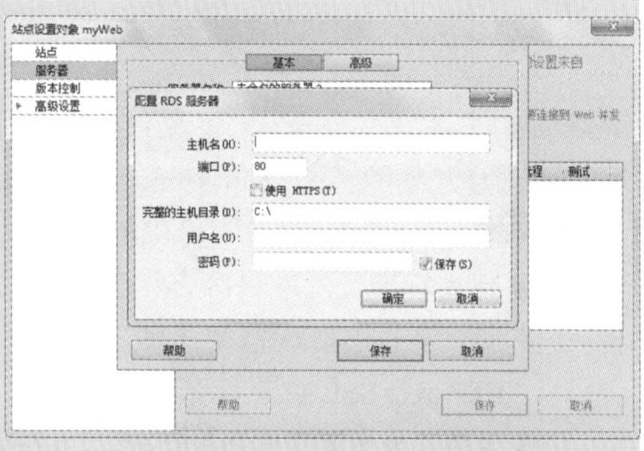

图3-11　RDS服务器设置

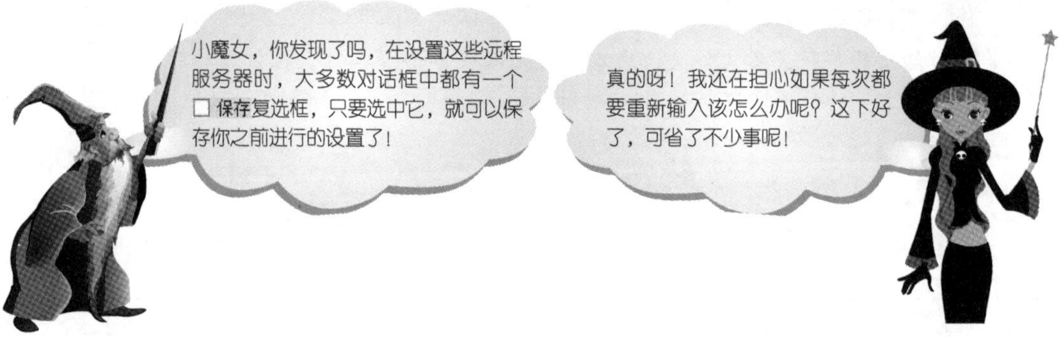

小魔女，你发现了吗，在设置这些远程服务器时，大多数对话框中都有一个☐保存复选框，只要选中它，就可以保存你之前进行的设置了！
真的呀！我还在担心如果每次都要重新输入该怎么办呢？这下好了，可省了不少事呢！

下面将在创建的myWeb站点中设置“本地/网络”服务器，将其设置为远程站点，其具体操作如下：

步骤 01 启动Dreamweaver CS6，选择【站点】/【管理站点】命令，打开“管理站点”对话框，默认选中对话框中的myWeb站点，单击“您的站点”列表框下方的“编辑当前选定的站点”按钮，如图3-12所示。

步骤 02 打开“站点设置对象 myWeb”对话框，选择“服务器”选项卡，在打开的对话框右侧的列表框中单击“添加新服务器”按钮+，如图3-13所示。

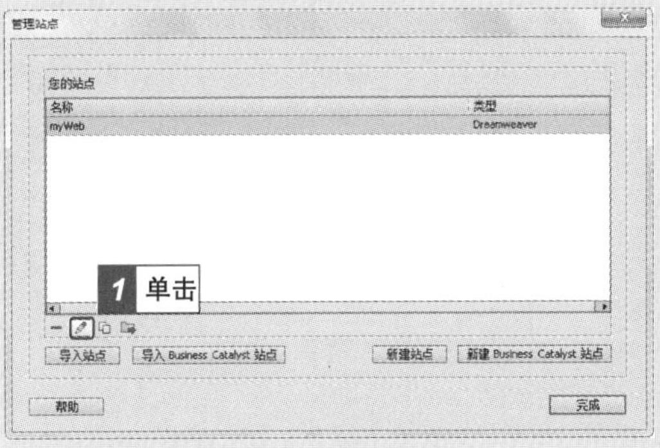

图3-12　编辑站点

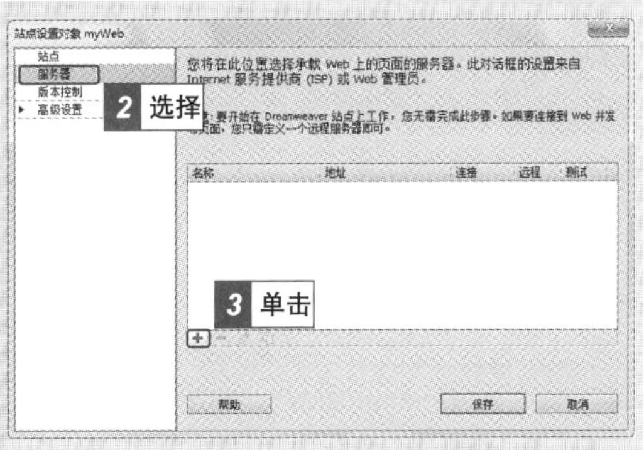

图3-13　添加新服务器

步骤 03 在打开对话框中的“连接方法”下拉列表框中选择“本地/网络”选项，在“服务器名称”文本框中输入“我的网页”，在“服务器文件夹”文本框中输入“E:\inetpub\wwwroot”，在Web URL文本框中输入“http://127.0.0.1/”，然后单击 保存 按钮，如图3-14所示。

步骤 04 在返回的对话框右侧的列表框中可看到添加的服务器，选中“测试”栏下方的复选框，单击 保存 按钮，如图3-15所示。

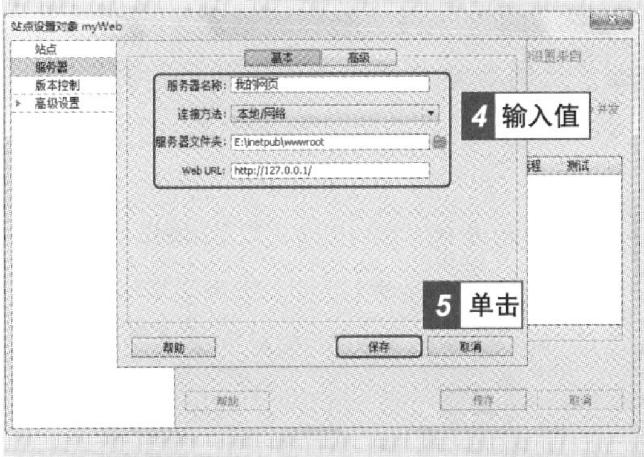

图3-14　“本地/网络”服务器设置

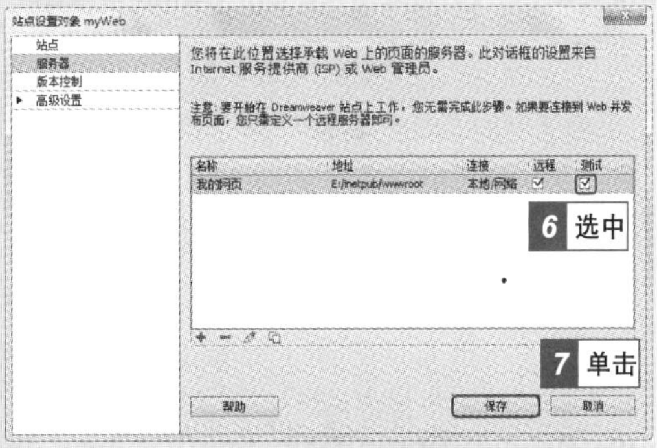

图3-15　查看服务器

步骤 05 返回“站点管理”对话框，单击 完成 按钮完成站点的设置。

3.1.4 管理站点

完成站点的创建后，如在以后的编辑过程中遇到问题，还可对站点进行编辑，其方法主要有在“站点管理”对话框中进行编辑，管理站点中的文件和文件夹，管理远程站点等操作，下面将分别进行讲解。

1. 在“站点管理”对话框中管理站点

在Dreamweaver中选择【站点】/【管理站点】命令，打开“管理站点”对话框，在其中可进行新建、编辑、复制、删除、导入和导出站点等操作，如图3-16所示。

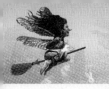

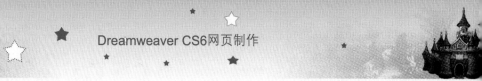

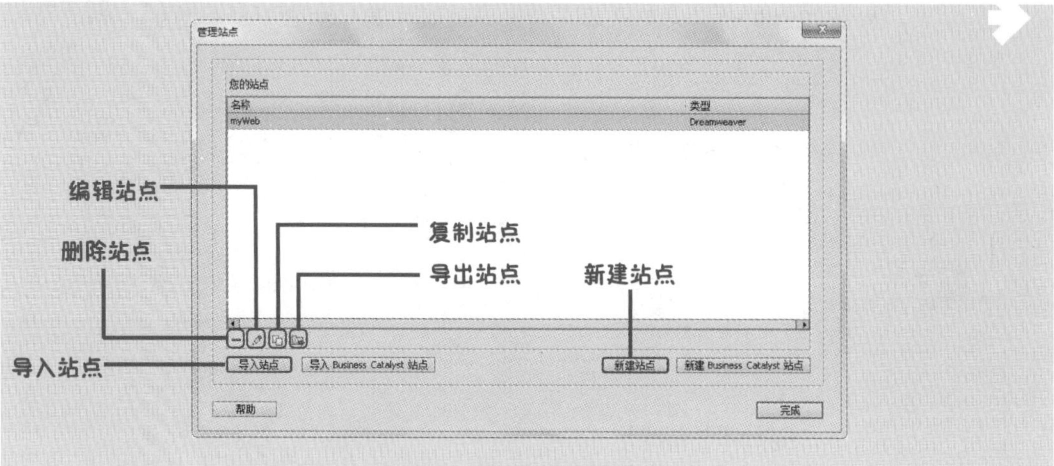

图3-16　“管理站点”对话框

下面对管理站点的方法进行简单介绍。

- **新建站点**：单击 新建站点 按钮，打开“站点设置对象”对话框，在其中按照前面讲解的方法即可新建站点。
- **编辑站点**：单击“编辑当前选定的站点”按钮可打开“站点设置对象”对话框，对站点的名称、文件夹位置和服务器等进行编辑。
- **复制站点**：单击“复制当前选定的站点”按钮可复制当前选择的站点，并在站点名称后添加“复制”两字。如复制站点myWeb，复制后站点名称为“myWeb复制”。
- **删除站点**：单击“删除当前选定的站点”按钮，在打开的对话框中单击 是 按钮即可删除选择的站点。
- **导出站点**：单击“导出当前选定站点”按钮，打开的“导出站点”对话框，在其中选择站点保存的位置后单击 保存(S) 按钮即可，如图3-17所示。
- **导入站点**：单击 导入站点 按钮，在打开的对话框中选择已有的站点后，单击 打开(O) 按钮即可导入外部站点，如图3-18所示。

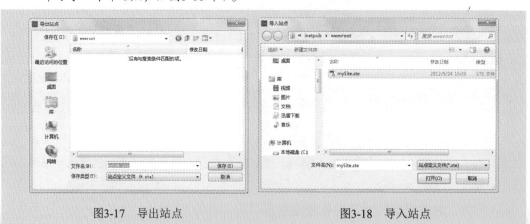

图3-17　导出站点

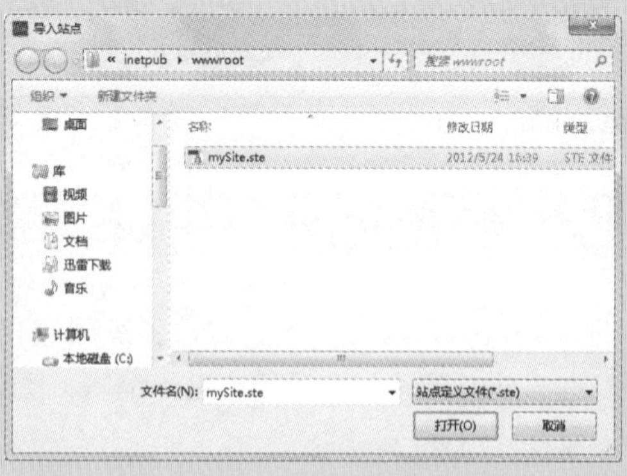

图3-18　导入站点

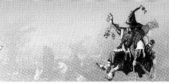

2. 管理站点中的文件与文件夹

新建的站点只是一个框架，并未包含任何内容，为了使用户能掌握站点内容的操作，还需对站点中的文件与文件夹进行操作。通常可以在站点中对文件或文件夹进行新建、移动和复制、重命名及删除等操作，下面将分别介绍。

- **新建文件和文件夹：**选择【窗口】/【文件】命令或按【F8】键打开“文件”面板，在该面板的“本地文件”栏中显示了用户创建的站点，使用鼠标右键单击站点根目录，在弹出的快捷菜单中选择“新建文件”或“新建文件夹”命令，将在站点的根目录下方新建一个网页文件或文件夹并进入其编辑状态，然后为其命名即可，如图3-19所示为新建文件的效果。

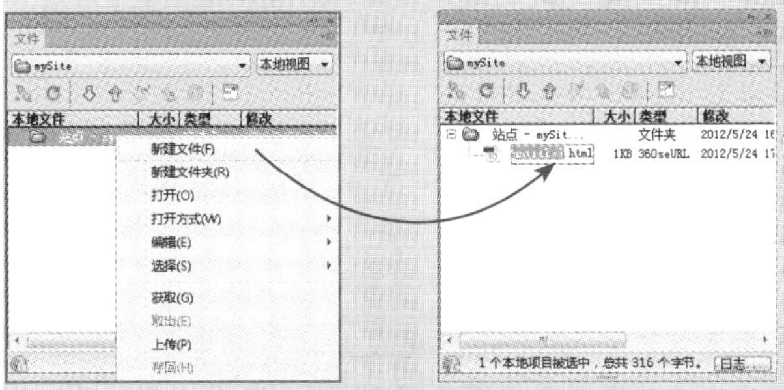

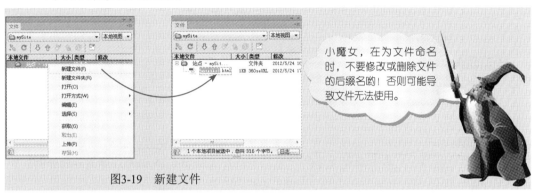

图3-19　新建文件

- **移动或复制文件和文件夹：**在需移动或复制的文件或文件夹上单击鼠标右键，在弹出的快捷菜单中选择【编辑】/【剪切】命令或【编辑】/【拷贝】命令，选择目标文件夹的位置，单击鼠标右键，在弹出的快捷菜单中选择【编辑】/【粘贴】命令可实现移动或复制操作。在移动文件时，如网页文件之间创建了超链接，将打开“更新文件”对话框，单击更新(U)按钮则更新链接，单击不更新(D)按钮则不更新连接，如图3-20所示。

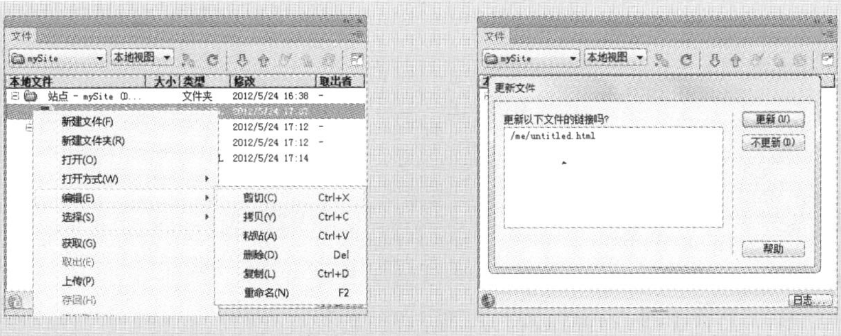

图3-20　移动或复制文件和文件夹

晋级秘诀——使用快捷键和鼠标拖动来移动或复制文件和文件夹

还可先选择需要复制或移动的文件和文件夹，按【Ctrl+X】或【Ctrl+C】组合键，然后选择目标文件夹，再按【Ctrl+V】组合键即可。另外，也可直接使用鼠标将需要移动的文件或文件夹拖动到目标文件夹，同时按住【Ctrl】键则可复制文件夹或文件夹。

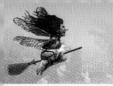

- **重命名文件和文件夹：** 在需重命名的文件或文件夹上单击鼠标右键，在弹出的快捷菜单中选择【编辑】/【重命名】命令，或直接按【F2】键进入改写状态，重新输入文件或文件夹的名称后按【Enter】键确认即可。
- **删除文件和文件夹：** 选择需删除的文件或文件夹并单击鼠标右键，在弹出的快捷菜单中选择【编辑】/【删除】命令，或按【Delete】键，在打开的对话框中单击 是(Y) 按钮即可删除文件或文件夹。

3. 管理远程站点

将本地站点连接到远程服务器后，即可在远程站点中进行上传与下载文件、新建与删除文件或文件夹等操作。

下面将在myWeb站点中连接新建的“我的网页”服务器，并上传myWeb站点中的photos文件夹到服务器中，其具体操作如下：

步骤 01 启动Dreamweaver CS6，选择【窗口】/【文件】命令，打开“文件”面板，在该面板的下拉列表框中选择myWeb选项，切换到myWeb站点的界面，然后单击面板右上方的“展开以显示本地和远程站点”按钮，如图3-21所示。

步骤 02 展开“文件”面板，可在左侧窗口中查看远程站点，在右侧窗口中查看本地站点。单击面板上方的“连接到远程服务器”按钮，如图3-22所示。

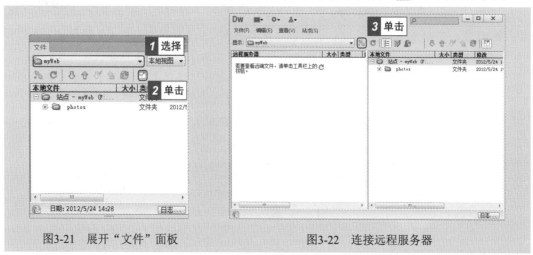

图3-21 展开“文件”面板

图3-22 连接远程服务器

步骤 03 在“本地文件”栏中选择photos文件夹选项，单击上方的“向‘远程服务器’上传文件”按钮，如图3-23所示。

步骤 04 Dreamweaver自动将photos文件夹上传到服务器中，在“远程服务器”栏中即可看到上传的文件夹，如图3-24所示。

魔法档案——下载与管理文件和文件夹

选择服务器中的文件或文件夹，单击“从远程服务器获取文件”按钮可将服务器中的文件下载到本地站点中；也可使用与管理站点文件与文件夹类似的方法管理远程站点中的文件或文件夹。

图3-23　上传文件夹

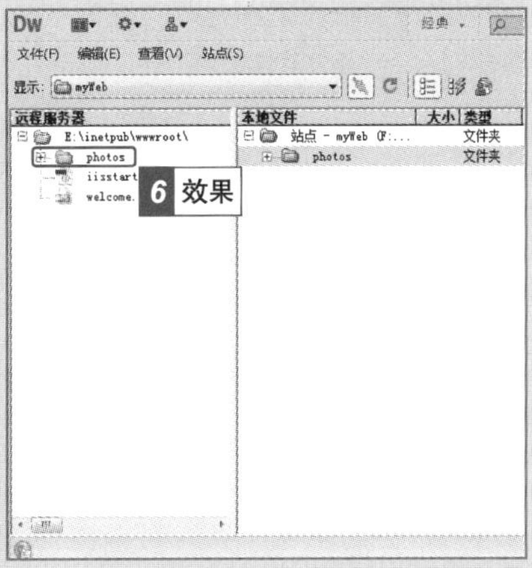

图3-24　查看上传的文件夹

3.2　网页文件操作

魔法师：在前面曾提到过新建与打开网页的操作，但并没有详细讲解它们的操作方法，下面我们就一起来学习一下。

小魔女：好啊，我早就想知道怎样对网页文件进行操作了。

魔法师：掌握了站点的新建和管理方法后，接下来就可以在站点中进行新建网页、打开网页、保存网页和关闭网页等操作。

3.2.1　新建网页文件

Dreamweaver CS6新建网页文件的方法主要有两种，一种是直接创建空白网页文档，另一种是通过Dreamweaver CS6内置的模板文档，创建具有一定内容及样式的网页文档。下面将在Dreamweaver CS6中新建一个空白网页文档，其具体操作如下：

步骤 01 启动Dreamweaver CS6，选择【文件】/【新建】命令，打开“新建文档”对话框，选择“空白页”选项卡，在“页面类型”列表框中选择HTML选项，在“布局”列表框中选择“无”选项，如图3-25所示。

步骤 02 单击 创建(R) 按钮，完成空白网页文档的创建，如图3-26所示。

晋级秘诀——快速创建网页

除了通过菜单命令新建网页外，还可在启动Dreamweaver后直接单击开始页中“新建”栏中的HTML超链接快速创建空白网页。

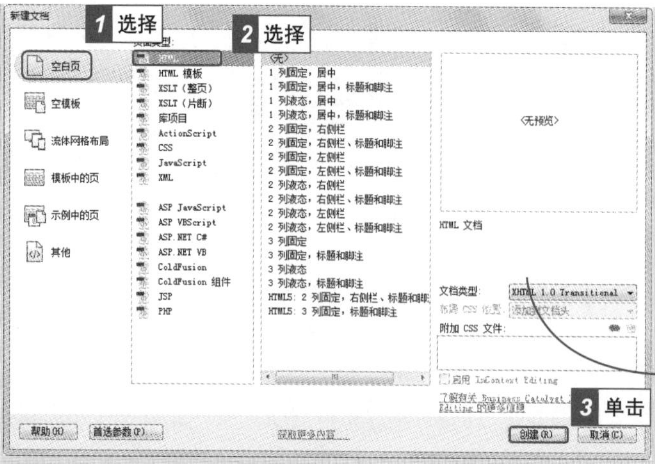

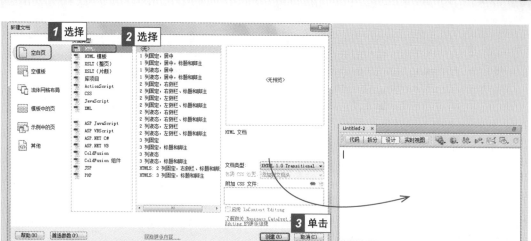

图3-25　新建网页

图3-26　查看空白网页

3.2.2 保存网页文件

当用户对站点中的网页文件进行编辑或修改后，就需要对其进行保存。在Dreamweaver CS6中保存网页文件的方法主要有直接保存和另存文件两种，分别介绍如下。

- **直接保存**：选择【文件】/【保存】命令可直接保存当前网页。如果需要保存的文档已经存在，将直接覆盖原位置的文档。若需保存的文档为新建的文档，则保存时会弹出“另存为”对话框，如图3-27所示。在“保存在”下拉列表框中选择文档的保存位置，在“文件名”文本框中输入文档的名称，然后单击 保存(S) 按钮即可。
- **另存文件**：对打开的文档进行编辑后，想以其他的名称保存或保存在其他位置时，可对文档进行另存操作。其方法为：选择【文件】/【另存为】命令，打开“另存为”对话框，然后按新建文档的保存方法进行保存即可。

图3-27　保存网页文件

小魔女，在保存网页文件时，保存文件的文件名能使用字母和数字，但文件名不能以数字开头。

3.2.3 打开网页文件

若要对已有的网页进行编辑，需在Dreamweaver CS6中打开该网页文件，打开网页文件的方法主要有以下两种。

- **通过菜单命令打开：**选择【文件】/【打开】命令或按【Ctrl+O】组合键，打开“打开”对话框，在“查找范围”下拉列表框中选择需要打开的文件，单击 打开(O) 按钮即可打开网页文件，如图3-28所示。
- **在开始界面中打开：**启动Dreamweaver CS6，直接单击开始界面中的“打开”按钮，打开“打开”对话框进行选择即可，如图3-29所示。

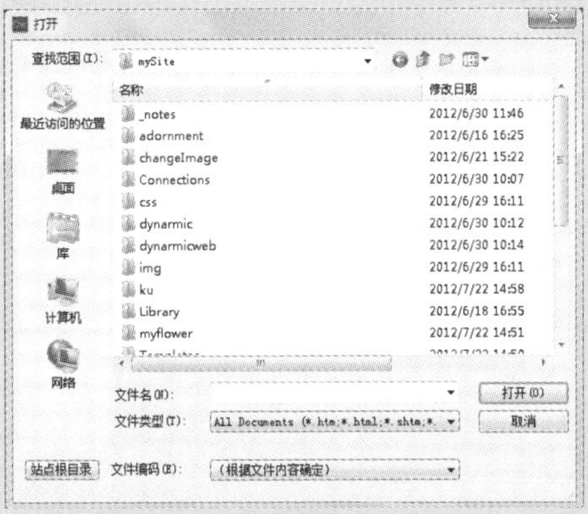

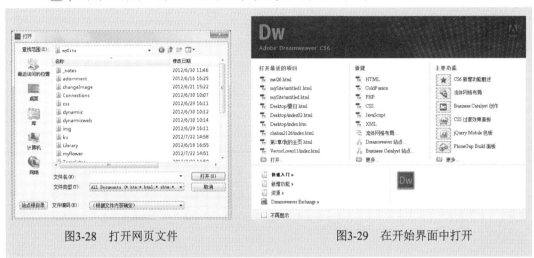

图3-28　打开网页文件

图3-29　在开始界面中打开

3.2.4 关闭网页文件

如不需再对网页进行编辑操作时，可关闭网页，防止进行其他操作时修改网页中的内容。在文档窗口中单击当前需要关闭的网页文件标题中的×按钮即可关闭文件，如图3-30所示。

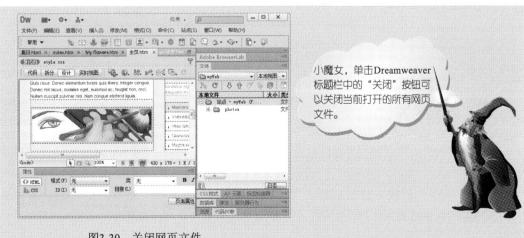

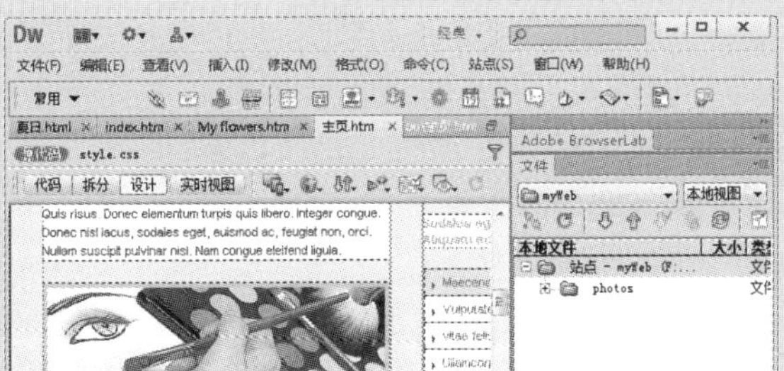

图3-30　关闭网页文件

小魔女，单击Dreamweaver标题栏中的“关闭”按钮可以关闭当前打开的所有网页文件。

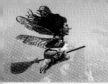

3.3 设置文件头属性

小魔女： 魔法师，掌握了网页文件的基本操作后，是不是就可以开始制作网页了呢？

魔法师： 现在还不行，在制作网页前，还需要对网页的属性进行设置，方便控制网页的背景颜色、文本颜色等，并对网页的布局有一个基本的掌控，为以后制作网页打下基础。

小魔女： 原来是这样，那我们应该先从哪里开始进行设置呢？

魔法师： 网页是由head和body两部分组成的，在Dreamweaver中打开网页后，选择【查看】/【文件头内容】命令，文件头内容会自动在文档窗口的文档工具栏下方新增一排工具栏，该工具栏为“文件头内容”工具栏，该工具栏中的按钮分别为META按钮、“关键字”按钮、“标题”按钮、“说明”按钮、“刷新”按钮、“基础”按钮和“链接”按钮，如图3-31所示。下面我就讲给你设置文件头属性的方法。

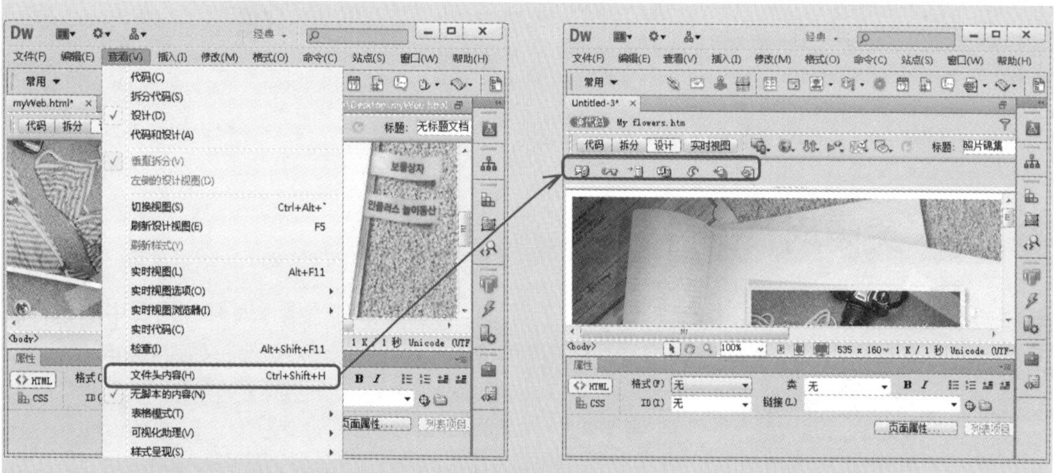

图3-31 查看文件头内容

3.3.1 设置网页标题

网页标题显示在浏览器的标题栏，可以为中文、英文或符号。在Dreamweaver中设置网页标题的方法有以下两种。

- **在“属性”面板中修改标题：** 显示文件头内容后，单击“标题”按钮，在“属性”面板中可看到网页的标题，在“标题”文本框中修改标题即可，如图3-32所示。

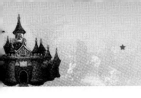

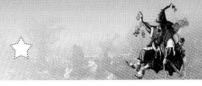

图3-32　在“属性”面板中修改标题

- 在“文档工具栏”中修改标题：在文档窗口的“文档工具栏”中也可查看网页标题，在“标题”文本框中直接输入需要的标题即可，如图3-33所示。

图3-33　在“文档工具栏”中修改标题

3.3.2　插入META标签

META标签主要用来记录网页当前的信息，如编码、作者、版权，以及为服务器提供相关的信息，如网页的刷新间隔时间、网页的终止时间等。在插入栏中单击“文件头”按钮，打开META对话框，如图3-34所示。

图3-34　META对话框

下面对META对话框中各组成部分的含义进行讲解。

- **“属性”下拉列表框**：包含有HTTP-equiv和“名称”两个选项，用于指定 meta 标签是否包含有关页面的描述性信息（name）或 HTTP 标题信息。
- **“值”文本框**：用于指定标签提供的信息类型，包括HTTP-equiv变量和NAME变量。
- **“内容”文本框**：用于输入实际的信息。

3.3.3　插入“关键字”和“说明”标签

“关键字”和“说明”标签包含了一些说明性的内容，主要用于帮助用户在网站搜索引擎中查找网页。下面分别对这两个标签进行讲解。

1.　“关键字”标签

关键字（keywords）不能直接在Dreamweaver中进行查看，也不会显示在浏览器窗口的任何区域，因此不会对页面的呈现产生任何影响，它只是作为协助搜索引擎（如百度、

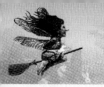

google）的一种技术处理。在“插入栏”中单击“文件头”按钮后的下拉按钮，在弹出的下拉列表中选择“关键字”选项，打开“关键字”对话框，在其中输入关键字的内容后单击 确定 按钮即可，如图3-35所示。

2. “说明”标签

“说明”标签（description）与“关键字”标签的作用非常类似，也是作为辅助用户搜索网页的一种方法。但与关键字标签不同的是，它主要是对网页或站点的内容进行简单概括或对网站主题进行简要说明。单击“插入栏”中“文件头”按钮后的下拉按钮，在弹出的下拉列表中选择“说明”选项，打开“说明”对话框，在其中输入说明的内容后单击 确定 按钮即可，如图3-36所示。

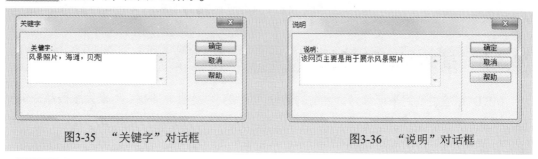

图3-35 “关键字”对话框

图3-36 “说明”对话框

魔法档案——关键字的作用

关键字会直接影响页面被用户搜索到的几率。因此，关键字一定要符合当前网站的内容，使用简单、精炼的关键字，可增加网页被用户访问的机会，提高网页的点击量。

3.3.4 插入“刷新”标签

“刷新”标签（refresh）通常用于在显示了提示URL地址已改变的文本消息后，将用户从一个URL定向到另一个URL。当网页的地址发生变化时，使用“刷新”标签可使浏览器自动跳转到新的网页；当网页需要时常更新时，使用“刷新”标签可自动在网页中进行刷新，保证用户在浏览器中查看到的内容始终是最新的。

单击“插入栏”中“文件头”按钮后的下拉按钮，在弹出的下拉列表中选择“刷新”选项，打开“刷新”对话框，在其中设置延迟的时间和对网页进行刷新的方式后单击 确定 按钮即可，如图3-37所示。

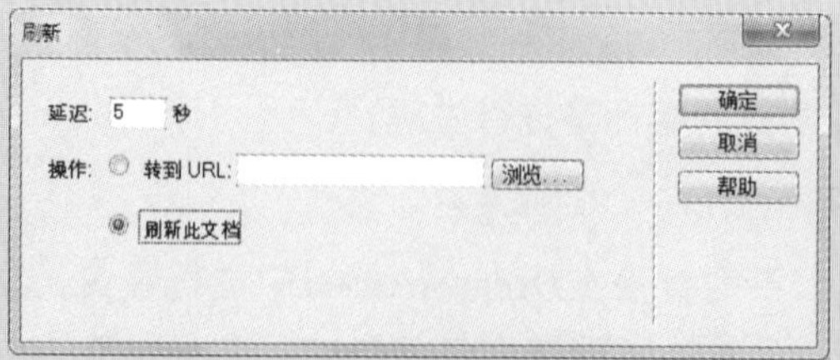

图3-37 “刷新”对话框

该对话框中各组成部分的含义如下。

- **“延迟”文本框**：用于设置页面延迟的时间，以秒为单位，在经过设置的时间后，可刷新或打开另一个页面。
- 转到 URL **单选按钮**：选中该单选按钮，在后面的文本框中设置URL地址，可在一段时间后打开文本框中设置的与地址相关的页面。
- 刷新此文档 **单选按钮**：选中该单选按钮，在一段时间后会自动刷新网页。

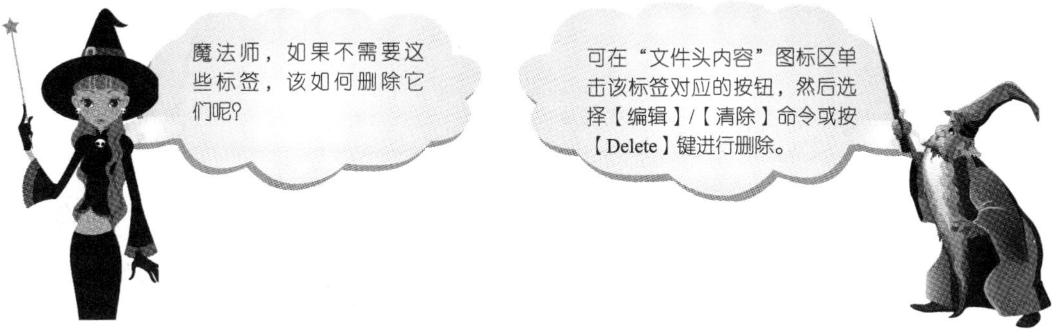

魔法师，如果不需要这些标签，该如何删除它们呢？
可在“文件头内容”图标区单击该标签对应的按钮，然后选择【编辑】/【清除】命令或按【Delete】键进行删除。

3.3.5　插入“基础”标签

使用“基础”标签（base）可以设置页面中所有文件的相对路径所对应的基础URL地址信息。在默认情况下，都是相对于首页设置链接，因此叫做基础网页。

设置了“基础”标签后，浏览器会通过“基础”标签的内容把当前文档中的相对URL地址转成绝对URL地址，如网站的“基础”URL地址为http://www.xxx.com/，其中某个页面的相对URL地址为helf.htm，则转换后的绝对地址应为http://www.xxx.com/helf.htm。在“插入栏”中单击“文件头”按钮后的下拉按钮，在弹出的下拉列表中选择“基础”选项，打开“基础”对话框，在其中设置基础的相关选项后单击 确定 按钮即可，如图3-38所示。

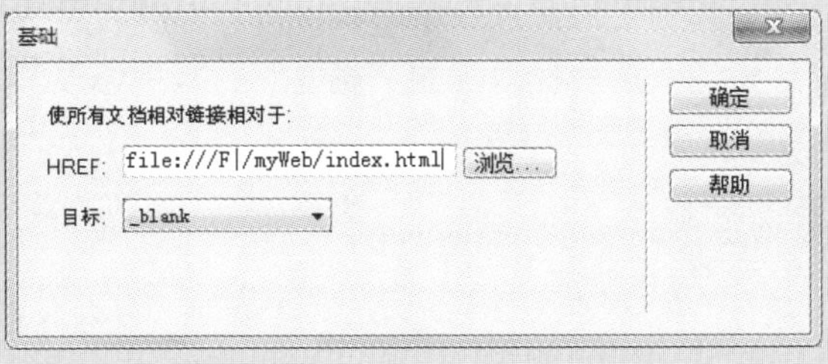

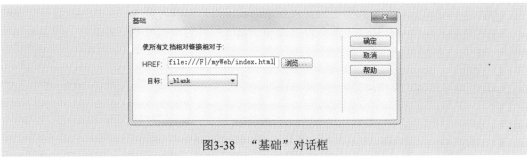

图3-38　“基础”对话框

下面对“基础”对话框中各组成部分的含义进行讲解。

- **HREF文本框**：用于设置基础网页的路径，可直接在文本框中输入或单击后面的 浏览... 按钮，在打开的对话框中选择网页路径。
- **“目标”下拉列表框**：用于选择打开链接页面的方式，包括_blank、_new、_parent、_self和_top。

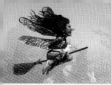

3.3.6 插入“链接”标签

“链接”标签（link）用于定义当前网页与其他网页之间的关系，让其他文件为当前网页提供相关的资源和信息。在“插入栏”中单击“文件头”按钮后的下拉按钮，在弹出的下拉列表中选择“链接”选项，打开“链接”对话框，进行相应设置后单击 确定 按钮即可，如图3-39所示。

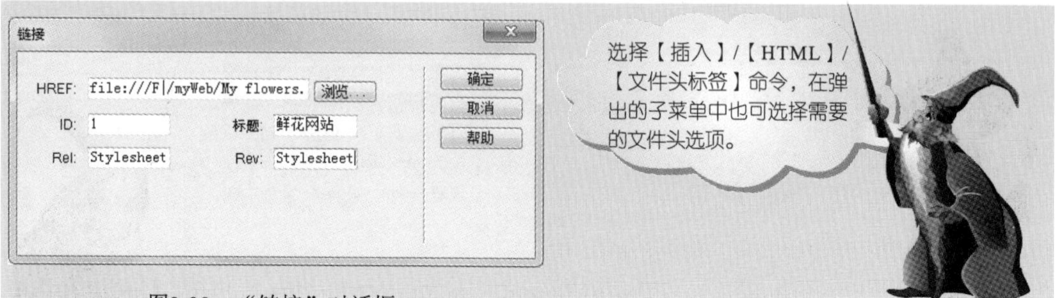

图3-39 “链接”对话框

下面对“链接”对话框中各组成部分的含义进行讲解。

- HREF文本框：用于设置链接的URL地址。
- ID文本框：用于为链接指定唯一的标识符。
- “标题”文本框：用于描述该链接的关系。
- Rel文本框：用于指定当前文件与HREF文本框中文件的关系，常见参数值有Alternate、Stylesheet、Start、Next、Contents、Index、Prev、Glossary、Chapter、Copying、Section、Subsection、Appendix、helf和Bookmark等。
- Rev文本框：用于指定当前文档与HREF文本框中文档间的反向关系。

3.3.7 编辑文件头内容的属性

插入了文件头内容后，如需要对文件头中的内容进行修改，可在“文件头内容”工具栏中单击需要修改的文件头按钮，然后在对应的“属性”面板中修改其信息即可。如图3-40所示为编辑“关键字”标签的过程。

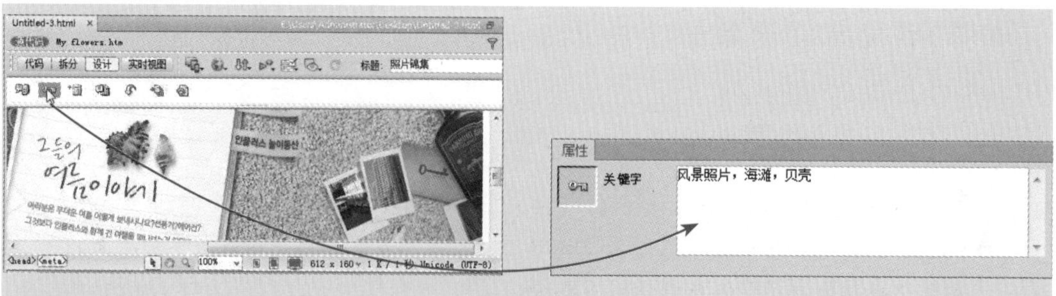

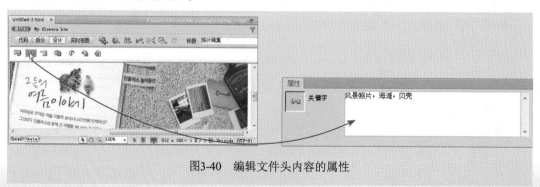

图3-40 编辑文件头内容的属性

3.4　设置页面属性

魔法师：小魔女，现在你明白怎样设置网页文件的文件头属性了吗？

小魔女：嗯，虽然文件头的属性较多，但都比较简单，我还是很快就掌握了！

魔法师：那你知道如何设置网页的页面属性吗？

小魔女：页面属性？就是前面讲的body中的内容吗？

魔法师：聪明！如果切换到代码视图就可以看到页面中有一对对的<body>…</body>标签，对页面属性进行设置就是对其中的内容进行设置，下面我们就一起来看看吧！

3.4.1　设置外观（CSS）

“外观（CSS）”用于设置页面的一些整体属性，如文本样式、背景图片和页面边距等。用户只需在Dreamweaver中选择【修改】/【页面属性】命令或单击“属性”面板中的 页面属性... 按钮，即可打开“页面属性”对话框，在默认的界面中可对外观（CSS）进行设置，如图3-41所示。

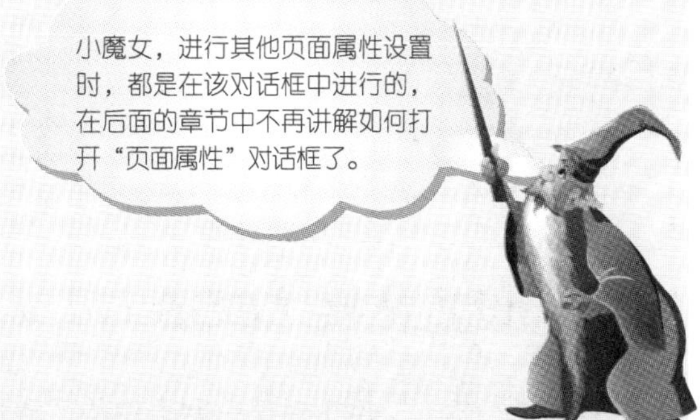

小魔女，进行其他页面属性设置时，都是在该对话框中进行的，在后面的章节中不再讲解如何打开“页面属性”对话框了。

图3-41　设置外观（CSS）

该对话框中各组成部分的含义与使用方法如下。

- “页面字体”下拉列表框：用于设置页面中文本的字体样式，单击后面的 **B** 按钮和 *I* 按钮可加粗和倾斜字体。
- “大小”下拉列表框：用于设置文本的字号，默认单位为px（像素）。
- “文本颜色”色块：单击该色块，鼠标光标变为形状，并弹出颜色设置列表框，在其中选择需要的颜色即可设置文本的颜色。
- “背景颜色”色块：单击该色块，使用与设置文本颜色相同的方法可设置页面的背景颜色。
- “背景图像”文本框：单击该文本框后的 浏览(W)... 按钮，在打开的对话框中可选择页面的背景图像。

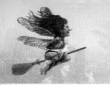

- “重复”下拉列表框：在该下拉列表框中可设置背景图片的重复方式，选择no-repeat选项表示不重复；repeat表示重复；repeat-x表示在X轴上重复；repeat-y表示在Y轴上重复。
- “左边距”文本框：设置文本与浏览器左边界的距离，可直接输入所需数值。
- “右边距”文本框：设置文本与浏览器右边界的距离，可直接输入所需数值。
- “上边距”文本框：设置文本与浏览器上边界的距离，可直接输入所需数值。
- “下边距”文本框：设置文本与浏览器下边界的距离，可直接输入所需数值。

3.4.2 设置外观（HTML）

在“页面属性”对话框中选择“外观（HTML）”选项卡，可在打开的窗格中设置外观（HTML）属性。外观（HTML）属性是通过对网页文档中<body>标签添加属性定义的方式来实现的，主要包括背景图像、文本和背景颜色和页面边距等，如图3-42所示。

图3-42 设置外观（HTML）

3.4.3 设置链接（CSS）

“链接（CSS）”用于对整个网页中的超链接文本样式进行设置。在“页面属性”对话框中选择“链接（CSS）”选项卡，可在打开的窗格中设置链接的字体、文字颜色和下划线样式等，如图3-43所示。

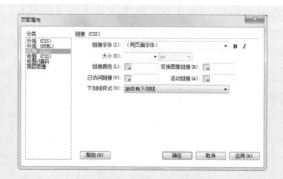

图3-43 设置链接（CSS）

该对话框中各组成部分的含义如下。

- "链接字体"下拉列表框：在该下拉列表框中可设置网页中链接文本的字体，单击其右侧的**B**和*I*按钮可将设置的链接文本加粗或倾斜。
- "大小"下拉列表框：单击▾按钮，在弹出的下拉列表框中可选择链接文本的字体大小，也可在该文本框中直接输入所需的字体大小。
- "链接颜色"色块：用于设置链接文本的颜色。
- "变换图像链接"色块：用于设置滚动链接的颜色。
- "已访问链接"色块：用于设置访问后的链接文本的颜色。
- "活动链接"色块：用于设置正在访问的链接文本的颜色。
- "下划线样式"下拉列表框：在该下拉列表框中可设置链接对象的下划线情况。

3.4.4　设置标题（CSS）

在"页面属性"对话框中选择"标题（CSS）"选项卡，在右侧的列表中可定义对应的1~6级标题文本的字体、粗斜体样式和标题的字体大小及颜色，如图3-44所示。

图3-44　设置标题（CSS）

该对话框中主要组成部分的含义如下。

- "标题字体"下拉列表框：用于设置页面标题字体的大小，单击后面的**B**按钮和*I*按钮可加粗和倾斜字体。
- "标题1"下拉列表框：在该下拉列表框中可选择和输入1级标题的字体大小；单击其后的"色块"按钮可设置其颜色。其他标题的设置方法与标题1的设置相同，这里不再赘述。

3.4.5　设置标题和编码

在"页面属性"对话框中选择"标题/编码"选项卡，在右侧打开的列表中可对当前网页的标题进行设置，主要包括网页标题的名称、文档类型、文档编码语言、当前文件夹及当前站点文件夹信息等，如图3-45所示。

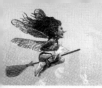

图3-45　设置标题/编码

设置“标题/编码”与设置“标题（CSS）”不同的是，标题/编码是对显示在浏览器中的网页标题进行设置，而设置标题则是对网页内容中的标题文件进行设置。

该对话框中各组成部分的含义如下。

- “标题”文本框：用于设置页面的标题，其效果与在文件头内容中修改标题相同。
- “文档类型”下拉列表框：用于选择文档的类型，默认类型为XHTML 1.0 Transitional。
- “编码”下拉列表框：用于选择文档的编码语言，默认设置为Unicode（UTF-8），修改编码后可单击重新载入(R)按钮，转换现有文档或使用选择的新编码重新打开网页。
- “Unicode标准化表单”下拉列表框：当用户选择的编码类型为Unicode（UTF-8）时，该选项为可用状态，此时该下拉列表框提供了4个选项，选择默认的选项即可。
- 包括 Unicode 签名 (BOM)(S)复选框：选中该复选框，则在文档中包含一个字节顺序标记——BOM，该标记位于文本文件开头的2~4个字节，可将文档识别为Unicode格式。

3.4.6　设置跟踪图像

“跟踪图像”允许用户在文档窗口中将原来的网页制作初稿作为页面的辅助背景，方便用户进行页面布局和设计，从而制作出更符合设计意图的效果。在“页面属性”对话框中选择“跟踪图像”选项卡，在右侧打开的列表中可以对跟踪图像的属性进行设置，如图3-46所示。

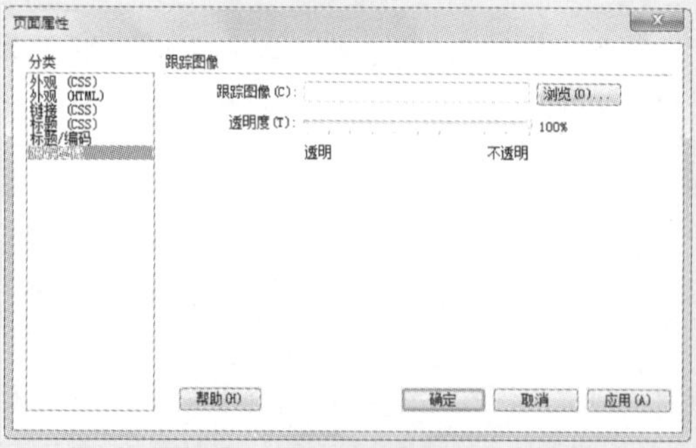

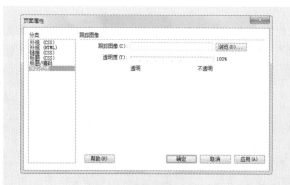

图3-46　设置跟踪图像

魔法档案——跟踪图像格式

跟踪图像的格式可为JPEG、GIF或PNG。在Dreamweaver CS6中可查看到跟踪图像，而在浏览器中进行浏览时，跟踪图像则不显示；但当可在页面中查看跟踪图像时，页面的实际背景图像和颜色在Dreamweaver中不可见，在浏览器中则可以查看。

该对话框中各组成部分的含义如下。

- “跟踪图像”文本框：用于设置跟踪图像的位置，可直接在文本框中输入，也可单击后面的 浏览(W)... 按钮，在打开的对话框中进行选择。
- “透明度”滑动条：用于设置跟踪图像在网页编辑状态下的透明度，向左拖动滑块，透明度越高，图像显示越明显；向右拖动滑块，透明度越低，图像显示越透明。

3.5 典型实例——创建并管理mySite站点

小魔女：通过本章的学习，使我对制作网页的操作又有了进一步的了解，相信经过我的不断学习和练习一定会将制作网页的知识掌握得更加牢固。

魔法师：小魔女，你说得很对，将理论知识与实际操作结合起来学习的确更加容易掌握，所以，我们接下来就要来练练手！

小魔女：好呀！我还想多练习一下学过的这些知识呢！那我们要练习什么呢？

魔法师：站点是制作网页的基础，因此我们将先建立一个FTP的远程站点，从站点中下载内容到本地站点中，然后再设置网页的属性。

其具体操作如下：

步骤 01 启动Dreamweaver CS6，选择【站点】/【新建站点】命令，在打开“站点设置对象mySite”对话框的“站点名称”文本框中输入“mySite”，在“本地站点文件夹”文本框中输入“F:\mySite\”，如图3-47所示。

步骤 02 选择“服务器”选项卡，在打开的窗格中单击“添加新服务器”按钮 + ，如图3-48所示。

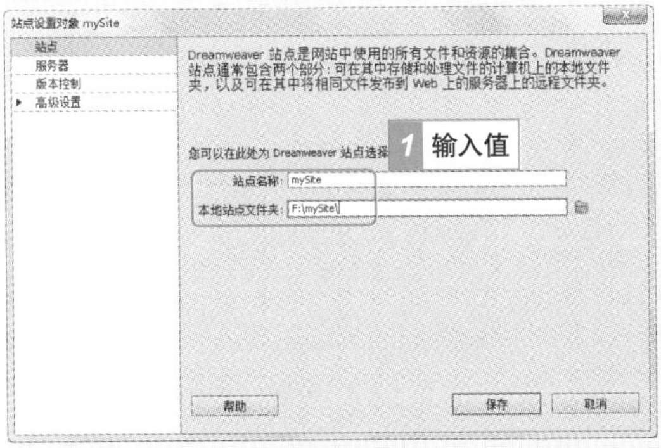

图3-47 新建站点

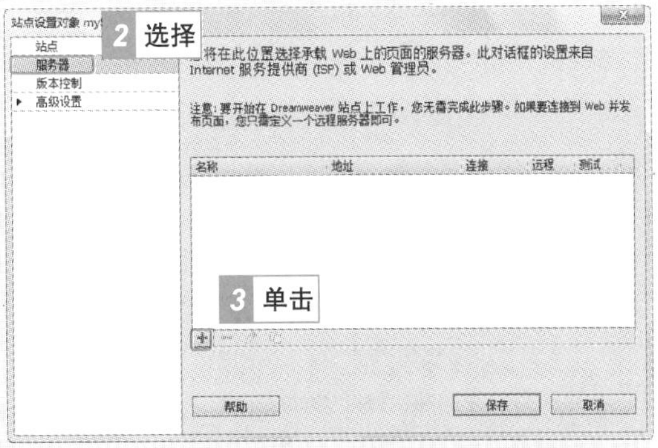

图3-48 添加新服务器

步骤 03 在打开对话框中的“连接方法”下拉列表框中选择FTP选项，在“服务器名称”文本框中输入“remoteServer”，在“FTP地址”文本框中输入“222.76.219.9”，然后在“用户名”和“密码”文本框中输入可访问FTP服务器的用户账户，单击 测试 按钮，如图3-49所示。

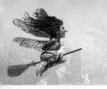

步骤 04 系统自动对mySite站点进行测试，并显示出连接的进度。连接成功后，将打开提示对话框，提示Dreamweaver已成功连接到Web服务器，然后单击 确定 按钮，如图3-50所示。

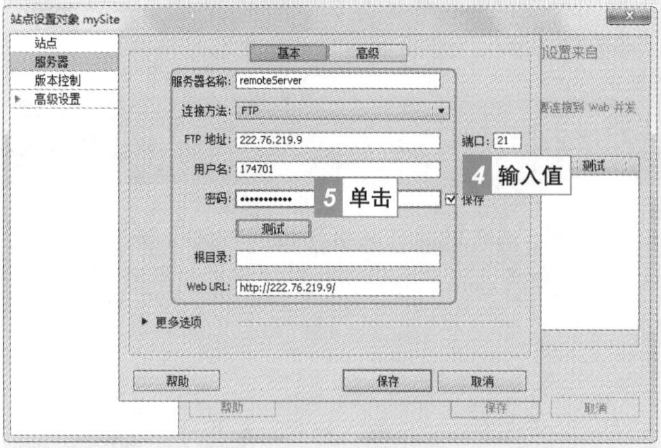

图3-49　设置服务器属性

图3-50　提示对话框

步骤 05 返回对话框中依次单击 保存 按钮，完成远程FTP服务器的连接。返回Dreamweaver工作界面，在“文件”面板中可看到新建的mySite站点，单击面板中“展开以显示本地和远程站点”按钮，如图3-51所示。

步骤 06 在打开的窗口中单击“连接到远程服务器”按钮，系统自动开始连接远程FTP服务器，并显示出连接的进度，如图3-52所示。

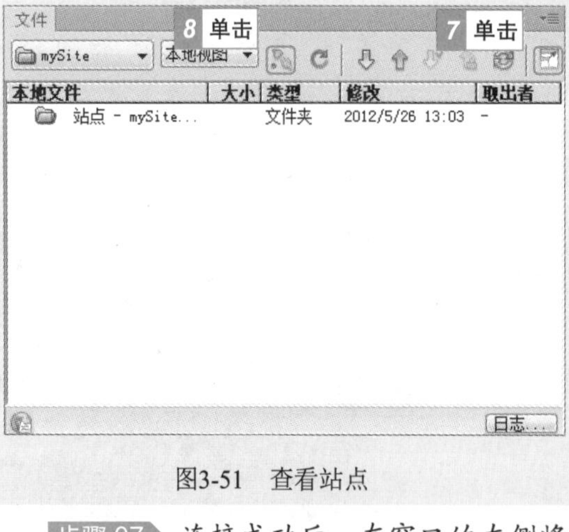

图3-51　查看站点

图3-52　连接远程FTP服务器

步骤 07 连接成功后，在窗口的左侧将显示当前的服务器名称。然后选择“远程服务器”栏中的huahui选项，单击“从‘远程服务器’获取文件”按钮，如图3-53所示。

步骤 08 系统自动开始下载，并打开相应的提示对话框，单击对话框中的 是(Y) 按钮完成下载文件的操作，如图3-54所示。

图3-53 下载文件

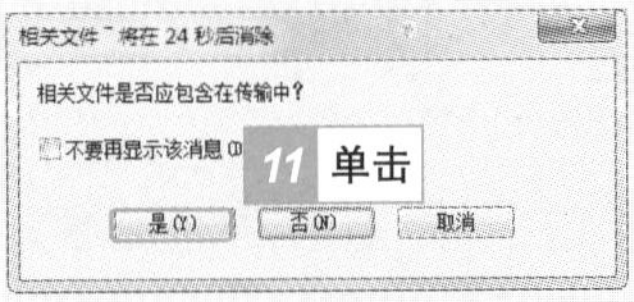

图3-54 设置文件关联

步骤 09 完成后，在窗口左侧可看到“本地文件”栏中添加了huahui文件夹，单击“折叠以只显示本地或远程端点”按钮，如图3-55所示。

步骤 10 返回Dreamweaver工作界面，在“文件”面板中展开下载的huahui文件夹，可看到其中包含的文件，双击index.html文件选项可在Dreamweaver中打开并编辑网页，如图3-56所示。

图3-55 返回Dreamweaver工作界面

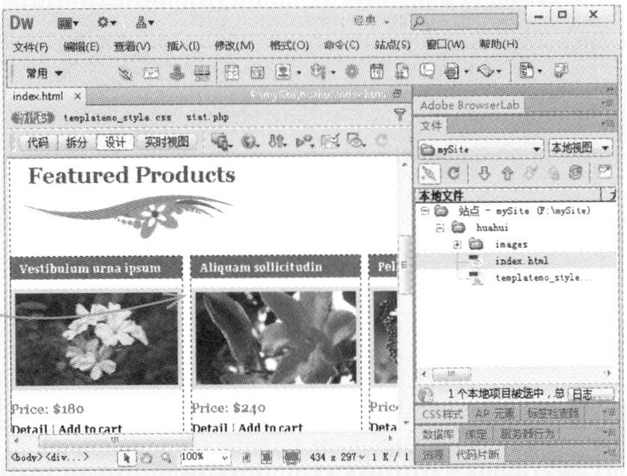

图3-56 打开网页

3.6 本章小结——提高设置网页的能力

魔法师：小魔女，学习了这些知识后，你掌握了网页的基本操作方法吗？

小魔女：呵呵，魔法师你可不要小看我，我当然掌握了，而且通过前面的练习还对远程服务器的设置更加得心应手，这对我来说还是小Case啦！

魔法师：哦！那知道怎么调整跟踪图像的位置，以及如何让网页中的超链接的效果更加明显吗？

小魔女：嗯……这个还真的不知道呀！原来你还藏着绝招呀！快给我说说~~~

魔法师：就知道你有点自满了，还是跟我一起再学习学习吧……

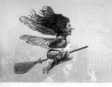

第1招：调整跟踪图像的位置

跟踪图像的设置能很好地为用户提供设计网页的参照物，如果需要对跟踪图像的位置进行修改，可以选择【查看】/【跟踪图像】/【调整位置】命令，打开“调整跟踪图像位置”对话框，然后在X和Y文本框中输入坐标值，单击 确定 按钮即可，如图3-57所示。

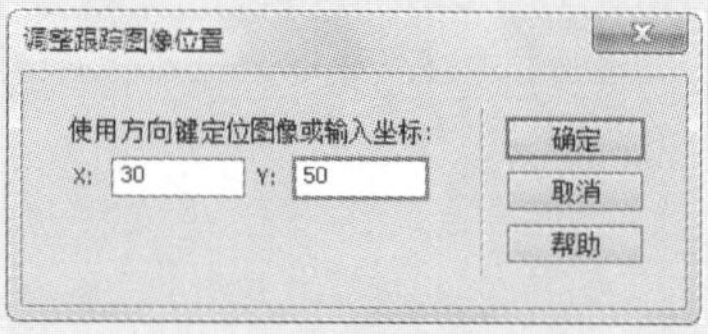

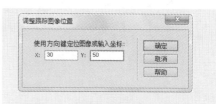

图3-57 调整跟踪图像的位置

第2招：设置生动的链接文字呈现效果

链接文字的呈现效果主要体现在其交互性上，当用户使用鼠标指向的文本呈现明显的颜色和样式的变化时，便可让用户意识到这是链接文本，因此可增大“链接文本”和“变换图像链接”的颜色反差，通过设置明显的显示或隐藏下划线的视觉变换来达到目的。另外，还可通过变换链接文本的大小和粗体、斜体显示效果来使链接文字呈现更生动的效果。

3.7 过关练习

（1）启动Dreamweaver CS6，练习新建、保存网页的方法。

（2）新建一个站点，为其添加文件夹、文件，并进行重命名、更改本地根文件夹、删除站点等操作。

（3）打开“美食展示.html”文件（光盘:\素材\第3章\美食展示\美食展示.html），在“页面属性”对话框中设置“外观（CSS）”中的字体样式为Verdana, Geneva, sans-serif，字体大小为16，字体颜色为#FF9900，背景颜色为#FFFFFF；设置“链接（CSS）”中的字体样式与大小和外观中的相同，链接颜色为#FFF，变换图像链接为#CCC，已访问链接为#F00，活动链接为#0F0，设置下划线样式为“仅在变换图像时显示下划线”，其最终效果如图3-58所示（光盘:\效果\第3章\美食展示\美食展示.html）。

图3-58 “美食展示.html”效果

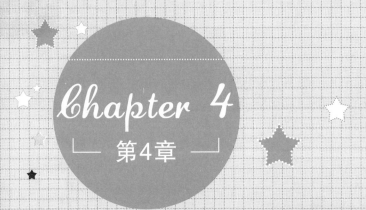

Chapter 4

第4章

使用表格和框架布局网页

小魔女：魔法师，掌握了网页的基本操作方法后，怎样才能制作一个网页呢？

魔法师：制作网页时，需要先对网页进行布局，有了网页的整体设计思路，才能更快捷地进行网页的制作。

小魔女：布局？就是对网页的结构进行全面规划和安排吗？

魔法师：是的！布局对于制作网页是至关重要的，只有掌握了布局的方法才能使用户在制作网页时事半功倍！

小魔女：那如何在Dreamweaver中进行布局呢？

魔法师：在Dreamweaver中最基础的布局方法就是表格和框架，下面我们就先来看看它们的使用方法吧！

学习要点：

- 使用表格布局网页
- 设置表格与单元格属性
- 单元格的基本操作
- 使用框架布局网页
- 设置框架和框架集的属性

4.1 使用表格布局网页

魔法师： 小魔女，表格除了传统的输入数据的作用外，在Dreamweaver中还有更加重要的作用——布局。表格布局在整个网页设计过程中起到了决定性的作用，要想设计出优秀的网页，表格的布局举足轻重。

小魔女： 那怎么使用表格来进行布局呢？

魔法师： 要使用表格进行布局，需要掌握使用表格布局网页的模式、创建表格、选择表格、嵌套表格及设置表格属性的方法，下面我就分别给你讲解。

4.1.1 表格布局网页的模式

使用表格布局网页的优点是能实现对网页元素的精确定位，适用于结构规范的网页。目前常见的页面布局形式有国字型、拐角型、标题正文型和封面型，下面分别进行介绍。

- **国字型布局：** 该布局方式的上端为网站标题、广告条，中间为正文，左右分列两栏，用于放置导航或广告，最下面是网站基本信息，这种方式最为常见，如图4-1所示。
- **拐角型布局：** 与国字型布局非常相似，上面是标题及广告横幅，接着中间左侧较窄的一栏放链接一类的信息，右侧为正文，下面也是一些网站的辅助信息，如图4-2所示。

图4-1　国字型布局

图4-2　拐角型布局

- **标题正文型布局：** 该布局方式最上面为标题、广告条，下面是正文，注册页面常用这种类型，如图4-3所示。
- **封面型布局：** 基本用于网站的首页，常以精美的图像为主题作形象展示。很多设计公司的网站喜欢采用这种形式，如图4-4所示。

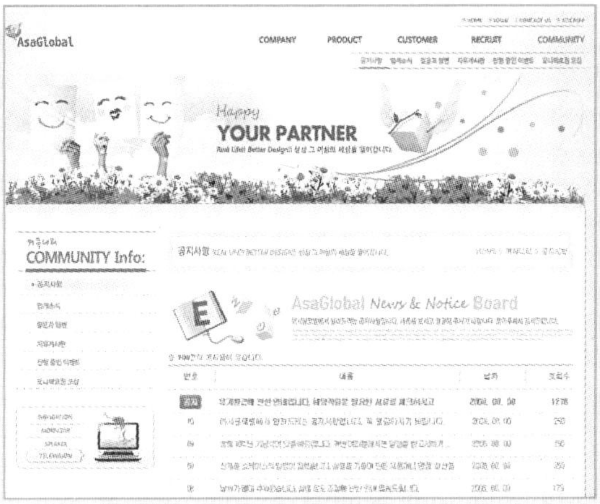

图4-3　标题正文型布局

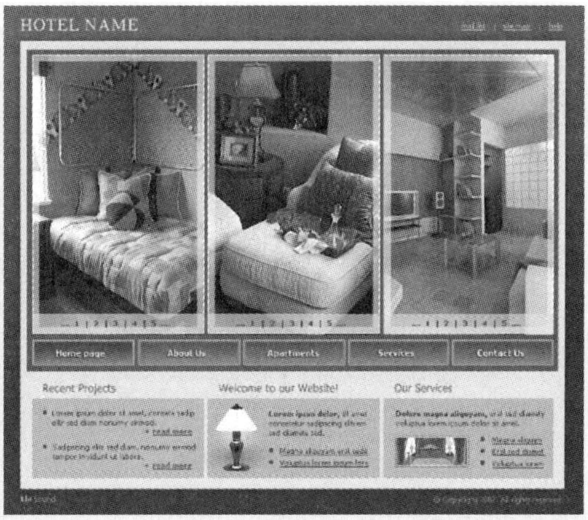

图4-4　封面型布局

除了上述网页类型以外，还有很多独具特色的网页布局形式，它们有的将以上几种类型进行灵活的组合，有的在其基础上进行巧妙延伸。总之，网页布局的方法多种多样，读者需要多观察学习别人的网站，取长补短，才能设计出布局合理、构思巧妙的网页作品。

4.1.2　在网页中创建表格

了解了网页布局的一般模式后，就可以在Dreamweaver CS6中使用表格来布局网页的框架了。但在此之前，需要先掌握表格的创建方法。在Dreamweaver CS6中选择【插入】/【表格】命令或在“常用”插入栏中单击“表格”按钮或按【Ctrl+Alt+T】组合键，打开“表格”对话框，在该对话框中即可设置插入表格的各种属性，如图4-5所示。

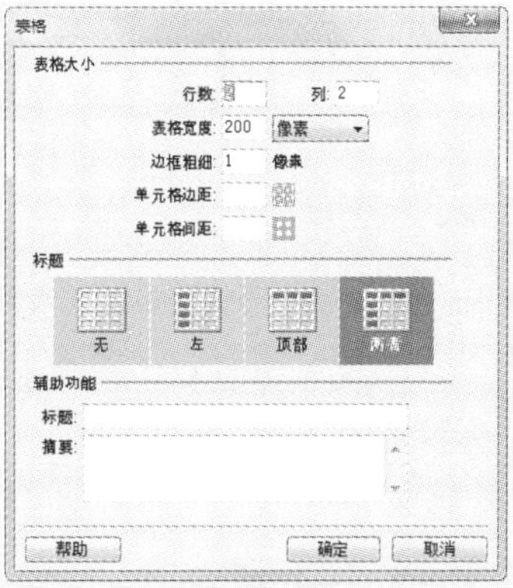

图4-5　“表格”对话框

“表格”对话框中各组成部分的含义如下。

- “行数”文本框：用于设置插入表格的行数。
- “列”文本框：用于设置插入表格每行的单元格数目。
- “表格宽度”文本框：有两种设置方式，一种是百分比方式，其参数值表示插入表格的宽度相对于页面或其父元素的宽度比例；另一种是像素方式，其参数值表示插入表格的实际宽度的像素值。
- “边框粗细”文本框：用于设置表格边框的宽度，其参数表示插入表格边框的实际像素值。
- “单元格边距”文本框：用于设置各单元格内容与单元格边线的间距，单位为像素（设置时被省略）。
- “单元格间距”文本框：用于设置单元格与单元格之间的间隔距离，单位为像素（设置时被省略）。

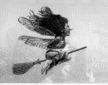

- “无”选项：不启用列或行标题。
- “左”选项：可将表格的第一列作为标题列，以便为表中的每一行输入一个标题。
- “顶部”选项：可将表格的第一行作为标题行，以便为表中的每一列输入一个标题。
- “两者”选项：使表格中既可以输入列标题，又可以输入行标题。
- “标题”文本框：用于为插入的表格设置一段标题文本。
- “摘要”列表框：给出了表格的说明。屏幕阅读器可以读取摘要文本，但是该文本不会显示在用户的浏览器中。

下面将在网页文档中插入一个表格，其具体操作如下：

步骤 01 在Dreamweaver CS6的工作界面中，将鼠标光标定位到需创建表格的位置，然后单击“表格”按钮，打开“表格”对话框。

步骤 02 在“行数”和“列”文本框中输入表格的行数和列数，这里输入“8”和“4”。在“表格宽度”文本框中输入“400”，在其后的下拉列表框中选择度量单位为“像素”。

步骤 03 在“边框粗细”文本框中输入“1”，在“单元格边距”文本框中设置单元格中的内容与单元格边框之间的距离值，这里输入“0”。

步骤 04 在“标题”栏中单击“顶部”选项，单击确定按钮完成表格的设置，如图4-6所示。

步骤 05 返回到工作界面中即可查看插入的表格效果，如图4-7所示。

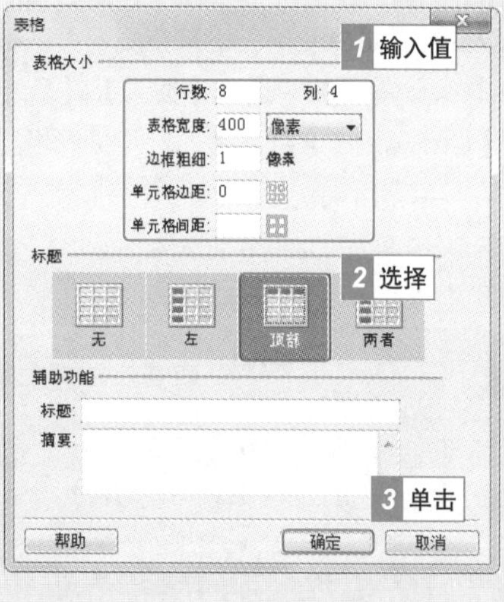

图4-6 设置表格属性

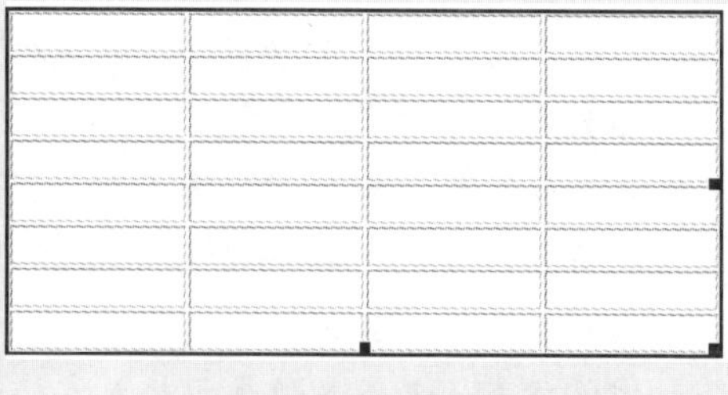

图4-7 插入的表格效果

4.1.3 嵌套表格

普通表格主要用于确定网页的大框架，如果要对网页进行较为复杂、内容相对较多的布局，可通过嵌套表格的方法在表格的某个单元格中再插入一个表格。当用户在网页文档中创建了表格以后，即可在表格中插入嵌套表格，其方法与创建普通的表格相同。

下面将在创建的表格中创建嵌套表格，其具体操作如下：

步骤 01 将鼠标光标定位到第一个单元格中，选择【插入】/【表格】命令，打开“表格”对话框。

步骤 02 在“行数”和“列”文本框中分别输入“2”和“3”，在“表格宽度”文本框中输入“100”，在其后的下拉列表框中选择“百分比”选项，在“边框粗细”、“单元格边距”和“单元格间距”文本框中都输入“0”，在“标题”栏中选择“无”选项，单击 确定 按钮完成表格的设置，如图4-8所示。

步骤 03 返回到工作界面中即可查看插入的表格效果，如图4-9所示。

图4-8　设置嵌套表格的属性

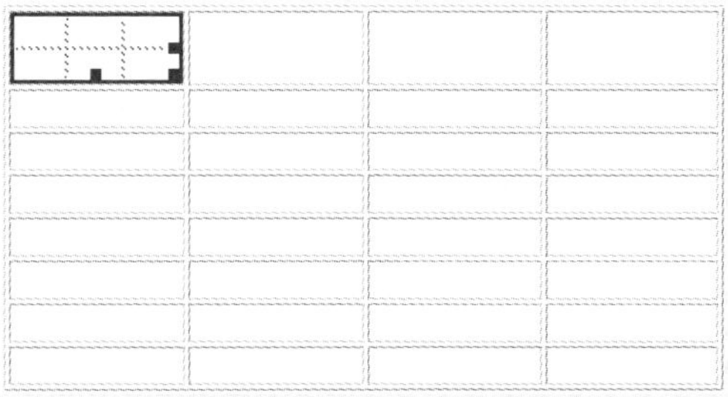
图4-9　查看插入的嵌套表格效果

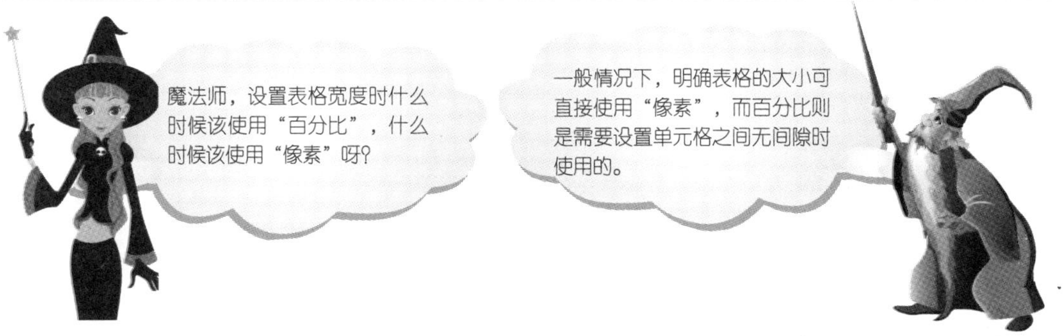

魔法师，设置表格宽度时什么时候该使用“百分比”，什么时候该使用“像素”呀？
一般情况下，明确表格的大小可直接使用“像素”，而百分比则是需要设置单元格之间无间隙时使用的。

4.1.4 选择表格

创建表格并插入内容后，如果发现表格不符合设计要求，需要进行修改，在修改之前需要先选择要调整的表格。在Dreamweaver CS6中选择表格主要分为选择整个表格、选择行或列和选择单元格等，下面进行分别介绍。

1. 选择整个表格

如果用户需要对插入的表格进行编辑，就需选择插入的表格，在Dreamweaver CS6中选择整个表格的方法主要有以下几种。

- **单击表格边框线选择表格**：将鼠标光标移到表格边框线上，当边框线变为红色且鼠标光标变为形状时，单击鼠标即可，如图4-10所示。
- **单击单元格边框线选择表格**：将鼠标光标移到单元格的边框线上，当鼠标光标变为或的形状时单击鼠标即可，如图4-11所示。
- **单击<table>标签选择表格**：将光标插入点定位到表格的任一单元格中，单击窗口左下角标签选择器中的<table>标签即可，如图4-12所示。

图4-10 单击表格边框线

图4-11 单击单元格边框线

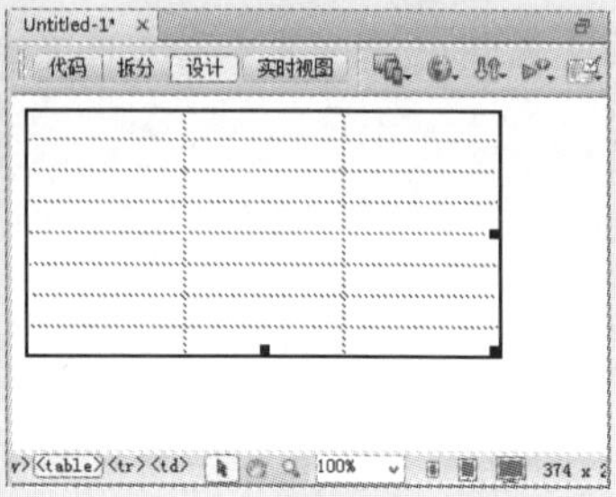

图4-12 单击<table>标签

2. 选择行和列

行/列的选择方法基本相同，其方法分别介绍如下。

- **选择行**：将鼠标光标移到所需行的左侧，当鼠标光标变为形状且该行的边框线变为红色时单击鼠标即可选择该行，如图4-13所示。
- **选择列**：将鼠标光标移到所需列的上端，当鼠标光标变为形状且该列的边框线变为红色时单击鼠标左键即可选择该列，如图4-14所示。

图4-13 选择单行

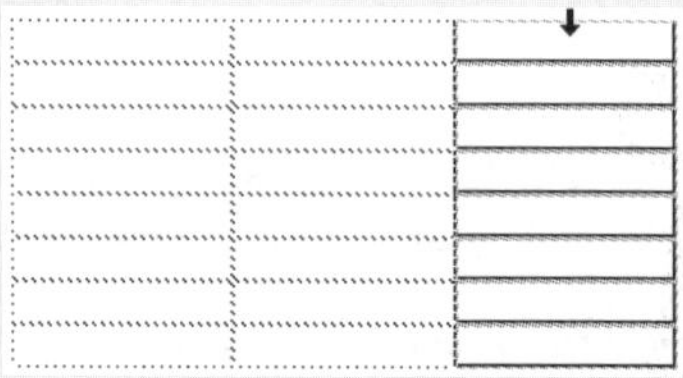

图4-14 选择单列

3. 选择单元格

选择单元格分为选择单个单元格、选择连续单元格和选择不连续单元格几种，其方法分别介绍如下。

- **选择单个单元格**：将鼠标光标定位到要需选择的单元格中，并单击鼠标即可选择该单元格。
- **选择连续单元格**：将鼠标光标定位到要选中的连续单元格区域中4个角上的某一单元格中，然后按住鼠标左键不放，向对角方向拖动鼠标到对象最后一个单元格中，释放鼠标即可，如图4-15所示。

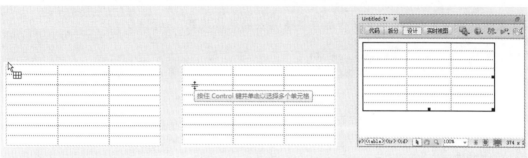

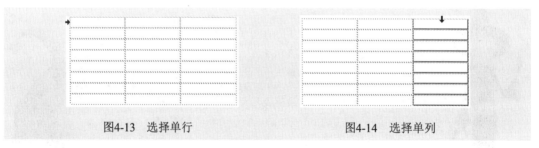

- **选择不连续单元格：** 按住【Ctrl】键不放，单击要选择的单元格即可选择不连续的单元格，如图4-16所示。

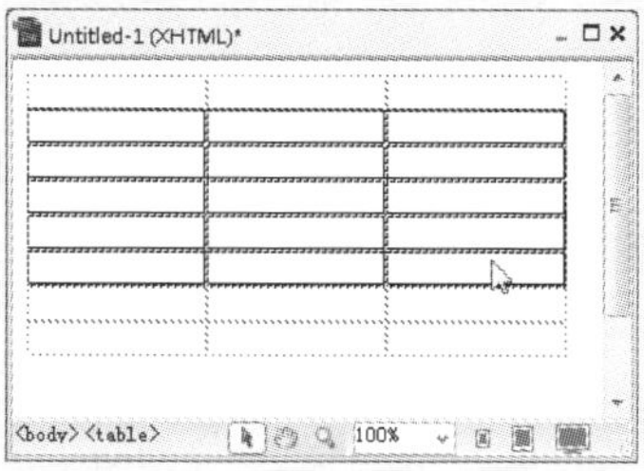

图4-15　选择连续单元格

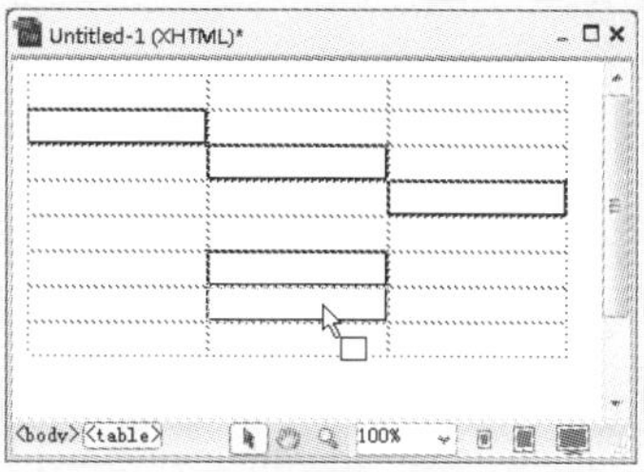

图4-16　选择不连续单元格

魔法档案——使用快捷键选择相邻的单元格

单击需要选择的单元格区域左上角的单元格，再按住【Shift】键不放，在右下角的单元格中单击鼠标左键，也可选取多个相邻的单元格。

4.2　设置表格与单元格的属性

魔法师： 创建表格后，为了使表格更具特色，可对表格的属性进行设置，如设置表格宽度、边框粗细、对齐和背景颜色等。除了设置表格属性外，还可为表格中单元格的属性进行设置。

小魔女： 那设置表格与单元格属性的方法是什么呢？

魔法师： 设置它们的属性，都是在“属性”面板中进行的，下面就来看看吧！

4.2.1　设置表格的属性

在网页中插入表格后，为了使表格的格式更加符合设计的需要，可在其“属性”面板中对表格的宽度、高度、填充、间距、对齐、边框、背景颜色、边框颜色和背景图像等进行设置，如图4-17所示。

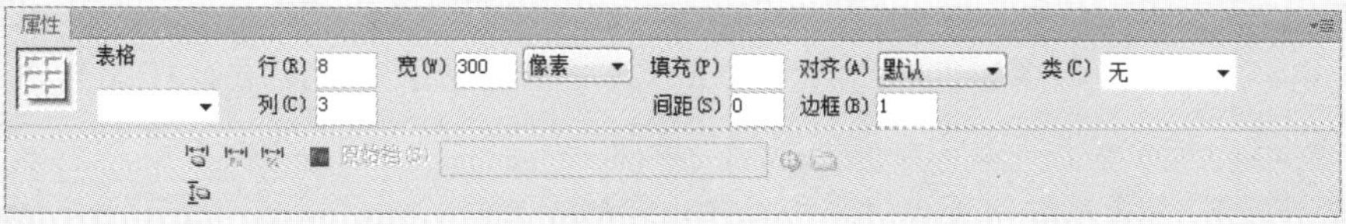

图4-17　表格“属性”面板

表格“属性”面板中主要功能项的介绍如下。

- **“表格”下拉列表框：** 为表格进行命名，可用于脚本的引用或定义CSS样式。

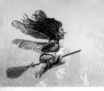

- “行”和“列”文本框：设置表格的行数和列数。
- “宽”文本框：设置表格的宽度，在其后的下拉列表框中可选择度量单位，如像素或百分比。
- “填充”文本框：设置单元格边界和单元格内容之间的距离，与“表格”对话框中的“单元格边距”文本框作用相同。
- “间距”文本框：设置相邻单元格之间的距离，与“表格”对话框中的“单元格间距”文本框作用相同。
- “对齐”下拉列表框：设置表格与文本或图像等网页元素之间的对齐方式，只限于和表格同段落的元素。
- “边框”文本框：设置边框的粗细，通常设置为0，如需要边框，可通过定义CSS样式来实现。
- “类”下拉列表框：用于选择应用于表格的CSS样式。
- 按钮：单击该按钮，可取消单元格的宽度设置，使表格宽度随单元格内容自动调整。
- 按钮：单击该按钮，可取消单元格的高度设置，使表格高度随单元格内容自动调整。
- 按钮：单击该按钮，可将表格宽度度量单位从百分比转换为像素。
- 按钮：单击该按钮，可将表格宽度度量单位从像素转换为百分比。

4.2.2 设置单元格的属性

对整个表格的属性进行设置后，还可对表格中单元格的行或列的属性进行设置。在“属性”面板中，单元格的“属性”面板分为上下两部分，其中上半部分是“属性”面板的默认状态，主要用于设置单元格中文本的属性，下半部分主要用于设置单元格的属性，如图4-18所示。

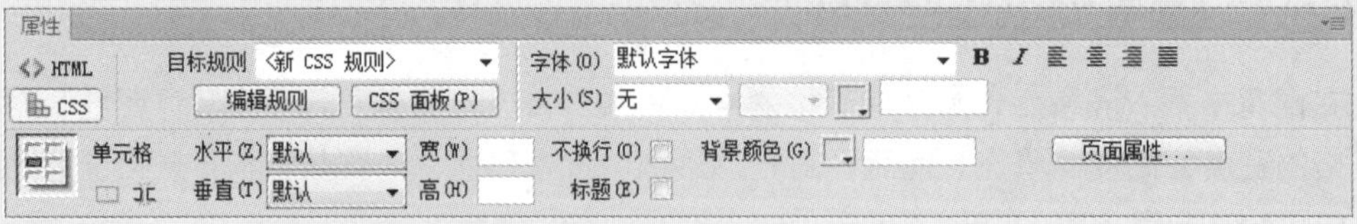

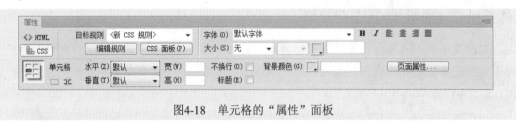

图4-18　单元格的“属性”面板

单元格“属性”面板中的主要功能介绍如下。

- 按钮：单击该按钮可合并选中的单元格。
- 按钮：单击该按钮可进行单元格的拆分操作。
- “水平”下拉列表框：用于设置单元格中内容的水平方向上的对齐方式，包括“左对齐”、“居中对齐”、“右对齐”和“默认”4个选项。
- “垂直”下拉列表框：用于设置单元格中内容的垂直方向上的对齐方式，包括“顶端”、“居中”、“底部”、“基线”和“默认”5个选项。

- “宽”文本框：设置单元格的宽度，如果直接输入数字，则默认度量单位为像素，如果要以百分比作为度量单位，则应在输入数字的同时输入“%”符号，如“90%”。
- “高”文本框：设置单元格的高度，默认单位为像素。
- 不换行(O) ☑复选框：选中该复选框可以防止换行，从而使给定单元格中的所有文本都在一行中。
- 标题(E) ☑复选框：可以将所选的单元格格式设置为表格标题单元格（也可通过“表格”对话框中的“标题”栏进行设置）。默认情况下，表格标题单元格的内容为粗体且居中。
- “背景颜色”色块：设置表格的背景颜色。

4.3 单元格的基本操作

魔法师：小魔女，在设置表格和单元格的属性后，你觉得接下来我们应该讲解什么知识呢？

小魔女：嗯，既然讲了表格的基本操作、表格和单元格属性的设置方法，那应该是单元格的基本操作吧！

魔法师：呵呵，是的，接下来我们将要讲解合并与拆分单元格、插入行/列以及删除行/列等操作。

4.3.1 合并与拆分单元格

合并与拆分单元格是编辑表格过程中最常用的操作之一，下面分别对其方法进行讲解。

1. 合并单元格

合并单元格就是将表格中的多个单元格合并为一个单元格的操作，其方法有以下两种。

- 选择要合并的单元格区域后，单击“属性”面板左下角的按钮即可。
- 选择要合并的单元格区域并单击鼠标右键，在弹出的快捷菜单选择【表格】/【合并单元格】命令。

2. 拆分单元格

拆分单元格就是将一个单元格拆分为多个单元格的操作，其方法比较简单，具体操作如下。

步骤 01 将鼠标光标定位到要进行拆分操作的单元格中，如图4-19所示。

步骤 02 单击“属性”面板左下角的按钮，打开“拆分单元格”对话框，在“把单元格拆分”栏中选中 ◉行(R) 单选按钮，在“行数”数值框中输入

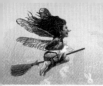

"3"，单击 确定 按钮完成单元格的拆分，如图4-20所示。

步骤 03 返回到工作界面中即可查看拆分后的单元格，如图4-21所示。

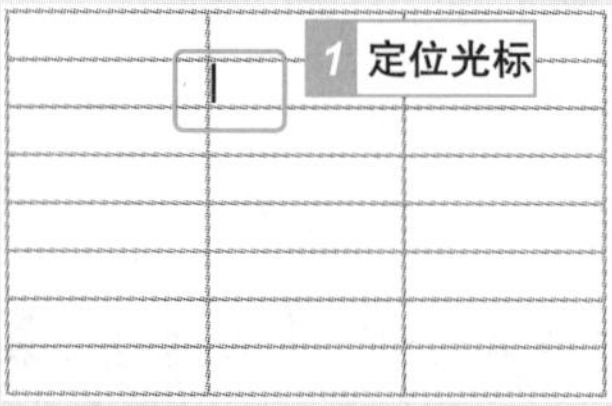

图4-19 定位光标

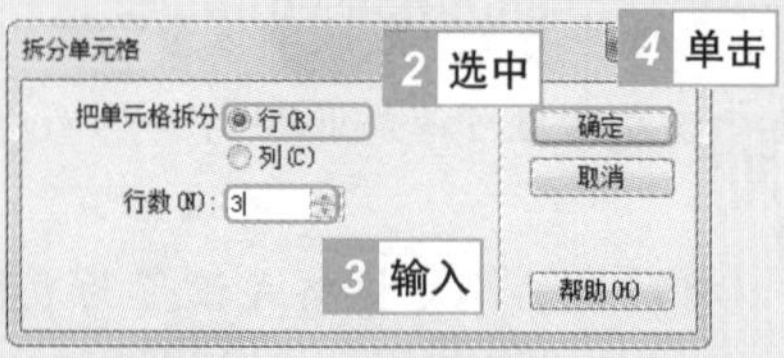

图4-20 拆分单元格

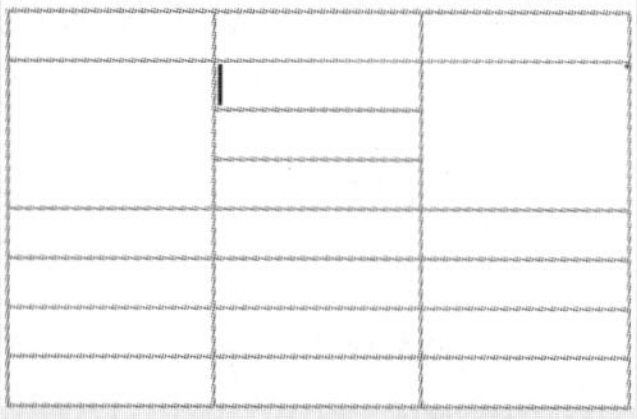

图4-21 查看拆分后的效果

4.3.2 插入行/列

在表格中插入行/列又分为插入单行或单列和插入多行或多列，下面分别对其介绍。

1. 插入单行或单列

在表格中插入单行或单列的方法比较简单，其具体操作如下：

步骤 01 将鼠标光标定位到相应的单元格中，如图4-22所示。

步骤 02 单击鼠标右键，在弹出的快捷菜单中选择【表格】/【插入行】命令，在所选单元格的上方将会出现新的一行，如图4-23所示。

步骤 03 使用相同的方法在弹出的快捷菜单中选择【表格】/【插入列】命令，将在选择单元格左侧出现新的一列，如图4-24所示。

产品名称	单价	单位
苹果	4.0	500g
雪梨	3.5	500g
雪花啤酒	5.0	1瓶
枇杷	4.5	500g
香蕉	3.0	500g
橙子	4.0	500g

图4-22 定位光标

产品名称	单价	单位
苹果	4.0	500g
雪梨	3.5	500g
雪花啤酒	5.0	1瓶
枇杷	4.5	500g
香蕉	3.0	500g
橙子	4.0	500g

图4-23 在单元格上方插入行

产品名称		单价	单位
苹果		4.0	500g
雪梨		3.5	500g
雪花啤酒		5.0	1瓶
枇杷		4.5	500g
香蕉		3.0	500g
橙子		4.0	500g

图4-24 在单元格左侧插入列

2. 插入多行或多列

在表格中插入多行或多列的方法和插入表格的方法非常相似，其具体操作如下：

步骤 01 将鼠标光标定位到相应的单元格中，如图4-25所示。

步骤 02 单击鼠标右键，在弹出的快捷菜单中选择【表格】/【插入行或列】命令，打开"插入行或列"对话框，在"插入"栏中选中 ◉行(R) 单选按钮，在"行数"数值框中输入"2"，在"位置"栏中选中 ◉所选之下(B) 单选按钮，单击 确定 按钮，如图4-26所示。

步骤 03 返回到工作界面中即可查看插入行后的效果，如图4-27所示。

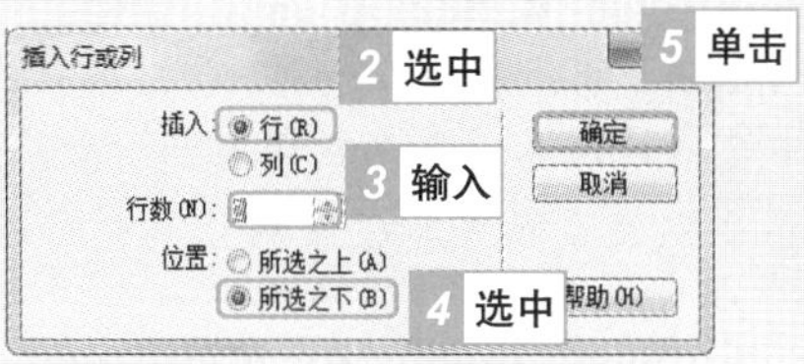

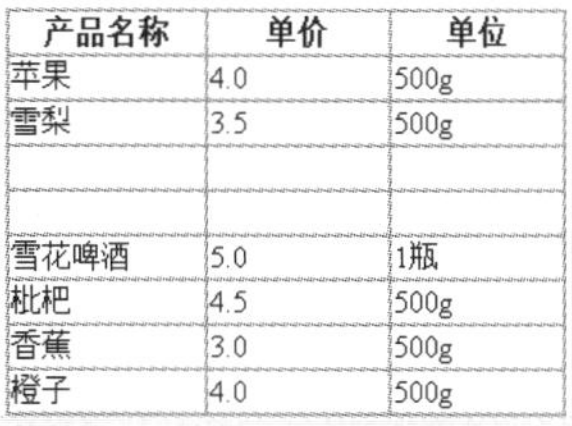

产品名称	单价	单位
苹果	4.0	500g
雪梨		500g
雪花啤酒	5.0	1瓶
枇杷	4.5	500g
香蕉	3.0	500g
橙子	4.0	500g

图4-25　定位光标　　　　　　图4-26　设置插入2行　　　　　图4-27　插入2行后的效果

小魔女，在菜单栏中选择【修改】/【表格】命令，在弹出的子菜单中也可进行这些操作哦！

嗯，真的！看来对表格进行操作的方法还是多种多样的嘛！

4.3.3　删除行/列

如果需要删除表格中的行或列，可将光标插入点定位到需删除的单元格中，然后执行以下操作即可删除行/列。

- 单击鼠标右键，在弹出的快捷菜单中选择【表格】/【删除行】命令，可以删除光标插入点所在的行。
- 选择【表格】/【删除列】命令，可删除光标插入点所在的列。
- 选择需要删除的行/列，按【Delete】键可将其直接删除。

4.4　使用框架布局网页

小魔女：魔法师，除了通过表格对网页进行布局外，还有其他的方法吗？

魔法师：当然有！框架也是布局网页的一种重要形式哦！通过框架可实现当一个框架的内容固定不动时，另一个框架中的内容仍可以通过滚动条进行上下翻动的效果，使制作的网页更加生动。

小魔女：哦？真的吗？你别藏私呀，快点教教我吧！

魔法师：呵呵，那好，下面你可要听仔细了，这对制作网页可是十分重要的哟！

4.4.1　框架和框架集的含义

在Dreamweaver CS6中，框架（Frame）也是一种网页布局的工具，但它的结构比表格稍

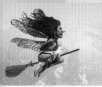

微复杂一些。Dreamweaver中的框架主要包括两部分，一是框架，另一个是框架集，其含义分别如下。

- 框架：用于记录具体的网页内容，每个框架对应一个网页。
- 框架集：用于记录整个框架页面中各框架的信息，如框架的布局、在页面中的位置和大小等。

4.4.2 使用框架布局网页的技巧

在使用框架布局网页时，为了能正确使用框架，需要掌握一些框架的技巧和规则，分别介绍如下。

- 创建框架或框架集后可对其属性进行设置。
- 每个框架有着不同的HTML网页，因此需要分别保存每个框架文件和框架集文件。
- 要确保文件中的每个超链接都正确。

4.4.3 创建框架及框架集

在Dreamweaver CS6中创建框架及框架集主要是通过菜单栏来进行的，其方法如下。

1. 创建框架

创建框架的方法比较简单，只需在网页文档中选择【插入】/【HTML】/【框架】命令，在弹出的子菜单中选择需要的框架集类型即可。

下面将在Dreamweaver CS6中创建一个框架，其具体操作如下：

步骤 01 启动Dreamweaver CS6，新建一个空白网页，选择【插入】/【HTML】/【框架】/【右对齐】命令，如图4-28所示。

步骤 02 打开“框架标签辅助功能属性”对话框，保持默认设置不变，单击 确定 按钮，如图4-29所示。

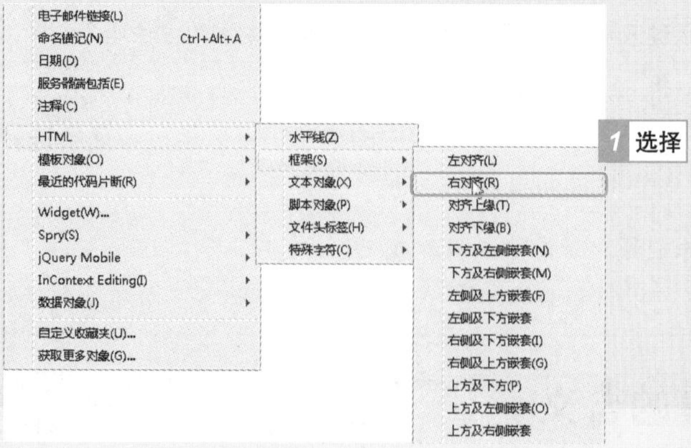

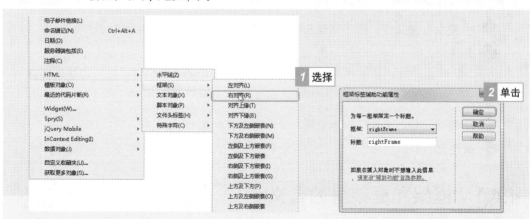

图4-28 选择添加命令

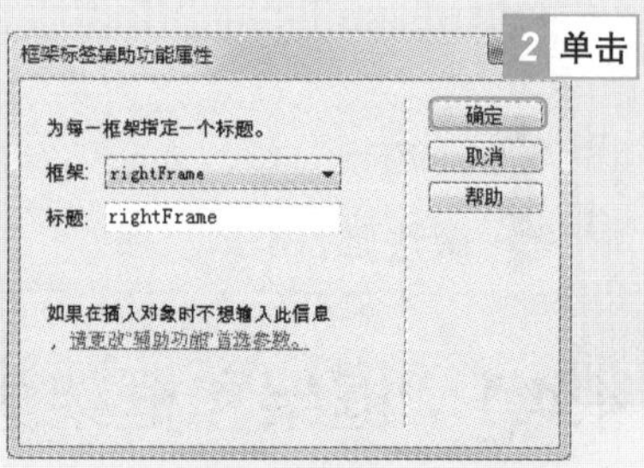

图4-29 打开对话框

步骤 03 Dreamweaver自动在网页文档中创建选择的框架，其效果如图4-30所示。

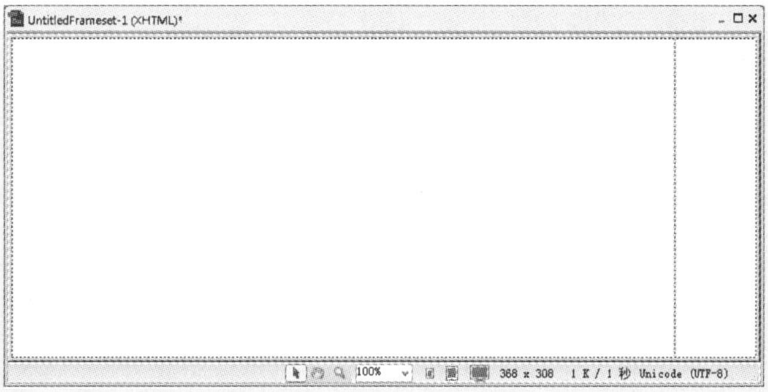

图4-30　查看创建的框架

晋级秘诀——拆分框架

创建好的框架集是系统预设的样式，如果对该样式不满意，可将鼠标光标放置在需要调整的框架边框线上，当光标变为⇔形状时，同时按住【Alt】键并拖动鼠标至合适位置后即可将一个框架拆分为两个框架，如图4-31所示。

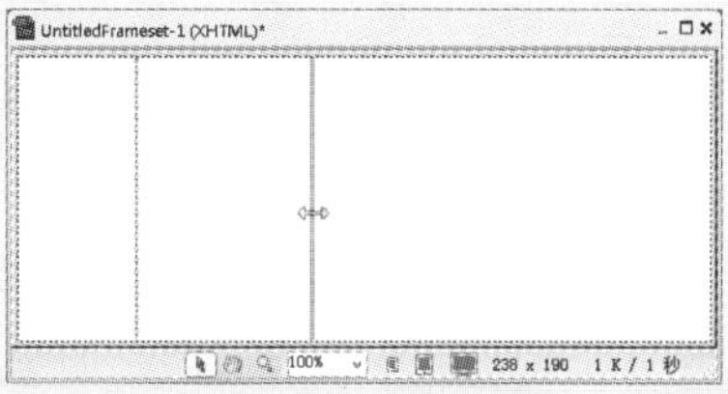

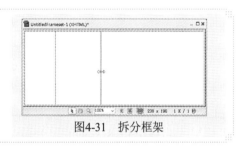

图4-31　拆分框架

2. 创建嵌套框架集

和表格一样，框架也可以嵌套。嵌套框架集即是在框架内部创建框架，其具体操作如下：

步骤 01 将鼠标光标定位到需创建嵌套框架集的框架中，选择【插入】/【HTML】/【框架】命令，在弹出的子菜单中选择需要创建的嵌套框架类型，这里选择“右对齐”命令，如图4-32所示。

步骤 02 系统自动打开“框架标签辅助功能属性”对话框，保持对话框中的默认设置不变，单击 确定 按钮，完成框架的嵌套操作，如图4-33所示。

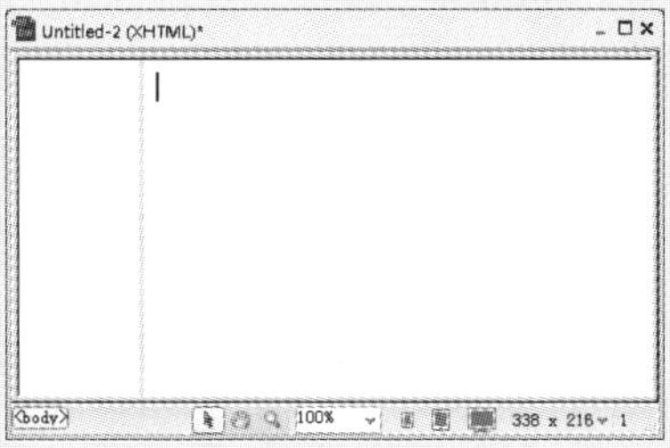

图4-32　定位鼠标光标

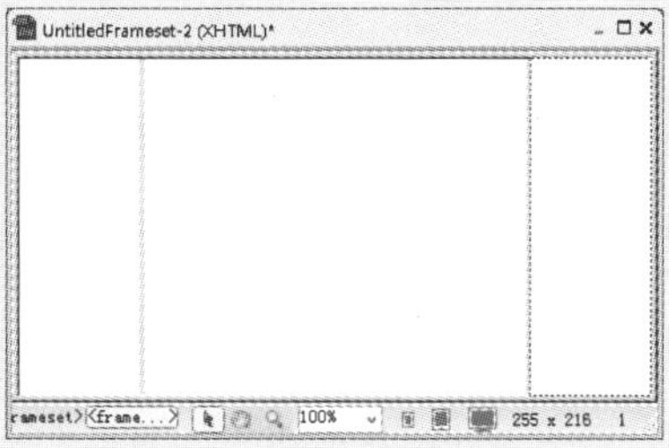

图4-33　查看嵌套的框架集

4.4.4 选择框架及框架集

如果要对创建的框架或框架集进行编辑，那么首先需要选择修改的框架或框架集。在

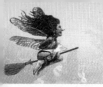

Dreamweaver CS6中，可通过“框架”面板进行选择。在工作界面中选择【窗口】/【框架】命令可打开“框架”面板，在该面板中显示了网页文档中插入框架的名称及结构等，如图4-34所示。

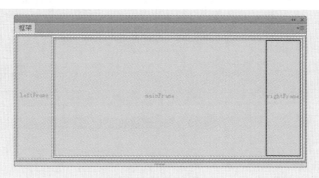

图4-34 “框架”面板

在“框架”面板中选择框架和框架集的方法如下。

- **选择框架：**在“框架”面板中单击需选择的框架，被选择的框架在“框架”面板中以粗黑框显示，如图4-35所示。
- **选择框架集：**在“框架”面板中单击框架集的边框即可选中框架集，如图4-36所示。

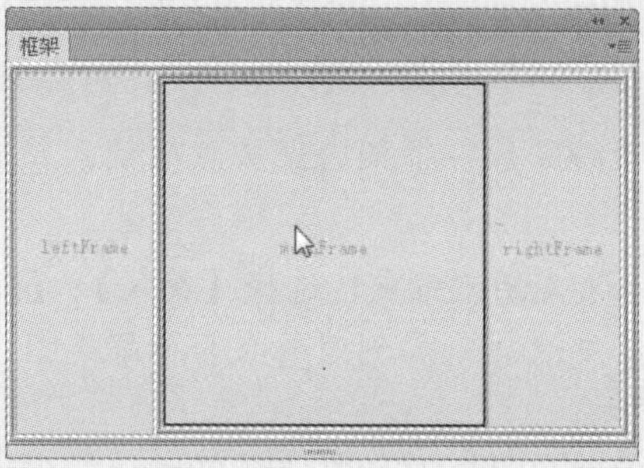

图4-35 选择框架

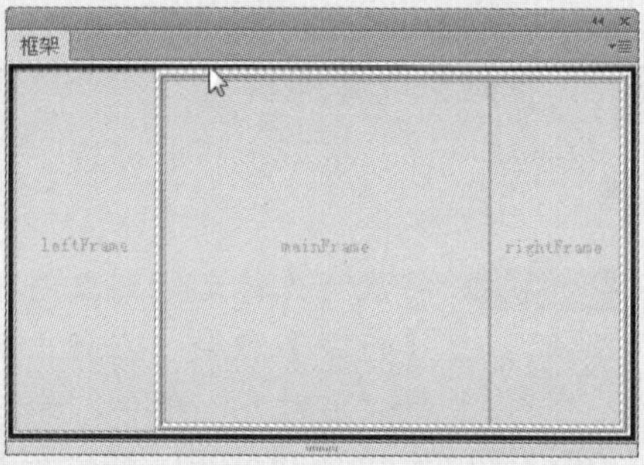

图4-36 选择框架集

晋级秘诀——使用快捷键和方向键切换框架

当选择一个框架时，可在此基础上使用【Alt】键和键盘上的方向键来选择其他框架，其方法为：使用【Alt+→】键和【Alt+←】键可以选择同级框架或框架集；使用【Alt+↑】组合键可以从文档编辑状态、框架和框架集逐步扩大范围选取，即升级选取；使用【Alt+↓】键则是降级选取。

4.4.5 调整框架大小

当用户在网页文档中插入框架后，常常需要调整框架的大小，此时可将鼠标光标移至需调整的框架边框上，当鼠标光标变为↔形状时，按住鼠标左键不放并拖动至所需位置，然后释放鼠标，即可改变框架的大小，如图4-37所示。

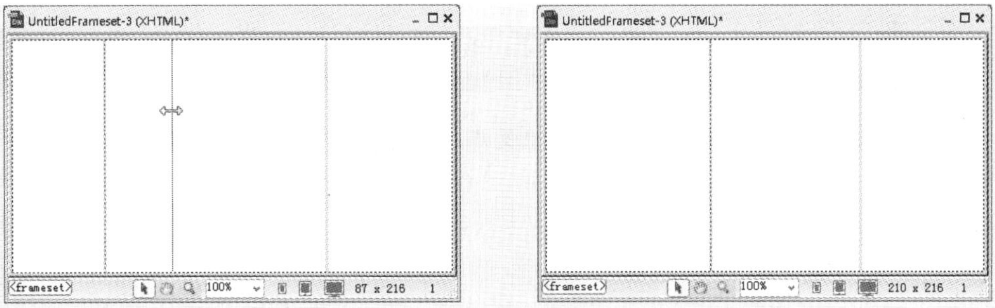

图4-37　调整框架的大小

4.4.6　删除框架

Dreamweaver CS6中的嵌套框架可以删除，但框架集却无法删除。如需删除框架，可用鼠标将要删除框架的边框拖至页面外；如要删除嵌套框架，需将其边框拖到父框架边框上或拖离页面。

4.4.7　保存框架及框架集

一个框架网页中至少包含一个框架集网页文档及多个框架网页文档，当用户编辑好这些框架网页后，即可对其进行保存。在Dreamweaver中保存框架和框架集的方法与保存网页文件的方法类似，具体如下。

- 保存框架：在Dreamweaver中将鼠标光标定位到需保存框架中，然后选择【文件】/【保存框架】命令，打开“另存为”对话框，在其中选择保存框架的位置并输入文件名后，单击 保存(S) 按钮即可完成框架网页文档的保存，如图4-38所示。
- 保存框架集：保存框架集和保存框架的方法相似，只需选择所需保存网页文档的框架集，选择【文件】/【保存框架集】命令，在打开的“另存为”对话框中进行设置即可。

图4-38　“另存为”对话框

- 全部保存：全部保存可以同时保存框架集网页文档及所有的框架网页文档，该方法常用于首次保存框架及框架集网页文档。在网页中选择【文件】/【保存全部】命令，打开“另存为”对话框，设置保存的路径和名称后，单击 保存(S) 按钮保存框架集网页文档，同时打开“另存为”对话框进行框架网页文档的保存。

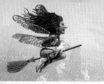

4.5 设置框架和框架集的属性

小魔女：魔法师，创建的框架和框架集的名称都是固定的，有什么方法可以修改它吗？

魔法师：呵呵，当然可以，不仅如此，还可以对框架的颜色、滚动特性和大小等进行设置，掌握设置框架的方法后，就可以通过它来编辑网页了！

小魔女：使用框架编辑网页主要进行哪些设置呢？

魔法师：框架主要是通过超链接来进行网页编辑的，在编辑网页时，还可以对框架的标题进行设置，使设计者能够更加清晰地掌握网页的结构。

4.5.1 设置框架

当用户在网页文档中插入框架或框架集后，可在“属性”面板中对插入的框架的属性进行设置，如框架的名称、滚动特性和大小等。选择需设置属性的框架，其“属性”面板如图4-39所示。

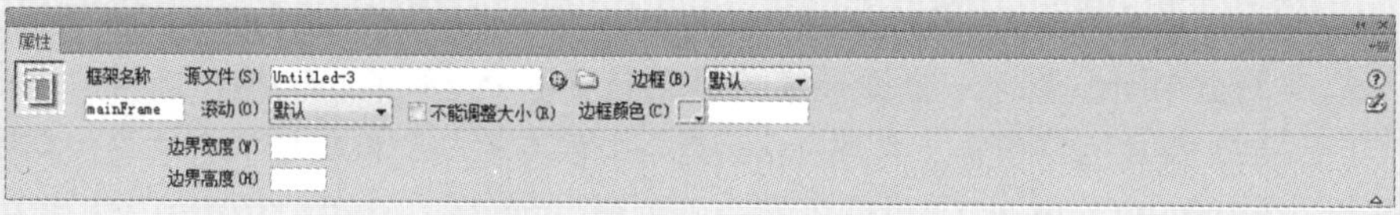

图4-39 框架“属性”面板

框架“属性”面板中各参数的含义介绍如下。

- **“框架名称”文本框**：该文本框中的内容为可选内容，但要在该框架中再显示其他网页，则需要输入框架名。框架名只能是字母、下划线符号等组成的字符串，而且必须是字母开头，不能出现连字号、句号及空格，不能使用JavaScript的保留关键字。
- **“源文件”文本框**：该文本框用来设置框架所链接的网页。单击文本框后的按钮，在打开的“选择HTML文件”对话框中可选择要链接的网页。
- **“滚动”下拉列表框**：可在该下拉列表框中选择框架出现滚动条的方式。其中“是”选项表示始终显示滚动条；“否”选项表示始终不显示滚动条；“自动”选项表示当框架文档内容超出了框架大小时，才出现框架滚动条；“默认”选项表示采用大多数浏览器的自动方式。
- **“边框”下拉列表框**：可在该下拉列表框中选择是否显示框架的边框。其中“否”选项表示不显示边框，“是”选项表示要显示边框。
- **不能调整大小(R)复选框**：选中该复选框表示框架的大小不能在浏览时通过拖动来改变。
- **“边框颜色”文本框**：设置框架边框的颜色。
- **“边界宽度”文本框**：设置当前框架中的内容距左右边框间的距离。
- **“边界高度”文本框**：设置当前框架中的内容距上下边框间的距离。

4.5.2 设置框架集属性

设置框架集属性的方法与设置框架属性的方法类似，选择需设置属性的框架集，其“属性”面板如图4-40所示。

图4-40　框架集“属性”面板

框架集“属性”面板中各功能项的含义和框架“属性”面板中的基本相同，不同之处在于框架集“属性”面板中“行”或“列”文本框中可设置框架的行或列的宽度，在“单位”下拉列表框中选择行或列的宽度单位后即可输入所需数值。但框架属性设置的优先级是高于框架集属性设置的，也就是说框架集的属性设置不影响框架属性。

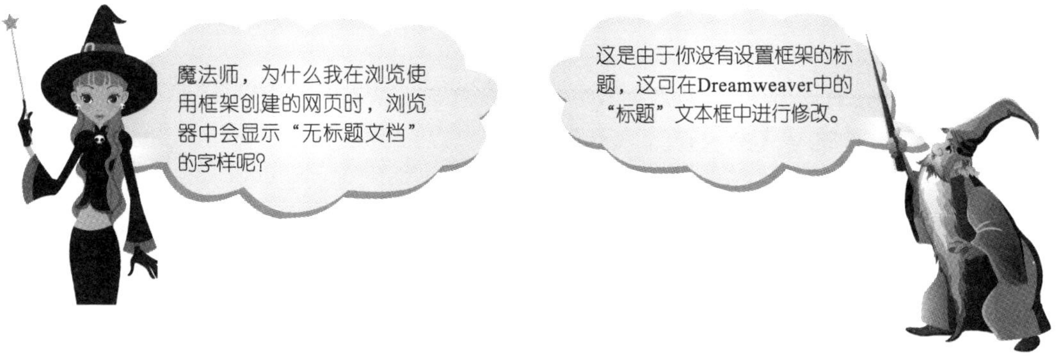

魔法师，为什么我在浏览使用框架创建的网页时，浏览器中会显示“无标题文档”的字样呢？
这是由于你没有设置框架的标题，这可在Dreamweaver中的“标题”文本框中进行修改。

魔法档案——框架的其他设置

对框架进行设置时，可对框架中的内容设置超链接，单击超链接可打开其他的网页。设置网页内容中超链接的方法将在后面的章节中进行讲解，这里不再介绍。

4.6 典型实例——制作“旅游足迹”网页

小魔女： 魔法师，使用表格和框架对网页进行布局的方法我都掌握了，可在实际操作的时候，还是不知道该怎么布局。

魔法师： 呵呵，新手在使用表格和框架时，总是不能很好地把握网页的整体布局，因此需要多进行练习，使自己能够更加熟练地使用它们。

小魔女： 嘿，你这么一说，我还真的没有好好练习过呢！

魔法师： 那下面我们就来实际操作一下，使用表格来布局网页，使网页结构更加清晰，其效果如图4-41所示。

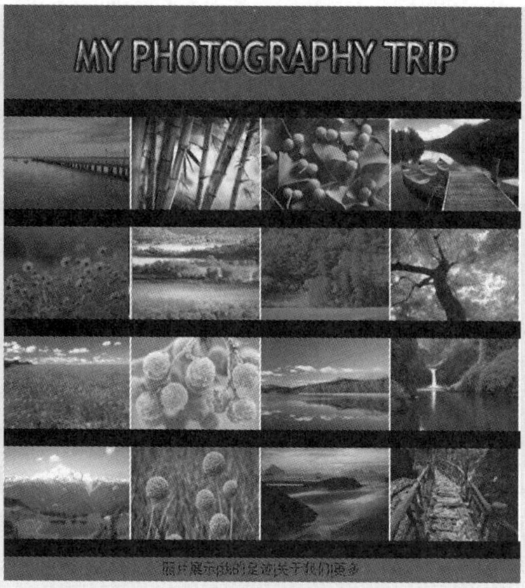

图4-41　表格布局网页的效果

其具体操作如下：

步骤 01　启动Dreamweaver后新建一个空白网页，然后将鼠标光标定位到网页文档中，选择【插入】/【表格】命令。

步骤 02　打开“表格”对话框，在“行数”和“列”文本框中输入“1”和“3”，在“表格宽度”文本框中输入“768”，在其后的下拉列表框中选择“像素”选项，设置边框粗细、单元格边距和单元格间距的值都为0，在“标题”栏中选择“无”选项，单击确定按钮，如图4-42所示。

步骤 03　返回网页文档中，插入的表格默认为选择状态，然后在“属性”面板的“对齐”下拉列表框中选择“居中对齐”选项，如图4-43所示。

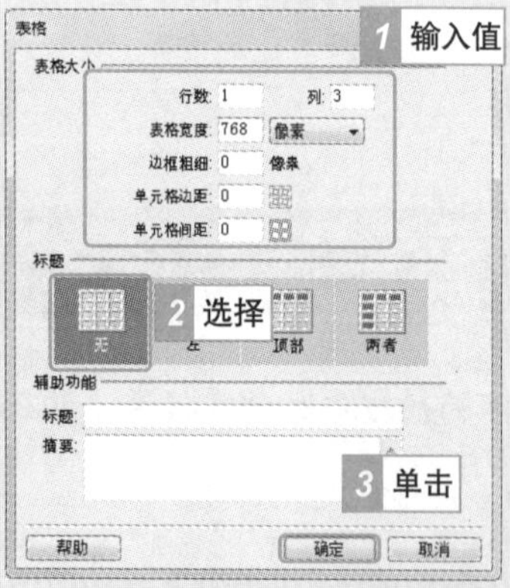

图4-42　“表格”对话框

图4-43　设置表格的对齐方式

步骤 04　选择第2列单元格，再次选择【插入】/【表格】命令，并在打开的“表格”对话框的“行数”和“列”文本框中输入“11”和“1”，在“表格宽度”文本框中输入“609”，保持其他默认设置不变，单击确定按钮，如图4-44所示。

步骤 05　返回网页文档中可查看到插入后的表格，其效果如图4-45所示。

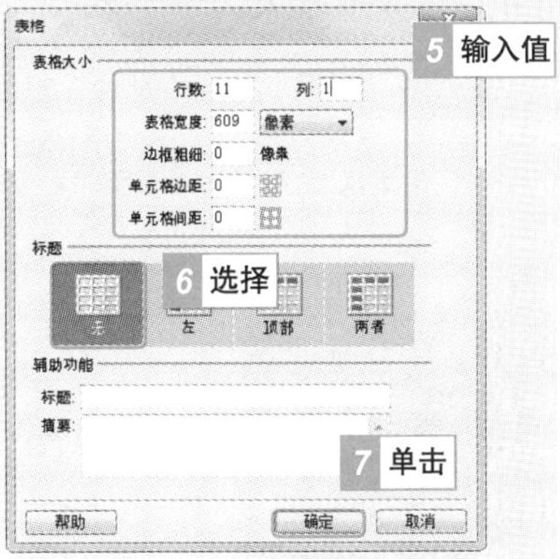

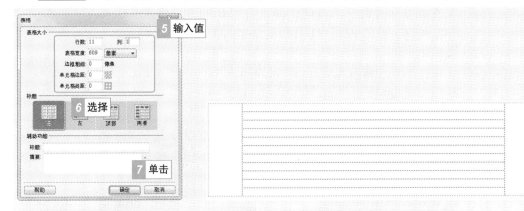

图4-44　嵌套表格

图4-45　查看表格的效果

步骤 06　将光标定位到被插入后的第1行中，单击“图片”按钮，在打开的对话框中选择插入的图片（光盘:\素材\第4章\布局\image\布局_top.jpg），其效果如图4-46所示（关于图片的插入方法将在第6章进行讲解，这里不做详细说明）。

步骤 07　选择第2行，在“属性”面板中单击“背景颜色”色块，设置单元格的背景为#000000，如图4-47所示。

图4-46　插入图片

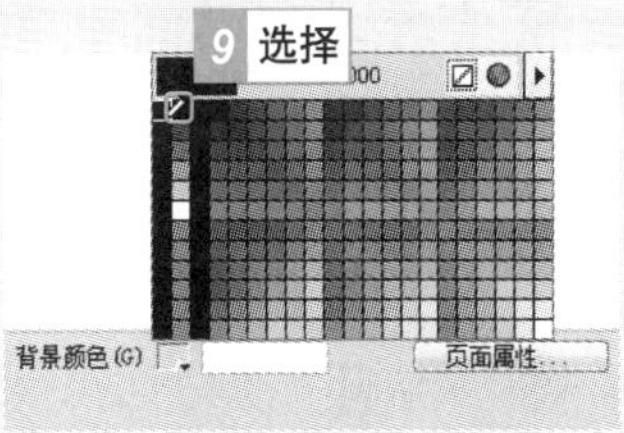

图4-47　设置单元格的背景颜色

步骤 08　将光标定位到第3行中，单击鼠标右键，在弹出的快捷菜单中选择【表格】/【拆分单元格】命令，在打开的对话框中选中列(C)单选按钮，在“列数”数值框中输入“4”，单击确定按钮，如图4-48所示。

步骤 09　使用插入图片相同的方法在其中插入图片（光盘:\素材\第4章\布局\image\布局_1p.jpg~布局_4p.jpg），其效果如图4-49所示。

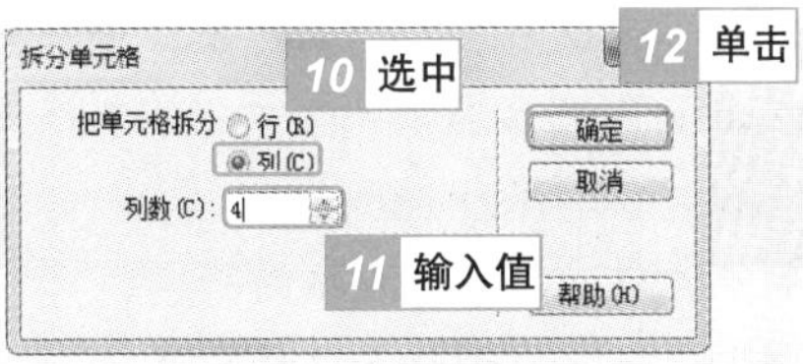

图4-48　拆分单元格

图4-49　插入图片

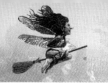

步骤 10 使用相同的方法，在其他行中设置单元格的背景颜色并插入图片（光盘:\素材\第4章\布局\image\布局_5p.jpg~布局_16p.jpg），其效果如图4-50所示。

步骤 11 设置最后一行的单元格背景颜色为#8B0000，在其中输入文字并在“属性”面板中的“水平”下拉列表框中设置其对齐方式为“居中对齐”，如图4-51所示。

步骤 12 保存网页为“旅游足迹.html”，完成网页的制作（光盘:\效果\第4章\布局\旅游足迹.html）。

图4-50 查看插入图片后的效果

图4-51 输入文字

4.7 本章小结——网页布局的技巧

魔法师：小魔女，学习了这些知识后，你有什么感想吗？

小魔女：使用表格和框架布局网页的方法并不难掌握，表格主要是通过插入、嵌套、拆分和合并等对网页进行布局，而框架主要是固定网页中的某一个部分。

魔法师：你总结得很到位，但要想熟练使用它们，还需不断学习和练习。另外，我再教你几招使用表格和框架布局网页的技巧，以便你能够更加自如地使用它们。

小魔女：还有绝招呀？魔法师，那你别藏着呀，赶紧教给我啊！

魔法师：我向来都是大公无私，哪有藏着……

第1招：通过鼠标调整表格大小

在编辑网页的过程中，除了在“属性”面板中对表格的大小进行设置外，还可直接使用鼠标拖动的方法来调整表格的大小。在Dreamweaver中选择需要调整大小的表格，此时表格右侧将出现3个控制点，拖动控制点即可调整表格的大小，其方法分别如下。

- **调整表格的宽度**：拖动右边框上的控制点，可直接调整表格的宽度。
- **调整表格的高度**：拖动下边框上的控制点，可直接调整表格的高度。
- **同时调整表格的宽度和高度**：拖动右下角的控制点，可同时调整表格的宽度和高度，调整表格的大小，如图4-52所示。

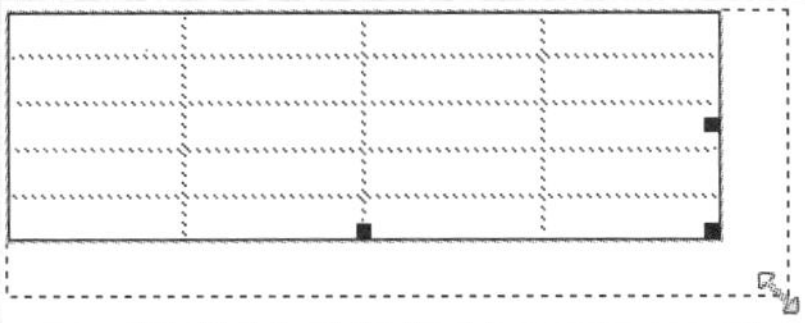

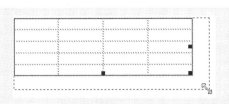

图4-52　调整表格的大小

第2招：使用鼠标调整单元格的大小

与调整表格的大小类似，调整单元格的大小也可以使用鼠标来直接调整，其方法是将鼠标光标移动到需要调整大小的单元格边框线上，当鼠标光标变为⟺形状时，向左拖动鼠标可缩小单元格；向右拖动鼠标，可放大单元格。

第3招：使用表格进行排序

表格除了可用于进行布局外，也可直接用于显示数据。当在表格中输入数据后，还可对数据进行排序，使数据按用户的需要进行显示。在Dreamweaver中选择整个表格，选择【表格】/【排序表格】命令，打开“排序表格”对话框，在“排序按”下拉列表框中选择需要排序的列，在“顺序”下拉列表框中选择设置排序的依据，在其后的下拉列表框中选择排序的顺序，然后单击 确定 按钮即可。如图4-53所示为按“总销售额”进行降序排序的结果。

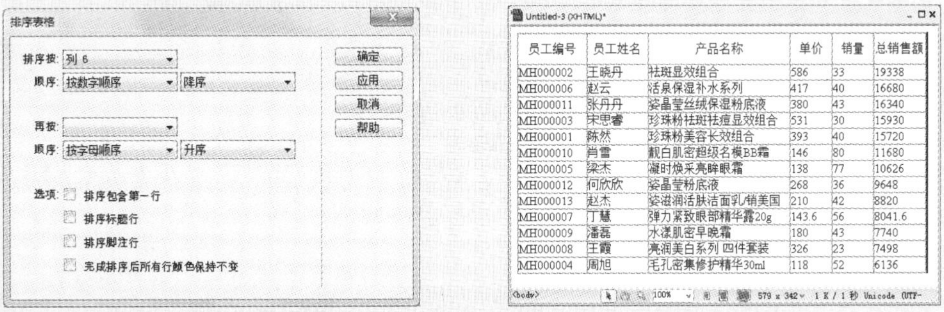

图4-53　按“总销售额”进行降序排序

第4招：制作IFrame浮动框架

除了在表格中创建固定框架外，还可使用浮动框架来更加灵活地控制网页的内容，要在Dreamweaver中制作浮动框架只需要插入IFrame框架，再手动添加其相应的代码即可。制作IFrame浮动框架的方法是，选择【插入】/【HTML】/【框架】/【IFrame】命令，系统将自动在页面中插入一个浮动框架，此时页面会自动切换到拆分视图，并在代码中生成<iframe></iframe>标签，如图4-54所示。在代码视图中的<iframe>标签中输入代码<iframe width="120" height="100" name="myiframe" scrolling="auto" frameborder="0"></iframe>，此时该浮动框架的位置将变为灰色区域，如图4-55所示。选择【文件】/【保存】命令保存页面即可。

图4-54　插入的标签

图4-55　设置IFrame标签的属性

4.8　过关练习

（1）查看如图4-56所示的网页，分析该网页的布局结构，并参照该页面的结构，使用表格布局一个类似的网页。

图4-56　布局网页

（2）使用本章所学知识，新建一个网页文档，在文档中插入框架进行布局，然后保存框架，再分别编辑框架，如图4-57所示。

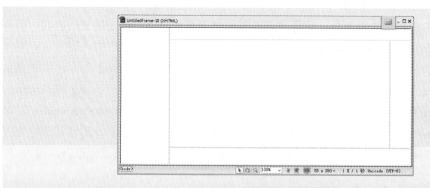

图4-57　使用框架布局网页

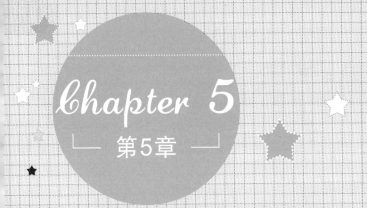

Chapter 5

第5章

制作简单的文本页面

小魔女：魔法师，现在我已经掌握了制作网页的基础知识了，你是不是应该教我一些新知识了呢！

魔法师：呵呵，那当然了，但你知道下面我们要学习什么知识吗？

小魔女：应该是文本吧！毕竟文本是用得最多的！如何才能在网页中添加文本呢？

魔法师：在网页中添加文本的方法非常简单，只需要将鼠标光标定位到需要插入文本的位置进行输入即可！

小魔女：哦，那在网页文档中添加文本后，一般还需要进行哪些编辑呢？

魔法师：输入文本后，一般还会对文本的格式进行设置，下面我们就来看看吧！

学习要点：

- 插入文本
- 插入特殊字符
- 设置文本的格式
- 设置文本的列表格式

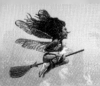

5.1 插入文本

魔法师：要制作文本页面，应该先在网页中输入文本，你知道在网页中输入文本的具体方法吗？

小魔女：魔法师，你就不要再卖关子了，还是快给我讲讲吧！

魔法师：呵呵，在网页中插入文本主要可通过直接插入文本、导入文本、插入空格、插入水平线、日期、特殊字符及注释等内容。

5.1.1 直接插入文本

在Dreamweaver CS6中可直接在网页文档中插入文本，通常可通过输入和复制的方法进行插入，其方法分别如下。

- **直接输入文本**：将鼠标光标定位在网页文档中需添加文本的位置，切换到所需的输入法即可进行文本的输入，如图5-1所示。
- **通过复制来插入文本**：选中所需复制的文本，单击鼠标右键，在弹出的快捷菜单中选择“复制”命令，然后将光标定位到网页中需插入文本的位置单击鼠标右键，在弹出的快捷菜单中选择“粘贴”命令即可完成文本的插入，如图5-2所示。

图5-1 直接输入文本

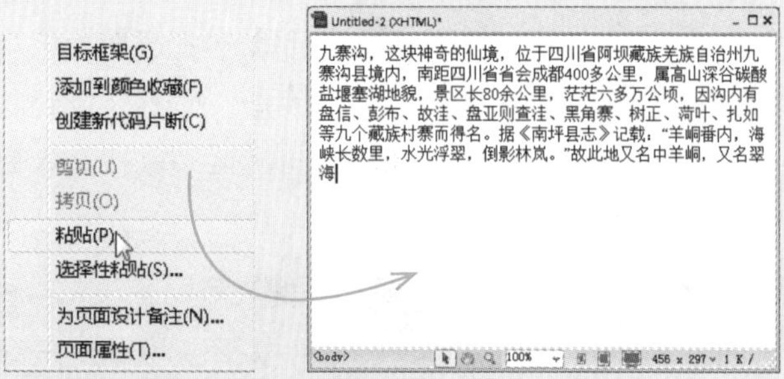

图5-2 通过复制来插入文本

5.1.2 导入文本

在Dreamweaver CS6中可以导入XML模板、表格式数据、Word和Excel等文档中的数据和文本。

下面将在空白网页文档中导入Excel表格中的数据，其具体操作如下：

步骤 01 在Dreamweaver CS6的工作界面中将鼠标光标定位到要导入文本的位置，然后选择【文件】/【导入】/【Excel文档】命令。

步骤 02 打开“导入Excel文档”对话框，在“查找范围”下拉列表框中选择需要导入的Excel文档的位置，在中间的列表框中选择“产品信息表.xlsx”工作簿（光盘:\素材\第5章\产品信息表.xlsx），如图5-3所示。

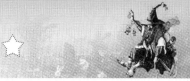

步骤 03 单击 打开(O) 按钮，即可将Excel文档导入到Dreamweaver CS6网页文档中，如图5-4所示（光盘:\效果\第5章\Untitled-1.html）。

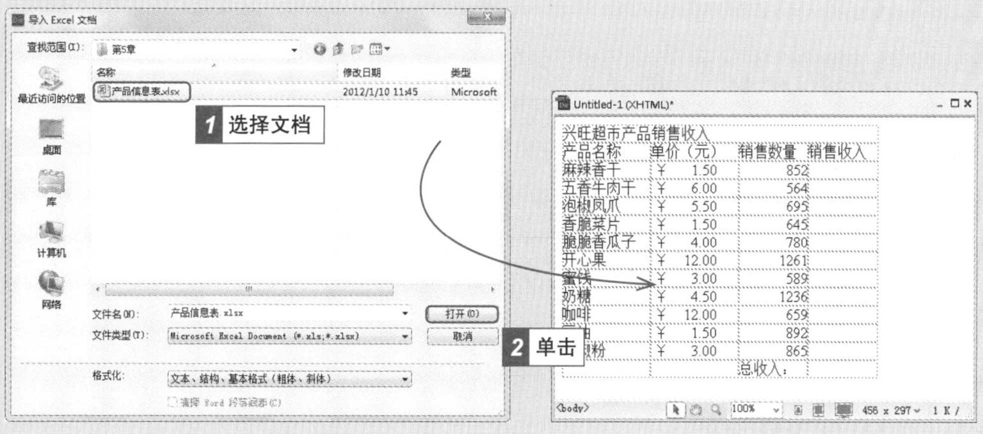

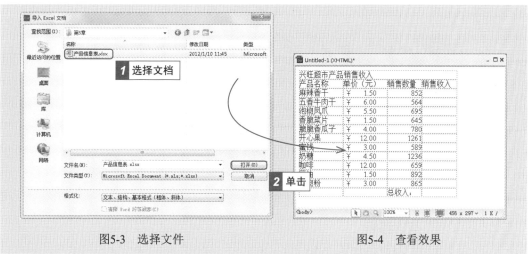

图5-3　选择文件　　图5-4　查看效果

5.1.3 插入空格

在Dreamweaver CS6的默认状态下是不允许添加空格的，这是因为Dreamweaver中的文档格式都是以HTML的形式存在，而HTML文档只允许字符之间包含一个空格。要在网页文档中添加连续的空格，可使用以下几种方法。

- 在“插入栏”中选择“文本”选项，单击“已编排格式”按钮PRE，再连续按空格键即可。
- 选择【插入】/【HTML】/【特殊字符】/【不换行空格】命令可添加一个空格，如果需要多个空格，重复操作即可。
- 按【Shift+Ctrl+空格】组合键添加一个空格，如果需要多个，重复操作即可。
- 将输入法切换到全角状态（通常按【Shift+空格】组合键可以进行全、半角状态切换），直接敲空格键，需要多少个空格就敲多少次空格键。

5.1.4 插入水平线

一般情况下，网页文档中的文本和对象都比较多，为了使网页中这些对象的层次或结构更加分明，可以使用水平线对其进行分割，下面对水平线的插入和编辑方法进行讲解。

1. 插入水平线

在Dreamweaver中将鼠标光标定位到需要插入水平线的前一段文本的后方，选择【插入】/【HTML】/【水平线】命令，即可在网页文档中插入水平线，其效果如图5-5所示。

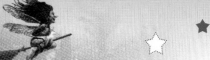

图5-5 插入水平线

2. 设置水平线的属性

当用户在网页文档中添加了水平线后，还可在“属性”面板中对水平线的属性进行设置，如设置水平线的宽、高和颜色等，如图5-6所示。

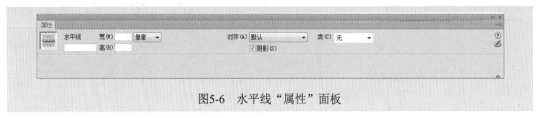

图5-6 水平线“属性”面板

水平线“属性”面板中各参数的含义如下。

- **“水平线”文本框**：用于设置水平线的ID值。
- **“宽”文本框**：设置水平线的宽度，在右侧的下拉列表框中可选择宽度的单位为像素或百分比。
- **“高”文本框**：用于设置水平线的高度。
- **“对齐”下拉列表框**：用于设置水平线的对齐方式，包括“默认”、“左对齐”、“居中对齐”和“右对齐”。
- 阴影(S) **复选框**：选中该复选框可为水平线添加阴影效果。
- **“类”下拉列表框**：用于选择已经定义的CSS样式。

晋级秘诀——设置水平线的颜色

在水平线的“属性”面板中并不能直接对水平线的颜色进行设置，如果需要修改其颜色，可切换到代码视图中，在水平线标签<hr/>中添加其颜色的HTML代码，如<hr color="#66CD00"/>，其中#66CD00为对应颜色的十六进制值。

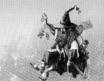

5.1.5 插入日期

在编辑网页的过程中，如果要为文档添加日期，可通过Dreamweaver提供的日期对象来进行插入，该对象可以任何格式插入当前的日期，并可在每次保存文件时都自动更新该日期。

下面将在网页文档中插入日期，其具体操作如下：

步骤 01 打开“梨花.html”网页文档（光盘:\素材\第5章\梨花\梨花.html），然后将鼠标光标定位到需添加日期的位置。

步骤 02 选择【插入】/【日期】命令，打开“插入日期”对话框，在“日期格式”下拉列表框中选择1974-03-07选项，在“时间格式”下拉列表框中选择22:18选项，选中 储存时自动更新 复选框，单击 确定 按钮，如图5-7所示。

步骤 03 返回网页，即可查看到插入的日期，如图5-8所示（光盘:\效果\第5章\梨花\梨花.html）。

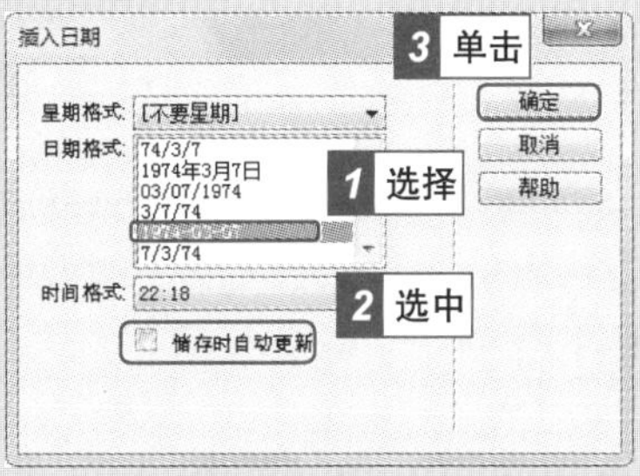

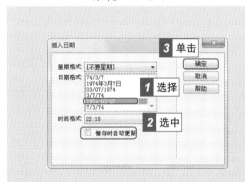

图5-7　插入日期

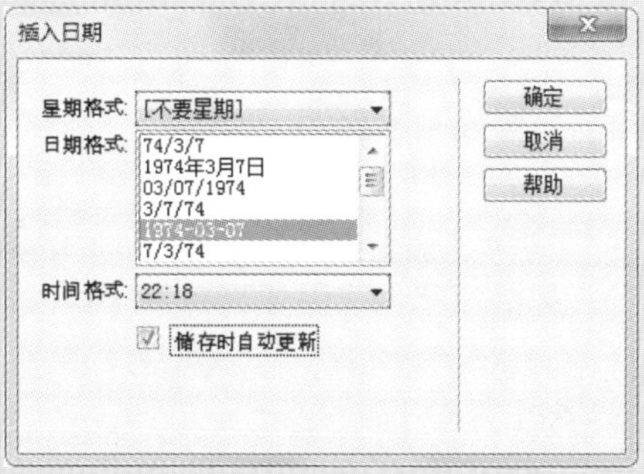

图5-8　查看日期

5.1.6 插入注释

如果需要对网页文档中的某些操作进行相关说明，以方便设计人员对网页进行检查与维护，可在“常用”插入栏中单击“注释”按钮，在打开的对话框中添加注释语句，如图5-9所示。此时，系统将提示不能看见添加的注释，如图5-10所示。

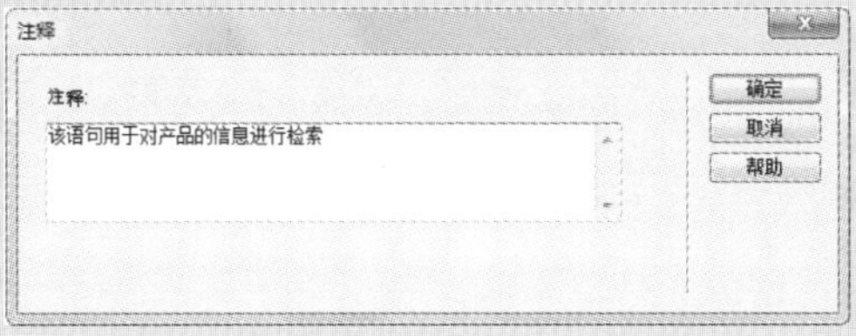

图5-9　添加注释

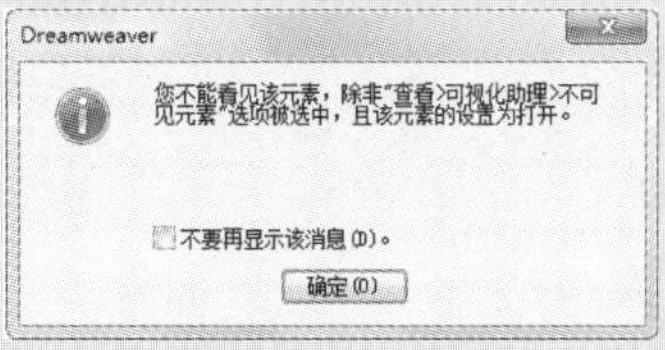

图5-10　提示对话框

添加的注释可在代码视图中进行查看。如果用户想在设计视图中查看注释内容，可选择【编辑】/【首选参数】命令，打开“首选参数”对话框，在“分类”列表框中选择“不可见元素”选项，在右侧的列表中选中 注释 复选框，单击 确定 按钮，如图5-11所示。返回网页文件，可看到注释标记，选择该标记，则可在“属性”面板中查看其内容，如图5-12

所示。

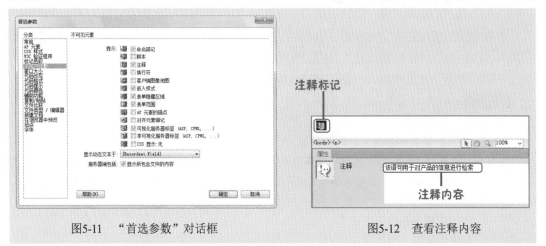

图5-11 “首选参数”对话框

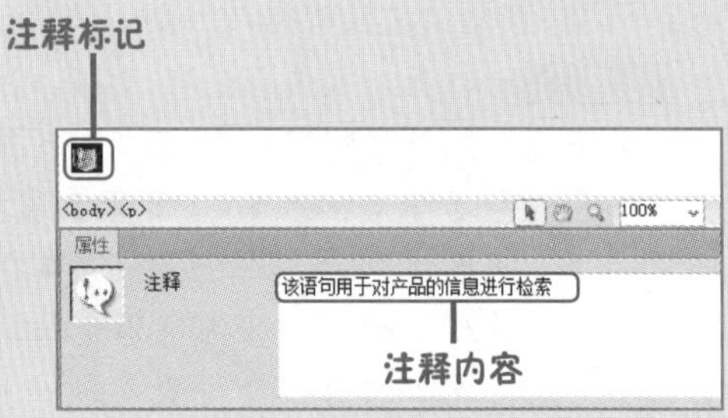

图5-12 查看注释内容

5.1.7 插入特殊字符

在使用Dreamweaver CS6编辑网页文档的过程中，时常需要输入一些无法使用键盘输入的特殊符号，如版权符号、注册商标符号等，这时就需要使用Dreamweaver CS6中的特殊字符添加功能才可将其插入到网页中。选择【插入】/【HTML】/【特殊字符】命令，在弹出的子菜单中选择需要的特殊字符即可，如图5-13所示为插入的版权符号。

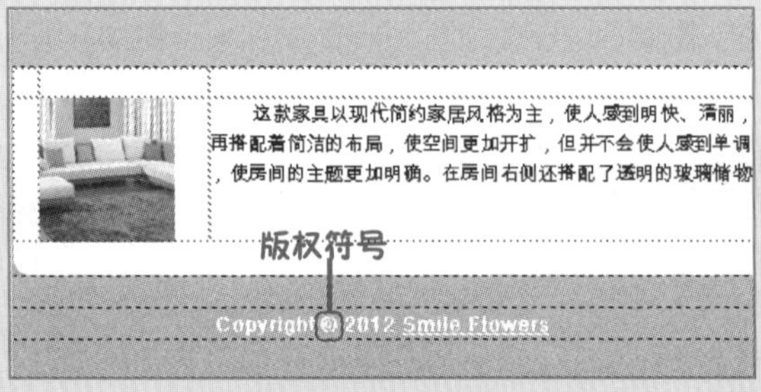

图5-13 插入特殊字符

5.2 设置文本的格式

魔法师：文本是网页最主要的元素，可以表现网页的主要内容。在网页中插入文本后，就可以对文本的格式进行设置，使其效果更加美观。

小魔女：那设置文本的格式应该采取什么方法呢？

魔法师：在Dreamweaver中可通过其“属性”面板进行设置，如设置文本的字体、颜色和段落格式等。下面我们就来看看吧！

5.2.1 设置文本格式

文本格式的设置主要包括设置文本的字体、大小、颜色和样式等，这是文本最基本的格式，可通过文本“属性”面板进行设置，下面分别进行讲解。

1. 添加字体

由于Dreamweaver CS6中默认的字体较少，为了创建更符合设计意愿的作品，必须在Dreamweaver CS6中添加一些需要的字体。

下面在Dreamweaver中添加“黑体”字体，其具体操作如下：

步骤 01 在文本“属性”面板中单击 CSS 按钮，在“字体”下拉列表框中选择“编辑字体列表”选项，如图5-14所示。

步骤 02 在“可用字体”列表框中选择需要添加的字体为“黑体”，单击«按钮将其添加到左侧“选择的字体”列表框中，然后在“字体列表”列表框中选择该字体并单击 确定 按钮即可，如图5-15所示。

图5-14 编辑字体列表

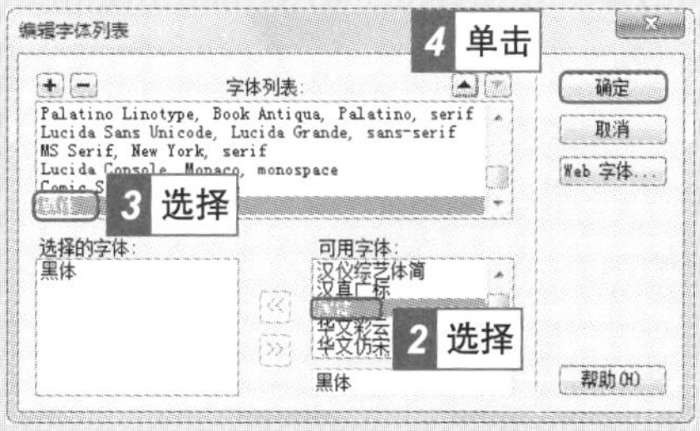

图5-15 添加字体

步骤 03 返回网页文档，在“字体”下拉列表框中可看到添加的字体，如图5-16所示。

图5-16 查看添加的字体

在“编辑字体列表”对话框中单击⊟按钮，可删除不需要的字体。

2. 设置字体和大小

完成字体的添加后，便可将所添加字体应用到输入的文本中。在Dreamweaver CS6中设置文本的字体和大小也是在“属性”面板中进行的，其具体操作如下：

步骤 01 在Dreamweaver中选择需设置字体和大小的文本，在“属性”面板中单击 CSS 按钮，在打开列表的“字体”下拉列表框中选择“黑体”选项。

步骤 02 打开“新建CSS规则”对话框，在“选择或输入选择器名称”文本框中输入CSS规则的名称为“heiti”，保持其他默认设置不变，单击 确定 按钮，如图5-17所示。

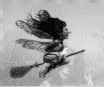

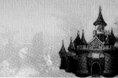

步骤 03 在“大小”下拉列表框中设置字体的大小，完成后的效果如图5-18所示。

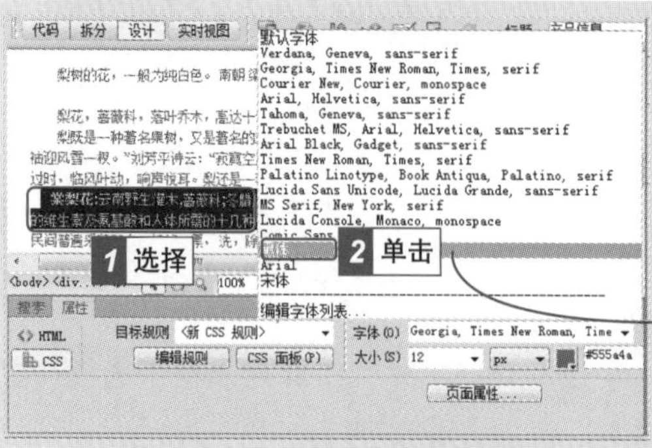

图5-17 设置字体

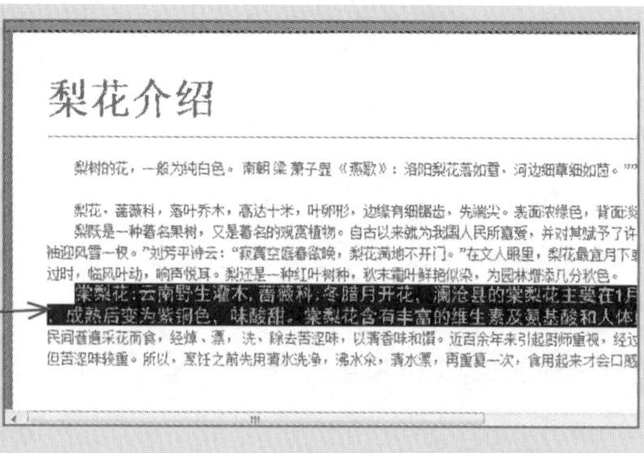

图5-18 设置字体大小

3. 设置文本颜色与样式

在Dreamweaver中还可设置字体的颜色与样式，使网页效果更加美观，其具体操作如下：

步骤 01 选择需要设置颜色的文本，在“属性”面板中单击 CSS 按钮，在打开的窗格中单击“色块”按钮，在打开的列表框中选择文本的颜色，如这里选择#FF9900。

步骤 02 打开“新建CSS规则”对话框，在其中的“选择或输入选择器名称”文本框中连入“yanse”，保持其他默认设置不变，单击 确定 按钮，如图5-19所示。

步骤 03 返回网页可看到应用颜色后的效果，然后选择需设置样式的文本，在“属性”面板中单击 B 或 I 按钮，再使用与设置文本颜色相同的方法进行设置。

步骤 04 完成后，返回网页即可看到设置后的效果，如图5-20所示。

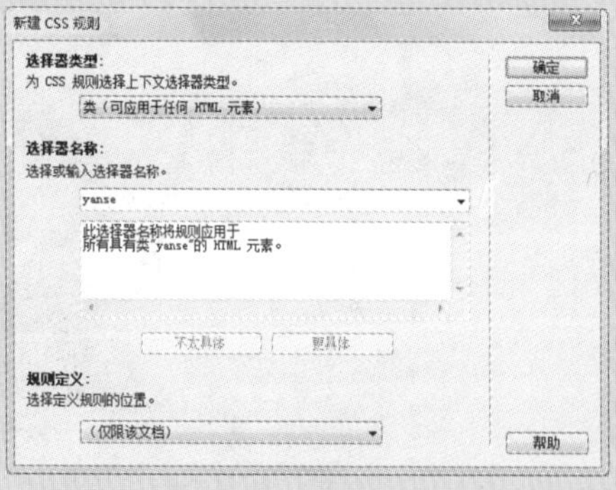

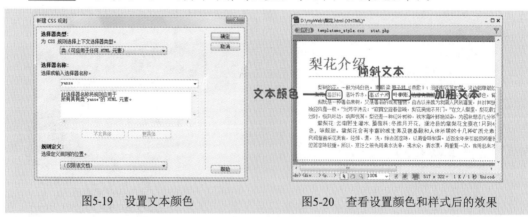

图5-19 设置文本颜色

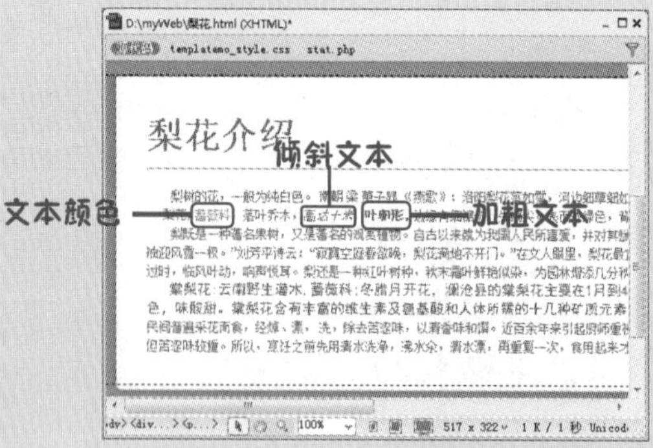

图5-20 查看设置颜色和样式后的效果

5.2.2 设置段落格式

当用户对网页文档中的文本属性进行修改后，还可以对输入文本的段落格式进行修改。修改文本的段落格式主要包括对文本进行段落缩进、对齐等设置。

1. 设置段落缩进

段落缩进就是设置网页文档中文本段落的位置。下面将对网页文档的段落进行设置，其具体操作如下：

步骤 01 打开“九寨沟.html”网页文档（光盘:\素材\第5章\九寨沟\九寨沟.html），将鼠标光标定位在第一段文本前，如图5-21所示。

步骤 02 在“属性”面板的“格式”下拉列表框中选择“段落”选项，单击“区域内缩”按钮，如图5-22所示。

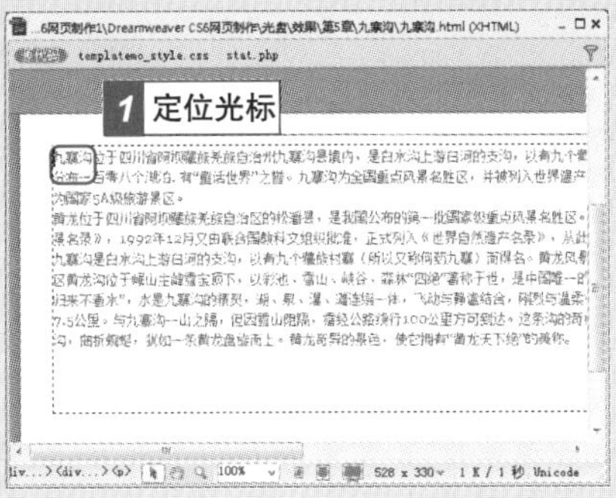

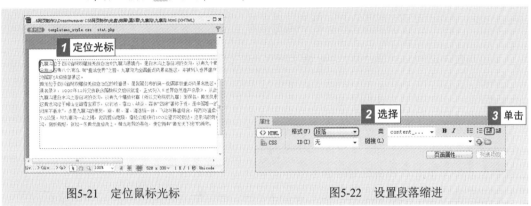

图5-21　定位鼠标光标

图5-22　设置段落缩进

步骤 03 使用相同的方法设置其他段落的缩进，完成格式的设置，其效果如图5-23所示（光盘:\效果\第5章\九寨沟\九寨沟.html）。

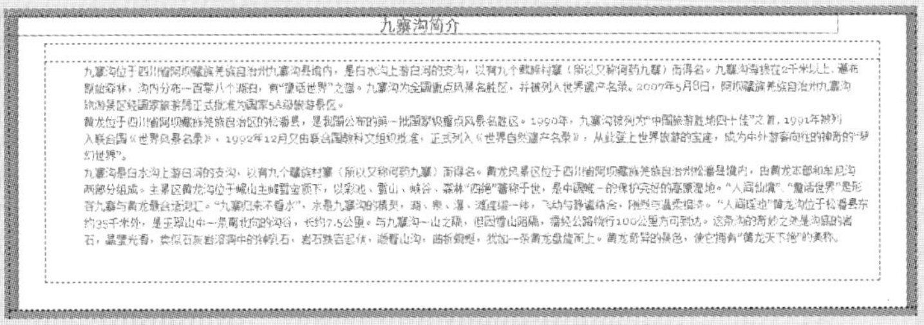

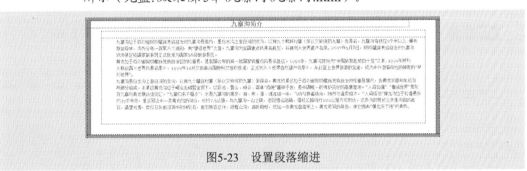

图5-23　设置段落缩进

2. 设置段落对齐

Dreamweaver CS6中的段落对齐格式主要有左对齐、右对齐、居中对齐和两端对齐4种模式。该对齐格式可在“属性”面板中进行设置，也可通过菜单命令进行设置，其操作方法分别介绍如下。

- **在“属性”面板中设置：**将鼠标光标定位到要进行对齐的段落文本中，在“属性”面板中单击“左对齐”按钮可将其左对齐，单击“居中对齐”按钮可将其居中对齐，单击“右对齐”按钮可将其右对齐，单击“两端对齐”按钮可将其两端对齐。
- **通过菜单命令设置：**将鼠标光标定位到要进行对齐的段落文本中，选择【文本】/【对齐】命令，在弹出的子菜单中选择相应的对齐命令即可。

5.2.3 设置文本换行

在Dreamweaver中进行换行后，行与行之间并没有空白行，因此与段落有着本质的区别。换行的方法有以下两种。

- 定位文本插入点，按【Shift+Enter】组合键。
- 定位文本插入点，选择【插入】/【HTML】/【特殊字符】/【换行符】命令。

5.2.4 设置文本的列表格式

所谓列表就是具有相似特性或以某种顺序进行有规则地排列的文本，这种格式常用于条款或列举等类型的文本中。在Dreamweaver CS6中，可以用现有文本或新文本创建项目列表、编号列表及定义列表并设置列表属性。

1. 项目列表

项目列表又称无序列表，项目之间没有先后顺序。项目列表前面一般用项目符号作为前导字符。创建项目列表的具体操作如下：

步骤 01 将鼠标光标定位到要创建项目列表的位置，单击“属性”面板中的“项目列表”按钮，将出现项目符号前导字符，如图5-24所示。

步骤 02 在前导字符后面输入文本后，按【Enter】键换行后，项目符号前导字符将自动出现在新行的最前面。

步骤 03 继续输入其他列表项，完成整个列表的输入后按两次【Enter】键退出项目列表的编辑状态，如图5-25所示。

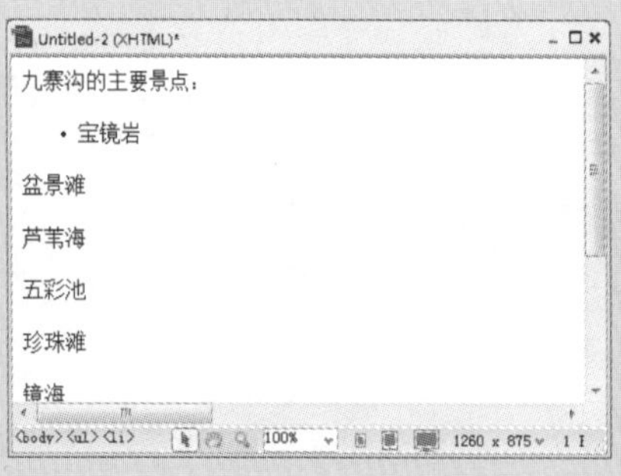

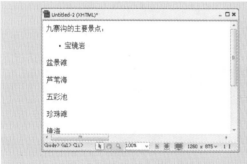

图5-24 创建项目列表

图5-25 完成项目列表的创建

2. 编号列表

编号列表又称为有序列表，该列表中文本前面通常有数字前导字符，它可以是英文字母、阿拉伯数字或罗马数字等符号。创建编号列表的具体操作如下：

步骤 01 将鼠标光标定位到要创建编号列表的位置，单击“属性”面板中的“编号列表”按钮，数字前导字符将出现在鼠标光标前，如图5-26所示。

步骤 02 在数字前导字符后输入相应的文本，按【Enter】键换行后，下一个数字前导字符将自动出现。

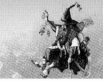

步骤 03 继续输入其他列表项，完成整个列表的输入后按两次【Enter】键退出编号列表的编辑状态，如图5-27所示。

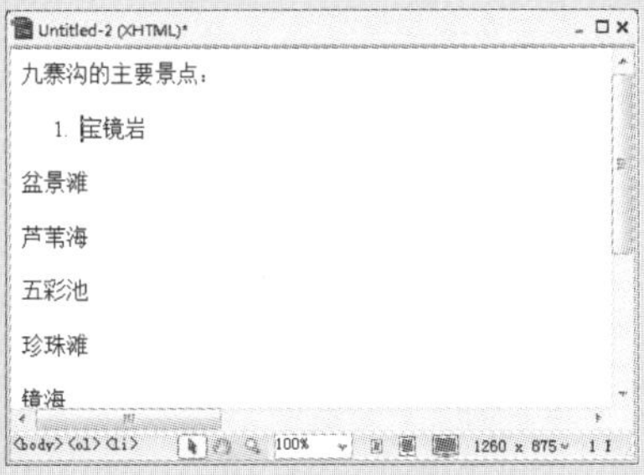

图5-26　创建编号列表

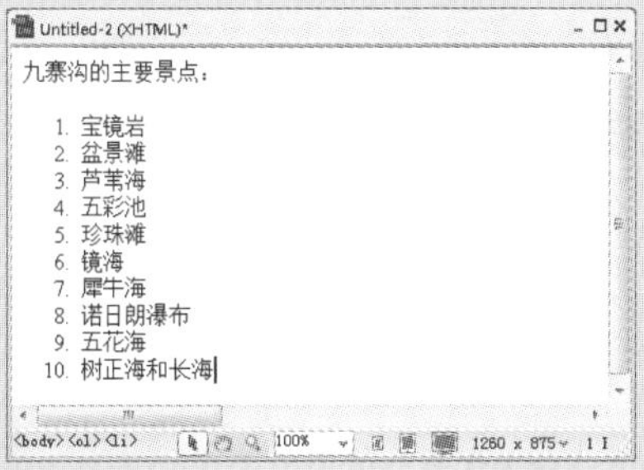

图5-27　查看创建的编号列表

晋级秘诀——定义列表类型

选择【格式】/【列表】命令，在弹出的菜单中选择相应列表类型，也可进行定义。

3. 定义列表

定义列表一般用在词汇表或说明书中，在定义列表中没有项目符号或数字等前导字符，它的设置方法和项目列表及编号列表非常相似，这里不再赘述。

4. 设置列表属性

当用户在网页文档中设置了列表后，如要改变列表的外观，可对列表的属性进行设置。选择设置了列表的文本后，在“属性”面板中单击 列表项目... 按钮，打开“列表属性”对话框，在该对话框中即可对列表项的属性进行设置，如图5-28所示为列表项目的“列表属性”对话框，如图5-29所示为编号列表的“列表属性”对话框。

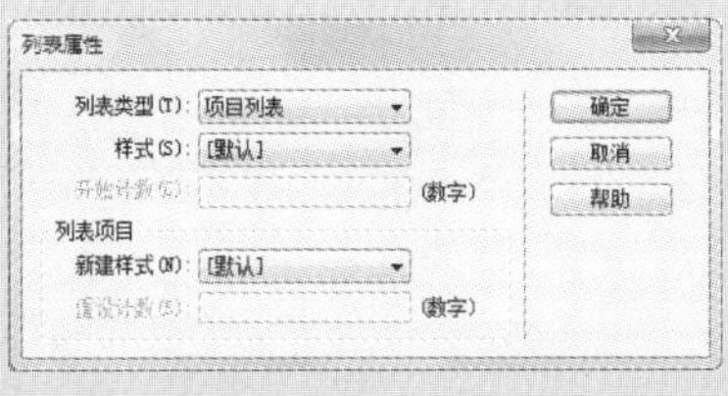

图5-28　列表项目的“列表属性”对话框

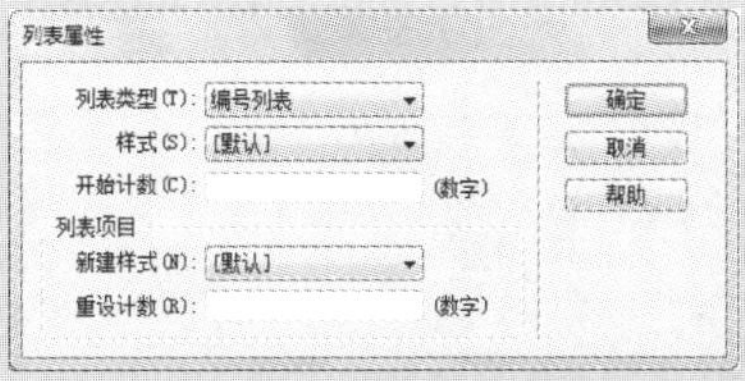

图5-29　编号列表的“列表属性”对话框

列表项目与编号列表的“列表属性”对话框类似，下面主要介绍编号列表对话框中主要项目的含义。

- **“列表类型”下拉列表框**：在该列表框中可选择列表的类型。
- **“样式”下拉列表框**：在该下拉列表框中可选择列表的编号样式。编号列表有“默认”、“数字”、“小写罗马字母”、“大写罗马字母”、“小写字母”和“大写字母”6个选项，默认的是“数字”。
- **“开始计数”文本框**：在该文本框中可以设置编号列表中的起始数字。

下面将修改编号列表为项目列表，并设置其样式为“正方形”，其具体操作如下：

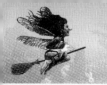

步骤 01 将鼠标光标定位到要修改编号列表的文本中，如图5-30所示。

步骤 02 单击“属性”面板中的 列表项目... 按钮，弹出“列表属性”对话框，在“列表类型”下拉列表框中选择“项目列表”选项，在“样式”下拉列表框中选择“正方形”选项，如图5-31所示。

步骤 03 单击 确定 按钮，完成列表属性的修改并关闭“列表属性”对话框，其效果如图5-32所示。

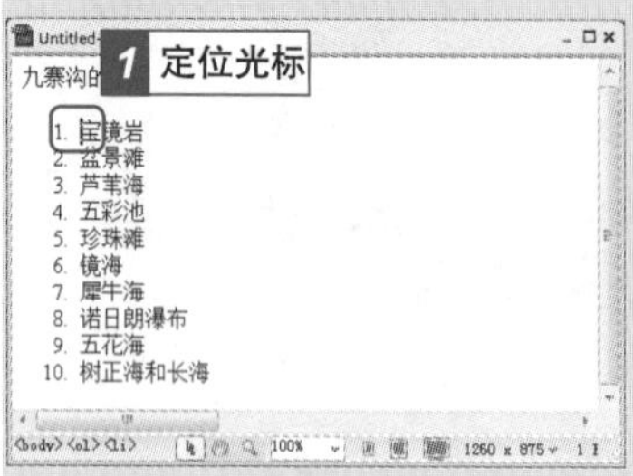

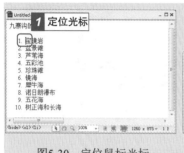

图5-30　定位鼠标光标

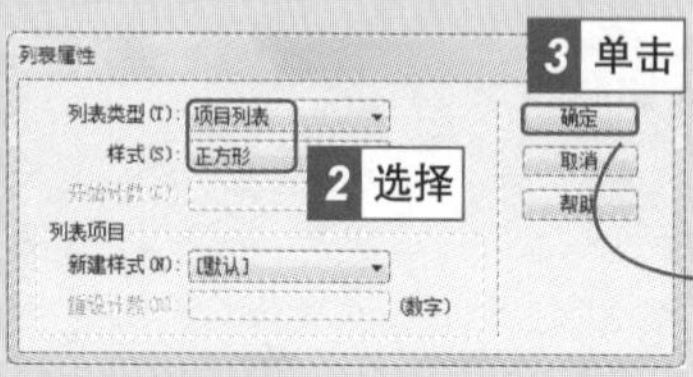

图5-31　修改编号列表

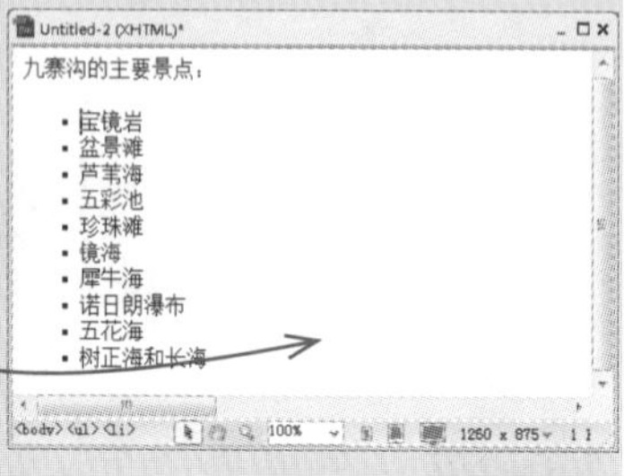

图5-32　查看修改后的效果

5.3　典型实例——编辑“乐美装饰”网页

魔法师：小魔女，掌握了在网页中输入和编辑文本的方法后，就可以在网页中使用文字来表达网页的内容了，使用户能通过文字了解网页的用途。

小魔女：我明白了，那么我们是不是应该练习一下文字的使用方法呢？

魔法师：是呀！所以接下来就要使用文字来编辑网页，主要包括输入文字、导入文本和插入水平线，并设置文本的格式等，其效果如图5-33所示。

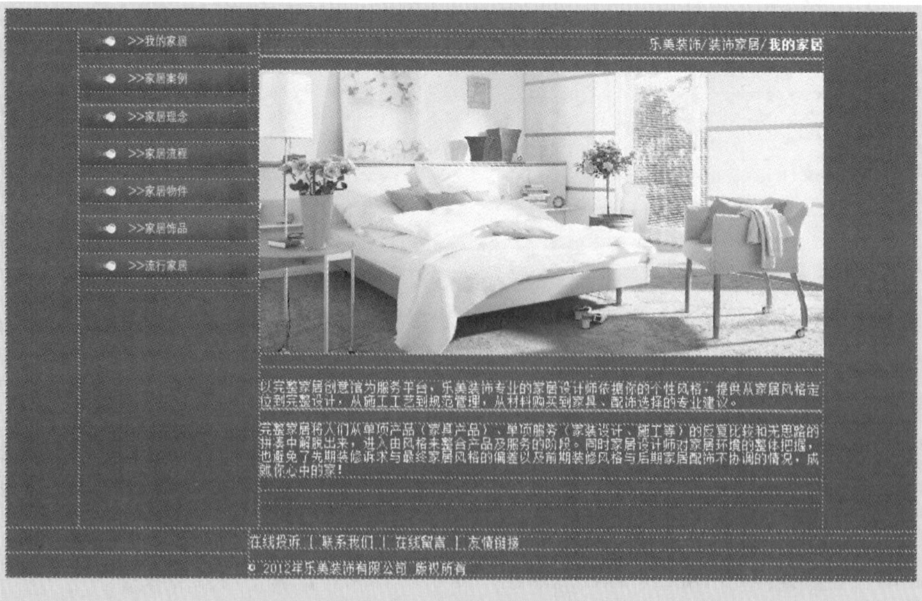

图5-33　“乐美装饰”网页

其具体操作如下：

步骤 01 启动Dreamweaver CS6，打开“乐美装饰.html”文档（光盘:\素材\第5章\乐美装饰\乐美装饰.html），将鼠标光标定位到需要输入文本的位置，如图5-34所示。

步骤 02 将输入法切换到用户熟悉的输入法后输入文本“乐美装饰/装饰家居/我的家居”，然后选择输入的文本，单击鼠标右键，在弹出的快捷菜单中选择【对齐】/【右对齐】命令，将文本右对齐，如图5-35所示。

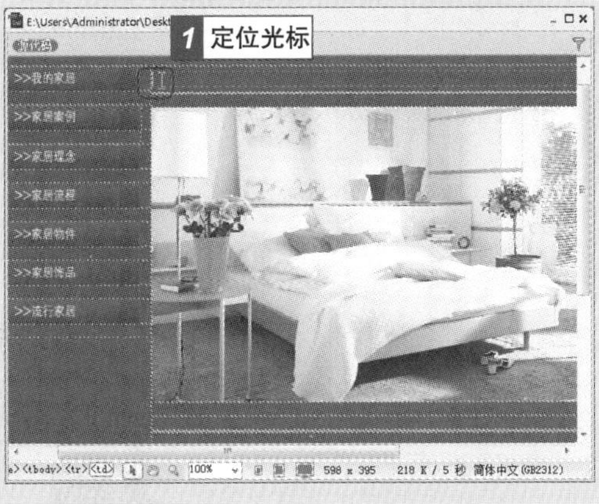

图5-34　定位文本插入点

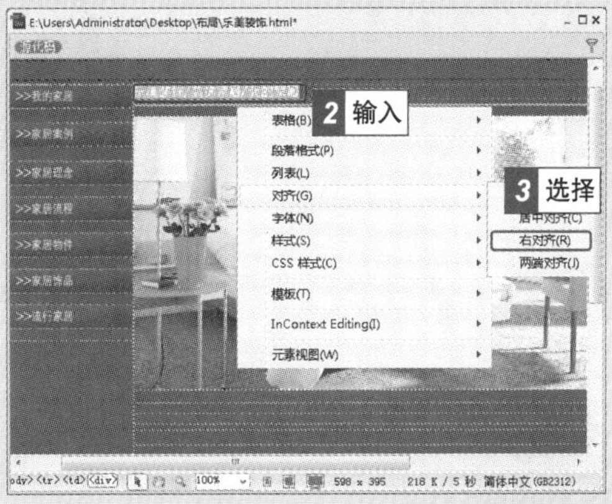

图5-35　输入文本并设置文本格式

步骤 03 在“属性”面板中单击 CSS 按钮，在打开的列表中单击“大小”下拉列表框后的“色块”按钮，在弹出的列表框中设置文本的颜色为#FFF，如图5-36所示。

步骤 04 打开“新建CSS规则”对话框，在“选择或输入选择器名称”下拉列表框中输入“td.color”，单击 确定 按钮，如图5-37所示。

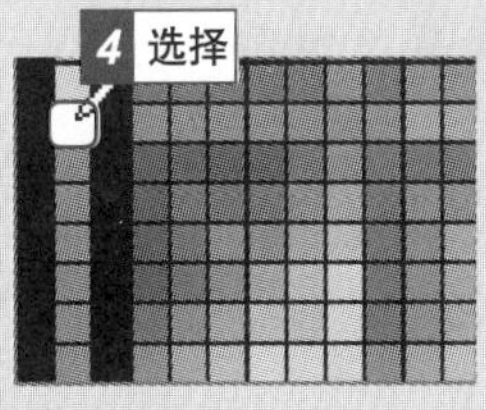

图5-36　选择文本颜色

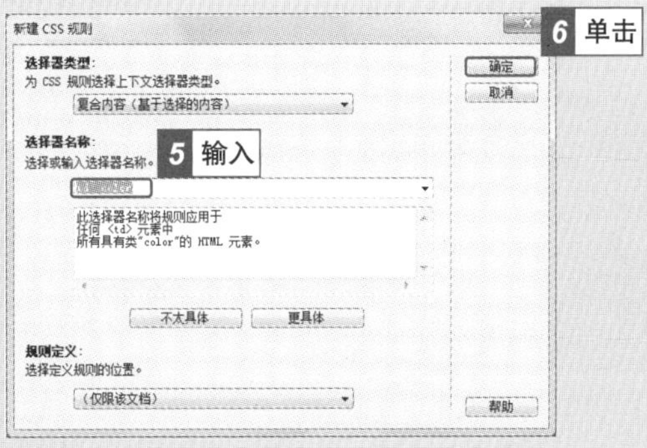

图5-37　设置CSS规则

步骤 05 返回网页文档，选择“我的家居”文本，单击“属性”面板中的“加粗”按钮B，设置文本为粗体，如图5-38所示。

步骤 06 将鼠标光标定位到图片下方的第3行，输入图5-39中的文字，然后在“属性”面板中的“目标规则”下拉列表框中选择color选项，设置文本的颜色。

图5-38　加粗文本

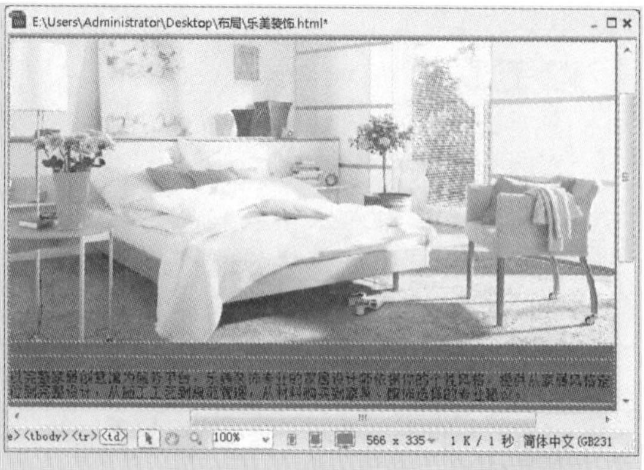

图5-39　输入文本

小魔女，在“新建 CSS 规则”对话框中设置样式后，就可以直接在“属性”面板中调用，不用再重新设置了。

哇！原来是这样的呀！太好了，这下就方便了，我以后使用相同的样式就不用再重复设置了。

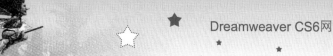

步骤 07 将鼠标光标定位到图片下方的第4行，选择【插入】/【HTML】/【水平线】命令插入水平线，然后单击工具栏中的 代码 按钮，切换到代码视图，并自动选中<hr>标签，如图5-40所示。

步骤 08 将<hr>标签的内容修改为"<hr align="center" noshade="noshade"color="#FFFFFF" />"，设置水平线的格式为居中对齐，颜色为白色，效果如图5-41所示。

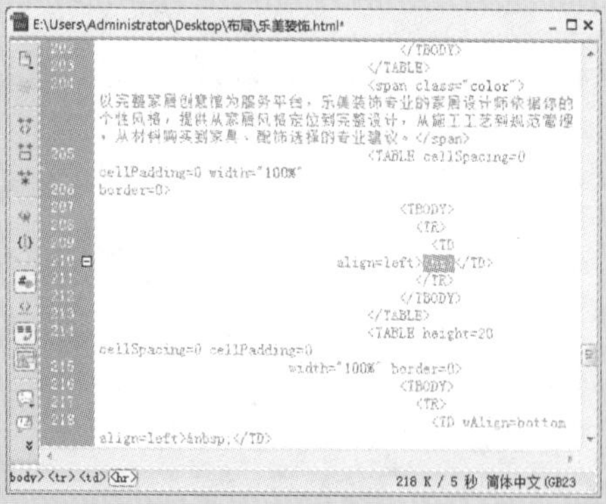

图5-40　插入水平线

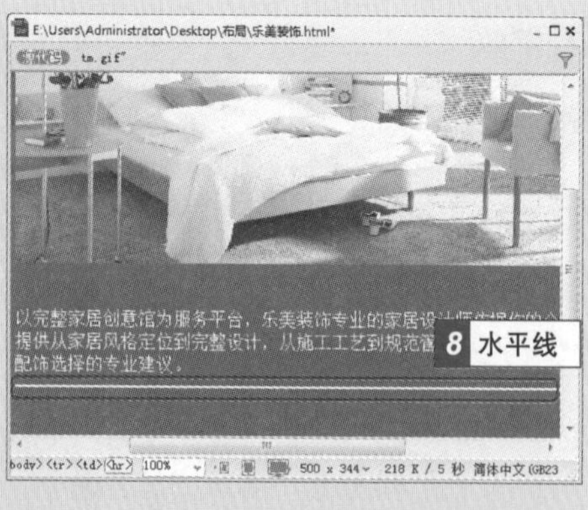

图5-41　查看设置水平线样式后的效果

步骤 09 使用相同的方法在第5行中输入文本并设置其颜色，效果如图5-42所示。

步骤 10 将鼠标光标定位到如图5-43所示的位置，输入文本“在线投诉 | 联系我们 | 在线留言 | 友情链接”文本并设置其格式。

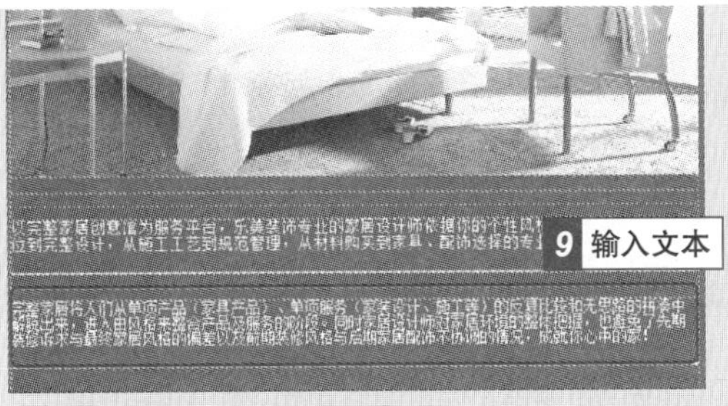

图5-42　输入文本并设置颜色

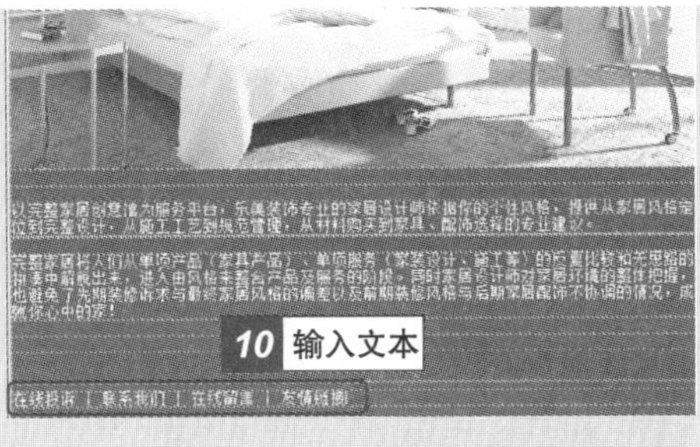

图5-43　输入文本并设置格式

步骤 11 将鼠标光标定位到最后一行，选择【插入】/【HTML】/【特殊字符】/【版权】命令，打开提示对话框，单击[确定]按钮，如图5-44所示。

步骤 12 在其中输入版权信息，并在“属性”面板中使用相同的方法设置其颜色，完成文本网页的制作，如图5-45所示（光盘:\效果\第5章\乐美装饰\乐美装饰.html）。

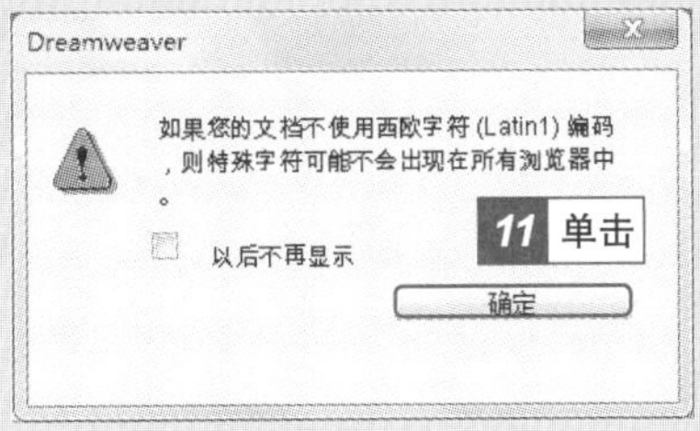

图5-44　提示对话框

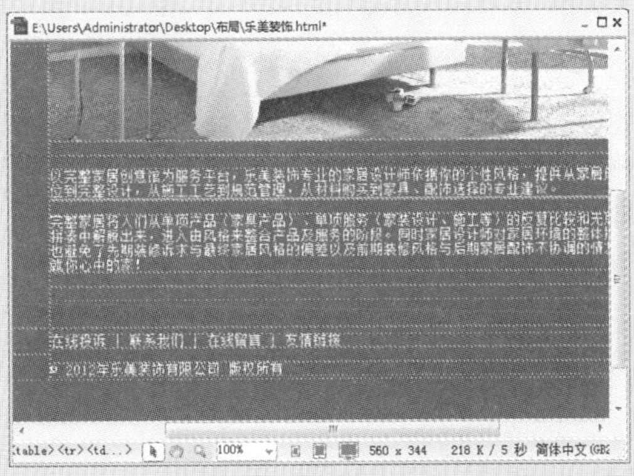

图5-45　输入版权信息

5.4　本章小结——文本编辑技巧

小魔女：魔法师，输入文本、编辑文本的方法我都已经掌握了，而且我发现使用文本后网页的内容变得更充实了，网页效果也更加漂亮！

魔法师：呵呵，是的，但是只掌握这些知识是不够的，下面我还要给你讲解一些编辑文本的技巧，让你以后制作网页时更加轻松！

小魔女：好啊！好啊！那我们就开始吧！

第1招：添加自定义颜色

在网页中设置文本颜色时，使用系统预设的颜色可能并不能满足用户的需求，此时可通过添加自定义颜色的方法设置一些常使用的颜色。自定义颜色的添加方法为：在“属性”面板中单击“色块”按钮，在打开的列表框中单击按钮，如图5-46所示。打开“颜色”对话框，选择需要的颜色，单击添加到自定义颜色(A)按钮，如图5-47所示。选择颜色将被添加到对话框中的“自定义颜色”栏中，然后单击确定按钮，返回网页即可使用该颜色，如图5-48所示。

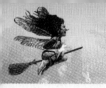

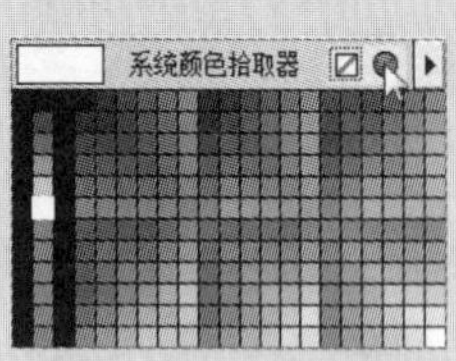

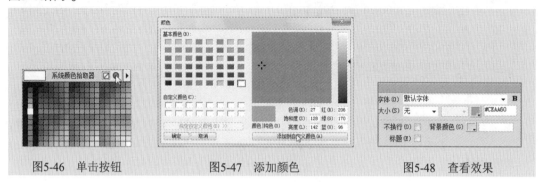

图5-46 单击按钮

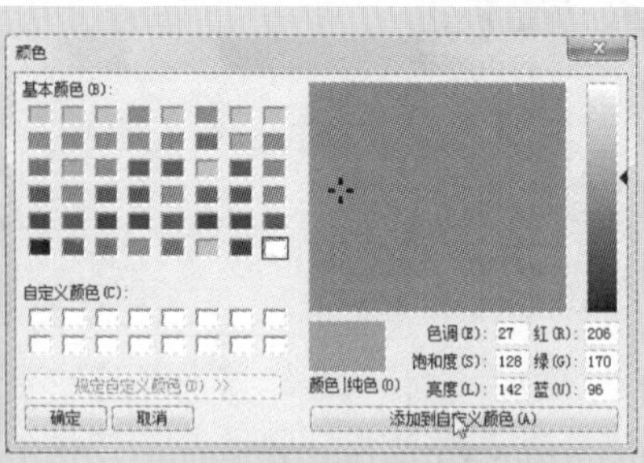

图5-47 添加颜色

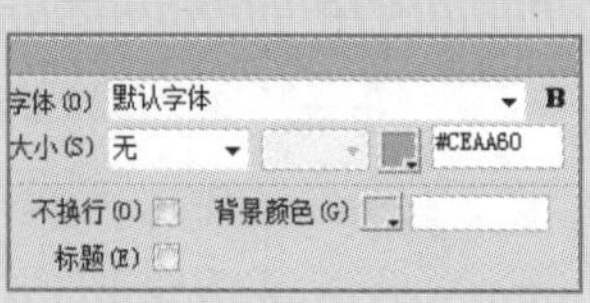

图5-48 查看效果

第2招：查找和替换文本

如果在编辑网页的过程中需要查找某些文本或替换文本时，可按【Ctrl+F】组合键，打开“查找和替换”对话框，在“查找”文本框中输入需要查找的内容，在“替换”文本框中输入需要替换的内容，单击查找下一个(F)按钮可查找第一个内容；单击查找全部(L)按钮可查找所有内容；单击替换(R)按钮可替换第一个查找到的内容；单击替换全部(A)按钮可替换所有的内容，如图5-49所示。

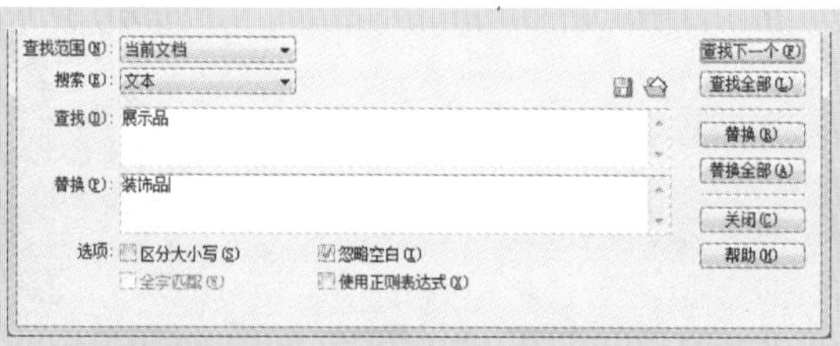

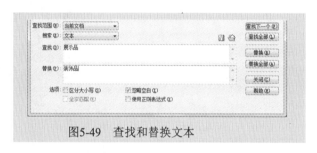

图5-49 查找和替换文本

5.5 过关练习

（1）在Dreamweaver中新建一个网页，并输入文本和特殊字符，练习文本的输入方法。

（2）在Dreamweaver中插入一条水平线，设置其高度为7，颜色为红色。

（3）新建一个网页，在其中输入文字，并练习编号列表、项目列表的设置。

（4）在Dreamweaver中输入词《水调歌头》，并设置文本的格式，效果如图5-50所示。

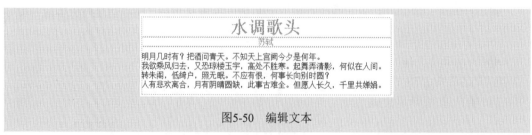

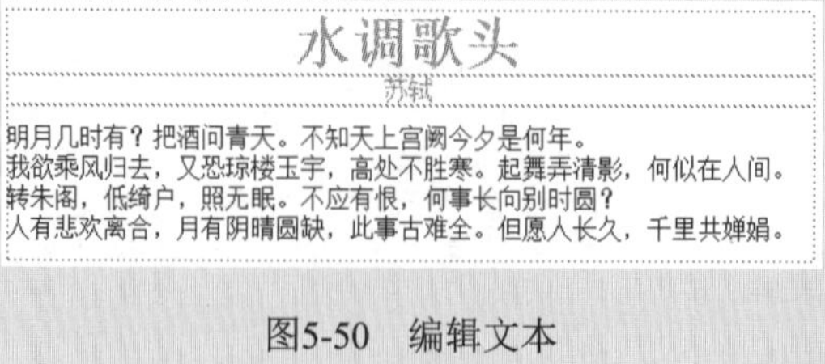

图5-50 编辑文本

Chapter 6

第6章

制作内容丰富的图形页面

小魔女：魔法师，你来看看我旅行时的照片，漂亮吧！

魔法师：嗯，的确很漂亮。小魔女，你准备把这些照片怎么处理呢？

小魔女：对了，魔法师，我看见很多网页上都有许多漂亮的图片，我可以将这些图片添加到网页中吗？

魔法师：当然可以啊，图像也是网页中的重要元素。

小魔女：那在网页中使用图像的方法有哪些呢？

魔法师：主要有插入图片、设置图片的效果、设置图像的格式和设置图片的效果等。

学习要点：

- 图形图像在网页中的应用
- 图像的使用方法
- 设置图像的格式
- 设置图像的效果

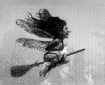

6.1 图形图像在网页中的应用

魔法师：小魔女，在制作图形网页前，我准备先告诉你一些图形在网页中的应用，以便你能更好地学习图形图像的知识。

小魔女：那就太好了，我正愁着呢！你就赶快给我讲讲吧！

魔法师：在网页文档中，图像既可以是网页的内容，也可作为网页的背景。在页面中恰到好处地使用图像能使网页更加生动、美观。下面我将给你讲解网页中常用的图像格式、图像的使用原则以及获取图像的方法。

6.1.1 网页图像的格式

在网页中添加图像文件的格式有很多，其中常见的有GIF、JPG和PNG，这些格式的图像的特点如下。

- GIF：图像交换格式。GIF图像通常用作站点Logo、广告条banner及网页背景图像等。GIF是第一个在网页中应用的图像格式，是目前使用最多的图片格式之一，其优点是它可以使图像文件变得相当小，也可以在网页中以透明方式显示，并可以包含动态信息，如图6-1所示。
- JPG：联合照片专家组（Join Photograph Graphics），也称为JPEG。这种格式的图像可以高效地压缩，图像文件变小的同时基本不失真，因为其丢失的内容是人眼不易察觉的部分，因此常用来显示颜色丰富的精美图像，如照片等，如图6-2所示。
- PNG：便携网络图像（Portable Network Graphics）集JPG和GIF格式优点于一身，既有GIF能透明显示的特点，又具有JPG处理精美图像的优势，常用于制作网页效果图，目前已逐渐成为网页图像的主要格式，大量出现在各大网站中，如图6-3所示。

图6-1 GIF格式

图6-2 JPG格式

图6-3 PNG格式

6.1.2 图像的使用原则

图像是网页的重要构成元素，视觉效果美观的图像更能吸引用户的视线，提高网页的点击量。为了制作更为美观的网页，应遵守以下原则。

- 图像文件的大小要适当，如图像太大，用户浏览网页时需要加载的时间就更长，导致网站打开的速度变慢，影响到浏览者的浏览欲望。因此在制作网页时，可对较大的图像文件进行适当的压缩和切割。
- 图像也是网页中的重要元素，可以帮助表达网页的内容，因此在选择图像时不应只追求美观的效果，还应该挑选与网页主题有关联性的图像。
- 网站中一般都包含有能够表现网站的标志图像，在选择这些图像时，应尽可能保持图像的清晰度、图像含义要简单明了以及图像所包含的文字清晰。
- 图像也常常作为网页设计的背景，用于衬托网页主题。此时选择图像则可考虑使用淡色系列的图像，切忌过于花哨，这样将使网页的整体感觉更加和谐；另外，背景图像的像素值也应尽可能小，可以使用宽度很小的图像来制作可以拼接的背景图，这在减少文件尺寸的同时又可以使页面显得美观。

6.1.3 图像的获取方法

在网页中使用图像前需要对图像进行搜集，获取网页图像素材的方法有如下几种。

- 网上下载素材：网络中有很多提供网页素材下载的网站，如素材网（http://www.sucai.com）和昵图网（http://www.nipic.com）等，用户可直接在这些网站中下载。
- 购买网页素材光盘：目前市面上有很多素材光盘出售，通过购买网页素材光盘也是一种较快捷的方式。
- 拍摄照片：除了上述两种外，也可以将自己拍摄的照片作为素材进行应用。

用户获取图像后，还需对素材进行一定的处理，将图像处理为合适格式和大小的文件，并进行美化处理，以便在网页中使用。此时可使用一些图像处理软件来进行处理。常见的图像处理软件有Photoshop、Fireworks和CorelDRAW等。下面将简单进行介绍。

- Photoshop：是Adobe公司最为出名的图像处理软件之一，是一款功能强大、实用性强的图形图像处理软件，它不仅可以处理各种需要的网页图片与素材，还可在其中设计网页的效果，并通过切割将其另存为网页可使用的格式。
- Fireworks：与Dreamweaver和Flash合称网页三剑客，是一款创建与优化网页图像的专用软件。安装Fireworks后，如果需要修改网页中的图片，可直接在Dreamweaver中选择相应的命令后在Fireworks中进行编辑和保存。
- CorelDRAW：是Corel公司开发的一款图形图像处理软件，主要被用来绘制图形，使用它可以进行商标设计、标志制作、模型绘制、插图描画、排版及分色输出等工作。在网页制作的过程中可以利用它制作一些Logo、banner等。

魔法档案——注意图像版权

在获取图像时，还需要注意图像的版权问题，特别是在网上搜集的图像，一定要保证图像是可以使用的。可与图像的拥有者进行洽谈，征求拥有者的同意，获得使用权后再用于网页设计。

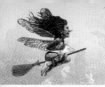

6.2 图像的使用方法

魔法师：小魔女，图像文件在网页中的使用大致就是这些了，你还有什么想要知道的吗？

小魔女：嗯，没有了，您讲得很详细呢！我想知道我们下面要做什么？

魔法师：下面我们将要学习图像在网页中的使用方法，主要包括直接添加图像、使用占位符添加图像、创建鼠标经过图像和插入Fireworks中的图像等！

6.2.1 直接添加图像

对于在网页中添加的图像，一般情况下应先使用Photoshop或Fireworks等图像处理软件对图像进行必要的处理，完成后才可将其插入到网页文档中。在Dreamweaver CS6中插入图像的具体操作如下：

步骤 01 在网页文档中将鼠标光标定位到需要插入图像的位置。

步骤 02 选择【插入】/【图像】命令或在“常用”选项卡中单击“图像”按钮，打开“选择图像源文件”对话框。

步骤 03 在“查找范围”下拉列表框中选择要插入的图像的位置，在中间列表框中选择需插入的图像文件，如图6-4所示。

步骤 04 单击 确定 按钮，在打开的提示对话框中选中☑不再显示这个信息复选框，单击 确定 按钮，以后添加图像时将不再显示该对话框，如图6-5所示。

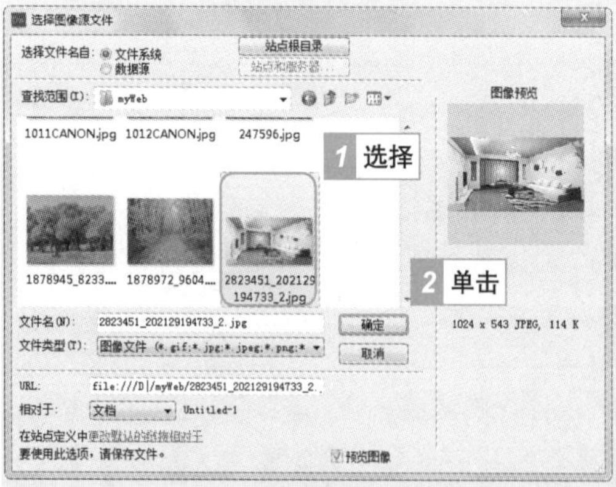

图6-4 选择图像文件

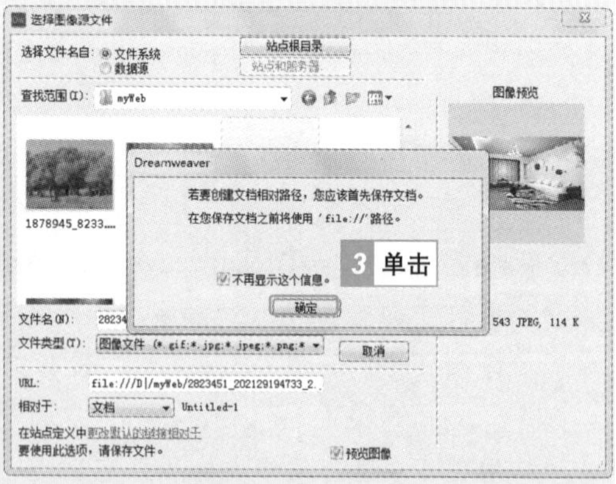

图6-5 提示对话框

步骤 05 单击 确定 按钮，在打开的“图像标签辅助功能属性”对话框的“替换文本”下拉列表框中输入当浏览网页时图像不能正常显示或将鼠标光标移到图像上时显示的提示文本，在“详细说明”文本框中输入图像的详细路径及名称，如图6-6所示。

步骤 06 单击 确定 按钮，完成图像的添加，效果如图6-7所示。

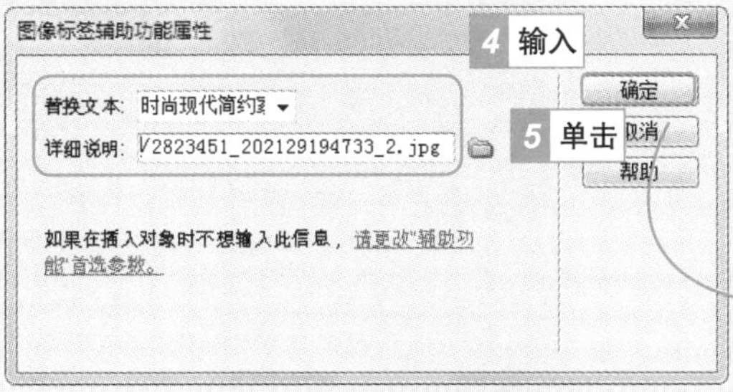

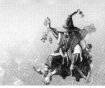

图6-6　设置图像属性

图6-7　查看效果

6.2.2　用占位符添加图像

在网页文档中添加图像时，如果不确定需插入的图像，但可以确定图像的大小，则可在该位置插入占位符进行占位，当确定好要插入的图像时再为其插入图像。使用占位符插入图像的具体操作如下：

步骤 01　在网页文档中将鼠标光标定位到需插入图像占位符的位置。

步骤 02　选择【插入】/【图像对象】/【图像占位符】命令，打开“图像占位符”对话框。

步骤 03　在“名称”文本框中输入占位符的名称“hehua”，在“宽度”文本框中输入占位符的宽度为“300”，在“高度”文本框中输入占位符的高度为“400”，单击“颜色”色块按钮，在弹出的颜色列表框中设置颜色为#FFFFCC，在“替换文本”文本框中输入占位符的描述“荷塘春色”，如图6-8所示。

步骤 04　完成设置后，单击确定按钮，完成图像占位符的添加，如图6-9所示。

图6-8　插入图像占位符

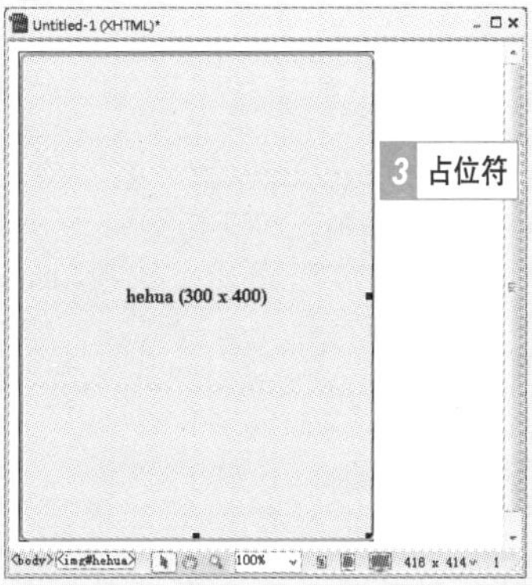

图6-9　查看插入的图像占位符

步骤 05　当准备好需要添加的图像后，双击图像占位符，打开“选择图像源文件”对话框，在该对话框中选择插入的图像，如图6-10所示。

步骤 06　单击确定按钮，完成占位符图像的替换，效果如图6-11所示。

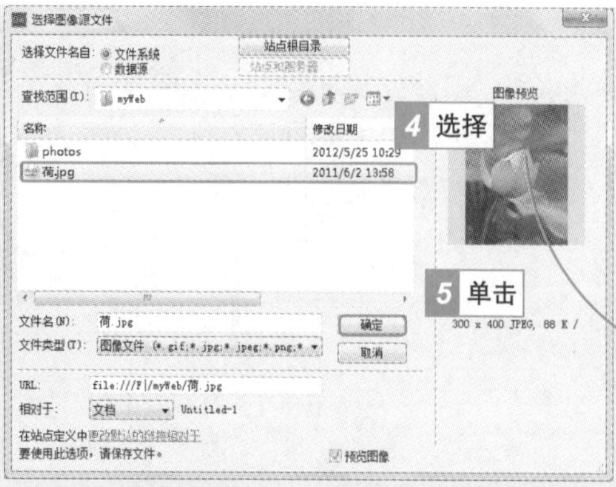

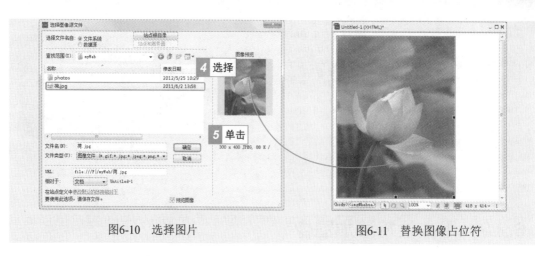

图6-10　选择图片

图6-11　替换图像占位符

6.2.3　创建鼠标经过图像

鼠标经过图像由原始图像和鼠标经过图像两部分组成，当鼠标光标经过图像时显示鼠标经过图像，光标移出图像范围时则显示原始图像。在网页文档中添加鼠标经过图像的具体操作如下：

步骤 01　新建一个网页，将鼠标光标定位到需添加鼠标经过图像的位置。

步骤 02　选择【插入】/【图像对象】/【鼠标经过图像】命令，打开“插入鼠标经过图像”对话框，在“图像名称”文本框中输入图像的名称“tuxing”，如图6-12所示。

步骤 03　单击“原始图像”文本框后的 浏览... 按钮，打开“原始图像”对话框，在该对话框中选择文档中的原始图像，如“礼物1.jpg”（光盘:\素材\第6章\礼物\礼物1.jpg），如图6-13所示。

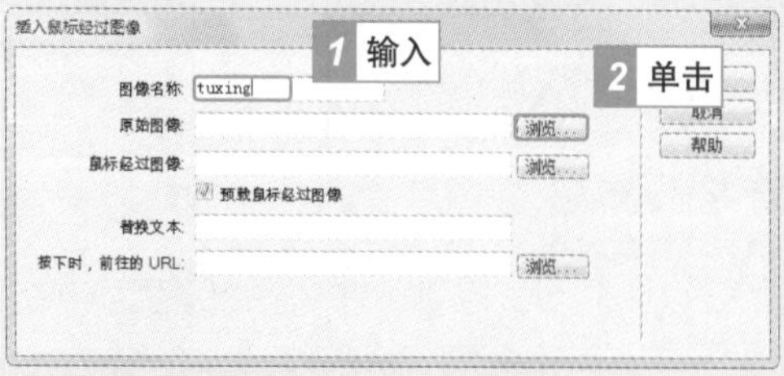

图6-12　输入图像名称

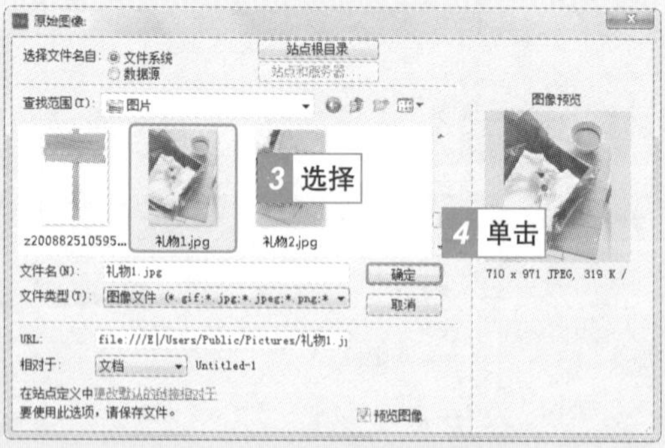

图6-13　选择原始图像

步骤 04　单击 确定 按钮，返回“插入鼠标经过图像”对话框，单击“鼠标经过图像”文本框后的 浏览... 按钮，打开“鼠标经过图像”对话框，在其中选择鼠标经过时的图像，如“礼物2.jpg”（光盘:\素材\第6章\礼物\礼物2.jpg），单击 确定 按钮返回“插入鼠标经过图像”对话框，如图6-14所示。

步骤 05 在“替换文本”文本框中输入文本，这里输入“母亲节礼物”。

步骤 06 单击“按下时，前往的URL”文本框后面的[浏览...]按钮，在打开对话框中选择链接路径或直接在文本框中输入URL，这里输入“index.html”，如图6-15所示。

图6-14 设置鼠标经过图像

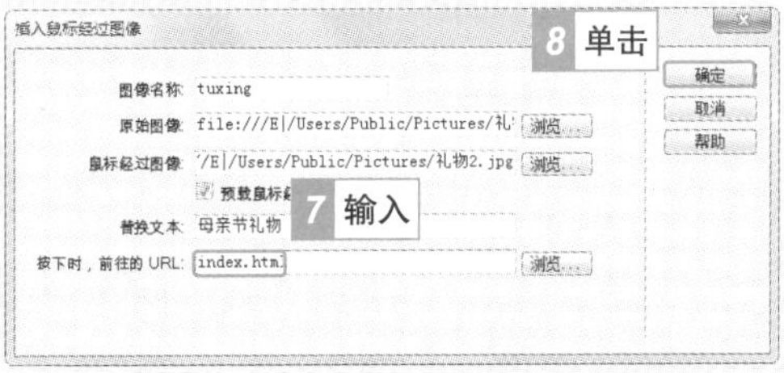

图6-15 设置链接

步骤 07 单击[确定]按钮，完成鼠标经过图像的创建，保存网页并按【F12】键预览网页效果（光盘:\效果\第6章\礼物\礼物.html），如图6-16所示。

图6-16 查看效果

6.2.4 插入Fireworks HTML文档

除了插入Dreamweaver中支持的一些格式外，还可以轻松插入Fireworks制作的HTML文档，使设计者能直接通过Dreamweaver来编辑使用Fireworks制作的网页。在Dreamweaver中选择【插入】/【图像对象】/【Fireworks HTML】命令，打开“插入Fireworks HTML”对话框，在“Fireworks HTML文件”文本框中输入文件的地址或单击[浏览...]按钮选择文件位置，单击

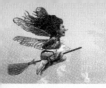

确定 按钮即可，如图6-17所示。

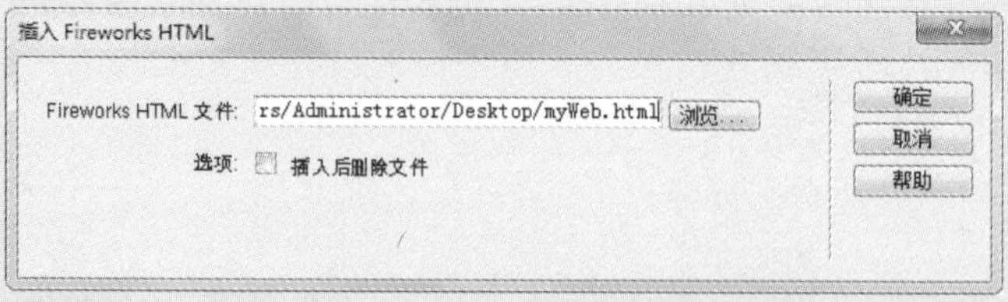

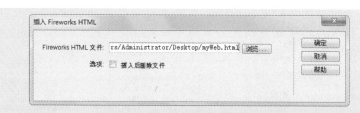

图6-17　插入Fireworks HTML文档

6.3　设置图像的格式

小魔女：魔法师，在网页中插入图像后，网页的内容显得更丰富了，但是我觉得插入的图像太大了，该怎么办呢？

魔法师：这很简单，只要在网页中裁剪或调整图像大小就可以了！

小魔女：裁剪和调整图像大小？在网页中还可以直接裁剪和调整图像大小吗？

魔法师：是的，为了使用户能更方便地对插入的图像进行处理，Dreamweaver提供了一些比较简单的设置图像格式的方法，如设置图像的边距和边框、对齐方式和调整图像大小等，下面我们一起来学习一下吧！

6.3.1　设置图像的边距和边框

在网页中插入图像后，通常还会对图像的边距和边框进行调整，使其符合需求。Dreamweaver CS6中的系统对该部分进行了优化，在“属性”面板中并不能设置其边距和边框，因此需要在代码视图中进行设置。

图像在HTML中用img来表示，因此需要在<img/>标签中设置其属性。设置边距和边框的方法分别如下。

- 设置边框：在HTML代码中设置边框需要使用border属性，因此其相应的代码可写作“<img src="file:///D|/myWeb/横条.gif" width="350" height="40" border="1">”，其中1即为设置的边距。
- 设置边距：在HTML代码中设置图像水平边距需使用hspace属性，设置图像垂直编辑需使用vscape属性，因此，其代码可写作<img src="file:///D|/myWeb/02.jpg" width="421" height="335" hspace="20" vspace="23" />。在设置时只需将“hspace="20" vspace="23"”中的数值修改为需要的值即可。

6.3.2　设置图像的对齐方式

设置图像的对齐方式也需要通过HTML代码来进行设置，其对应的属性为align。align

有多个属性值，常用的对齐属性有baseline、top、middle、bottom、texttop、absmiddle、absbottom、left和right，设置为对应的值即可。这些属性值的含义介绍如下。

- baseline（默认值）：默认情况下，是指将文本基准线对齐图像底端。
- top（顶端）：是指将文本行中最高字符的顶端和图像的顶端对齐。
- middle（居中）：将图像中线与当前行的基线对齐。
- bottom（底部）：将图像与文本底端对齐。
- texttop（文本上方）：将文本行中最高字符和图像的上端对齐，一般和"顶端"对齐没有多大区别。
- absmiddle（绝对居中）：是指将图像的中部和文本中部对齐。
- absbottom（绝对底部）：是指将文本的绝对底部和图像对象对齐。
- left（左对齐）：是指将图像放置在左边，右边可以绕排文本。
- right（右对齐）：是指将图像放置在右边，左边可以绕排文本。

6.3.3 调整图像的大小

如果插入的图像不符合使用要求，可对图像的大小进行调整。在Dreamweaver中可使用裁剪图像和缩放图像这两种方法来进行设置，下面分别进行介绍。

1. 裁剪图像

选中需裁剪的图像后，单击"属性"面板中的按钮，图像将出现阴影边框，将鼠标光标移至图像边缘，当光标变为↕、↔、↘或↗形状时拖动鼠标，调整阴影部分的面积，拖动至合适大小时释放鼠标，完成裁剪范围的设置，然后再双击鼠标，阴影部分的图像即被裁剪，如图6-18所示。

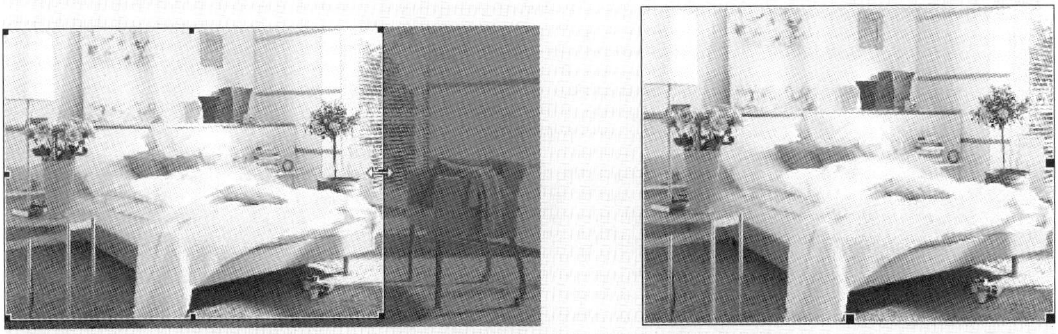

图6-18　裁剪图像

2. 缩放图像

调整图像大小时，如果只是想对图像的大小进行调整，而不改变图像原有的内容，可通过缩放图像来进行设置，其方法为：选择图像后，将鼠标放在图像右下角，当鼠标变为↘形状时，按住【Shift】键即可等比例缩放图片，如图6-19所示。

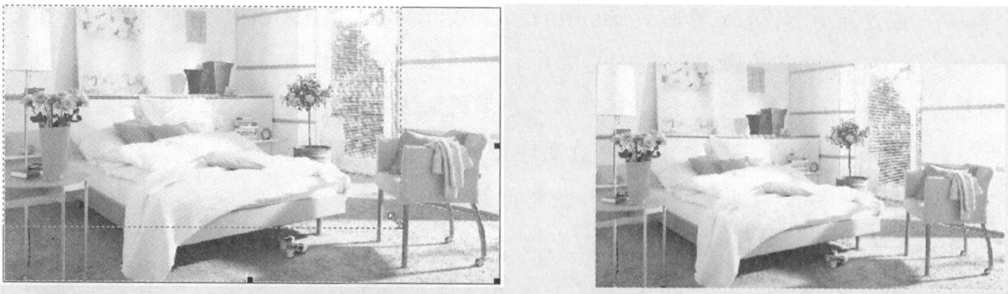

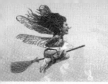

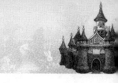

图6-19　缩放图像

6.3.4 重新对图像进行取样

调整图像大小后，图像的实际物理大小并没有改变，当图片的物理大小很大时将会影响实际的网页下载速度，这时就可利用Dreamweaver CS6的图像重新取样功能来同步改变图像的物理大小。

在Dreamweaver中选择图像，调整其大小后，单击图像“属性”面板中的按钮或选择【修改】/【图像】/【重新取样】命令可执行重新取样，如图6-20所示。

图6-20　重新对图像进行取样

魔法档案——激活重新取样功能

默认状态下，“重新取样”是呈灰色的非激活状态，此时是无法进行重新取样操作的，只有当图像的原始显示大小被改变后，该按钮才会被激活。

6.4 设置图像的效果

魔法师：怎么样？直接在Dreamweaver中调整图像的格式是不是很方便？

小魔女：是啊！这些操作都是我平时经常会用到的，直接在软件里进行操作可大大节省时间，提高了不少工作效率呢！但是我还发现有些图像的效果不理想，这也可以在Dreamweaver里进行设置吗？

魔法师：是的！除了对Dreamweaver中的图像格式进行设置外，还可对图片进行简单的处理，使图像效果更加符合自己的需要，如调整图像的亮度、对比度和锐度以及编辑图片等。

6.4.1　调整图像的亮度和对比度

如果想对插入的图像的亮度或对比度进行调整，使其效果更加美观，可以在Dreamweaver CS6中直接进行调整，其方法为：选中图像后，选择【修改】/【图像】/【亮度/对比度】命令或单击图像“属性”面板中的按钮，打开“亮度/对比度”对话框，通过拖动亮度、对比度调整滑块，可方便地调整当前图像的亮度和对比度，如图6-21所示。

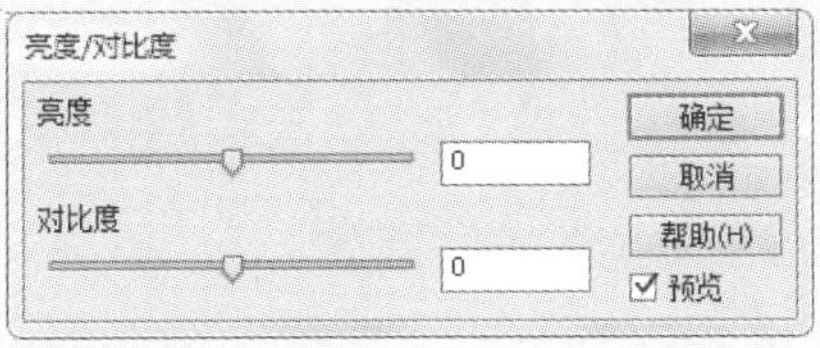

图6-21　“亮度/对比度”对话框

在第一次执行该操作时，系统将提示用户该操作将永久改变图像，选中☑不要再显示该消息(D)复选框可不再提示。

该对话框中各选项的含义如下。

- “亮度”滑块：拖动滑块可提高或降低图像亮度。
- “对比度”滑块：拖动滑块可增强或减弱图像对比度。
- “亮度”和“对比度”文本框：输入数值来调整亮度和对比度，其范围在-100~100之间。
- ☑预览复选框：选中该复选框后可实时查看文档窗口中图像的调整效果。

6.4.2　调整图像的锐度

通过Dreamweaver CS6的“锐化”工具可提高图像的锐度。可以在直接选择图像后，选择【修改】/【图像】/【锐化】命令或单击图像“属性”面板中的按钮，打开“锐化”对话框，然后拖动“锐化”滑块（其值在0~10之间）调整当前图像的锐度，如图6-22所示。

图6-22　“锐化”对话框

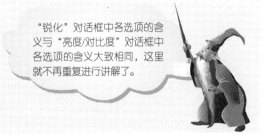

“锐化”对话框中各选项的含义与“亮度/对比度”对话框中各选项的含义大致相同，这里就不再重复进行讲解了。

6.4.3　编辑图像

除了前文讲解的设置图像效果的方法外，Dreamweaver CS6还提供了编辑图像功能对图像进行编辑，该功能主要分为“编辑图像”和“编辑图像设置”，下面分别进行讲解。

1. 编辑图像

选择需要进行编辑的图像，在Dreamweaver CS6的属性面板中单击“编辑”按钮，

Dreamweaver CS6会自动连接到系统默认的图像编辑软件，此时可通过默认的软件对图像进行浏览和编辑等设置，如图6-23所示为连接到默认的浏览图像软件——美图看看后的效果。

图6-23　编辑图像

2. 编辑图像设置

在Dreamweaver CS6的“属性”面板中单击“编辑图像设置”按钮，打开“图像优化”对话框，在“预置”下拉列表框中选择图像的预设样式，在“格式”下拉列表框中选择图像格式，拖动“品质”滑块对图片质量进行设置，完成后单击确定按钮，如图6-24所示。

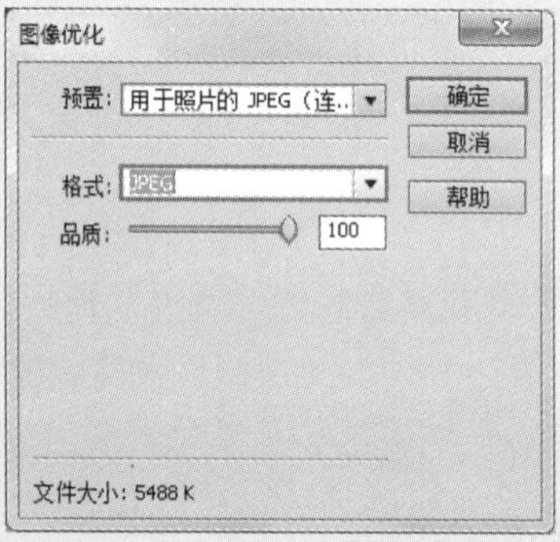

图6-24　“图像优化”对话框

6.5　典型实例——制作“动漫欣赏”网页

魔法师：小魔女，学了这么多知识，接下来我们是不是应该练习一下，先熟练掌握图像的使用方法，再进行其他知识的学习呢？

小魔女：嗯，我早就想用图像制作一个漂亮的网页了，那我们快点练习吧？

魔法师：好啊，那下面我们就先在一个已经布局好的网页中练习图像的使用，通过图像来制作一个动漫网页，使网页的效果更加丰富多彩，效果如图6-25所示。

图6-25　“动漫欣赏”网页

其具体操作如下：

步骤 01 打开anime.html网页文档（光盘:\素材\第6章\动漫欣赏\anime.html），可看到该网页已由表格进行了布局，将鼠标光标定位到表格的第一行，选择【插入】/【图像对象】/【鼠标经过图像】命令。

步骤 02 打开“插入鼠标经过图像”对话框，单击“原始图像”文本框后的 浏览... 按钮，如图6-26所示。

步骤 03 打开“原始图像”对话框，选择anime-top1.jpg选项（光盘:\素材\第6章\动漫欣赏\anime\anime-top1.jpg），单击 确定 按钮，如图6-27所示。

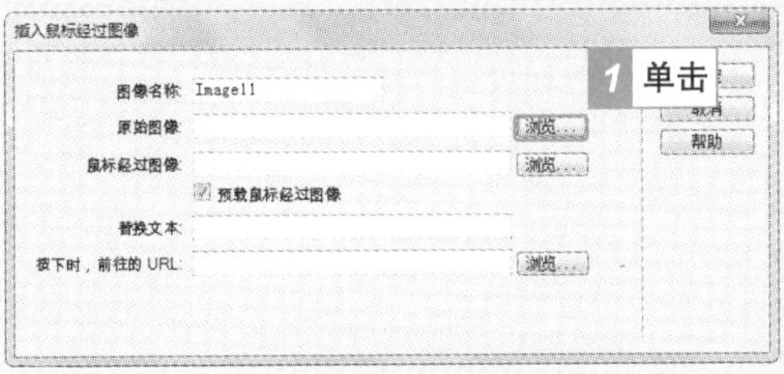

图6-26　“插入鼠标经过图像”对话框

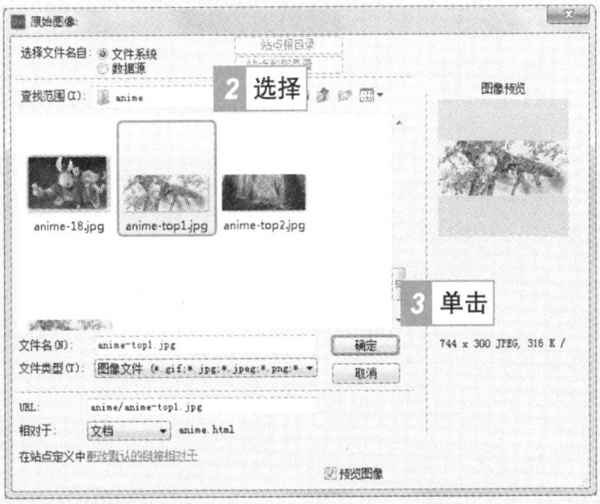

图6-27　选择原始图像

步骤 04 返回“插入鼠标经过图像”对话框，使用相同的方法选择“鼠标经过图像”文本框中的anime-top2.jpg图像（光盘:\素材\第6章\动漫欣赏\anime\anime-top2.jpg），单击 确定 按钮，如图6-28所示。

步骤 05 返回网页，可看到插入的原始图像过大，此时选中该图像，将鼠标移至图像右下角，当鼠标光标变为↖形状时按住鼠标左键不放并向上拖动，直到图片大小变为620 × 250像素时释放鼠标，如图6-29所示。

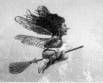

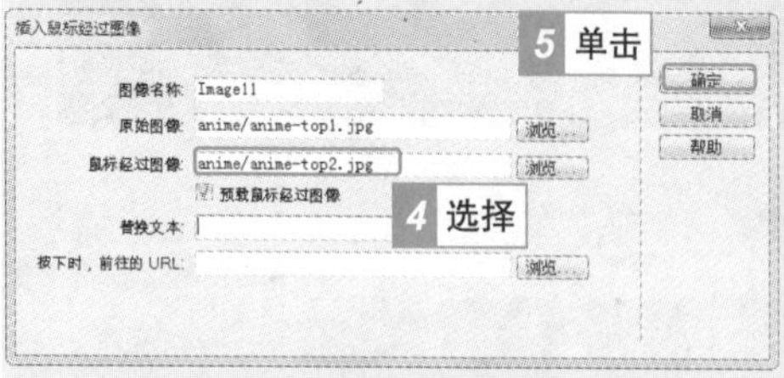

图6-28　设置鼠标经过图像

图6-29　调整图像大小

步骤 06 选择图像，单击“属性”面板中的“重新取样”按钮，设置图像的实际大小为620 × 250，如图6-30所示。

图6-30　对图像进行重新取样

步骤 07 将鼠标光标定位在“动画”栏下的第一个单元格中，单击“常用”工具栏中的“图像”按钮，在弹出的下拉列表中选择“图像占位符”选项。

步骤 08 打开“图像占位符”对话框，在“图像名称”文本框中输入“image1”，在“宽度”和“高度”文本框中分别输入“89”和“59”，单击确定按钮，如图6-31所示。

步骤 09 返回网页中可查看到该单元格被图像占位符占据，然后使用相同的方法将这一行的其他3个单元格也插入图像占位符，其效果如图6-32所示。

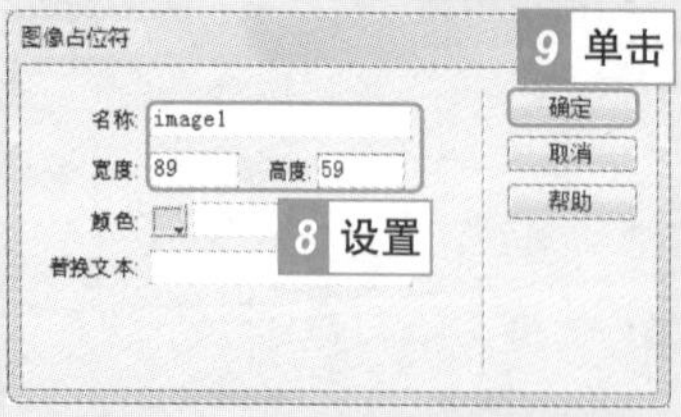

图6-31　设置图像占位符的属性

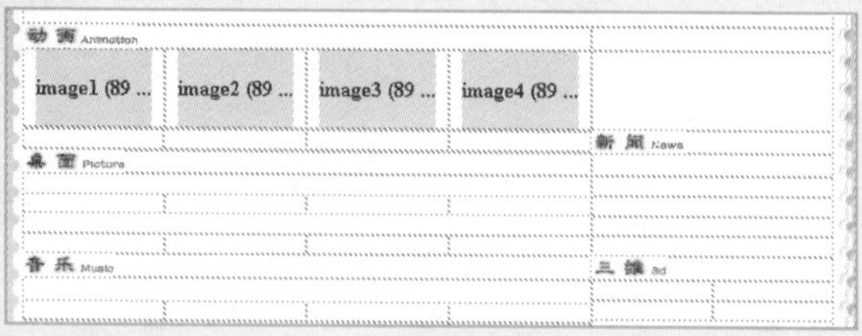

图6-32　插入其他图像占位符

步骤 10 使用相同的方法，在“桌面”、“音乐”、“三维”栏下第一行的每个单元格中插入图像占位符，效果如图6-33所示。

步骤 11 双击第一个图像占位符，打开“选择图像源文件”对话框，在其中选择anime-4.jpg选项（光盘:\素材\第6章\动漫欣赏\anime\anime-4.jpg），单击确定按钮，如图6-34所示。

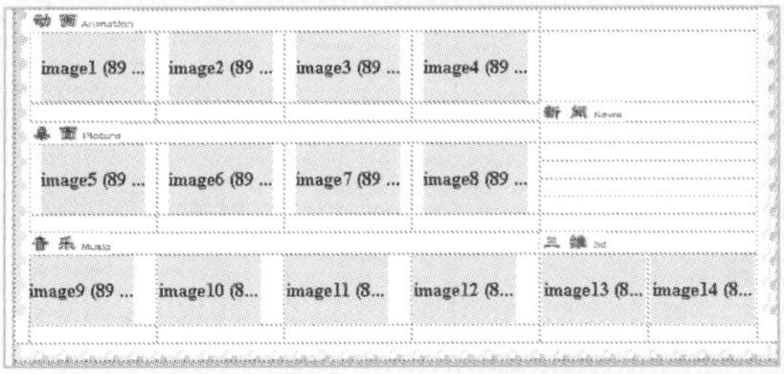

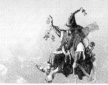

图6-33 插入所有图像占位符

图6-34 选择图像源文件

步骤 12 使用相同的方法双击其他图像占位符，添加其他图像（光盘:\素材\第6章\动漫欣赏\anime\anime-5.jpg），效果如图6-35所示。

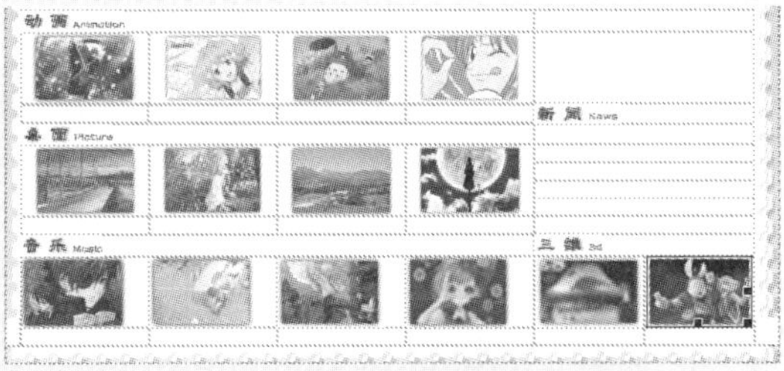

图6-35 插入图像

步骤 13 在图像下方输入对应的名称，并在“新闻”栏下方的单元格中输入新闻，完成网页的制作。在IE浏览器中浏览网页，其效果如图6-25所示（光盘:\效果\第6章\动漫欣赏\anime.html）。

6.6 本章小结——更多应用图像的技巧

小魔女：魔法师，使用图像制作的网页好漂亮呀！不仅页面整洁，而且色彩丰富，一下就吸引了我的视线！

魔法师：呵呵，那是当然的，但要通过图像制作更加丰富的效果，还需再学习一些新知识。

小魔女：还有其他的知识可以让网页效果更丰富呀！那你快给我讲讲吧！

魔法师：没问题，下面我就给你介绍一些常用的编辑图像的方法。

第1招：选择合适的图像格式

GIF、JPG和PNG格式的图片是网页中最为常用的图像格式，GIF格式适合小图像或小动画；JPG对大型图像的压缩率很高，适用于大图像；PNG格式是高彩图形，具有良好的低色压缩，适合放置色彩丰富的效果图像。

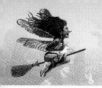

第2招：撤销与恢复图像

在制作网页的过程中难免会发生操作错误的情况，此时可通过简单的方法撤销与恢复对图像的设置，使其返回到操作前的状态，其方法为：选择图像后，选择【编辑】/【撤销】命令可撤销操作；选择【编辑】/【重做】命令可重新设置图像格式。

第3招：恢复图像的初始大小

放大图像后，有的图像会变得很模糊，此时可在“属性”面板中的“宽”和“高”文本框后单击“重置为原始大小”按钮，将图像恢复为原始大小。

6.7 过关练习

（1）打开Mouse.html网页文档（光盘:\素材\第6章\鼠标经过图像\Mouse.html），以鼠标经过图像的方式插入图像（光盘:\素材\第6章\鼠标经过图像\images），其效果如图6-36所示（光盘:\效果\第6章\鼠标经过图像\Mouse.html）。

图6-36　鼠标经过图像

（2）打开index.html网页文档（光盘:\素材\第6章\lianxi2\index.html），在其中插入图像，其最终效果如图6-37所示（光盘:\效果\第6章\index01.html）。

图6-37　插入图像

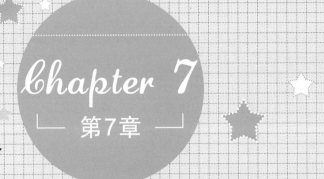

Chapter 7

第7章

创建超链接

小魔女：魔法师，我刚刚在网上浏览了一个网页，发现了一个问题！

魔法师：嗯，什么问题？你说说。

小魔女：当我将鼠标移动到文本和图片上时，鼠标的形状就变成了手形，而且当我单击它时，它还打开了新的网页，这是怎么回事呀？

魔法师：呵呵，这是因为我们为网页中的图片和文字添加了超链接！

小魔女：超链接，那是什么呀？我怎么从来就没听说过！

魔法师：超级连接主要用于设置页面与页面之间的跳转，将网站中的每个页面连接起来，使网页结构更加完整。下面我们就来学习一下吧！

学习要点：

- 认识超链接
- 创建超链接
- 创建电子邮件超链接
- 导航条设计

7.1 认识超链接

小魔女：魔法师，你怎么还不给我讲解超链接的使用方法呢？我还想使用它来制作网页呢！

魔法师：这么着急干什么呀！我们还是一步一步来吧，先认识一下超链接的基本知识，然后再讲解它的操作方法。

小魔女：嗯，好吧！

7.1.1 什么是超链接

网页是网站的组成元素，通常网站中都包含有多个页面，在制作网页时就需要使用超链接来连接网页。当在网页中设置了超链接后，将鼠标光标移动到超链接上，鼠标会变为手形；单击鼠标时则可跳转到链接的页面。超链接可以是文本、图像或其他的网页元素。按照链接的方向又可以将超链接分为源端点链接和目标端点链接。

7.1.2 源端点链接

源端点是指在网页中有链接的一端，主要有文本链接、图像链接和表单链接3种，其含义如下。

- 文本链接：以文字作为超链接的源端点，设置文本链接后，其文字下方通常会显示下划线。
- 图像链接：以图像为源端点的超链接，单击图像链接可跳转到相关的页面。图像链接具有美观、实用等特点，在网页设计中使用较为频繁。
- 表单链接：是一种较特殊的超链接，当填写完表单后，单击相应的按钮将自动跳转到目标页面。

7.1.3 目标端点链接

目标端点是指单击超链接后跳转到的页面。该端点根据类型的不同可分为外部链接、内部链接、局部链接和电子邮件链接等，其含义如下。

- 外部链接：是指目标端点不属于本网站的链接，可实现网站与网站之间的跳转，从而将浏览范围扩大到整个网络。如某些网站中的友情链接。
- 内部链接：是指目标端点为本站点中的其他文档的链接。
- 局部链接：通过局部链接可在浏览时跳转到当前文档或其他文档的某一指定位置。此类链接是通过文档中的命名锚记实现的。
- 电子邮件链接：单击电子邮件链接可启动电脑中默认的电子邮件程序，并指定收件人的邮箱地址。

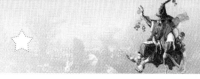

7.1.4 端点路径的分类

根据超链接设置的文件位置不同，超链接的路径也各不相同，可将其分为以下几种类型。

- **文档相对路径链接：** 文档相对路径链接是本地站点链接中最为常用的链接形式，使用相对路径无须给出完整的URL地址，可省去URL地址的协议，只保留不同的部分即可。相对链接的文件之间相互关系并没有发生变化，当移动整个文件夹时不会出现链接错误的情况，因此不用更新链接或重新设置链接。
- **绝对链接：** 该链接提供了链接目标端点完整的URL地址，如http://smail.net/index.html。绝对链接在网页中的主要作用是创建站外具有固定地址的链接。
- **站点根目录相对路径链接：** 该链接是基于站点根目录的，其特点是以“/”开头，当在同一个站点链接网页时可采用该方法，如/myweb/index.html。

7.2 创建超链接

魔法师：小魔女，我讲了这么多关于超链接的知识，你学习得怎么样了？

小魔女：我已经了解了，超链接其实就是连接不同网页的桥梁，通过它就可以实现不同页面之间的交互访问！

魔法师：你说得对，看来你已经完全掌握了关于超链接的基本知识了！那接下来我们就来学习一些创建超链接的方法吧！

7.2.1 创建文本超链接

文本是网页中最为常用的元素，而文本链接是基于文本而创建的超链接。在Dreamweaver中创建文本超链接主要是通过“属性”面板来进行，下面将在网页中创建“鲜花展示”超链接，其具体操作如下：

步骤 01 打开flowers.html网页文档（光盘:\素材\第7章\flower\flowers.html），选择需要创建超链接的文本，这里选择“鲜花展示”。

步骤 02 在“属性”面板中单击“链接”下拉列表框后的按钮，如图7-1所示，打开“选择文件”对话框。

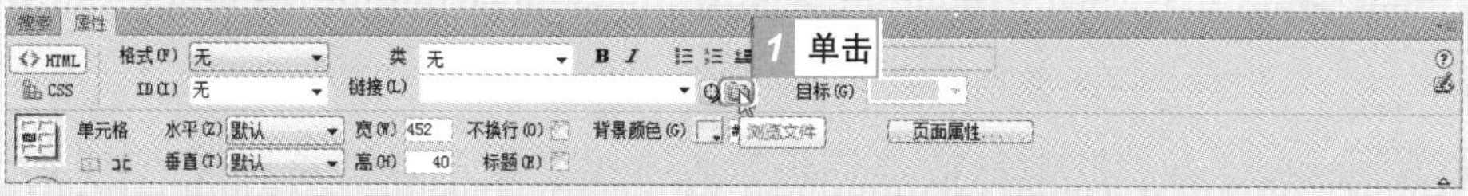

图7-1 单击按钮

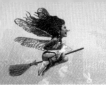

步骤 03 在“查找范围”下拉列表框中选择链接网页的保存位置，在中间的列表框中选择链接的网页文件（光盘:\素材\第7章\flower\index.html），如图7-2所示。

步骤 04 单击 确定 按钮，完成文本链接的添加，如图7-3所示（光盘:\效果\第7章\flower\flowers.html）。

图7-2　选择链接的文件

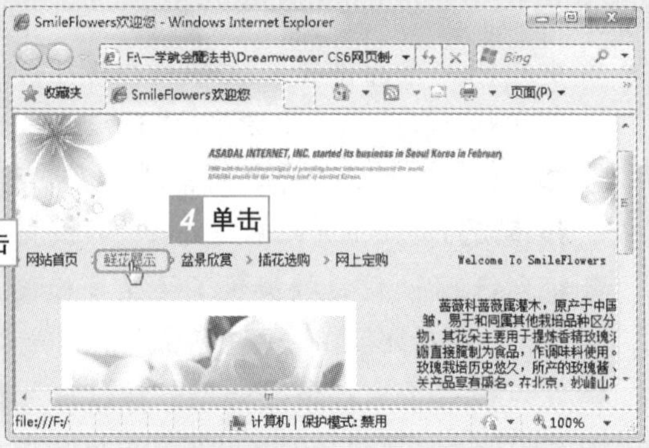

图7-3　查看效果

7.2.2 创建图像超链接

Dreamweaver CS6中的图像超链接主要有普通超链接和热点超链接两种，其中图像的普通超链接和文本的超链接相同，这里不再赘述。热点链接就是在一张图像中可以使用添加热点的方法添加多个点，并可分别为该点创建超链接。下面将在网页文档中创建热点链接，其具体操作如下：

步骤 01 打开index.html网页文档（光盘:\素材\第7章\flower\index.html），在网页文档中选择需要添加热点的图片，在“属性”面板中即可看到有4个热点工具，如图7-4所示。

步骤 02 选择一个热点绘制工具，如这里单击“矩形热点工具”按钮，将鼠标光标移到文档中的图像上，按住鼠标左键拖动绘制一个矩形，如图7-5所示。

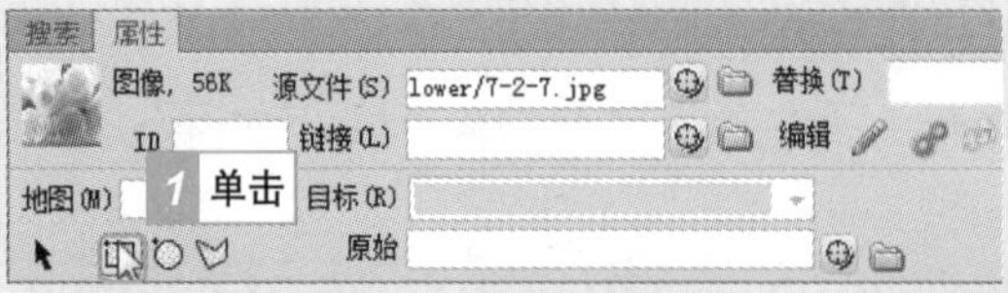

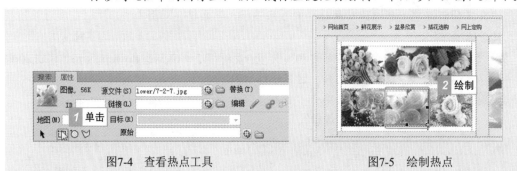

图7-4　查看热点工具

图7-5　绘制热点

步骤 03 在“属性”面板的“链接”文本框中输入需链接网页的URL地址为“flowers.html”（光盘:\素材\第7章\flower\flowers.html），在“目标”下拉列表框中设置打开目标对象的方式为_self，在“替换”下拉列表框中设置当鼠标光标移动到该超链接热点上时显示的提示信息为“鲜花介绍”，如图7-6所示。

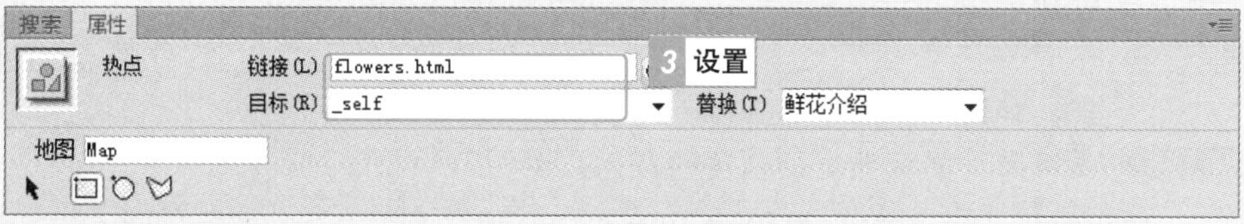

图7-6　设置热点属性

步骤 04　返回界面保存网页即可（光盘:\效果\第7章\flower\index.html）。

晋级秘诀——“目标”下拉列表框中各选项的含义

设置热点链接时，“目标”文本框中提供了多个选项，其中_blank选项用于在新的、未命名的浏览器窗口中打开链接目标文档；_new选项用于在新的窗口中打开链接的目标文档；_parent选项用于在链接所在窗口的父窗口中打开链接目标文档；_self选项用于在当前窗口中打开链接目标文档；_top选项用于在当前浏览器窗口的最外层打开链接目标文档。

7.2.3　创建电子邮件超链接

电子邮件超链接主要是为了方便浏览者发送邮件，其方法为：选择需要创建电子邮件链接的文本，选择【插入】/【电子邮件链接】命令，或在“常用”工具栏中单击按钮，打开“电子邮件链接”对话框。在“文本”文本框中将自动显示选中的文本，在“电子邮件”文本框中输入要链接的邮箱地址，单击确定按钮即可，如图7-7所示。

图7-7　创建电子邮件链接

7.2.4　创建命名锚记超链接

当用户在浏览内容较多的网页，并需要拖动滚动条才能查看网页下面的内容时，可通过创建命名锚记超链接，使其指向文档中的特定位置，其具体操作如下：

步骤 01 打开arctile.html网页文档（光盘:\素材\第7章\命名锚记\arctile.html），将鼠标光标定位到需要创建锚记的文本处，这里定位到网页中的文章标题“背影——朱自清”处，选择【插入】/【命名锚记】命令，打开“命名锚记”对话框。

步骤 02 在“锚记名称”文本框中输入锚记的名称“first”，然后单击 确定 按钮，如图7-8所示。

步骤 03 返回网页中可查看到创建的锚记，如图7-9所示。

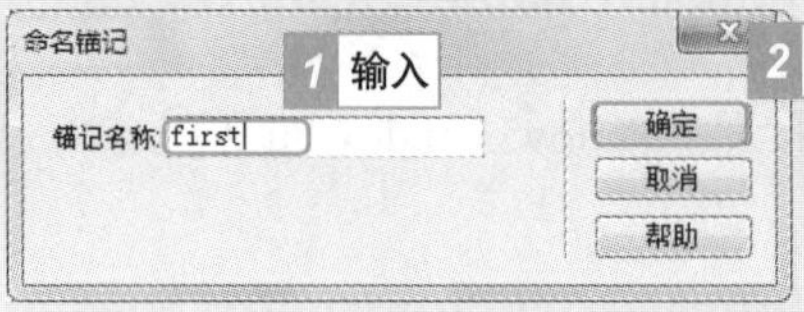

图7-8 命名锚记

图7-9 查看创建的锚记

步骤 04 使用相同的方法在下一段文章的标题处创建锚记，并命名为second。然后选择网页中的文本“背影”，在“属性”面板的“链接”下拉列表框中输入“#first”，如图7-10所示。

步骤 05 使用相同的方法设置“故乡”文本的超链接为#second，如图7-11所示。

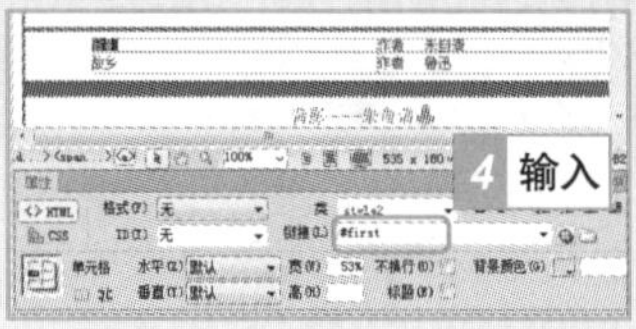

图7-10 输入“#first”

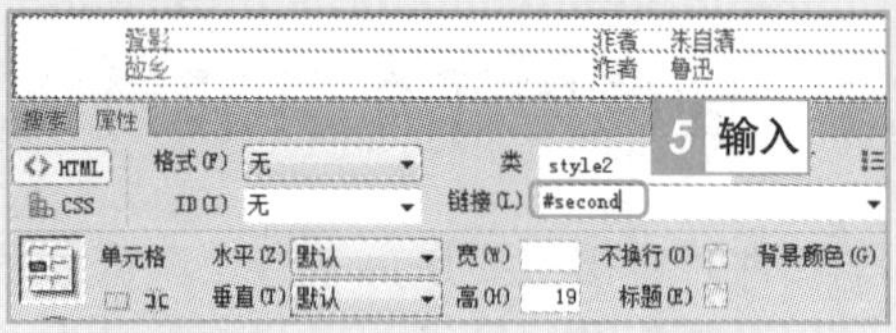

图7-11 设置“故乡”文本的超链接

步骤 06 完成后保存网页并在浏览器中进行浏览即可，其效果如图7-12所示（光盘:\效果\第7章\命名锚记\actrile.html）。

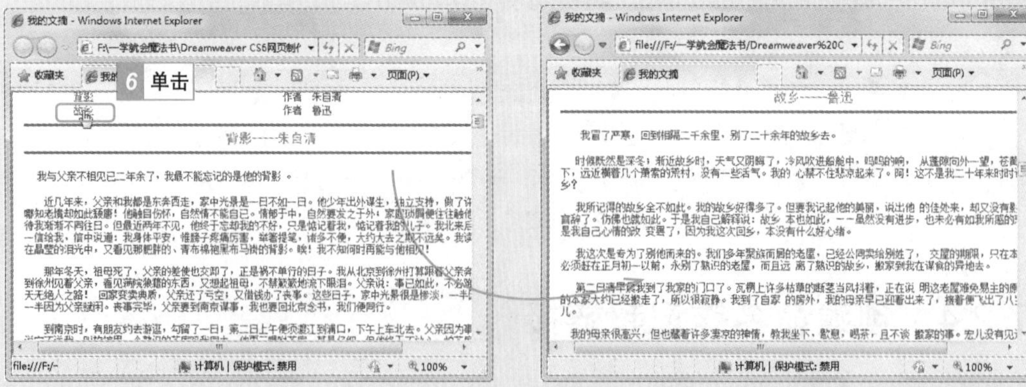

图7-12 创建命名锚记后的效果

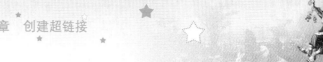

7.2.5 创建脚本和空链接

除了上文讲解的超链接外，在Dreamweaver中还可为网页添加脚本链接和空链接，下面分别进行介绍。

1. 创建脚本链接

脚本链接表示单击超链接时引发一个定义的脚本动作。下面将创建一个“关闭窗口”的脚本链接，其具体操作如下：

步骤 01 选择需要创建脚本链接的文本，此处选择“关闭窗口”文本。

步骤 02 在“属性”面板的“链接”下拉列表框中输入“javascript:window.close();”，如图7-13所示。

步骤 03 保存文件，按【F12】键在浏览器中进行浏览，单击“关闭窗口”超链接，将打开一个提示对话框，单击 是(Y) 按钮可关闭窗口，如图7-14所示。

图7-13 设置脚本链接

图7-14 查看效果

2. 创建空链接

空链接是指未指定目标端点的链接。在Dreamweaver中选择要创建空链接的文本或图像，在“属性”面板的“链接”下拉列表框中输入“#”即可，如图7-15所示。

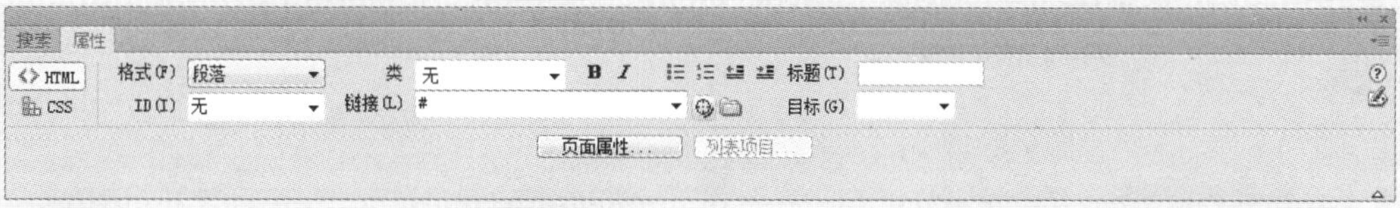

图7-15 创建空链接

魔法师，我觉得空链接没有什么用呀！什么时候需要创建空链接呢？
如果需要在文本上附加行为，以便通过调用JavaScript等脚本代码来实现一些特殊功能，就可创建空链接。

7.3 导航条设计

小魔女：魔法师，添加了超链接后，浏览网页就更加方便了，而且还使我对制作网站的过程更加清楚了！

魔法师：呵呵，小魔女，那你知道导航条是什么吗？

小魔女：导航条？是不是我们浏览网页时，单击它就可以链接到其他网页的一个小栏目？

魔法师：嗯，这种说法并不完全正确。导航条相当于网站的目录，用于告诉浏览者网站包含的主要内容，帮助用户快速找到感兴趣的内容。可以这样说，导航条的设计对网站有着举足轻重的作用！而超链接就是制作导航条的基本条件，下面就来看看吧！

7.3.1 导航条的分类

导航条包含了网站中主要网页的链接地址，因此，不管用户在浏览哪个网页，都可以通过单击相应的超链接打开需要浏览的页面。在设计导航条前，还需先了解导航条的分类。

1. 按组成元素分类

一般情况下，网页导航条都可根据其组成元素来进行设计，主要包括纯文字导航、图片导航、Flash导航和隐藏导航等，其含义分别介绍如下。

- **纯文字导航：**该类导航全部由文字组成，使用文字制作导航较为简单、方便，是大部分门户网站制作网页时的首选，如图7-16所示。
- **图片导航：**图片导航也是大多数网页设计者制作网页时选择的一种导航方式，采用图片导航可占用一定的页面，使网页内容更加充实，同时美观的图片导航也可对网页进行一定的美化，吸引浏览者的眼球，如图7-17所示为一个包含图片导航的网页。

图7-16　纯文字导航

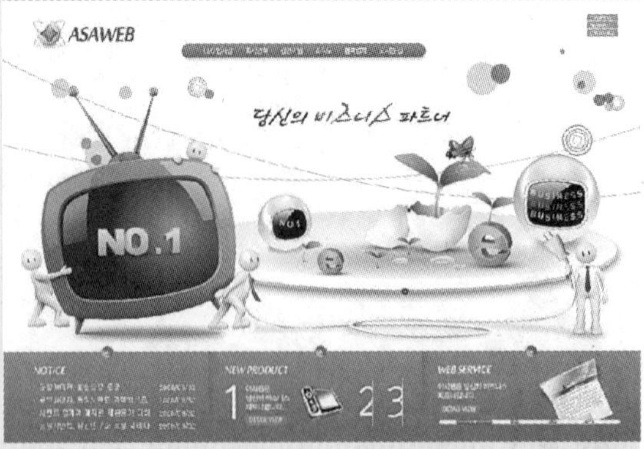

图7-17　图片导航

- **Flash导航**：Flash导航是目前比较流行的一种导航方式，Flash中包含各种元素，如文字、图片、动画和声音等，采用Flash导航不仅可以美化网页，还能增加网页的趣味性，给访问者留下深刻印象，如图7-18所示。
- **隐藏导航**：隐藏导航的效果与菜单类似，当用户浏览网页时，只需将鼠标放在导航条上，将弹出一个下拉列表，在该列表中可选择更加具体的导航命令。采用这种方式主要可实现信息的分层，使浏览者能通过导航更加快速地找到需要浏览的信息，如图7-19所示。

图7-18 Flash导航

图7-19 隐藏导航

2. 按主次结构进行分类

除了根据网页元素来设计导航条外，还可根据网页的主次结构来对导航条进行分类。这种分类方法主要是为了对不同的信息进行分类，通常可分为主导航、二级导航、快速导航和相关链接导航等，如图7-20所示。

图7-20 按主次结构分类导航条

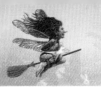

- **主导航：**主导航是整个网站的导航选项，主要包括网页内容的分类，为用户提供必要的访问信息。
- **二级导航：**二级导航是对主导航相关选项的细化，当选择主导航时，相关的二级导航就会显示在页面中，用户可在其中选择需要浏览的详细页面。
- **快速导航：**快速导航一般出现在网页的两侧，并浮动在网页上，能够跟随网页的滚动而自动调整其位置，为用户提供了更为便捷的浏览网页的途径。
- **相关链接导航：**相关链接导航一般出现在网页底部，用于提供网页的相关信息。

7.3.2 导航条的位置和方向

不同位置和方向的导航条体现了不同的网页版式和风格，制作适当的导航条可使网页锦上添花。下面分别进行讲解。

1. 导航条的位置

导航条主要可放在页面的顶部、底部、左侧、右侧和中部等，不同位置的导航条适应的页面并不相同，下面分别对这几个位置的导航条进行介绍。

- **顶部：**将导航条放在顶部是一种比较传统的网页设计方法，这样设计的好处是能快速将导航元素显示出来，并且顶部导航一般是从左到右进行设计的，更加符合浏览者的阅读习惯，如图7-21所示。
- **底部：**将导航条放在底部也可在一定程度上突出展示网页的内容，但采用底部导航条时需要注意，要尽量将网页内容全部在一屏内显示完整，不要在浏览时出现垂直滚动条，这样会使用户不能在第一时间看到网站的导航，如图7-22所示。

图7-21　顶部导航条

图7-22　底部导航条

- **左侧：**将导航条放在网页左侧缩小了网页内容的显示空间，但这种方式与传统的软件界面的菜单方式较为一致，为浏览者提供了便利，如图7-23所示。
- **右侧：**将导航条放在网页右侧可优先满足显示网页内容的要求，使浏览者的注意力更加集中，便于查看网页的具体内容，如图7-24所示。

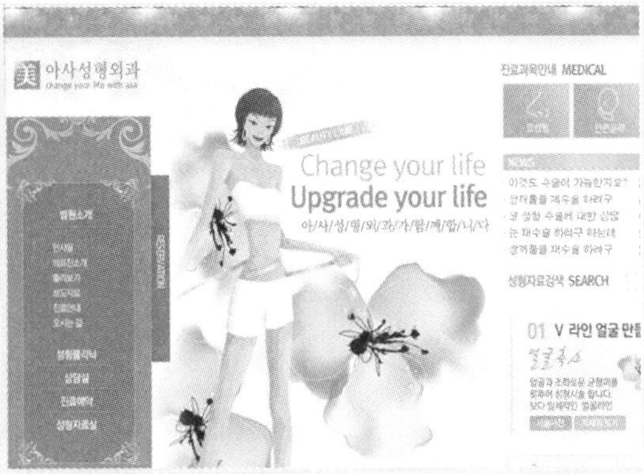

图7-23　左侧导航条

图7-24　右侧导航条

● 中部：将导航条放在页面中部的效果与翻书的效果类似，可使浏览者直观地查看到导航条，便于浏览，如图7-25所示。

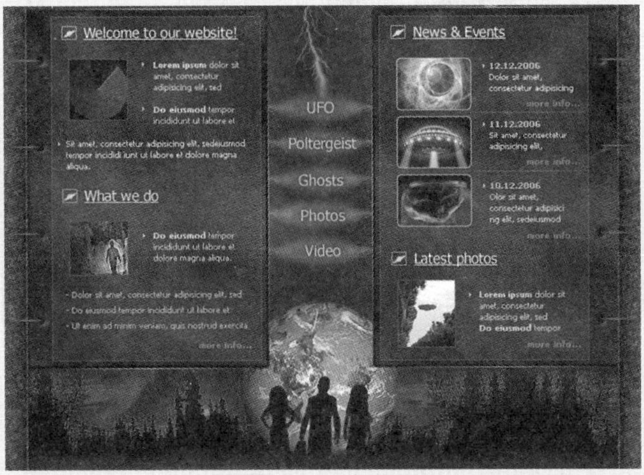

图7-25　中部导航条

2. 导航条的方向

导航条的方向主要是指构成导航条元素的排列方向，通常有横排、竖排和不规则方向。其中横排是指从左到右排列元素；竖排是指从上到下排列元素；不规则方向则采用较为个性化的方式进行排列，以体现网页的特性。

7.3.3 设计导航条

导航条的外观样式主要可通过表格和CSS来进行设计，完成设计后即可为每个选项设置超链接。

1. 使用表格设计导航条

使用表格设计导航条主要是以传统的横向和竖向方式来制作导航条。这种方法主要是在网页中插入表格，并在表格的行、列或单元格中填充导航条的元素，如文本、图片等。

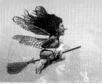

2. 使用CSS设计导航条

通过CSS来设计导航条主要是通过ul列表来进行的。ul列表即导航列表，每一个<ul></ul>标签则表示其中的内容为一个列表项，每一项列表则用<li></li>标签来描述。使用ul进行导航条设计时，系统会默认为导航加上圆点序列，且从上到下进行排列，如图7-26所示。

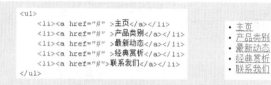

```
<ul>
    <li><a href="#" >主页</a></li>
    <li><a href="#" >产品类别</a></li>
    <li><a href="#" >最新动态</a></li>
    <li><a href="#" >经典赏析</a></li>
    <li><a href="#">联系我们</a></li>
</ul>
```

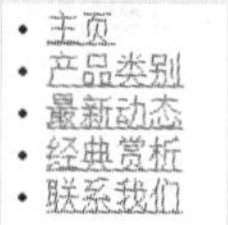

图7-26 使用CSS设计导航条

7.4 典型实例——制作“西餐厅”网页

魔法师：小魔女，现在你已经学习了关于超链接的基本知识了，下面我们还是先来做一个练习，让你对超链接的知识掌握得更熟练。

小魔女：嗯，这次我们主要练习网页制作的什么内容呢？

魔法师：呵呵，我们就在网页上方制作图片导航条，并设置超链接，在网页下方制作文字导航条并设置超链接，然后设置图片的热点链接，效果如图7-27所示（光盘:\效果\第7章\restaurant\restaurant.html）。

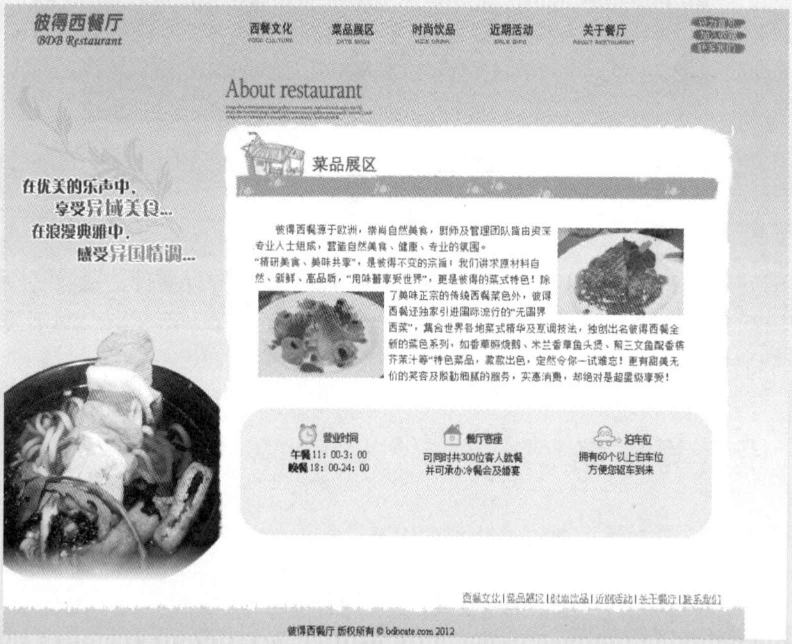

图7-27 “西餐厅”网页

其具体操作如下：

步骤 01 打开restaurant.html网页文档（光盘:\素材\第7章\restaurant\restaurant.html），将鼠标光标定位在网页的第1行第2列的单元格中，单击鼠标右键，在弹出的快捷菜单中选择【表格】/【拆分单元格】命令。

步骤 02 打开“拆分单元格”对话框，选中◉列(C)单选按钮，在“列数”数值框中输入“6”，单击 确定 按钮，如图7-28所示。

步骤 03 将鼠标光标定位在拆分后的第2个单元格，单击“常用”插入栏中的“图片”按钮，打开“选择图像源文件”对话框，在中间的列表框中选择34.gif（光盘:\第7章\素材\restaurant\image\34.gif）文件，然后单击 确定 按钮，如图7-29所示。

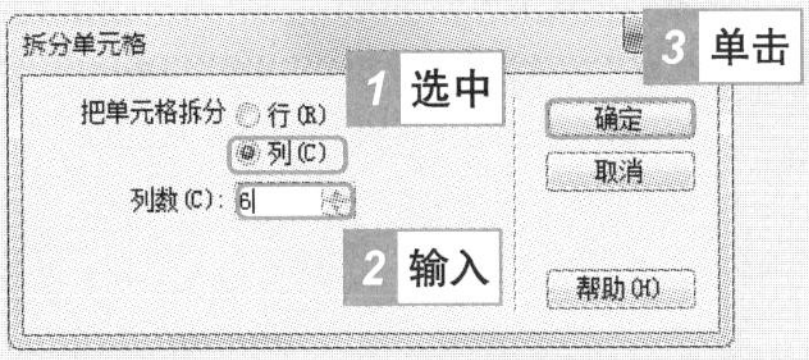

图7-28　拆分单元格

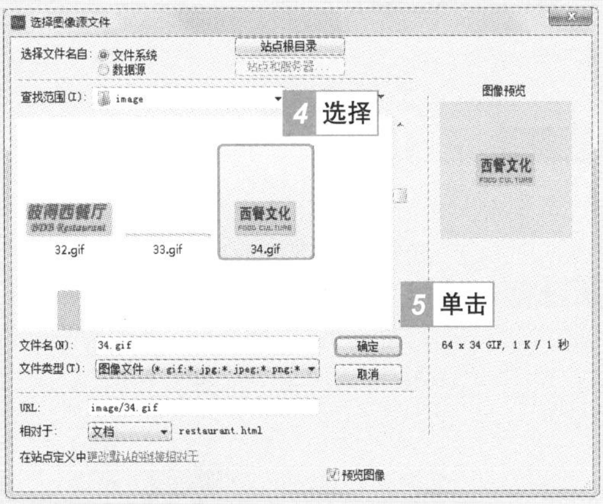

图7-29　选择图像源文件

步骤 04 使用相同的方法在单元格中插入其他的图像（光盘:\素材\第7章\restaurant\image\37.gif、39.gif、41.gif、44.gif），其效果如图7-30所示。

图7-30　插入图像

步骤 05 选择插入的第一张图像，在“属性”面板中的“链接”文本框中输入“culture.html”（光盘:\素材\第7章\restaurant\culture.html），如图7-31所示。然后依次选择其他图像，设置其超链接为cate.html、drink.html、sale.html和about.html（光盘:\素材\第7章\restaurant\cate.html、drink.html、sale.html、about.html）。

图7-31　设置图像超链接

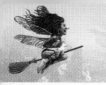

步骤 06 选择网页左侧的图像，单击“属性”面板下方的“矩形热点工具”按钮，在图像中绘制一个矩形，如图7-32所示。

步骤 07 在“属性”面板中的“链接”文本框中输入“cate.html”，在“目标”下拉列表框中选择_parent选项，如图7-33所示。

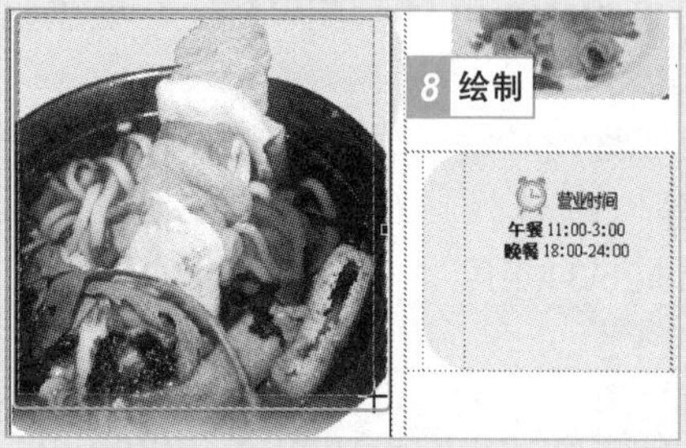

图7-32 绘制热点区域

图7-33 设置热点超链接

步骤 08 在网页中间的最后一行中插入一个1行3列的表格，在最后一个单元格中输入文本并设置前5个文本的超链接与图片超链接的链接地址相同，如图7-34所示。

步骤 09 选择“联系我们”文本，单击“常用”插入栏中的“电子邮件”按钮，在打开对话框中的“电子邮件”文本框中输入链接的电子邮件地址，单击确定按钮，如图7-35所示。

图7-34 设置文本导航

图7-35 设置电子邮件链接

步骤 10 保存网页并进行预览。

7.5 本章小结——编辑超链接

小魔女：魔法师，看来网页的各个地方都可以添加超链接呀！而且添加了之后，只要访问它指向的网页，就可以直接单击它，而不必在浏览器中输入网页的地址了！

魔法师：呵呵，那是当然的，只要熟练掌握超链接的创建方法，并适当地运用到网页制作的过程中，将使我们制作的网页更加完整。

小魔女：嗯，我一定会好好学习的！

魔法师：呵呵，看你这么好学，下面我就再教你几个超链接的相关知识吧。

第1招：编辑文本超链接的颜色

在网页中设置了文本超链接后，其默认的颜色为蓝色，这时，可在属性面板中设置超链接的颜色，使其与网页的整体风格更加统一，网页效果更加美观。其方法与设置一般文本颜色的方法相同，只需在属性面板中单击 CSS 按钮，然后单击“色块”按钮，在弹出的列表中设置文本的颜色即可。

第2招：创建文件下载链接

浏览网页时可发现大部分网页中都包含有下载文件的功能，该功能与创建超链接的方法相同，不同的是被链接的文件不是浏览器所支持的网页文件类型，而是exe、zip等文件。如要在网页中创建“美食.rar”文件的下载超链接，可选择需要创建链接的文本或图像，在“属性”面板的“链接”文本框中设置链接的文件为“美食.rar”，如图7-36所示。

设置完成后保存网页，在浏览器中进行预览。单击该超链接，打开“文件下载”对话框，单击 打开(O) 按钮即可下载文件，如图7-37所示。

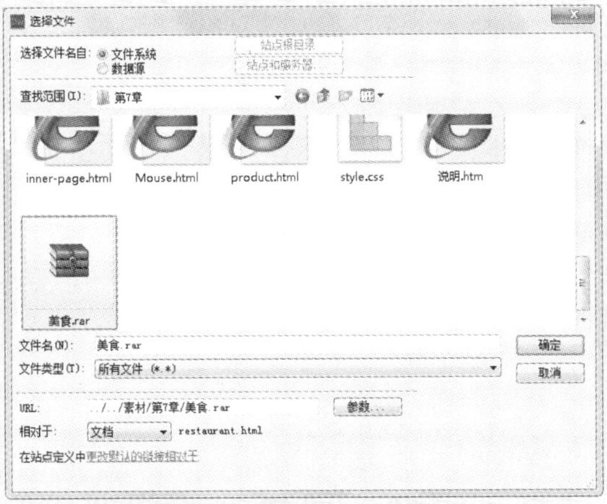

图7-36　创建文件下载链接

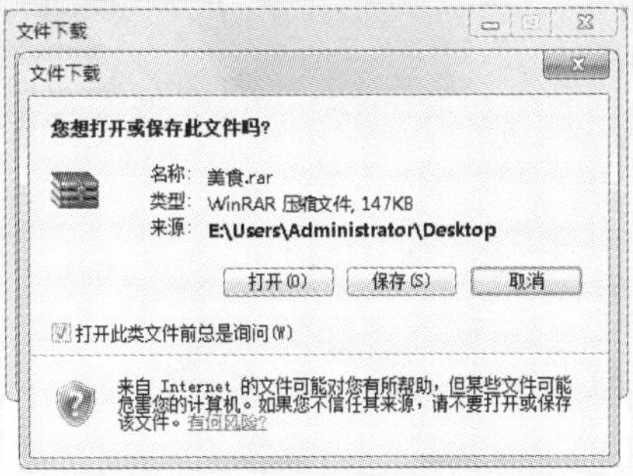

图7-37　下载文件

第3招：图像映射

通过热点可对图像的某一部分区域创建超链接，而图像映射就是在一张图片上的多个不同区域创建多个超链接，其方法与创建热点超链接的方法相同，只需通过创建热点超链接的方法在同一张图片中创建多个链接即可。

7.6　过关练习

（1）打开index.html网页文档（光盘:\素材\第7章\Product\index.html），为网页中的3张图片设置矩形热点超链接，当依次单击图片时分别链接到sunflower.html、selaves.html和lotus.html网页文档（光盘:\素材\第7章\Product\sunflower.html、selaves.html和lotus.html），其最终效果如图7-38所示（光盘:\效果\第7章\Product\index.html）。

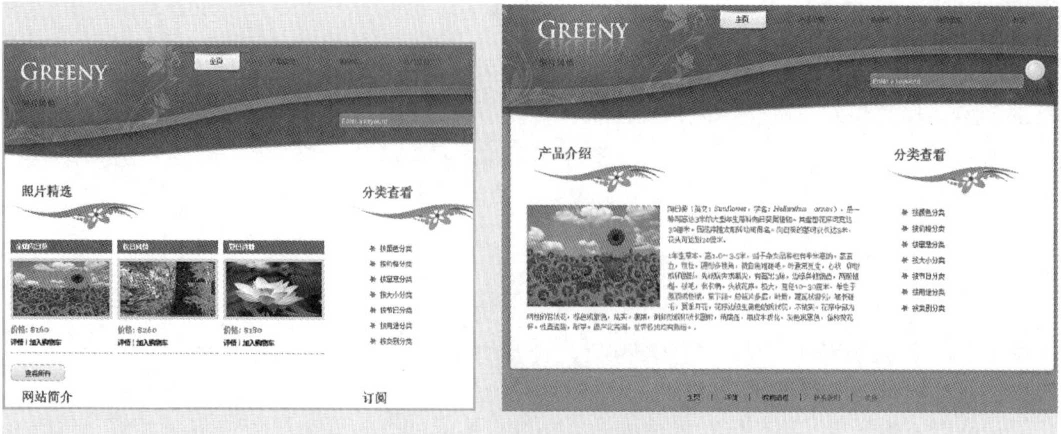

图7-38　设置图像热点链接

（2）继续在练习（1）中的index.html网页文档中设置导航条中的“产品信息”文本的超链接为infor.html网页文档（光盘:\素材\第7章\Product\infor.html），其最终效果如图7-39所示（光盘:\效果\第7章\Product\index1.html）。

图7-39　设置文本超链接

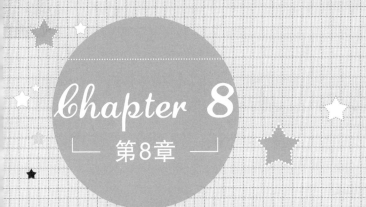

Chapter 8

第8章

制作绚丽多姿的多媒体页面

小魔女：魔法师，你看我的QQ空间很漂亮吧！

魔法师：嗯，你的QQ空间不仅内容丰富、颜色搭配漂亮，而且空间里还有动画和音乐，令人赏心悦目，已经非常完美了！

小魔女：嘻嘻……要是能够把动画和音乐也添加到我自己制作的网页中就更好了。

魔法师：呵呵，这可是很容易的哟！动画、音乐和其他多媒体元素就和文本与图像一样，需要我们进行添加。下面你就仔细地学习吧！

学习要点：

- 在网页中插入Flash对象
- 在网页中插入其他动态对象
- 插入音乐文件

8.1 在网页中插入Flash对象

魔法师：小魔女，网页中可以插入的多媒体元素很多，最为常用的是Flash动画和FLV视频文件，下面我就先给你讲讲。

小魔女：嗯，Flash动画不就是视频文件？

魔法师：呵呵，它们是不同的。Flash动画是一种Flash格式，其后缀名为.swf。视频格式有FLA、SWT和FLV等，而FLV视频文件则是一种流媒体格式，下面就给你讲解在网页中插入它们的方法！

8.1.1 Flash文件的格式

Flash文件主要有FLA、SWF、SWT和FLV 4种格式，网页中常用的是SWF格式。这4种格式的含义如下。

- FLA：Flash的源文件格式，双击它即可进入Flash文档的编辑状态。在Flash软件中将Flash源文件导出为SWF格式的文件就可在网页中进行插入操作。
- SWF：Flash的播放模式，它是一种压缩的Flash文件，通常说的Flash动画就是指该格式的文件。除使用Flash软件将FLA源文件导出为SWF格式的文件外，还有许多软件可以生成SWF格式的文件，如Swish、3D Flash Animator等。
- SWT：Flash库文件，相当于模板，用户通过设置该模板的某些参数可创建SWF文件。
- FLV：视频文件，包含经过编码的音频和视频数据，用于通过Flash播放器传送。如果有QuickTime或Windows Media视频文件，可以使用编码器（如Flash 9 Video Encoder）将视频文件转换为FLV文件。

8.1.2 插入并编辑Flash动画

将Flash动画复制到网页文档所在的站点文件夹中，即可插入Flash动画，然后还可对Flash动画的属性进行设置，下面分别进行讲解。

1. 插入Flash动画

在网页中插入Flash动画，能使网页的内容更加丰富。下面将在网页中插入Flash动画，其具体操作如下：

步骤 01 将鼠标光标定位到网页文档中需要插入Flash动画的位置。

步骤 02 单击“常用”插入栏中的“媒体”按钮后的按钮，在弹出的下拉列表中选择Flash选项。

步骤 03 打开“选择SWF”对话框，在“查找范围”下拉列表框中选择Flash动画文件所在的位置，在中间列表框中选择需要插入的Flash动画，如图8-1所示。

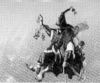

步骤 04 单击 确定 按钮，在打开的“对象标签辅助功能”对话框中单击 确定 按钮，完成Flash动画的插入，如图8-2所示。

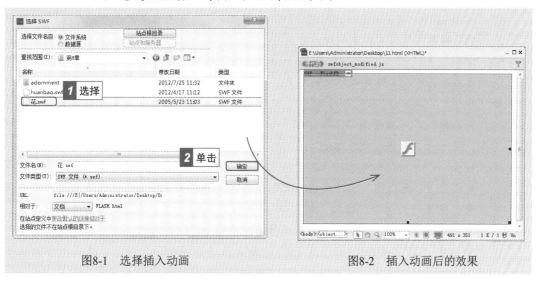

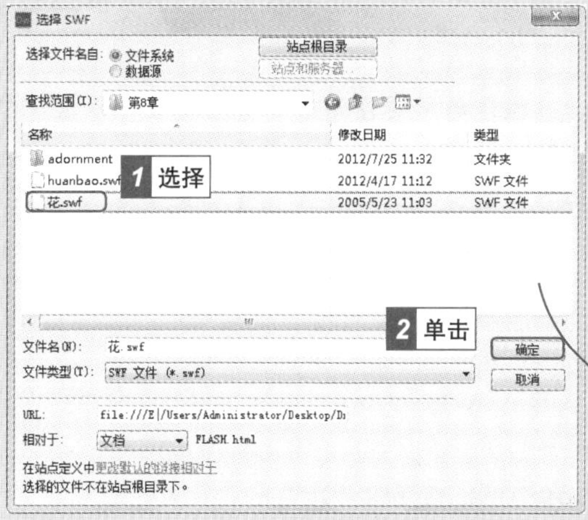

图8-1　选择插入动画

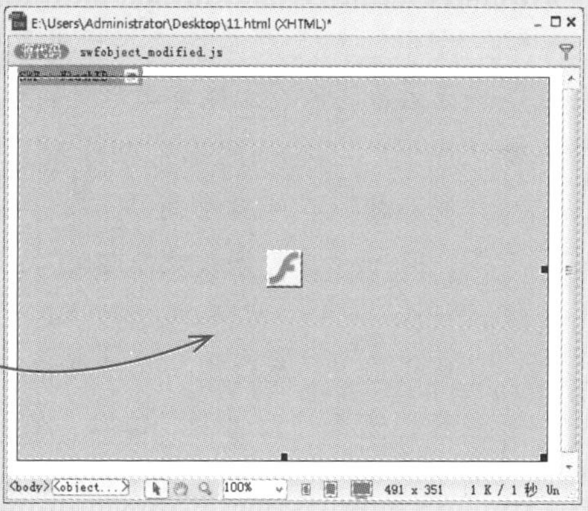

图8-2　插入动画后的效果

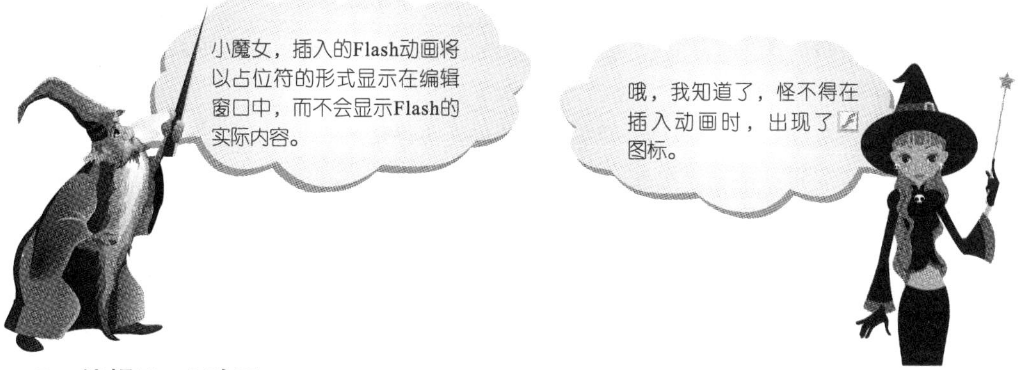

小魔女，插入的Flash动画将以占位符的形式显示在编辑窗口中，而不会显示Flash的实际内容。
哦，我知道了，怪不得在插入动画时，出现了 图标。

2. 编辑Flash动画

插入Flash动画后，可在“属性”面板中对Flash的属性进行设置，通常包括设置Flash动画的大小、边距和背景颜色等，如图8-3所示。

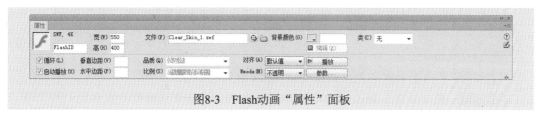

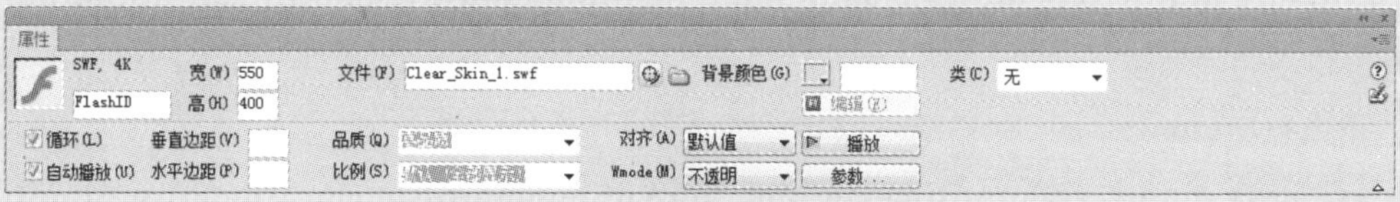

图8-3　Flash动画“属性”面板

该面板中主要参数的含义如下。

- **“宽”文本框：** 用于设置Flash动画的宽度。
- **“高”文本框：** 用于设置Flash动画的高度。
- **“背景颜色”色块：** 单击该色块，在弹出的列表中可设置Flash动画的背景颜色。
- **循环(L) 复选框：** 选中该复选框，Flash动画将连续播放；未选中则播放一次后即停止。

- 自动播放(U)复选框：选中该复选框，当加载网页时即开始播放Flash动画。
- “垂直边距”文本框：用于设置Flash动画上边与网页其他页面元素，以及Flash动画下边与网页其他页面元素的距离。
- “水平边距”文本框：用于设置Flash动画左边与网页左侧其他页面元素，以及Flash动画右边与网页右侧页面元素的距离。
- “品质”下拉列表框：用于设置Flash动画播放时的质量，在该下拉列表框中可选择“高品质”、“自动高品质”、“自动低品质”和“低品质”4个选项，选择的值越高，Flash动画的播放效果越好。
- “比例”下拉列表框：用于设置Flash动画的播放比例，在该下拉列表框中可选择“默认”、“无边框”和“严格匹配”选项。选择“默认”选项，则Flash动画将全部显示；选择“无边框”选项，则Flash动画的左右两边内容将会漏掉；选择“严格匹配”选项，则Flash动画将完全显示，但比例可能会有所变化。
- “对齐”下拉列表框：用于设置Flash动画的对齐方式，在该下拉列表框中可选择“默认值”、“基线”、“顶端”、“居中”、“底部”、“文本上方”、“绝对居中”、“绝对底部”、“左对齐”和“右对齐”10个选项。
- Wmode(M)下拉列表框：用于设置Flash动画的透明度，在该下拉列表框中可选择“窗口”、“透明”和“不透明”3个选项。
- 播放按钮：单击该按钮可预览Flash文件的播放效果。
- 编辑(E)按钮：单击该按钮，可自动打开Flash软件，对Flash动画进行重新编辑。
- 参数...按钮：单击该按钮，在打开的对话框中可设置需传递给Flash动画的参数。

8.1.3 插入FLV视频

为了使网页中的素材更具说服力，在某些网页中还可以插入FLV视频文件。当用户在网页中插入视频后预览网页效果时，浏览器中将显示FLV视频内容以及视频文件的播放控件，通过对该控件进行相应操作可对视频文件进播放、暂停、停止和无声等操作。FLV视频并不是Flash动画，它既可以整合到Flash文件中，也可以独立于Flash文件外，可以有效地压缩文件大小并保持视频的质量。

下面在Dreamweaver CS6中插入FLV视频，其具体操作如下：

步骤 01 将光标插入点定位到需要插入FLV视频的位置。

步骤 02 在“常用”插入栏中单击“媒体”按钮后的按钮，在弹出的下拉列表中选择FLV选项，打开“插入FLV”对话框。

步骤 03 在“视频类型”下拉列表框中选择视频的类型，这里选择“累进式下载视频”选项，如图8-4所示。

步骤 04 单击URL文本框后的浏览...按钮，在打开的“选择FLV”对话框的“查找范围”下拉列表框中选择保存视频的位置，在中间的列表框中选择需要插入的FLV视频文件，如图8-5所示。

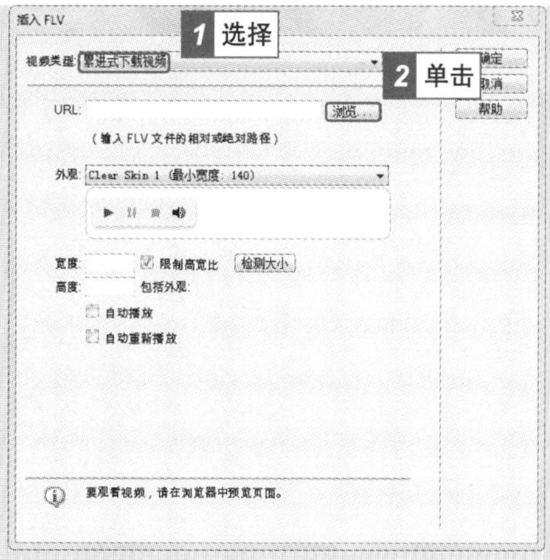

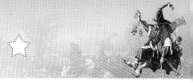

图8-4　“插入FLV”对话框

图8-5　选择FLV文件

步骤 05 单击 确定 按钮，导入FLV视频，在“外观”下拉列表框中选择视频播放器的外观界面，这里选择“Corona Skin 3（最小宽度：258）”选项，在“外观”下拉列表框下方会显示选择的控件效果。

步骤 06 单击 检测大小 按钮自动获取选择的视频文件的宽度和高度，也可以在“宽度”和“高度”文本框中输入视频画面的宽度和高度。

步骤 07 选中 自动播放 复选框，单击 确定 按钮完成FLV视频的插入，并关闭该对话框，如图8-6所示。

步骤 08 保存网页文档，按【F12】键预览插入的FLV视频效果，如图8-7所示。

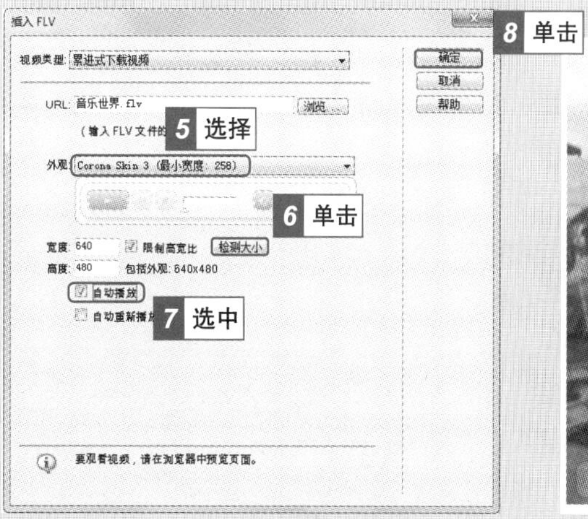

图8-6　“插入FLV”对话框

图8-7　预览效果

魔法档案——FLV文件无法正常播放的解决方法

用户在预览插入了FLV视频文件的网页时，有时FLV文件可能无法播放。造成这种问题的原因可能是站点或FLV文件的路径中包含有中文，此时只需将中文替换为英文即可。

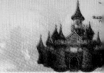

8.2　在网页中插入其他动态对象

魔法师：小魔女，除了插入Flash对象外，还可插入其他多媒体元素，如带有交互性功能的多媒体元素——Shockwave影片和Java小程序——APPLET。

小魔女：Shockwave影片、APPLET？我怎么从来就没有听说过呢？

魔法师：呵呵，其实网页中的一些多媒体影片或小游戏都会采用Shockwave影片来制作，它提供了比Flash更优秀的可扩展脚本引擎，其功能更为强大；而APPLET则是使用JavaScript语言编写的小程序，下面我就给你讲解！

8.2.1　插入Shockwave影片

Shockwave影片是Web中的一种媒体文件，具有快速下载、兼容性强等特点。在Dreamweaver CS6中插入Shockwave影片的具体操作如下：

步骤 01 打开需要插入Shockwave影片的网页文档，将鼠标光标定位到需要插入Shockwave影片的位置。

步骤 02 单击“常用”插入栏中“媒体”按钮后的按钮，在弹出的下拉列表中选择Shockwave选项。

步骤 03 打开“选择文件”对话框，在“查找范围”下拉列表框中选择影片所在的位置，然后在下方的列表框中选择需要插入的Shockwave影片，单击 确定 按钮，如图8-8所示。

步骤 04 打开“对象标签辅助功能属性”对话框，在“标题”文本框中输入标题，在“访问键”和“Tab键索引”文本框中输入访问的快捷键和索引键，单击 确定 按钮，如图8-9所示。

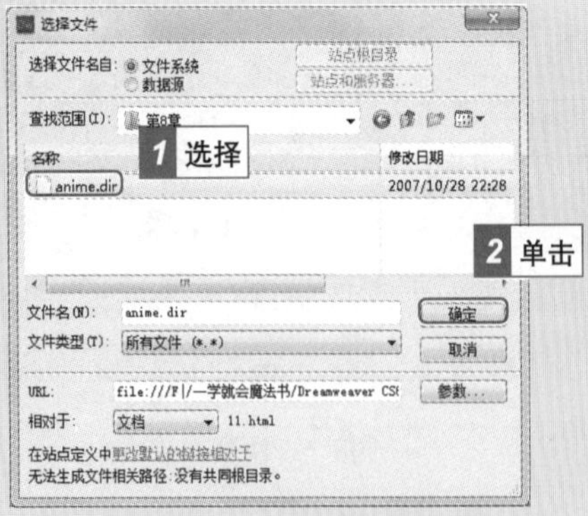

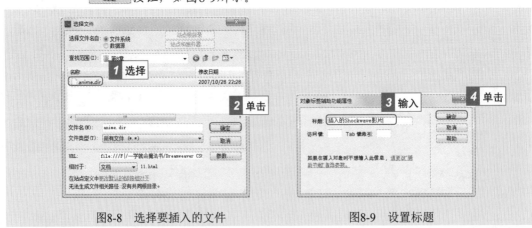

图8-8　选择要插入的文件

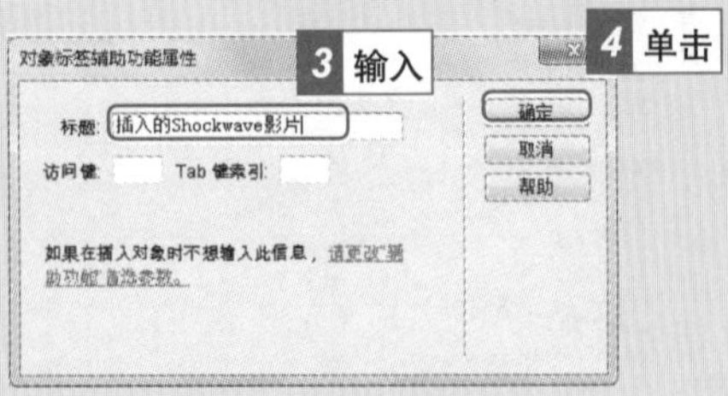

图8-9　设置标题

步骤 05 返回网页文档，可看到插入的Shockwave影片，此时该影片是以图标的形式进行显示的，如图8-10所示。

步骤 06 在“属性”面板的“宽”和“高”文本框中设置影片的大小，这里输入

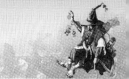

“800”和“600”，如图8-11所示。

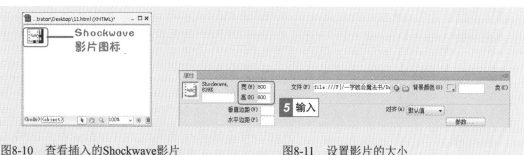

图8-10　查看插入的Shockwave影片

图8-11　设置影片的大小

步骤 07 保存网页并在浏览器中进行预览，此时可看到浏览器中提示需要安装Active控件，如图8-12所示。单击该信息，在弹出的列表中选择“允许阻止的内容”选项，在打开的提示对话框中单击 是(Y) 按钮。

步骤 08 打开“Internet Explorer - 安全警告”对话框，单击 安装(I) 按钮，安装该控件，完成后即可观看插入的Shockwave影片，如图8-13所示。

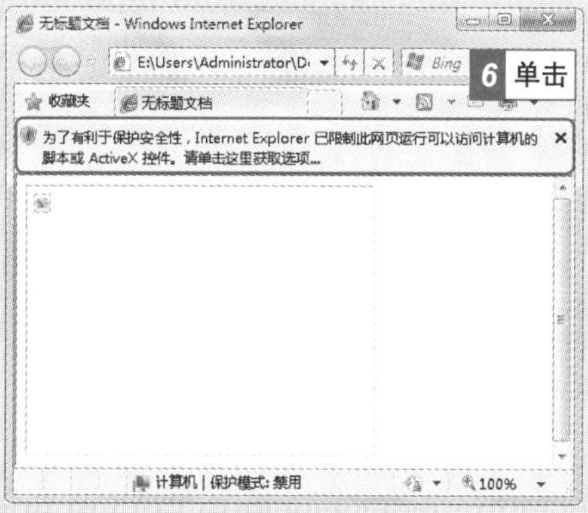

图8-12　查看提示信息

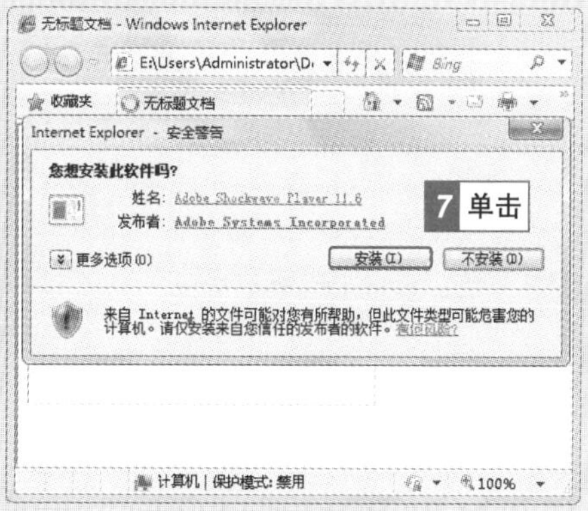

图8-13　安装控件

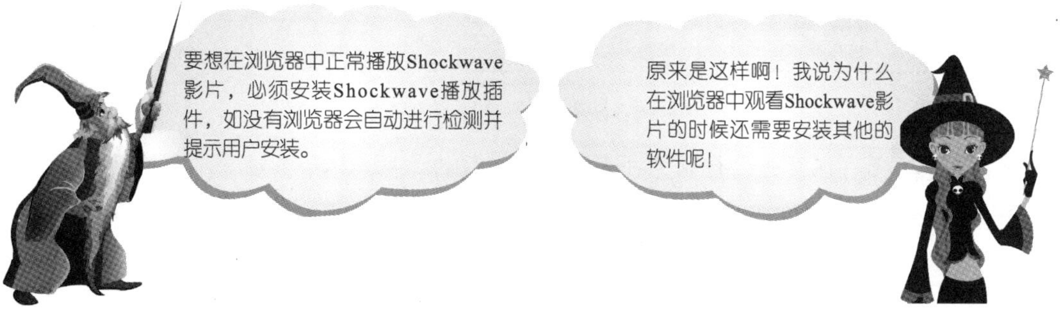

要想在浏览器中正常播放Shockwave影片，必须安装Shockwave播放插件，如没有浏览器会自动进行检测并提示用户安装。
原来是这样啊！我说为什么在浏览器中观看Shockwave影片的时候还需要安装其他的软件呢！

8.2.2　插入APPLET程序

APPLET是由Java程序开发语言编写的客户端小程序，用于实现一些特殊的用户需求。APPLET程序的后缀名为.class，它并不能单独运行，要想运行APPLET，需要将其嵌入在一个HTML文档中，并且要求运行环境必须安装JVM（java virtual machine，java虚拟机）。

在Dreamweaver CS6中插入APPLET程序的具体操作如下：

步骤 01 将鼠标光标定位到需要插入APPLET程序的位置。

步骤 02 选择【插入】/【媒体】/【APPLET】命令或单击“常用”插入栏中“媒体”按钮后的按钮，在弹出的下拉列表中选择APPLET选项。

步骤 03 打开“选择文件”对话框，在“查找范围”下拉列表框中选择需要插入的APPLET程序所在的位置，在中间的列表框中选择需要插入的文件，如图8-14所示。

步骤 04 单击确定按钮，打开“Applet标签辅助功能属性”对话框，在“替换文本”和“标题”文本框中输入对应文本，单击确定按钮，如图8-15所示。

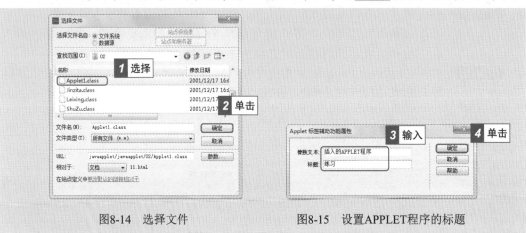

图8-14 选择文件

图8-15 设置APPLET程序的标题

步骤 05 返回网页文档，在“属性”面板中设置APPLET程序的“宽”、“高”，这里都设置为200，如图8-16所示。

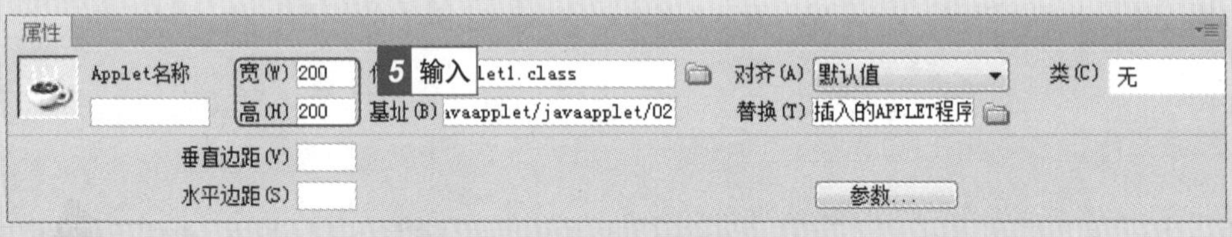

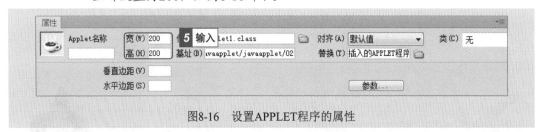

图8-16 设置APPLET程序的属性

步骤 06 保存网页并进行预览可查看到插入后的效果。

8.3 插入音乐文件

魔法师：小魔女，在Dreamweaver中比较常用的Flash对象和动态对象已经讲解得差不多了，你还有什么没听明白的吗？

小魔女：嗯，没有了。但是你还没有给我讲插入音乐文件的方法呢！

魔法师：呵呵，音乐文件作为多媒体的一部分，也是制作网页不可缺少的一部分，下面我就给你讲解。

8.3.1　网页中常用的音乐文件格式

在网络中打开某些网页时，常会听到动听的音乐，这些音乐可以更好地突出网站的主题氛围，使用户切身感受到网页所表现的内容。在网页中可插入的音乐文件有多种，常见的格式有MP3、WAV、MIDI、RA和RAM等，这些格式的音乐文件介绍如下。

- MP3格式：MP3格式是一种压缩格式，其声音品质可以达到CD音质。MP3技术可以对文件进行流式处理，可边收听边下载。若要播放MP3文件，访问者必须下载并安装辅助应用程序或插件，如QuickTime、Windows Media Player或RealPlayer。
- WAV格式：WAV文件具有较好的声音品质，大多数浏览器都支持此类格式文件并且不要求插件。该格式文件通常都较大，因此在网页中的应用受到了一定的限制。
- MIDI格式：大多数浏览器支持MIDI文件，并且不需要插件。MIDI文件不能被录制并且必须使用特殊的硬件和软件在计算机上合成。MIDI文件的声音品质非常好，但不同的声卡所获得的声音效果可能不同。
- RA、RAM格式：RA和RAM文件具有非常高的压缩程度，文件大小比MP3小。这些文件支持流式处理，需要下载并安装RealPlayer辅助应用程序或插件才可以播放。

8.3.2　为网页添加背景音乐

当用户在网页文档中添加背景音乐后，在预览网页时添加的背景音乐将自动播放，这样不会影响浏览者的操作。在网页文档中添加背景音乐的方法比较简单，其具体操作如下：

步骤 01 启动Dreamweaver CS6，新建一个空白网页，选择【插入】/【标签】命令，打开“标签选择器”对话框。

步骤 02 选择“HTML标签”选项，在打开的列表中选择“页面元素”选项，然后在右侧的列表中选择bgsound选项，单击 插入(I) 按钮，如图8-17所示。

步骤 03 打开“标签编辑器 - bgsound”对话框，单击 浏览... 按钮，在打开的对话框中选择需要插入的背景音乐文件，然后单击 确定 按钮，如图8-18所示。

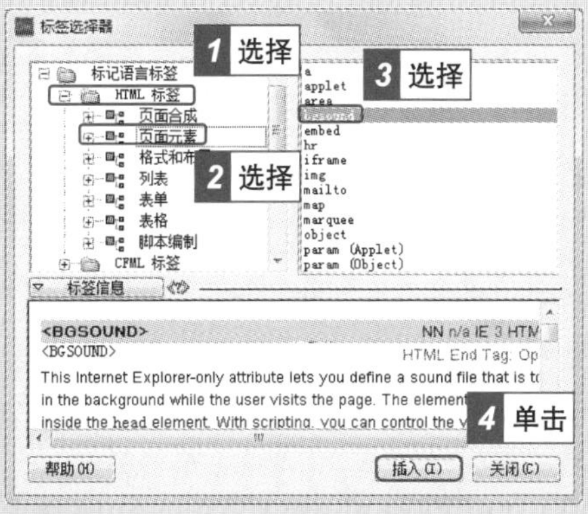

图8-17　选择bgsound选项

图8-18　选择背景音乐文件

步骤 04 返回“标签编辑器 - bgsound”对话框，在“源”文本框中显示了选择的音乐文件的路径，在“循环”下拉列表框中选择“无限（-1）”选项，如图8-19所示。

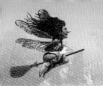

步骤 05 单击 确定 按钮，返回“标签选择器”对话框，单击 关闭(C) 按钮完成背景音乐的设置操作，如图8-20所示。

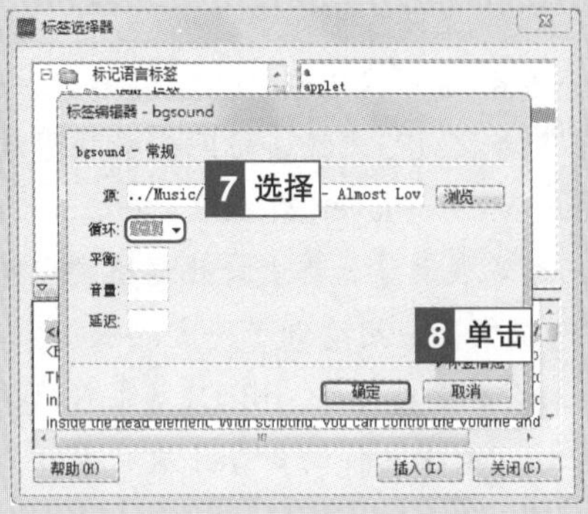

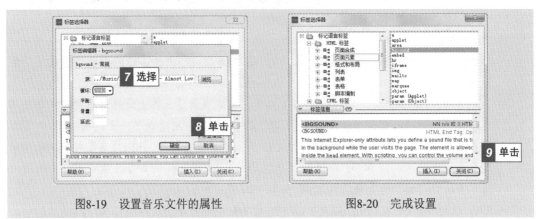

图8-19　设置音乐文件的属性

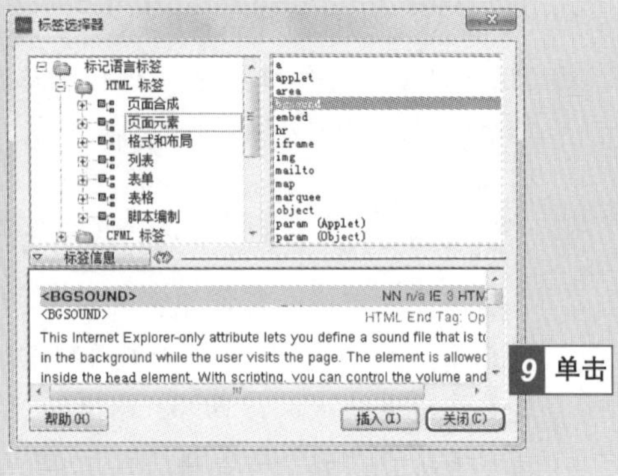

图8-20　完成设置

步骤 06 保存网页文档并预览，即可听见添加的声音效果。

8.3.3 通过插件插入音乐

在Dreamweaver CS6中除了可以为网页文档添加背景音乐外，还可以通过插入插件的方法在网页文档中插入音乐链接，在预览网页效果时将在页面中出现一个播放控件，通过该控件可以停止或播放音乐。下面将在网页中通过插件插入音乐，其具体操作如下：

步骤 01 将鼠标光标定位到需要插入音乐文件的位置。

步骤 02 单击“常用”插入栏中“媒体”按钮后的按钮，在弹出的下拉列表中选择“插件”选项。

步骤 03 打开“选择文件”对话框，在“查找范围”下拉列表框中选择需插入的音乐文件所在的位置，在中间的列表框中选择要插入的音乐，如图8-21所示。

步骤 04 单击 确定 按钮，返回网页中可看到插入的音乐文件图标，如图8-22所示。

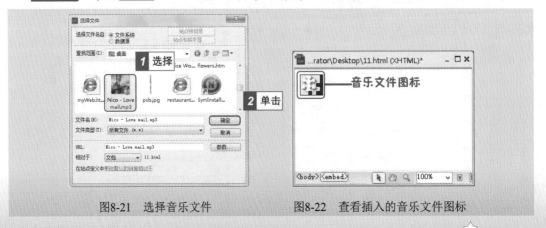

图8-21　选择音乐文件

图8-22　查看插入的音乐文件图标

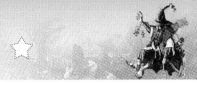

步骤 05 在“属性”面板的“宽”和“高”文本框中都输入“0”，保存网页后进行预览即可，如图8-23所示。

图8-23 设置音乐文件的大小

小魔女，将音乐文件的“宽”和“高”都设置为0是为了使用户在浏览网页时不用看到播放器的形状，直接聆听音乐。

嗯，我知道了，这样就使网页的界面变得更加美观了。

8.4 典型实例——制作“天居装饰”网页

魔法师：小魔女，通过这些多媒体元素可以使网页的效果更加漂亮，下面我们还是先使用这些多媒体元素来制作一个网页吧！

小魔女：嗯，这次我可要将我的网页制作得更加完美了！

魔法师：呵呵，那好呀！下面我们就做一个装饰网站的首页，在其中插入Flash动画并设置背景音乐，其最终效果如图8-24所示（光盘:\效果\第8章\adornment\index.html）。

图8-24 “天居装饰”网页

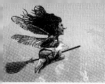

其具体操作如下：

步骤 01 打开index.html网页文档（光盘:\素材\第8章\adornment\index.html），将鼠标光标定位在网页中间的单元格中，如图8-25所示。

步骤 02 选择【插入】/【媒体】/【SWF】命令，打开“选择 SWF”对话框。

步骤 03 在“查找范围”下拉列表框中选择Flash动画所在的位置，在中间的列表框中选择“动画.swf”选项（光盘:\素材\第8章\adornment\images\动画.swf），如图8-26所示。

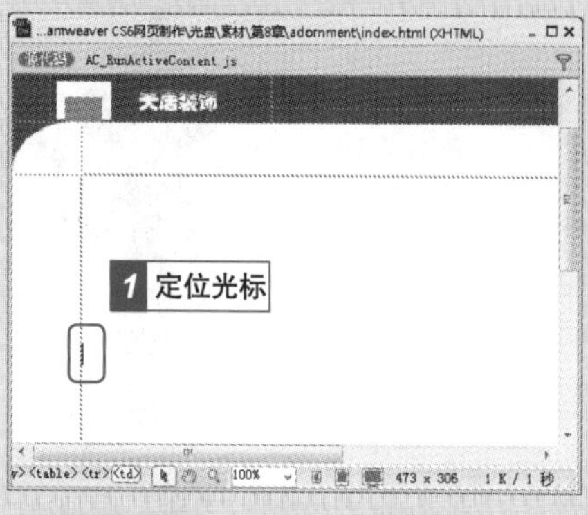

图8-25 定位鼠标光标

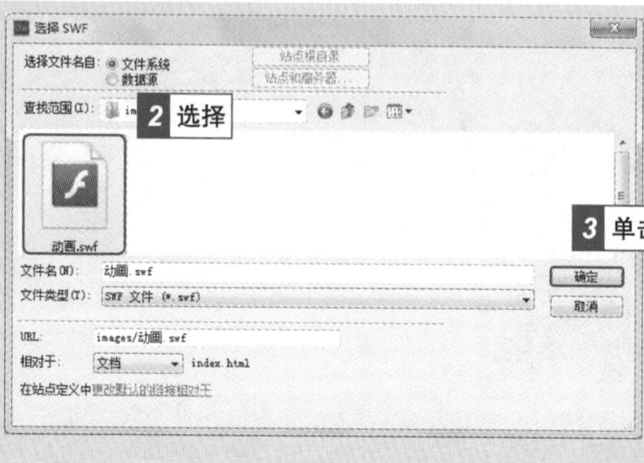

图8-26 选择Flash动画

步骤 04 单击“确定”按钮返回网页文档，在“属性”面板中设置Flash的宽度和高度分别为648和289，如图8-27所示。

步骤 05 选择【插入】/【标签】命令，打开“标签选择器”对话框，选择“HTML标签”选项，在展开的列表中选择“页面元素”选项。

步骤 06 在对话框右侧的窗格中选择bgsound选项，单击 插入(I) 按钮，如图8-28所示。

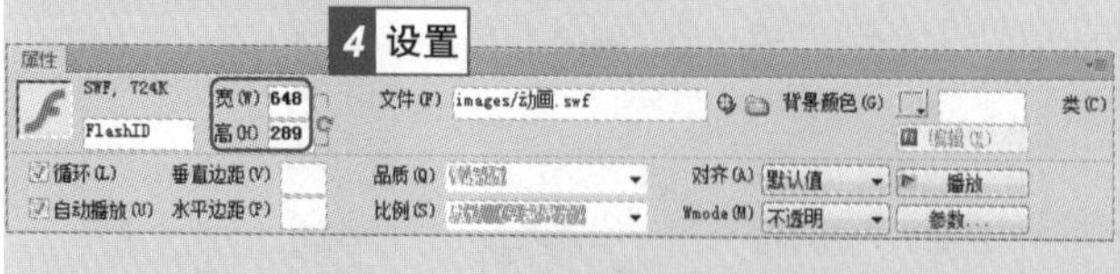

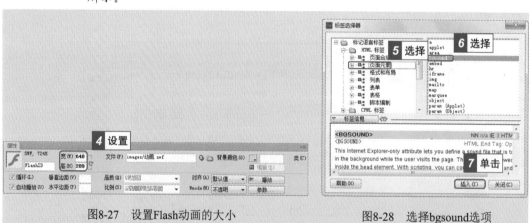

图8-27 设置Flash动画的大小

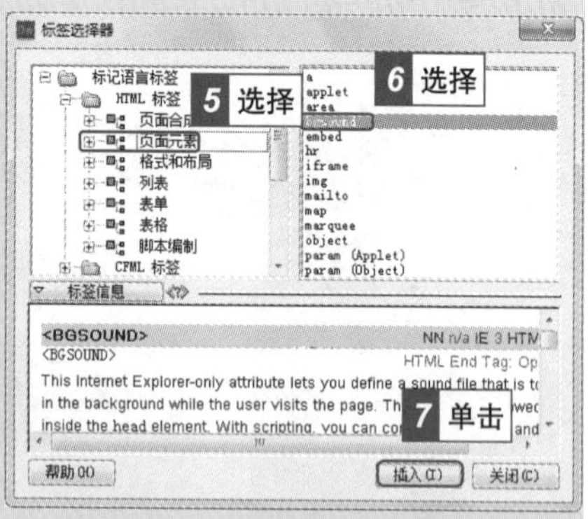

图8-28 选择bgsound选项

步骤 07 打开“标签编辑器 - bgsound”对话框，单击 浏览... 按钮，在打开的对话框中选择需要插入的背景音乐文件为music.wma（光盘:\素材\第8章\adornment\images\music.wma），如图8-29所示。

步骤 08 单击“确定”按钮返回“标签编辑器 - bgsound”对话框，在“循环”下拉列表框中选择“无限（-1）”选项，如图8-30所示。

图8-29 选择music.wma音乐文件

图8-30 设置音乐文件的属性

步骤 09 单击 确定 按钮，返回“标签选择器”对话框，单击 关闭(C) 按钮完成背景音乐的设置操作。

步骤 10 保存网页后进行预览即可。

8.5 本章小结——使用其他媒体对象丰富页面

魔法师：小魔女，使用Flash和音乐对网页进行编辑后，网页效果更加漂亮了。现在你就可以好好炫炫你的网站了。

小魔女：嘿嘿~~你看出来了，我可得快给我的朋友们看看，让她们羡慕羡慕！

魔法师：呵呵，你先别急，等我再给你讲讲其他的媒体对象后再去吧！这可会使网页的效果更加丰富多彩哟！

小魔女：嗯，那我就再听听！

第1招：插入ActiveX

在Dreamweaver中使用 ActiveX可方便地插入多媒体效果、交互式对象以及其他的复杂程序，使网页效果更加丰富多彩。

在Dreamweaver CS6中插入ActiveX的方法为：单击“常用”插入栏中“媒体”按钮后的按钮，在弹出的下拉列表中选择ActiveX选项或选择【插入】/【媒体】/【ActiveX】命令，然后在打开的“对象辅助标签功能属性”对话框中设置相关参数即可，最后再对ActiveX的属性进行设置。如图8-31所示为ActiveX的“属性”面板。

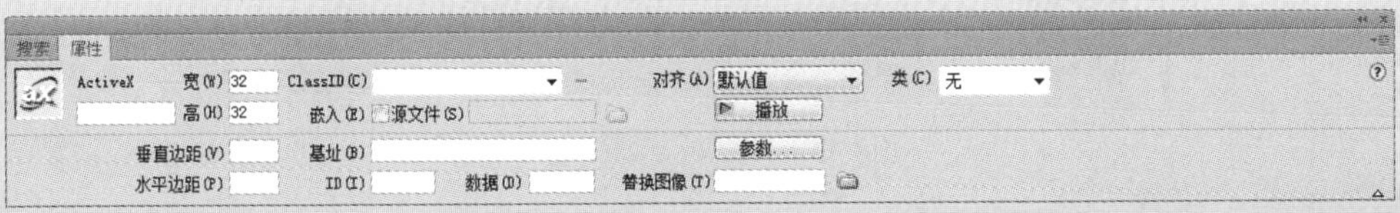

图8-31 ActiveX的“属性”面板

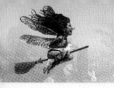

第2招：插入网络中的Flash动画

如果需要使用来自网络的Flash文件，可找到该Flash文件的实际URL地址，然后将该地址输入Flash动画“属性”面板的“文件”文本框中即可。

8.6 过关练习

（1）新建一个网页，在其中插入huanbao.swf动画（光盘:\素材\第8章\flash\huanbao.swf）和list.mp3（光盘:\素材\第8章\flash\list.mp3），然后欣赏插入多媒体后的效果，如图8-32所示。

图8-32　欣赏Flash与音乐文件

（2）新建一个网页，在网页中插入一个FLV视频文件，如插入jiaju.flv（光盘:\素材\第8章\jiaju.flv），然后保存网页并在浏览器中预览，观看FLV视频文件的播放，并通过下方添加的控制按钮对视频的进度进行控制，如图8-33所示。

图8-33　欣赏FLV视频文件

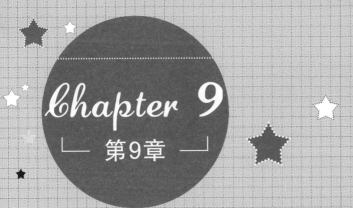

Chapter 9

第9章

使用Div+CSS布局并美化网页

小魔女：魔法师，你来帮我看看这幅画，好看吗？

魔法师：嗯，这幅画的空间布局比较合理，而且颜色明亮、鲜艳，可真好看！

小魔女：嗯，我也是这样认为的。要是能够这样设置网页效果该多好啊！

魔法师：呵呵，其实在网页里也是可以达到这样的效果的。可以通过Div+CSS来对网页进行布局和美化，使网页效果更加美观。

小魔女：哇！还有这么实用的功能呀！那你可得给我讲讲。

魔法师：嗯，那好！下面你就听我仔细给你讲解。可不要开小差哟~~~

学习要点：

- 初识Div
- 使用CSS美化网页
- CSS定位
- 使用Div+CSS布局网页
- 掌握AP Div的基本知识
- 编辑AP Div

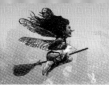

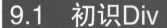

9.1 初识Div

魔法师： 小魔女，前面我已经给你讲过使用表格和框架对网页进行布局的方法，对吧？

小魔女： 嗯，是的，我已经掌握了它们的使用方法了，你还是不要卖关子了！赶快为我讲讲吧！

魔法师： 呵呵，那好吧，我就给你讲解另一种布局网页的方法——Div标签！Div是网页布局中最为常用的标签之一，使用该标签与CSS相结合，可方便地实现网页的布局，下面就先讲讲Div的基本知识。

9.1.1 Div的基本知识

Div标签在HTML代码中以 <div> </div> 的形式存在，在 <div> </div> 之间可填充标题、文本、段落、图像和表格等网页元素，因此可将该标签看作一个区块容器标签。创建Div的具体操作如下：

步骤 01 在网页文档中定位鼠标光标的位置，选择【插入】/【布局对象】/【Div标签】命令。

步骤 02 打开“插入Div标签”对话框，保持默认设置不变，单击 确定 按钮，如图9-1所示。

步骤 03 返回网页文档可看到插入了一个Div标签，此时的Div标签呈虚线状态显示，并默认填充了文本占位符，当将鼠标移到Div标签上时，则呈高亮显示，如图9-2所示。

图9-1 “插入Div标签”对话框

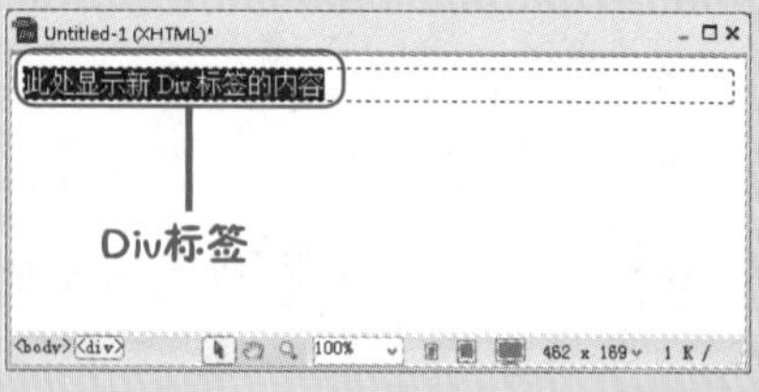

图9-2 查看插入的Div标签

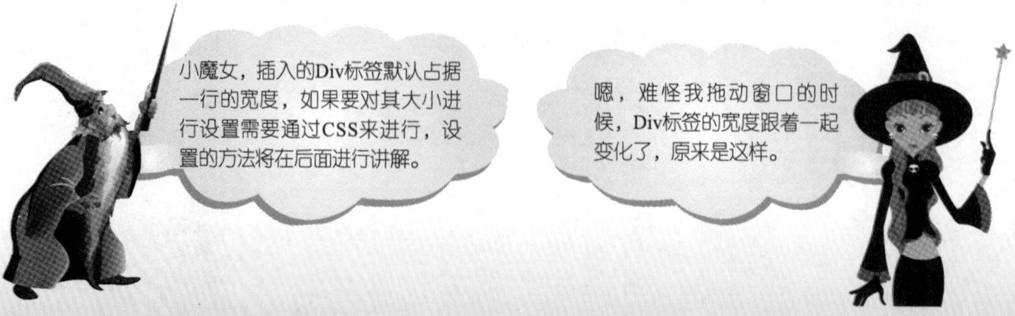

小魔女，插入的Div标签默认占据一行的宽度，如果要对其大小进行设置需要通过CSS来进行，设置的方法将在后面进行讲解。
嗯，难怪我拖动窗口的时候，Div标签的宽度跟着一起变化了，原来是这样。

9.1.2 Div的结构

在同一个网页中可创建多个Div标签，Div在网页中的结构可分为并列与嵌套两种，下面分别进行讲解。

1. Div的并列

并列的Div结构主要用于对网页的整体进行布局，通常以垂直或水平方向呈现，如在垂直方向上对网页的整体结构进行布局，可分为上、中、下3部分，如图9-3所示；水平方向上的布局如图9-4所示。

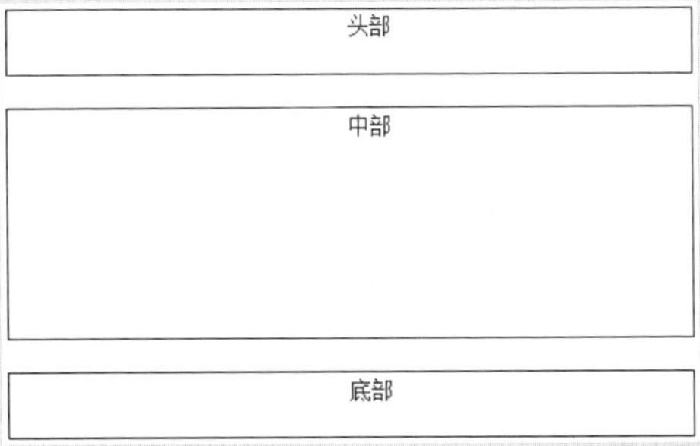

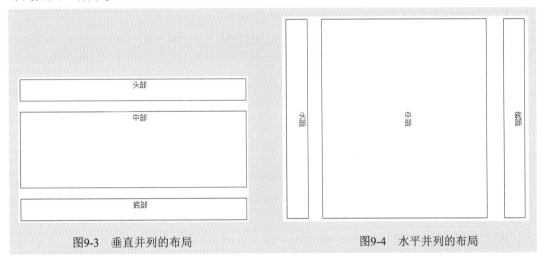

图9-3 垂直并列的布局

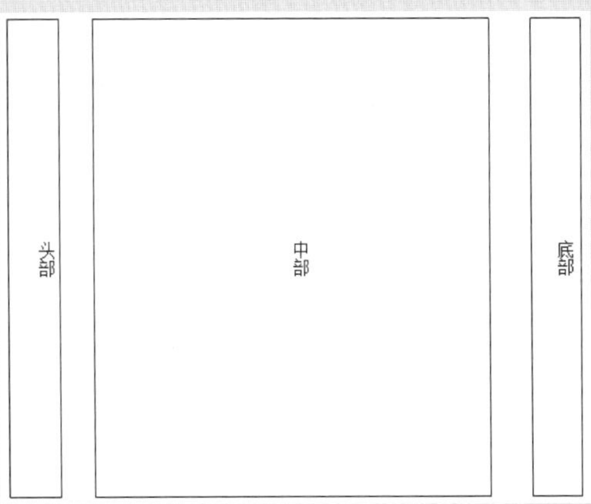

图9-4 水平并列的布局

2. Div的嵌套

仅使用Div的并列来对网页进行布局，并不能满足网页设计的需要，这时可以通过Div的嵌套来对网页结构进行调整，使网页结构更加完整。嵌套Div的方法为：将鼠标光标定位到需要嵌套的位置，然后使用创建Div的方法创建嵌套的Div即可，如图9-5所示为在并列的Div中创建了嵌套的Div。

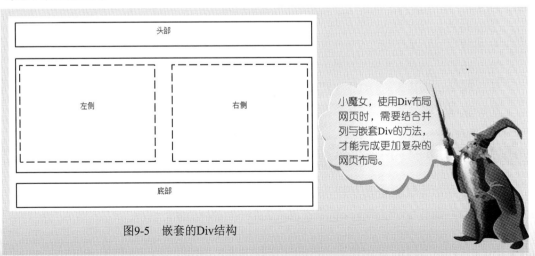

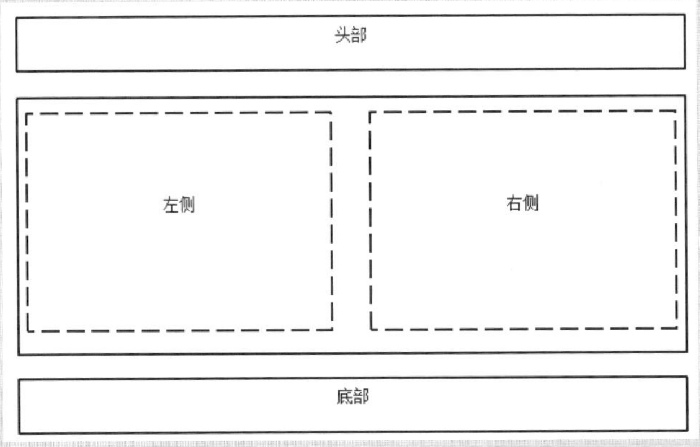

图9-5 嵌套的Div结构

小魔女，使用Div布局网页时，需要结合并列与嵌套Div的方法，才能完成更加复杂的网页布局。

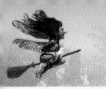

9.2 使用CSS美化网页

魔法师：学习了使用Div来布局网页后，接下来就可以学习CSS的使用方法了。

小魔女：CSS到底是用来做什么的呢？

魔法师：CSS是Dreamweaver中用于控制网页样式的一种样式设计语言，可对字体、字号、颜色、宽度和高度等进行设置，是Dreamweaver中最为常用的布局并美化网页的一种方法，下面就开始学习吧！

9.2.1 认识“CSS样式”面板

使用CSS对网页进行布局美化前，需要认识“CSS样式”面板。在Dreamweaver CS6中选择【窗口】/【CSS样式】命令或按【Shift+F11】组合键可打开或隐藏“CSS样式”面板，如图9-6所示。

图9-6 “CSS样式”面板

“CSS样式”面板中各组成部分的含义如下。

- 全部按钮：显示网页中所有CSS样式规则。
- 当前按钮：显示当前选择网页元素的CSS样式信息。
- “所有规则”栏：显示当前网页中所有CSS样式规则。
- “属性”栏：显示当前选择的规则的定义信息。
- 按钮：在“属性”栏中分类显示所有的属性。
- 按钮：在“属性”栏中按字母顺序显示所有的属性。
- 按钮：只显示设定值的属性。
- 按钮：链接外部CSS文件。
- 按钮：新建CSS样式规则。
- 按钮：编辑选择的CSS样式规则。
- 按钮：删除选择的CSS样式规则。

9.2.2 新建CSS样式

在网页文档中可以直接创建CSS样式，也可创建一个独立的样式文件（扩展名通常为.css）保存在网页外部以供其他页面使用，下面分别进行讲解。

1. 新建内部CSS样式

用户可以直接在网页中新建CSS样式，设置需要的格式和样式，创建完成后的CSS样式代码存在于HTML代码中的<style></style>标签内，其具体操作如下：

步骤 01 单击“CSS样式”面板右下角的按钮，打开“新建CSS规则”对话框，在“选择器类型”下拉列表框中选择CSS规则的类型，这里选择“类（可应用于任何HTML元素）”选项。

步骤 02 在“选择器名称”下拉列表框中输入CSS样式的名称，这里输入“.font_style”，单击 确定 按钮，如图9-7所示。

步骤 03 打开“.font-style的CSS规则定义”对话框，在默认列表中的Font-family下拉列表框中选择Comic Sans MS，cursive选项。

步骤 04 在Font-size下拉列表框中选择12选项，在Color文本框中输入“#F3C”，如图9-8所示。

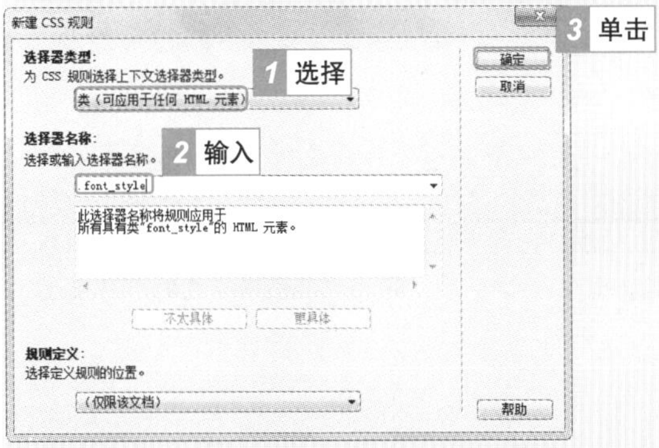

图9-7　新建CSS样式

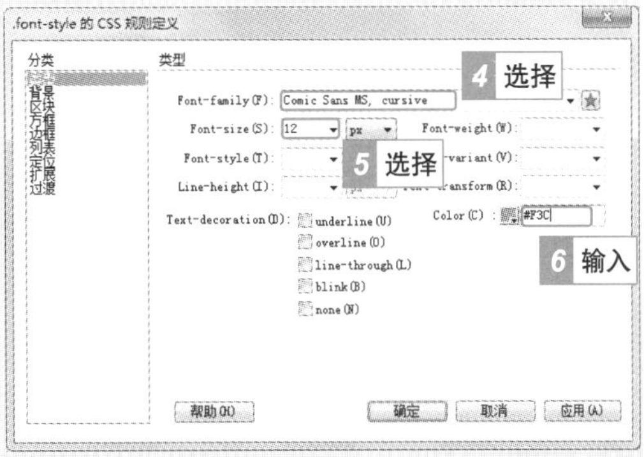

图9-8　定义CSS规则的字体样式

步骤 05 选择“背景”选项卡，在打开的列表中的Background-color文本框中输入“#FC0”，如图9-9所示。

步骤 06 选择“方框”选项卡，在打开的列表中的Width下拉列表框中输入“10”，在Height下拉列表框中输入“10”，在Float下拉列表框中选择left选项，如图9-10所示。

图9-9　定义CSS规则的背景样式

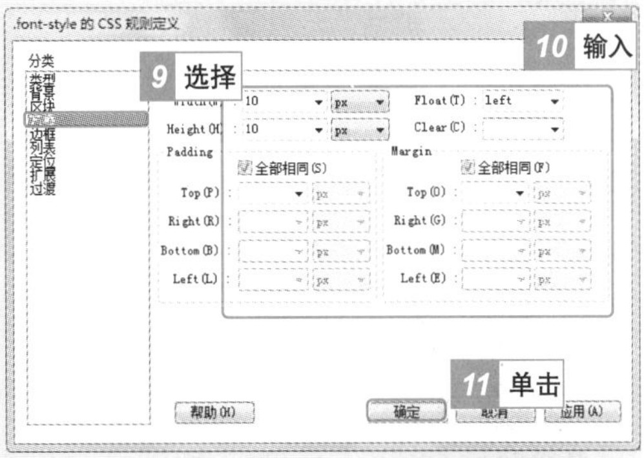

图9-10　定义CSS规则的方框样式

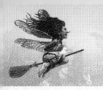

步骤 07 单击 确定 按钮，返回网页，在“CSS样式”面板中可查看到新建的CSS样式，如图9-11所示。

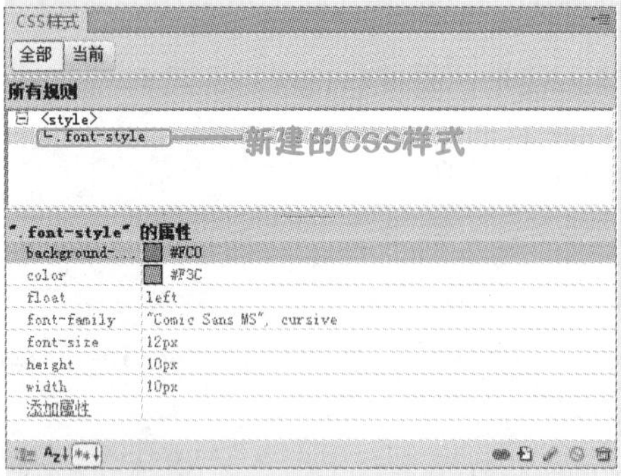

图9-11 查看新建的CSS样式

魔法档案——CSS样式的命名规则

CSS样式包括类、ID、标签和复合内容4种，在设计视图中新建这几种样式的CSS的操作方法类似，不同的是，在“选择器类型”下拉列表框中选择对应的CSS样式类型后，在设置CSS样式的名称时还需要注意类CSS样式的名称需在前面加“.”；ID CSS样式的名称需在前面加上“#”；标签CSS样式的名称则可直接在“选择器名称”下拉列表框中进行选择；复合内容CSS样式的名称可直接进行定义或在下拉列表框中进行选择。

2. 新建外部链接CSS文件

在创建网页文档的过程中，为了使创建的文档效果更加美观，除了可以设置CSS样式外，还可以直接调用外部的CSS样式文件。其具体操作如下：

步骤 01 在“CSS样式”面板的右下角单击按钮，打开“链接外部样式表”对话框。

步骤 02 单击“文件/URL”下拉列表框后面的 浏览... 按钮，打开“选择样式表文件”对话框，在“查找范围”下拉列表框中选择CSS样式文件所在的位置，在下方的列表框中选择需要链接的CSS文件，单击 确定 按钮，如图9-12所示。

步骤 03 返回“链接外部样式表”对话框，单击 确定 按钮完成外部样式表的链接，如图9-13所示。

链接外部CSS文件后，不只在“CSS样式”面板中可查看链接的CSS样式，也可在文档窗口中查看CSS文件。

嗯，我发现在文档窗口中还可以查看到CSS文件的源代码，这样真方便。

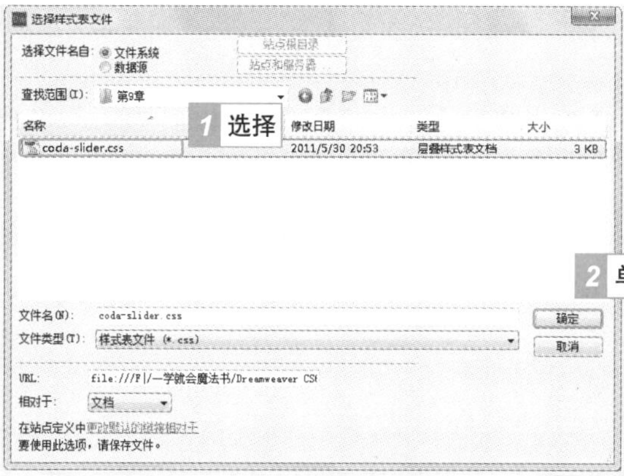

图9-12　选择CSS文件

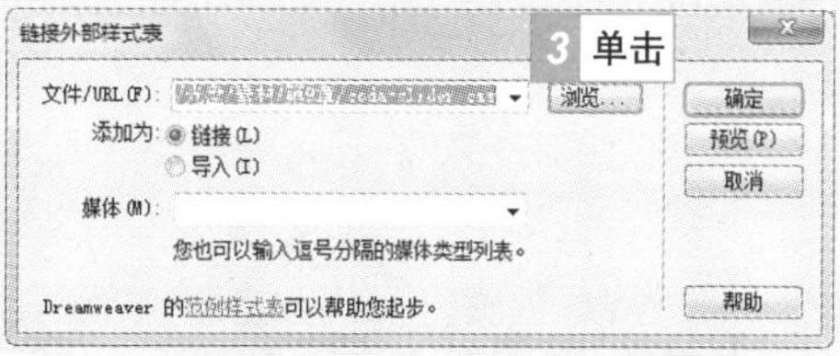

图9-13　“链接外部样式表”对话框

步骤 04　返回“CSS样式”面板即可查看到链接的外部CSS文件。

9.2.3　应用CSS样式

当用户设置好CSS样式后，ID、标签和复合内容的CSS样式会自动应用到相应的HTML标签中，但类CSS则需要手动应用到需要的网页元素上。在“设计界面”中应用类CSS样式主要可通过快捷菜单、“CSS样式”面板和“属性”面板3种方法。

1. 使用快捷菜单应用CSS样式

使用快捷菜单应用CSS样式的方法非常简单，只需选择要应用样式的网页元素，单击鼠标右键，在弹出的快捷菜单中选择“CSS样式”命令，在弹出的子菜单中选择需要的样式即可，如图9-14所示。

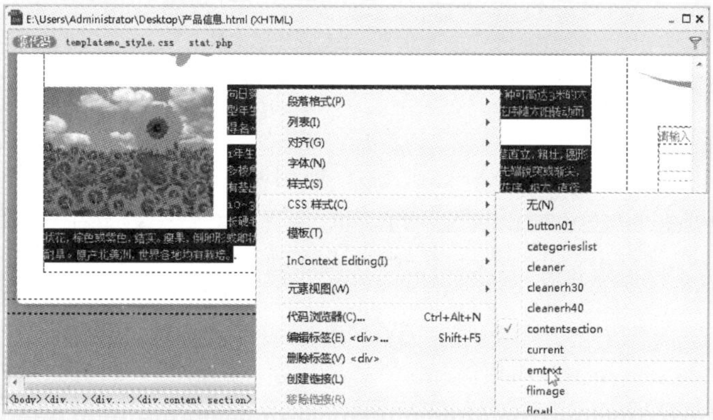

图9-14　使用快捷菜单应用CSS样式

2. 使用“CSS样式”面板应用CSS样式

使用“CSS样式”面板应用CSS样式的方法也比较简单，其具体操作如下：

步骤 01　在网页文档中选择要应用样式的网页元素，如图9-15所示。

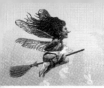

步骤 02 选择【窗口】/【CSS样式】命令或按【Shift+F11】组合键，打开“CSS样式”面板。

步骤 03 在其面板中需要应用的类CSS样式上单击鼠标右键，在弹出的快捷菜单中选择“应用”命令，即可将选择的样式应用到文本中，如图9-16所示。

图9-15 选择网页元素

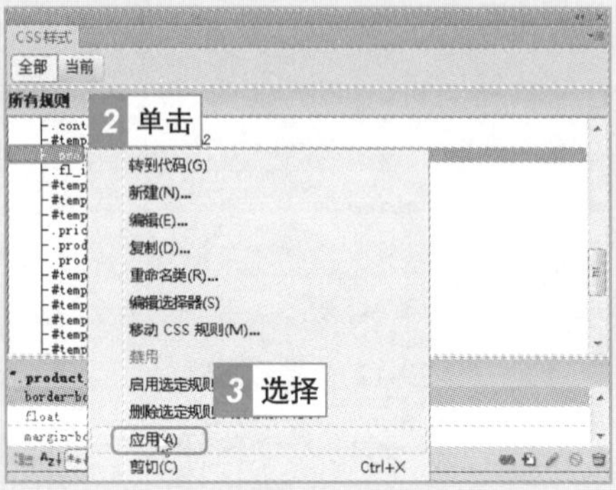

图9-16 应用CSS样式

3. 使用“属性”面板应用CSS样式

除以上两种方法外，还可在网页元素的“属性”面板中应用CSS样式，其方法为：选择要应用样式的网页元素，在“属性”面板的“类”下拉列表框中选择创建的样式即可，如图9-17所示。

图9-17 使用“属性”面板应用CSS样式

9.2.4 编辑CSS样式

当用户在网页文档中定义了CSS样式以后，如果发现定义的样式并不完善，可对样式进行修改。在Dreamweaver CS6中编辑CSS样式的方法有两种：一种是在“CSS规则定义”对话框中进行修改；另一种是直接在“CSS样式”面板中修改。

1. 在“CSS规则定义”对话框中进行修改

在“CSS规则定义”对话框中修改CSS样式的方法比较简单，其具体操作如下：

步骤 01 在“CSS样式”面板中单击全部按钮，在打开的列表中将显示出全部的样式。

步骤 02 选择要修改的CSS样式规则，单击“编辑样式”按钮，如图9-18所示。

步骤 03 在打开的“body的CSS规则定义”对话框中根据需要对样式进行修改，如图9-19所示。

步骤 04 单击确定按钮，完成“CSS规则定义”对话框的修改。

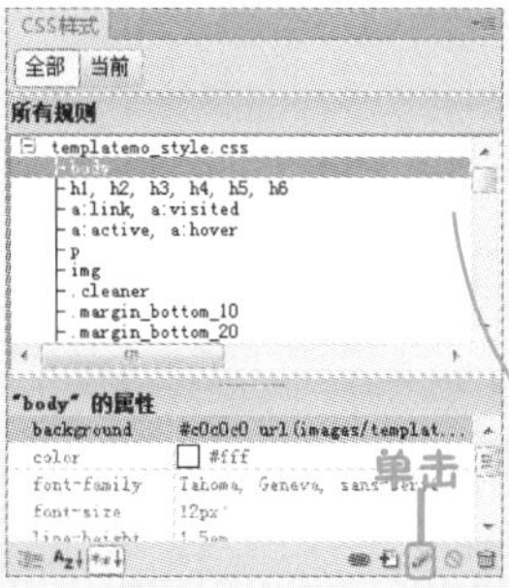

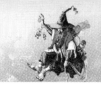

图9-18　选择要修改的CSS样式规则

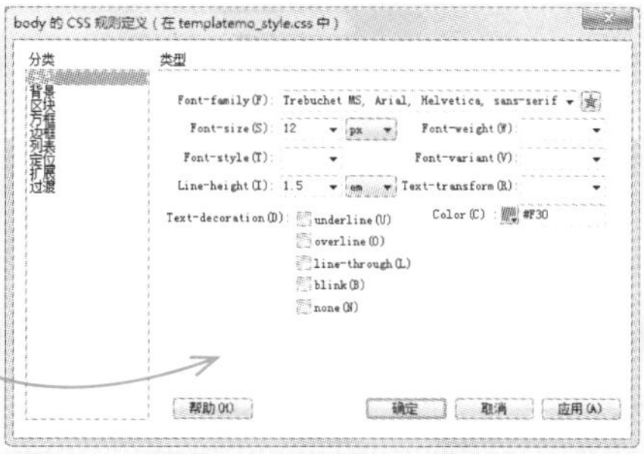

图9-19　修改样式

2. 在“CSS样式”面板中修改

当用户在“CSS样式”面板中选择需要修改的CSS样式后，在面板下方的“属性”栏中将显示出样式的属性，如果用户需修改该样式可直接在该栏中直接修改。其具体操作如下：

步骤 01 在“CSS样式”面板中单击全部按钮，在打开的列表中将显示出全部的样式。

步骤 02 在“所有规则”栏中选择要修改的CSS样式规则，如图9-20所示。

步骤 03 在“属性”栏中单击需修改的属性值，此时系统会根据属性的类别显示一个文本框、下拉列表框或颜色按钮等，在其中输入或选择新的属性值即可修改CSS样式，如图9-21所示。

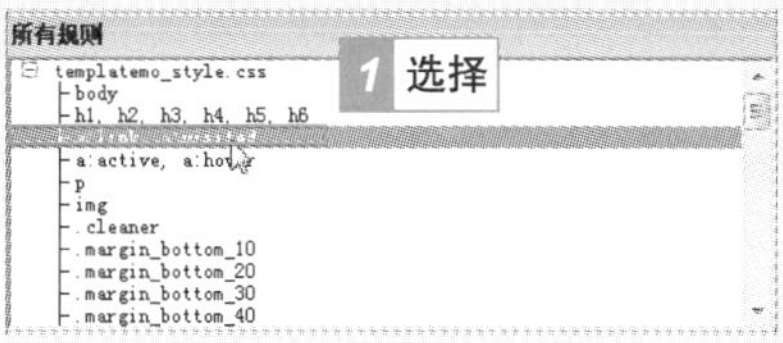

图9-20　查看样式属性

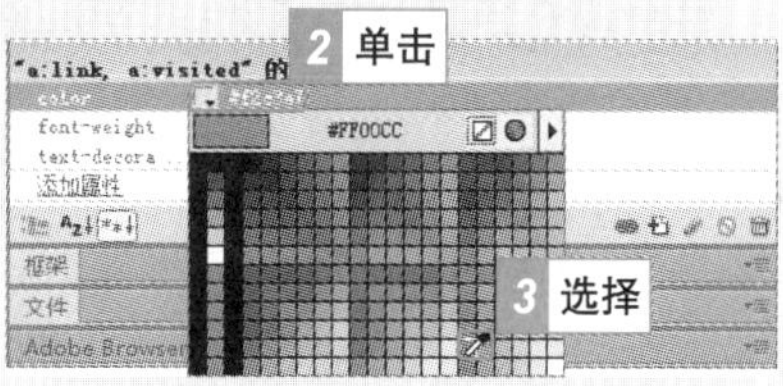

图9-21　修改样式

步骤 04 如果需要增加新的属性，可以单击“添加属性”链接，这时在“属性”栏中将新添加一个下拉列表框，在该下拉列表框中可以选择需要添加的样式，这里选择border-image选项，如图9-22所示。

步骤 05 在其后将显示一个参数框，单击其后的按钮，在打开的对话框中选择需要设为背景图像的图片，单击确定按钮即可，如图9-23所示。

图9-22　选择添加样式

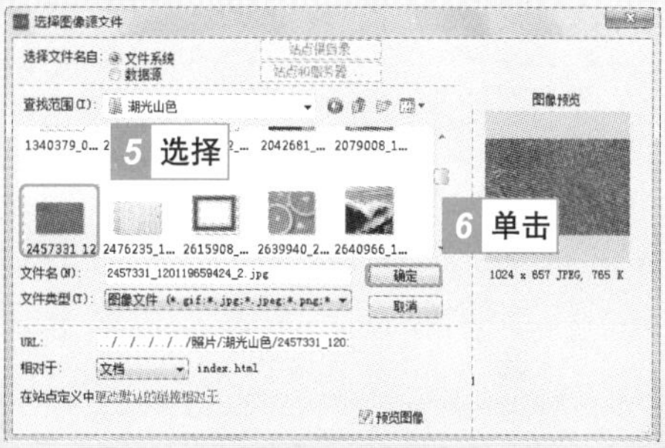

图9-23　选择背景图像

9.2.5 设置CSS的光标效果

通常情况下鼠标光标都是使用系统默认的光标显示，但在进行网页设计时，可在CSS中更改光标的效果，使光标在网页中更为美观，增加网页的欣赏价值。

在Dreamweaver CS6中设置鼠标光标的方法是在“CSS 规则定义”对话框中选择“扩展”选项卡，在“视觉效果”栏的Course下拉列表框中可选择系统预设的其他效果的光标；也可在该下拉列表框中直接输入需要设置的光标效果的URL地址，以链接更多、更美观的光标样式，如图9-24所示为系统默认的光标样式，图9-25所示为自定义的光标样式。

图9-24 默认的光标样式

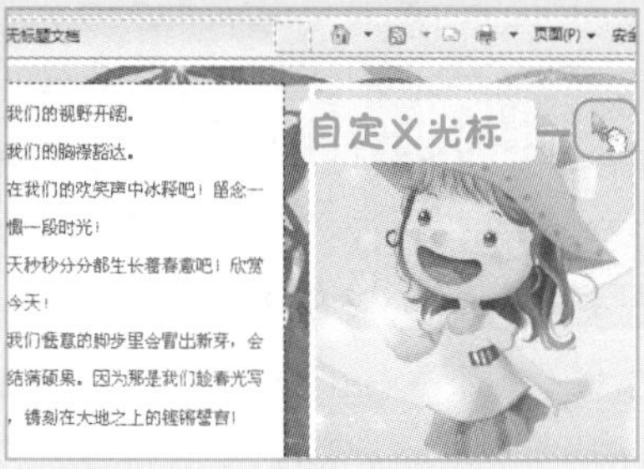

图9-25 自定义的光标样式

9.2.6 设置CSS的滤镜效果

在Dreamweaver CS6中可对网页中的图像元素进行特效修饰的规则定义，使图像效果更加丰富、炫目，如半透明、阴影和模糊等效果。在Dreamweaver CS6中可通过滤镜方便地设置这些效果。在“CSS规则定义”对话框中选择“扩展”选项卡，在“视觉效果”栏中的Filter下拉列表框中选择滤镜类型，其中一些滤镜需要根据CSS滤镜定义的参数设置规则进行必要的参数设置，如图9-26所示。

常用的滤镜类型主要包括Alpha（透明度）、Blur（模糊）、FlipH（创建水平镜像图片）、FlipV（创建垂直镜像图片）、Invert（反色）、Shadow（生成偏移固定影子）和Wave（波纹效果）等，如图9-27所示为Invert滤镜效果。

图9-26 设置滤镜

图9-27 查看效果

9.3 CSS定位

魔法师：小魔女，使用CSS来美化网页的方法都掌握了吗？下面我将为你讲解使用CSS定位的方法。

小魔女：嗯，都掌握了。但是为什么不直接讲解Div+CSS布局的方法呢？

魔法师：呵呵，这是因为布局前需要先对CSS进行定位，这样才能更准确地对网页进行布局，使网页能够按自己的想法进行设计，下面我们就来学习吧！

9.3.1 盒子模型

盒子模型是熟练掌握Div和CSS布局方法的前提，只有掌握了盒子模型的每个元素的使用方法，才能随意布局网页中各元素的位置。

盒子模型的原理是将页面中的元素看作一个装了东西的盒子。一个盒子由margin（边界）、border（边框）、padding（填充）和content（内容区域）组成，如图9-28所示为其组成部分的关系。下面分别对每个部分的含义及定义方法进行讲解。

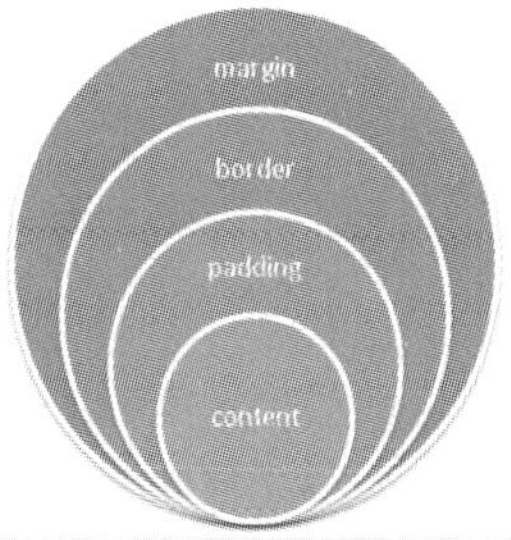

图9-28 盒子模型各组成部分的关系

1. margin

margin表示元素与元素之间的距离，设置盒子的边界距离时，可对margin的以下属性进行设置。

- top：上边距的边界值。
- right：右边距的边界值。
- bottom：下边距的边界值。
- left：左边距的边界值。

margin的值可以在HTML代码中直接设置，也可在“CSS规则定义”对话框中选择“方框”选项卡，然后在打开窗格中的Margin栏中进行相应的设置即可，如图9-29所示为margin属性的HTML代码的表述方法；图9-30所示为在“CSS规则定义”对话框中进行设置的方法。

魔法档案——常用的margin的取值范围

设置margin属性时最为常用的单位有数值、百分比和auto。其中数值用于设置顶端的绝对边距值，包括数字和单位；百分比用于设置相对于上级元素的宽度的百分比，可使用负值；auto为该元素的默认值，表示自动获取边距值。

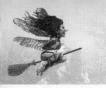

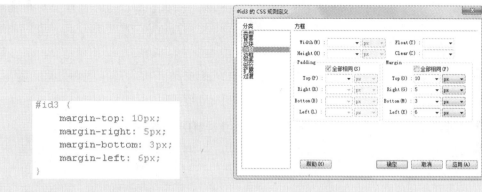

```
#id3 {
    margin-top: 10px;
    margin-right: 5px;
    margin-bottom: 3px;
    margin-left: 6px;
}
```

图9-29　margin的HTML代码

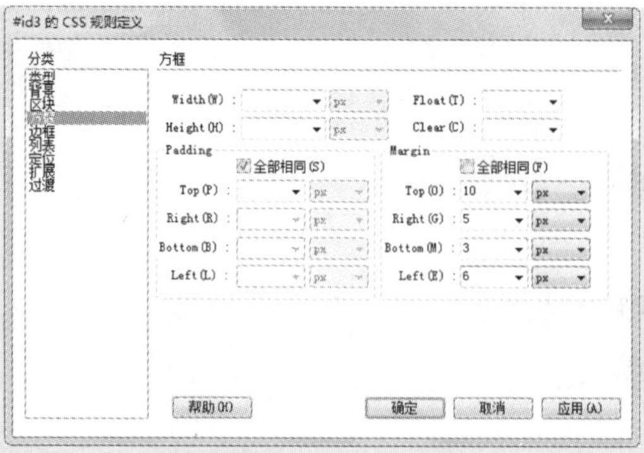

图9-30　在“CSS规则定义”对话框中进行设置

2. border

用于设置确定范围的HTML标记（如td、Div）边框。border的属性有color、width和style，在设置border时，需要合理搭配这3个属性的值才能达到美观的效果。这3个属性的含义如下。

- color：用于指定border的颜色，通常情况下采用十六进制进行设置，如黑色为#000000，其方法与设置文本的color属性相同。
- width：用于设置border的粗细程度，其值包括Medium（默认值，一般情况下为2px）、Thin（细边框）、Thick（粗边框）和length（具体的数值，可自定义）。
- style：用于设置border的样式，其值包括dashed（虚线边框）、dotted（点划线边框）、double（双实线边框）、groove（雕刻效果边框）、hidden（无边框）、inherit（集成上一级元素的值）、none（无边框）和solid（单实线边框），如图9-31所示为一些常用的style样式应用的效果。

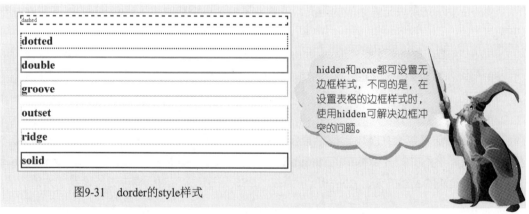

hidden和none都可设置无边框样式，不同的是，在设置表格的边框样式时，使用hidden可解决边框冲突的问题。

图9-31　dorder的style样式

3. padding

用于设置content与border之间的距离，其属性主要有top、right、bottom和left，且设置的方法与margin的设置方法相同，都可在HTML代码和“CSS规则定义”对话框的“方框”选项卡中进行设置，如图9-32所示为在“CSS规则定义”对话框中进行设置的方法。

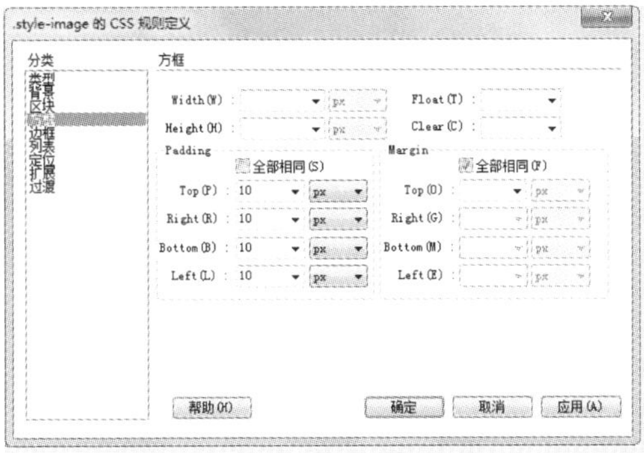

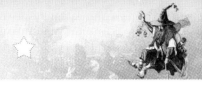

图9-32 设置padding属性

晋级秘诀——简写盒子的属性设置

使用HTML代码直接设置padding属性时，除了可分别对每个属性进行设置外，还可采用更简洁的表达方式。这里以padding属性为例，如padding:1cm 2cm 3cm 4cm，分别表示上、右、下、左的距离；padding:5cm，表示上、下、左、右的距离相同，都为5cm。

4. content

表示盒子中的具体内容，可通过width和height的值来控制其大小。content中的内容可为文本、图像或多媒体元素等，用户可根据需要进行添加。

9.3.2 float定位

float定位即浮动定位，可实现页面中各元素的显示方式，而div的布局通常也采用float定位来进行控制。float的参数有以下几种。

- inherit：继承父级元素的浮动属性。
- left：向左浮动。
- none：默认值。
- right：向右浮动。

如图9-33所示为使用float对两个Div进行定位的方法与效果。

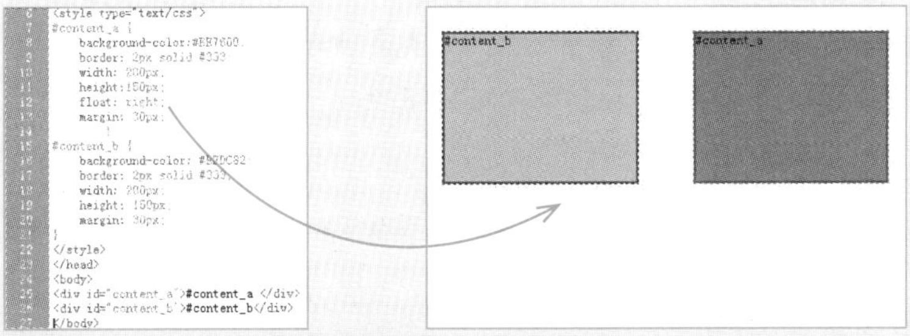

图9-33 float定位

9.3.3 position定位

与float定位不同的是，position定位可精确定义元素框出现的相对位置。position属性有5个，分别为static、absolute、fixed、inherit和relative，每个属性的含义如下。

- static：该属性为position的默认属性，表示保持在原位置，没有任何移动效果。
- absolute：该属性表示绝对定位，可使用top、right、bottom和left对元素的上、右、下、左4个方向的距离值进行确定，如图9-34所示。

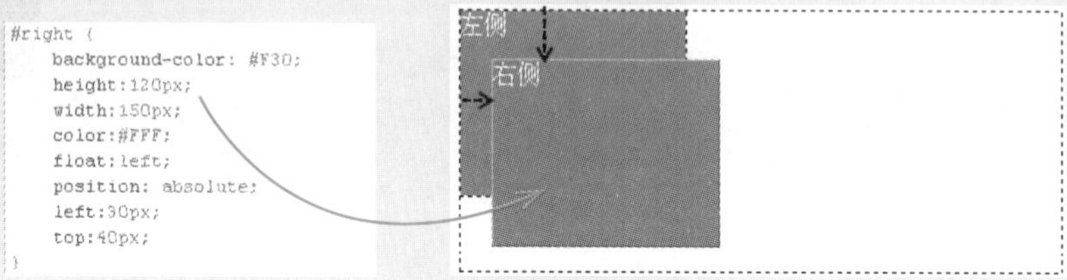

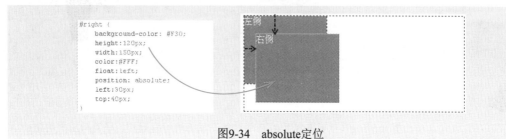

图9-34　absolute定位

- fixed：该属性表示悬浮效果，可使元素固定在屏幕的某个位置，且在浏览时不会随滚动条的滚动而改变位置。
- inherit：该属性表示继承其上级元素的position值。
- relative：表示相对定位，可通过设置水平（left）或垂直（top）方向上的距离，让元素相对于起点进行移动，如图9-35所示。

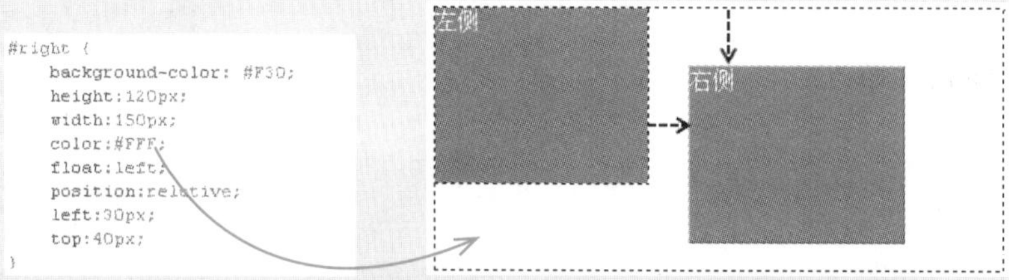

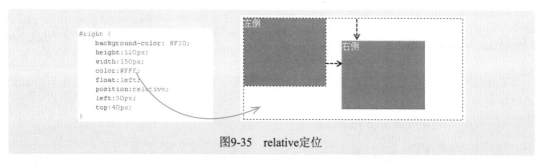

图9-35　relative定位

9.4 使用Div+CSS布局网页

小魔女：原来定位还有这么多方法呀！真是神奇！

魔法师：嗯，学习了Div、CSS的基本操作和定位方法后，下面我们就可以使用Div和CSS来进行网页布局了。

小魔女：那就快点给我讲讲吧！我都等不及了！

魔法师：下面就来看看使用Div+CSS布局的方法，包括CSS页面布局的原理、使用Div对页面进行整体规划、设置被分割的模块位置和进行定位等。

9.4.1 了解基于CSS的页面布局

传统的网页布局模式是采用表格进行的，由于表格布局中table表格元素的无边框特性和简单的划分页面的思路，使其一直受到广大网页设计者的青睐。但表格布局也存在一定的问题，如网页难以升级、重新排版困难和网页下载速度慢等，因此，采用Div和CSS来进行布局的方法就更为简便了。Div和CSS布局的优势有以下几点：

- 能方便地对各个模块的位置进行移动，实现动态选择界面的功能。
- 利用Div和CSS布局的页面在下载时可分别对各子块进行下载，提高了页面的下载速度。
- 使HTML结构与CSS文件完全分离即对页面版式和样式的设置变得更加简单、自由。

9.4.2 使用Div对页面进行整体规划

在布局网页前，需要先对网页有一个整体的规划，确定网页的整体布局方式，然后再对每个部分进行设计。如图9-36所示为将整个页面分为了5个部分，即头部、横幅、主要内容、链接和底部。

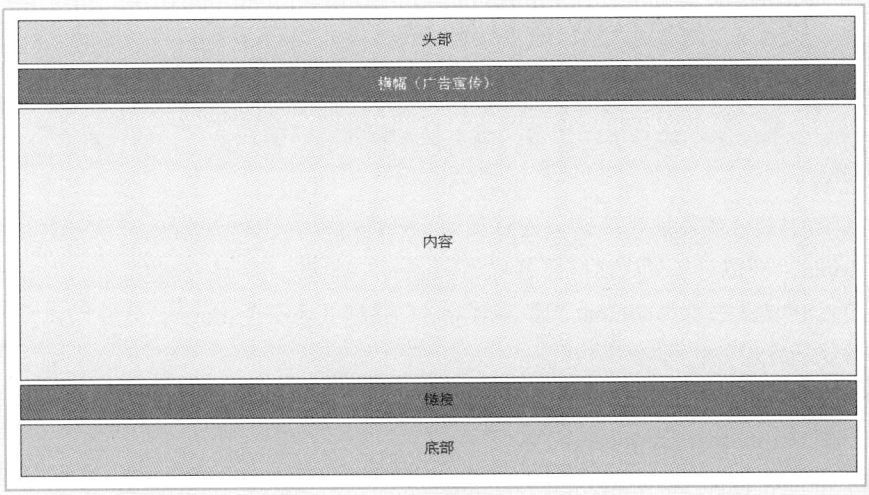

图9-36　对页面整体进行规划

9.4.3 设置被分割的模块的位置

对页面进行规划后，就可以对被规划的各模块的位置进行设置，确定页面的框架，为后期的网页制作打下基础。如根据图9-37对页面的规划，设置这些模块的位置。这里是先对页面设置了一个整体的框架，然后将头部信息放在网页最上方，将横幅放在头部下方，然后在下方左侧设置模块为链接，设置右侧模块为主要内容，而最下方则是底部，如图9-37所示。

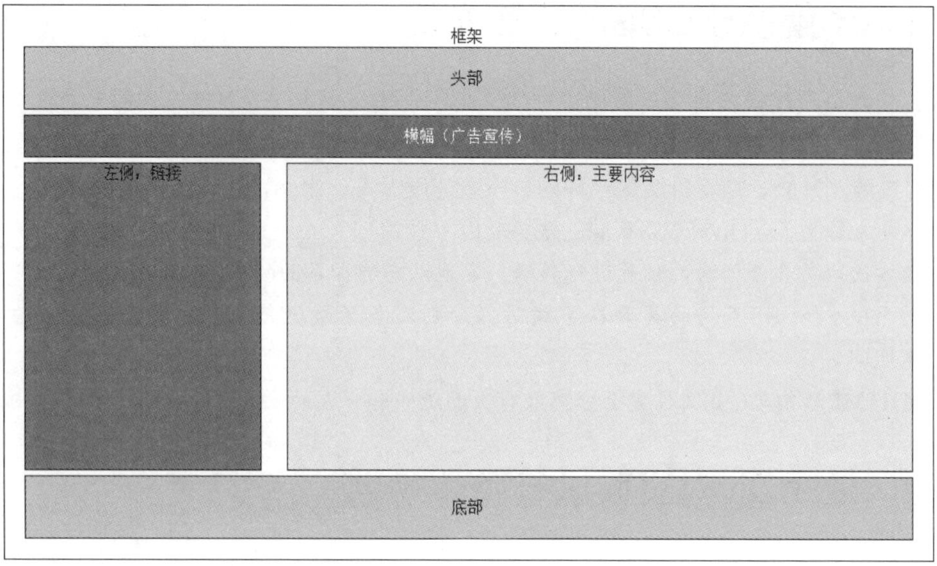

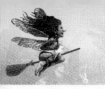

图9-37　设置被分割的模块的位置

9.4.4 使用CSS+Div进行定位

完成以上操作后，就可以通过Dreamweaver对页面中各模块的位置进行定位了。这时就需要使用CSS对划分的各个模块进行设置，确定每个模块的位置和大小，然后再通过Div固定每个模块的位置。

以图9-37中划分的模块为例，假设框架对应的CSS样式名称为frame，头部对应的CSS样式名称为toper，横幅对应的CSS样式名称为banner，链接对应的CSS样式名称为links，主要内容对应的CSS样式名称为content，底部对应的CSS样式名称为footer，则在网页文档中使用CSS+Div来进行定位的代码如下：

```
<!DOCTYPE html PUBLIC "-//W3C//DTD XHTML 1.0 Transitional//EN" "http://www.w3.org/TR/xhtml1/DTD/xhtml1-transitional.dtd">
<html xmlns="http://www.w3.org/1999/xhtml">
<head>
<meta http-equiv="Content-Type" content="text/html; charset=gb2312" />
<title>CSS+Div布局</title>
<style type="text/css">
body {
    text-align: center;
    margin: 10px;
}
```

body表示对网页体中的内容进行重新设置，这是一个标签CSS样式！

```
#frame{
    width:900px;
    border:1px solid #000;
    padding:20px;
}
#toper{
    margin-bottom:5px;
    padding:20px;
    background-color:#C0C0C0;
    border:1px solid #000;
    text-align:center;
}
#banner{
    margin-bottom:5px;
    padding:10px;
    background-color:#666;
    border:1px solid #000;
    text-align:center;
    color:#FFF;
}
#links{
    margin-bottom:5px;
    float:left;
    width:240px;
    height:300px;
    border:1px solid #000;
    text-align:center;
    background-color:#71A734;
}
#content{
    margin-bottom:5px;
    float:right;
    width:630px;
    height:300px;
    border:1px solid #000;
    background-color: #F2F2D5;
}
```

这里主要是在定义整个框架的宽度、边框样式以及内容与边框之间的距离。

toper与banner的定义相似，都对边界、边框、填充颜色和文本对齐方式进行了设置，并且banner还对文本的颜色进行了设置，即color属性。

除了对上述的属性进行定义外，由于links与content模块属于并列关系，因此还对其宽度和高度进行了定义，即width和height属性。

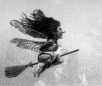

```
#footer{
    clear:both;
    margin-top:5px;
    padding:20px;
    border:1px solid #000;
    text-align:center;
    background-color:#C0C0C0;
}
</style>
</head>
<body>
<div id="frame">框架<br />
<div id="toper">头部</div>
<div id="banner">横幅（广告宣传）</div>
<div id="links">左侧：链接</div>
<div id="content">右侧：主要内容</div>
<div id="footer">底部</div>
</div>
</body>
</html>
```

footer与其他样式的区别在于使用了clear属性来清除float定位对其的影响。

呵呵，这个我可知道是怎么回事！就是在div标签中应用CSS样式，这样就完成了网页的结构设计了！

在网页中输入以上代码后，就完成了页面的布局，然后就可以在各模块中添加需要的网页元素进行网页的制作了。

9.5 掌握AP Div的基本知识

小魔女：魔法师，通过CSS和Div来进行页面布局可真方便，这下可解决了一些使用表格布局不能解决的问题了！

魔法师：嗯，使用CSS+Div进行布局是目前最为流行的布局网页的方法，也是评价一个网页是否成功的标准之一。但是，你发现了吗？使用Div布局并不能随意拖动Div的位置，而必须在HTML代码中进行修改！

小魔女：是呀！我还刚想问问你呢！这是怎么回事呢！要是能够随意拖动各个模块的位置可就更方便了！

魔法师：呵呵，告诉你吧，那也不是不可能，你可以在网页文档中插入AP Div，然后再在其中添加对象！

9.5.1　AP Div与Div的区别

很多对网页设计并不了解的人，都会把AP Div与Div看作相同的东西，这其实是错误的。AP Div其实是Div标签中的一种定位技术，在Dreamweaver中也被叫做图层（与Photoshop中的图层有异曲同工之处），是网页文档中最灵活的元素，可以随意移动其位置。与Div相比，AP Div的特点有以下几个方面。

- 对网页元素进行排版：通过AP Div可以实现不同图层的重叠、排列，且可以随意改变排放的顺序。
- 定位精确：选择AP Div后，通过AP Div四周的控制手柄，可将其拖动到指定位置。还可在AP Div的属性面板中输入坐标值，精确定位AP Div在页面中的位置。
- 隐藏和显示AP Div：当“AP元素”面板中的AP Div名称的图标显示为“闭合眼睛”图标时，表示AP Div被隐藏；当“AP元素”面板中的AP Div名称前的图标显示为“睁开眼睛”的图标时，表示AP Div被显示。

9.5.2　创建AP Div

在Dreamweaver CS6中创建AP Div的方法主要有通过菜单栏创建和通过插入栏创建两种，其方法分别介绍如下。

- 通过菜单栏创建：将光标插入点定位到需插入AP Div的位置，然后选择【插入】/【布局对象】/【AP Div】命令即可，如图9-38所示。
- 通过插入栏创建：在“布局”插入栏中单击“绘制AP Div”按钮，此时鼠标光标将变为十形状，在编辑窗口中任意位置按住鼠标左键不放进行拖动即可绘制AP Div，如图9-39所示。

图9-38　通过菜单栏创建AP Div

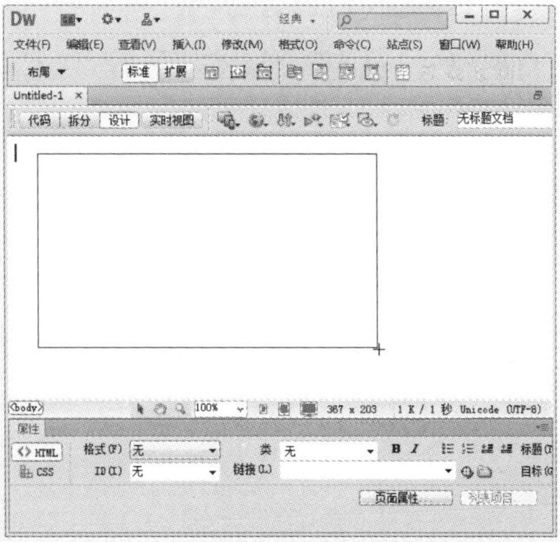

图9-39　通过插入栏创建AP Div

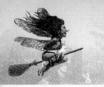

9.5.3 嵌套AP Div

所谓嵌套AP Div，就是指在当前AP Div中插入AP Div。嵌套AP Div的方法很简单，将鼠标光标定位到所需的AP Div内，选择【插入】/【布局对象】/【AP Div】命令，可在现有AP Div中创建一个嵌套AP Div，如图9-40所示。

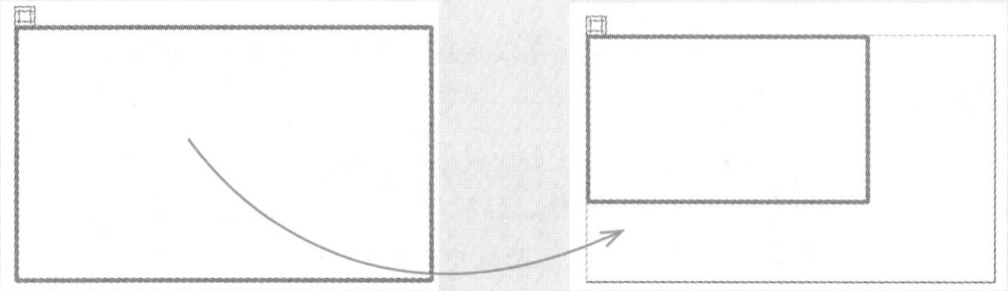

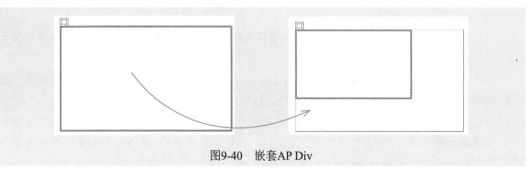

图9-40　嵌套AP Div

9.6　编辑AP Div

小魔女：魔法师，了解了AP Div的基本知识后，接下来要学习什么呢？

魔法师：呵呵，当然是要对创建的AP Div进行编辑了，通过编辑AP Div来实现网页制作中需要的各种效果。

小魔女：那你就快给我讲讲吧！

魔法师：呵呵，好吧。编辑AP Div主要包括选择与移动AP Div、对齐与调整AP Div，显示与隐藏AP Div、设置AP Div的堆叠顺序以及设置其可见性等。

9.6.1 认识“AP 元素”面板

当用户在网页文档中插入了AP Div以后，如果需要对插入的AP Div进行管理，如修改名称等操作，都可以在“AP 元素”面板中完成，如图9-41所示。

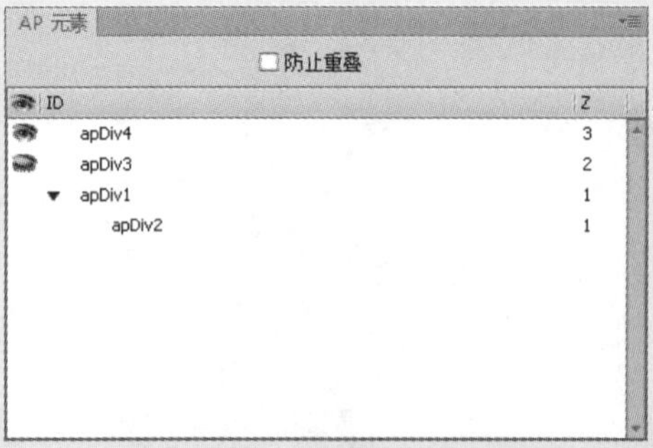

在网页文档中创建的AP Div，默认情况下是以apDiv1、apDiv2、apDiv3…的形式依次命名的。

图9-41　“AP 元素”面板

“AP 元素”面板中主要功能项的介绍如下。

- 防止重叠复选框：如果选中该复选框，则绘制层时Dreamweaver CS6将避免AP Div与AP Div之间的重叠现象发生（对于已存在的重叠层没有影响）。
- 图标列：用于控制目标层的可见性，如果AP Div前未显示该图标，表示没有指定可见性；当AP Div前有睁开的该图标，表示AP Div处于显示状态；当AP Div前有闭合的该图标，表示AP Div处于隐藏状态。
- ID列：用于显示层的ID信息，也可通过它对层的ID进行修改。
- Z列：用于控制各层的层叠顺序。

9.6.2　选择与移动AP Div

创建AP Div后，如果要对AP Div进行操作，需要先选择AP Div，如果对AP Div的位置进行了设置，则可移动AP Div。

1. 选择AP Div

选择AP Div可分为选择单个AP Div和选择多个AP Div，其方法分别如下。

- 选择单个AP Div：在文档窗口中单击需要选择的AP Div的边框即可，如图9-42所示。
- 选择多个AP Div：按住【Shift】键后依次单击需要选择的AP Div或AP Div边框，如图9-43所示。

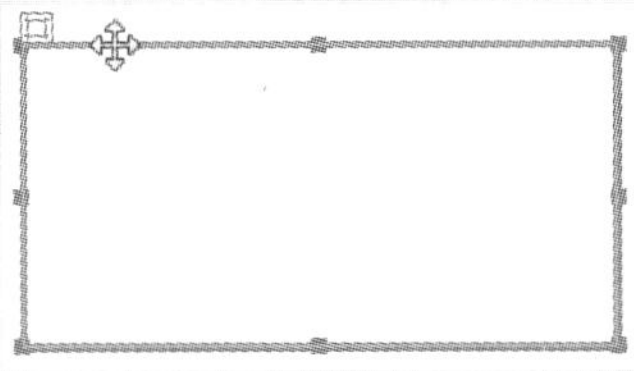

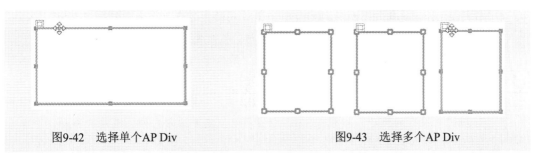

图9-42　选择单个AP Div

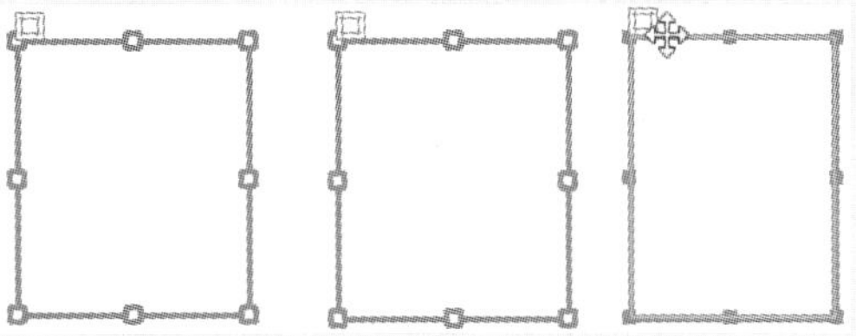

图9-43　选择多个AP Div

2. 移动AP Div

在Dreamweaver中选择需移动的AP Div后，将鼠标光标移到AP Div边框上，当鼠标光标变为形状时，按住鼠标左键不放并拖动，到需要的位置后释放鼠标即可，如图9-44所示。

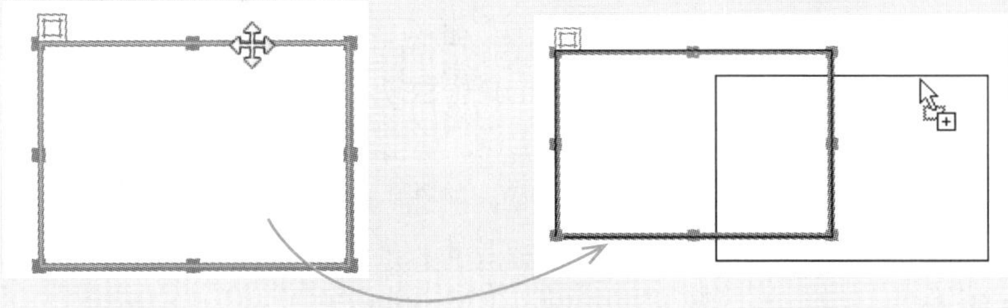

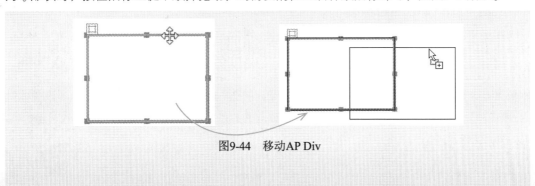

图9-44　移动AP Div

9.6.3 对齐和调整AP Div

使用AP Div来设计网页时，需要对AP Div的对齐方式和大小进行设置，保证页面的整洁与美观，下面分别进行讲解。

1. 对齐AP Div

选择需要对齐的Div后，选择【修改】/【排列顺序】命令，在弹出的子菜单中选择相应的子命令即可，如图9-45所示。

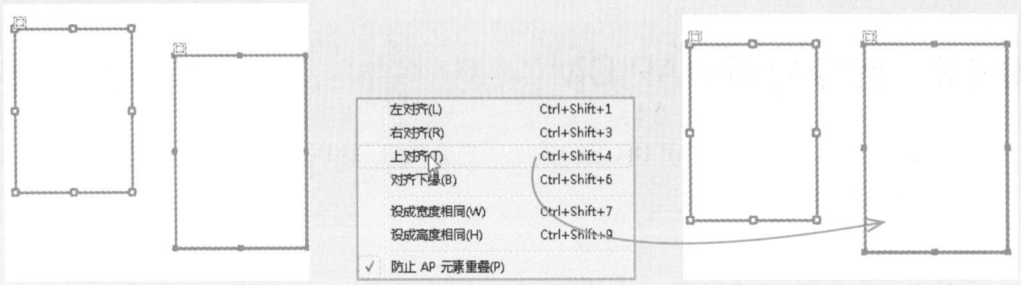

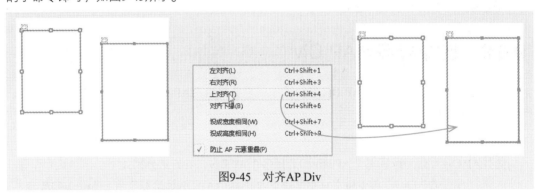

图9-45 对齐AP Div

2. 调整AP Div

如果创建的AP Div大小不符合要求，可对其进行调整，其方法有以下几种。

- 选择AP Div，将鼠标光标移到AP Div边框四周的控制点上，当鼠标光标变为↕、↔、↖或↗形状时，按住鼠标左键不放拖动鼠标，可改变AP Div的大小。
- 选择需要调整大小的AP Div，在其“属性”面板中的“宽”、“高”文本框中输入所需的宽度和高度值，按【Enter】键确认即可。
- 选择AP Div，按住【Ctrl】键，再按住键盘上的方向键，可每次移动AP Div的右边框和下边框1个像素的大小；按住【Shift+Ctrl】组合键再按方向键，可每次移动10个像素的大小。

9.6.4 设置AP Div的显示/隐藏

显示/隐藏AP Div是AP Div的一大特点，可通过“AP 元素”面板进行设置，其方法为：选择【窗口】/【AP 元素】命令，打开“AP 元素”面板，如图9-46所示。对于新建的AP Div，系统并未对其显示/隐藏进行设置，且AP Div的ID前也并未显示出显示/隐藏状态，但默认该AP Div为可见。选择需要设置其显示/隐藏的AP Div，单击AP Div的ID前“眼睛图标”栏中对应的位置，此时显示出图标，则AP Div被隐藏，如图9-47所示。再次单击图标，该图标变为图标，此时AP Div恢复显示状态。通过相同的方法可以设置网页中所有AP Div的显示/隐藏，如图9-48所示。

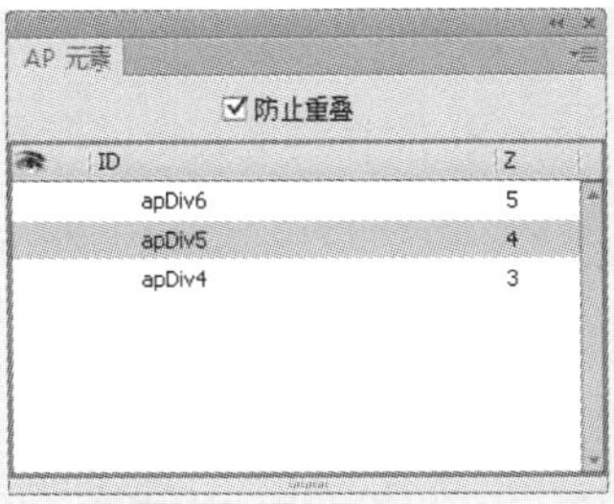

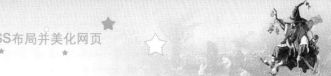

图9-46　“AP 元素”面板

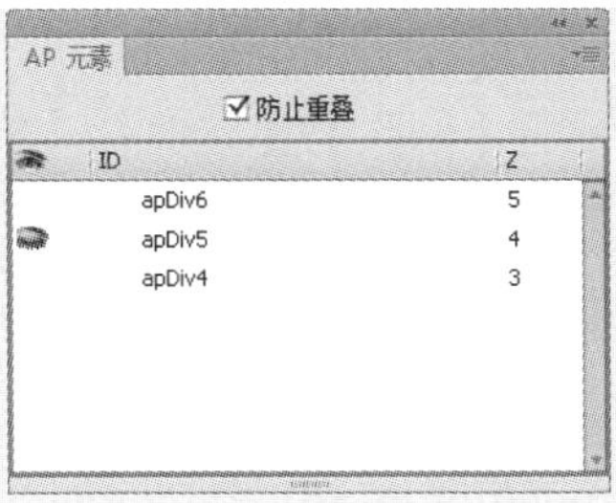

图9-47　隐藏AP Div

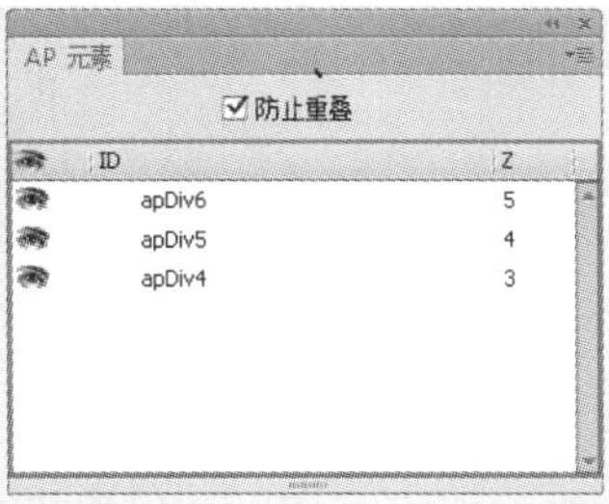

图9-48　设置AP Div的显示/隐藏

9.6.5　设置AP Div的层叠顺序

如果网页中包含多个AP Div，且需要通过重叠和调整AP Div的顺序来达到某种效果时，就需要对AP Div的层叠顺序进行设置。

设置AP Div的层叠顺序可通过修改“AP 元素”面板中Z列的值来进行，且Z列属性值越大，则该AP Div的层叠顺序就越靠前，值越小则越靠后。

在“AP元素”面板中双击需要设置层叠顺序的AP Div的Z列，进入Z列参数编辑状态，修改数值后按【Enter】键确认即可，如图9-49所示。

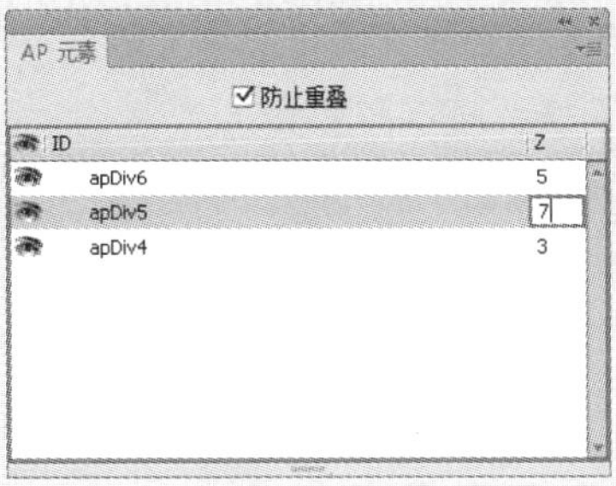

图9-49　设置AP Div的层叠顺序

为了保证其他AP Div的Z列有序排列，当更改某个AP Div的Z列参数值后，需对其他AP Div作相应调整。

晋级秘诀——设置层叠顺序的技巧

如果需要上移AP Div则增大Z列中的参数值；如果希望下移AP Div则减小Z列中的参数值；如果希望移动到所有AP Div的最上层则将Z列参数值设为所有AP Div中的最大值即可；反之，设置为0则可将该AP Div元素移动至最底层。

9.6.6　AP Div与表格的转换

表格和AP Div都可用于布局，为了使用户能更方便地掌握这两种布局的方法，系统提供了两者的相互转换功能。

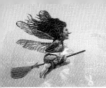

1. 将AP Div转换为表格

将鼠标光标定位在网页中，选择【修改】/【转换】/【将AP Div转换为表格】命令，打开“将AP Div转换为表格”对话框，可将文档中所有AP Div转换为表格，如图9-50所示。

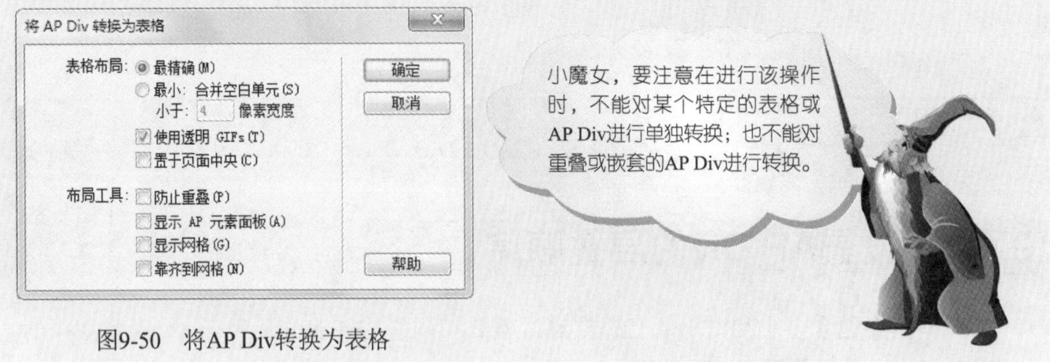

图9-50　将AP Div转换为表格

在该对话框中可对转换的表格样式进行设置，其各项参数的含义如下。

- 最精确(M) 单选按钮：表示按AP Div的排版格式生成表格，但表格结构较为复杂。
- 最小 单选按钮：可设置宽度小于一定像素的单元格，可在其下方的“小于”文本框中输入具体的值。
- 使用透明 GIFs(T) 复选框：表示在表格中插入透明图像，可用于支撑表格框架。
- 置于页面中央(C) 复选框：选中该复选框使表格位于页面中间，进行居中显示。
- 防止重叠(P) 复选框：选中该复选框可使转换后的表格之间不会重叠。
- 显示 AP 元素面板(A) 复选框：选中该复选框则转换后将打开“AP元素”面板。
- 显示网格(G) 复选框：选中该复选框，转换AP Div后将自动显示网格。
- 靠齐到网格(N) 复选框：选中该复选框，转换后表格将自动靠齐到网格，并可通过网格的协助对表格进行定位。

2. 将表格转换为AP Div

在Dreamweaver中还可将文档中的表格转换为AP Div，其方法为：选择【修改】/【转换】/【将表格转换为AP Div】命令，在打开的“将表格转换为AP Div”对话框中设置“布局工具”的相关选项后，单击 确定 按钮即可，如图9-51所示。

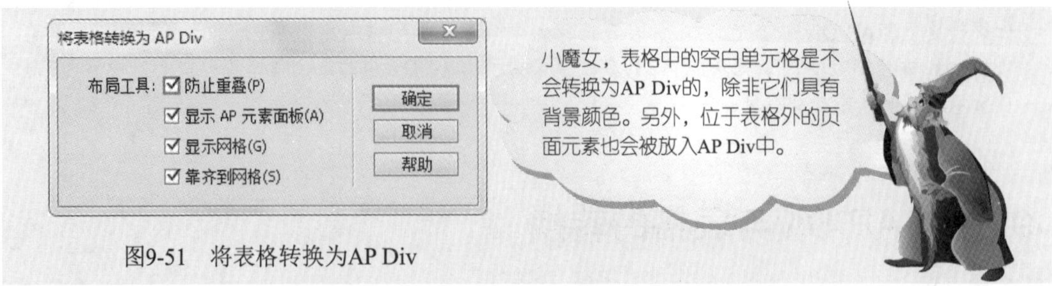

图9-51　将表格转换为AP Div

该对话框中各项目参数的含义与“将AP Div转换为表格”对话框中“布局工具”栏中各项目的含义类似，这里不再赘述。

9.7 典型实例——使用CSS+Div美化网页

魔法师：小魔女，掌握了上面讲解的知识后，就可以使用Div+CSS来对网页进行布局并美化网页了，并且通过它们制作的网页效果可是非常美观的哦！

小魔女：嗯，那魔法师你教教我怎样从头到尾进行网页的美化好吗？我自己制作的效果实在是不好看呀！

魔法师：呵呵，没问题！我刚刚制作了一个网页，不过还没有完成，那下面我们就一起来对剩余的页面进行布局，并新建CSS样式来进行美化，其效果如图9-52所示（光盘:\效果\第9章\flora\index.html）。

图9-52　使用CSS+Div美化网页

该网页主要划分为3部分，即style_top_by、style_middle_bg和style_bottom_bg，其中style_top_by和style_middle_bg的内容已经完全设计好了，而在style_bottom_bg中则先嵌套了一个id名为style_container和class名为style_content_area的Div，那么接下来的操作将在style_content_ area中进行。style_content_area分为style_left_section、style_right_section和style_footer，其中style_right_section为网页的主要内容，且这部分内容为空白，需进行设计，下面就对style_content_area部分进行设计和美化，其具体操作如下：

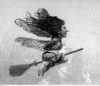

步骤 01 打开index.html网页（光盘:\素材\第9章\flora\index.html），将鼠标光标定位在页面中，如图9-53所示。

步骤 02 选择【插入】/【布局对象】/【Div标签】命令，在打开的对话框中单击 确定 按钮，在页面中插入一个Div标签，如图9-54所示。

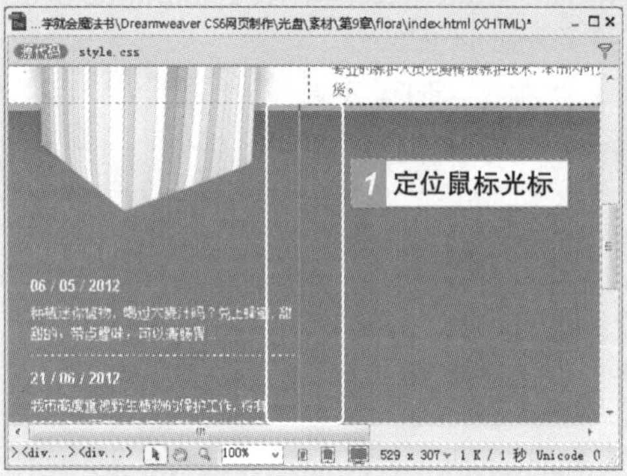

图9-53 定位鼠标光标

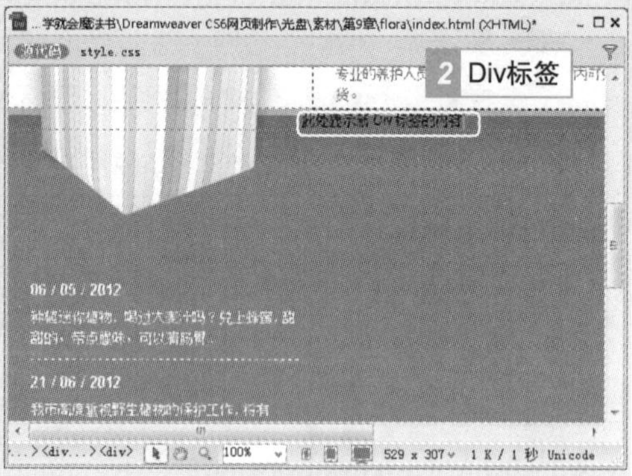

图9-54 插入Div标签

步骤 03 将鼠标光标定位在插入的Div标签内，使用相同的方法在Div标签内插入3个嵌套的Div标签，效果如图9-55所示。

步骤 04 删除最外层的Div标签中的文本，选择嵌套的第1个Div标签，输入文本“花卉/盆栽”，在“属性”面板中的“格式”下拉列表框中选择“标题1”选项，设置其段落格式。

步骤 05 按【Enter】键添加一个<p>标签，选择【插入】/【图像】命令，在打开的对话框中选择插入的图像为style_thumb_018.jpg（光盘:\素材\第9章\flora\image\style_thumb_018.jpg），效果如图9-56所示。

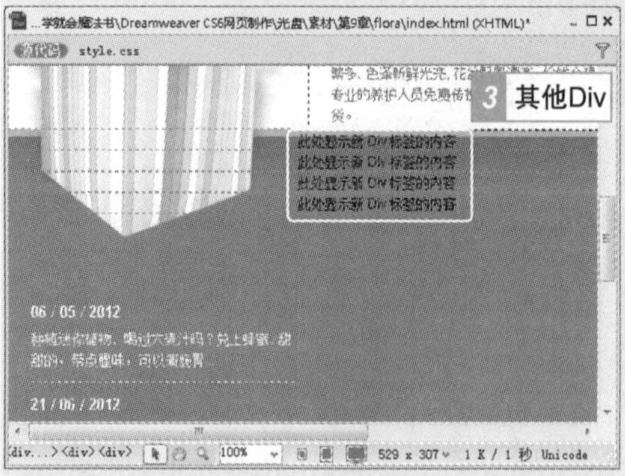

图9-55 嵌套Div

图9-56 插入图像

步骤 06 继续在图像文件后输入文字，如图9-57所示为输入文字的源代码。

步骤 07 切换到设计视图，将鼠标光标定位到第2个嵌套的Div标签中，在其中再嵌套两个Div标签。

步骤 08 在嵌套的第1个Div标签中输入文本“花卉/盆栽/植物列表”，在第2个Div标签中插入4张图片，分别为style_thumb_009.jpg、style_thumb_008.jpg、style_thumb_007.jpg和style_thumb_006.jpg（光盘:\素材\第9章\flora\image\style_thumb_009.jpg、style_thumb_008.jpg、style_thumb_007.jpg和style_thumb_006.jpg），其效果如图9-58所示。

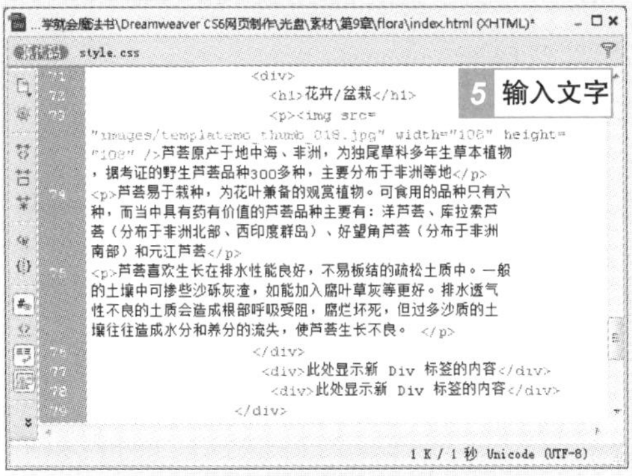

图9-57 输入文本

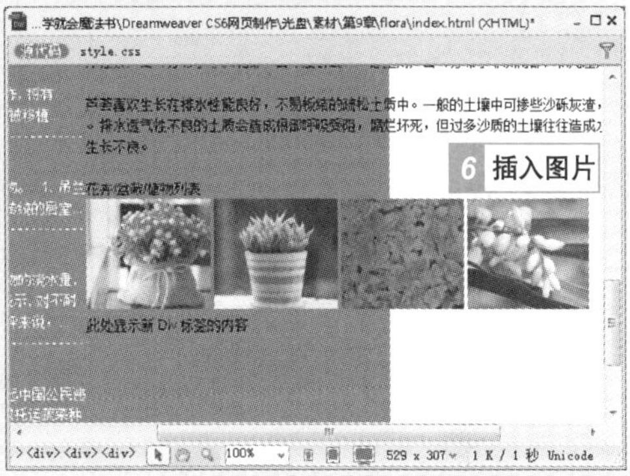

图9-58 嵌套Div并设置格式后的效果

步骤 09 使用相同的方法在第3个嵌套的Div标签中嵌套两个Div，输入文本并插入图像（光盘:\素材\第9章\flora\image\style_thumb_017.jpg、style_thumb_020.jpg、style_thumb_019.jpg和style_thumb_021.jpg），效果如图9-59所示。

步骤 10 此时对页面的布局和内容设置就完成了，从网页中可看到文本和图片的格式并不美观，因此需新建CSS样式进行美化。

步骤 11 在“CSS样式”面板中单击按钮，打开“新建CSS规则”对话框，在“选择器类型”下拉列表框中选择“复合内容（基于选择的内容）”选项，在“选择器名称”下拉列表框中输入“#style_content_area #style_right_section”，单击 确定 按钮，如图9-60所示。

图9-59 嵌套Div并添加其内容

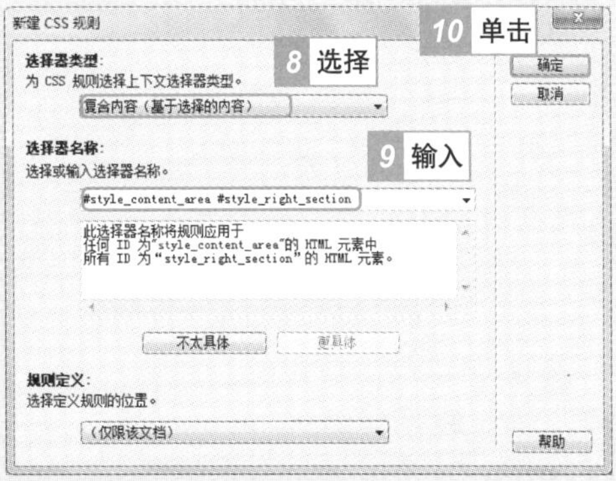

图9-60 新建CSS规则

步骤 12 在打开的对话框中的“分类”栏中选择“方框”选项，在Width下拉列表框中输入“540”，在“Float”下拉列表框中选择right选项。

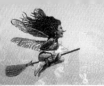

步骤 13 在Padding栏中取消选中全部相同(S)复选框，然后在其下方的Top、Right、Bottom和Left下拉列表框中输入“10”、“20”、“10”和“20”，在Margin栏下方的Top下拉列表框中输入“0”，如图9-61所示。

步骤 14 单击 确定 按钮，返回网页文档，然后使用相同的方法新建名为#style_right_section .style_gallery的复合内容的CSS样式，然后再基于.style_gallery样式新建其他CSS样式，其源代码如图9-62所示。

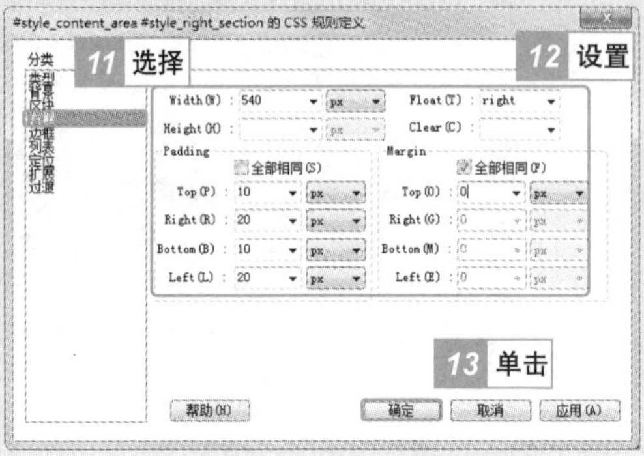

图9-61 设置CSS样式

```
.style_gallery .style_gallery_header{
    margin: 0;
    padding: 5px;
    background: #920056;
    font-family: Arial;
    font-size: 14px;
    font-weight: bold;
    color: #fff;
}

.style_gallery .style_gallery_body{
    margin: 0;
    padding: 19px 0 19px 19px;
    background: #a06;
}

.style_gallery_body img{
    margin: 0 17px 0 0;
    padding: 0;
    border: none;
}
```

图9-62 新建CSS样式

步骤 15 使用相同的方法新建其他的CSS样式，其代码如图9-63所示（光盘:\素材\第9章\flora\CSS.txt）。

步骤 16 切换到代码视图，将鼠标光标定位到内容部分最外层的Div标签中，在<div>标签中输入“id="style_right_section"”，在其嵌套的第一个Div标签中输入“class="style_textarea"”，如图9-64所示。

```
#style_right_section h1{

    font-family: Arial;
    font-size: 14px;
    color: #fff200;
    margin: 10px 0 0 0;
    padding: 0;
}

#style_right_section .style_textarea{
    margin: 0;
    padding: 0;
}

#style_right_section p{
    font-family: Arial;
    font-size: 12px;
    color: #fff;
    text-align: justify;
    margin: 10px 0 0 0;
    padding: 0;
}

#style_right_section a {

    color:#fff200;
    text-decoration: none;
}

#style_right_section a:hover {

    color:#fff200;
    text-decoration: underline;
}

#style_right_section .style_gallery{
    margin: 20px 0 0 0;
    padding: 0;
```

图9-63 新建其他CSS样式

图9-64 应用CSS样式

步骤 17 在嵌套的第2和第3个Div标签中为Div应用CSS样式，其效果如图9-65所示。

步骤 18 选择【文件】/【全部保存】命令保持网页，然后在浏览器中预览网页。

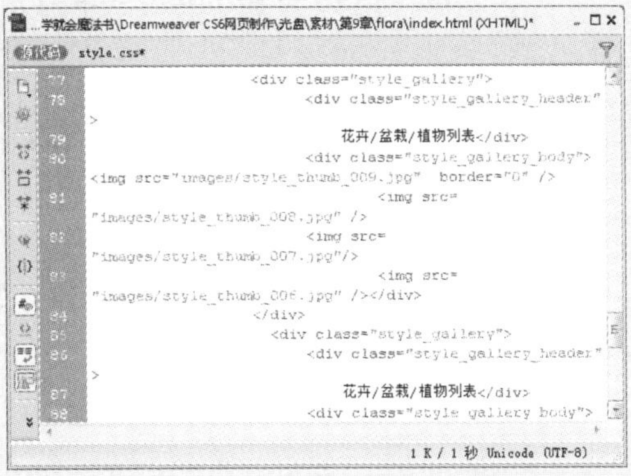

在div标签中只需应用上述几个类CSS样式即可，其他CSS样式都是基于复合内容创建的，可直接应用。

图9-65　为第2和第3个Div标签应用CSS样式

9.8　本章小结——几种最基础的版式布局

小魔女：魔法师，你制作的网页真是太漂亮了，要是我也可以像你一样就好了！

魔法师：呵呵，别灰心，只要你熟练掌握了Div+CSS布局的方法，想要做出漂亮的网页是没有问题的！

小魔女：嗯，看来我还得再好好复习一下这些知识，争取早点像魔法师一样，可以制作自己想要的网页！

魔法师：小魔女，你真勤奋！这样好了，我再给你讲几种常用的最基础的版式布局的方法，让你在回顾这些知识的时候可以使用它们来练习练习。

第1招：1列固定宽度居中

1列固定宽度居中是最基础、最简单的布局方式，即宽度的属性值是固定的，且在网页中居中，因此应在HTML代码中创建一个Div，然后为其应用CSS样式。如图9-66所示为定义的HTML代码、CSS样式和效果。

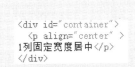

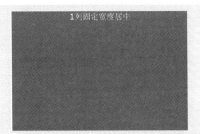

```
<div id="container">
  <p align="center" >
1列固定宽度居中</p>
</div>
```

```
#container {
    margin:0 auto;
    width:700px;
    height:500px;
    background: #990;
    }
```

图9-66　1列固定宽度居中

在此基础上即可创建出其他的1列固定宽度居中的类型，其方法如下。

- **1列固定宽度居中+头部**：该布局方式是在1列固定宽度居中的布局中加入了一个头部

Div标签，效果如图9-67所示。

- **1列固定宽度居中+头部+底部**：该布局方式是在1列固定宽度居中的布局中加入了一个头部Div标签和底部Div标签，效果如图9-68所示。

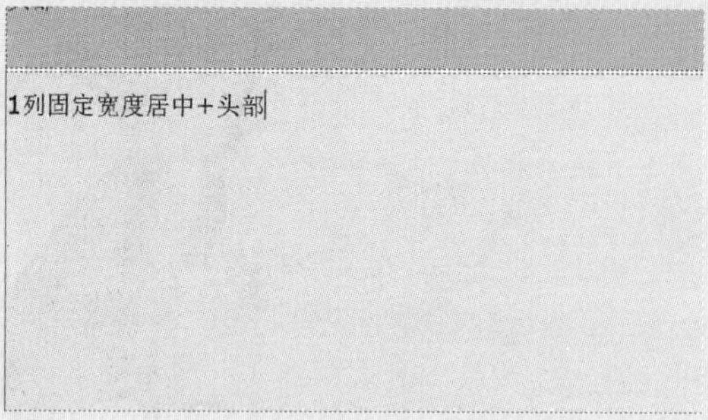

图9-67　1列固定宽度居中+头部

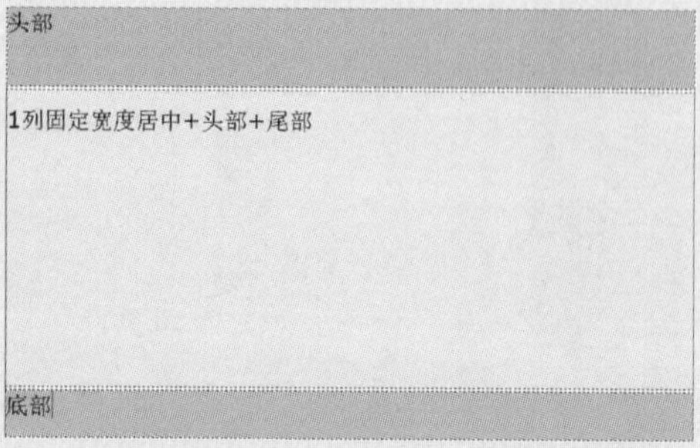

图9-68　1列固定宽度居中+头部+底部

第2招：2列固定宽度

定义了1列固定宽度后，还可设置2列固定宽度，此时就需要先创建两个Div，然后再分别为其新建CSS样式。如图9-69所示为定义的HTML代码、CSS样式和效果。

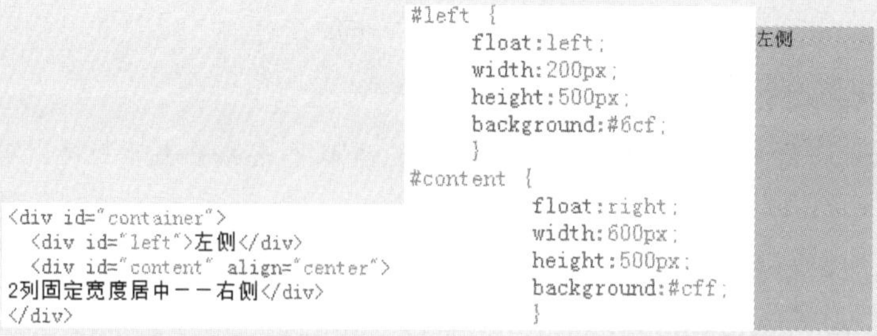

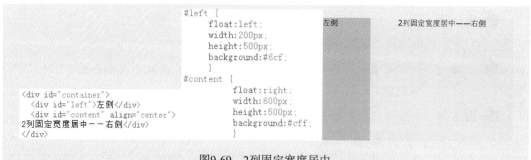

图9-69　2列固定宽度居中

在该布局方式下，也可根据其具体需要加以变化，在2列固定宽度的基础上添加头部Div标签、底部Div标签和导航Div标签等，如图9-70所示为2列固定宽度+头部的效果，如图9-71所示为2列固定宽度+头部+导航+底部的效果。

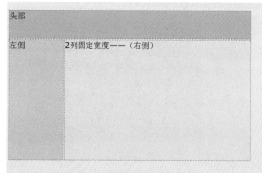

图9-70　2列固定宽度+头部

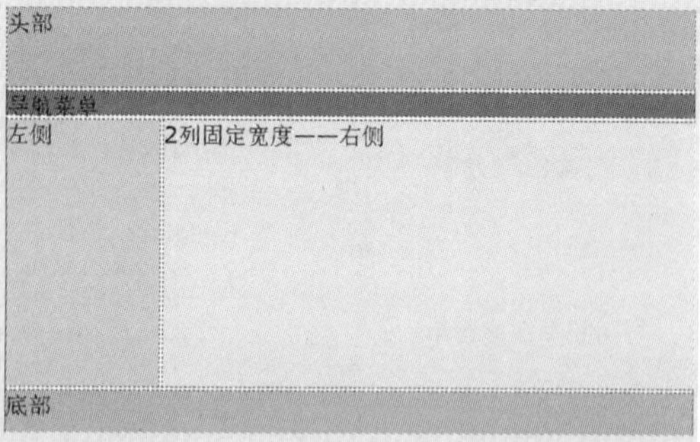

图9-71　2列固定宽度+头部+导航+底部

第3招：1列宽度自适应

自适应布局是指网页可根据浏览器窗口的大小，自动改变其宽度或高度值。这种布局方式较为灵活，也是网页设计中常用的一种形式。其布局原理是将Div的width或height属性值的单位设置为百分比，如图9-72所示为宽度为80%的布局在不同浏览器窗口中显示的效果。

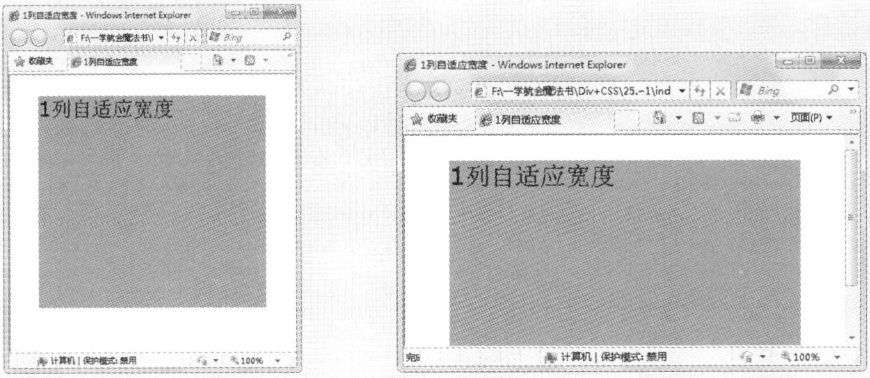

图9-72　1列宽度自适应

第4招：2列宽度自适应

2列宽度自适应与2列固定宽度的定义方法相似，不同的是width或height属性值也是以百分比的形式来设置的。如图9-73所示为2列宽度自适应+头部的效果，如图9-74所示为2列宽度自适应+头部+底部的效果。

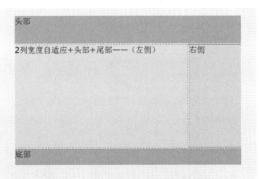

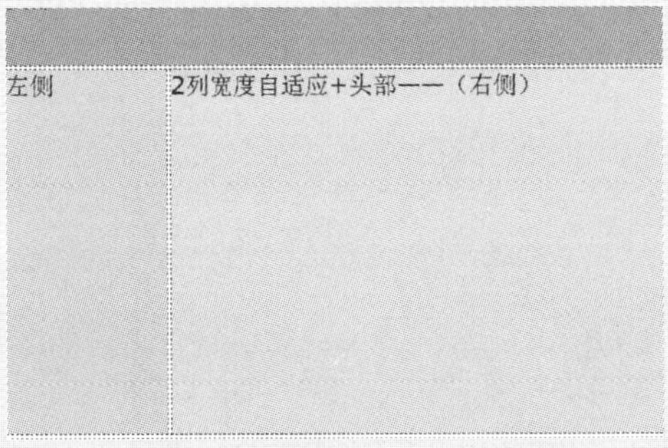

图9-73　2列宽度自适应+头部

图9-74　2列宽度自适应+头部+底部

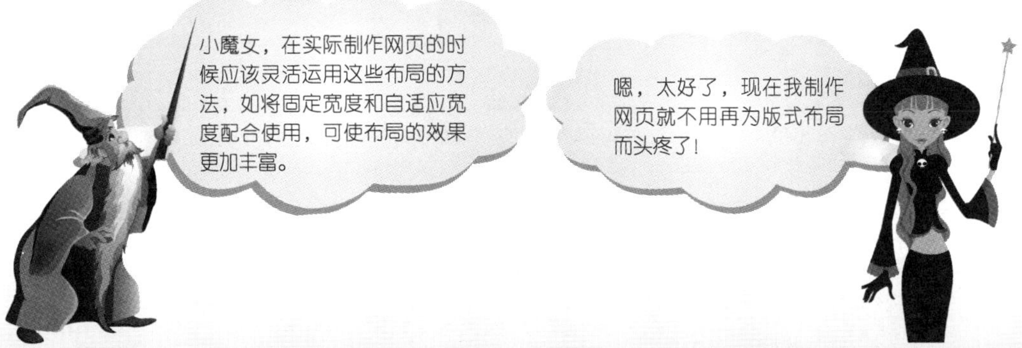

小魔女，在实际制作网页的时候应该灵活运用这些布局的方法，如将固定宽度和自适应宽度配合使用，可使布局的效果更加丰富。
嗯，太好了，现在我制作网页就不用再为版式布局而头疼了！

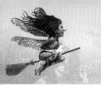

9.9 过关练习

（1）新建一个网页，在其中练习Div+CSS布局的方法，创建一个包含头部、导航菜单、左侧内容、中部内容、右侧内容和底部的网页，并设置左侧和右侧的宽度为固定值，中部的宽度为自适应，其效果如图9-75所示（光盘:\效果\第9章\lianxi\index.html）。

图9-75 布局网页

（2）打开index.html网页文档（光盘:\素材\第9章\blue\index.html），在其中插入3个AP Div，并插入对应的图像，其效果如图9-76所示（光盘:\效果\第9章\blue\index.html）。

图9-76 AP Div的插入与编辑

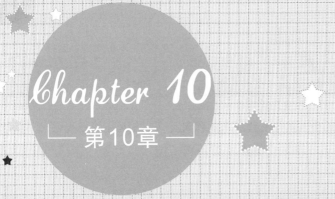

Chapter 10

第10章

使用模板和库资源

小魔女：魔法师，我昨天在购物网站购买了一件商品，但是我发现它们网站中每个页面的有一部分都是相同的，这是怎么回事呢？

魔法师：呵呵，小魔女，你越来越聪明了！这其实是模板在起作用，使用模板能够对网站的风格进行统一，而且还可以对模板进行重复利用，非常方便。

小魔女：哦，那可太好了，这样就可以快速建立一个网站了，但是网站的内容这么多，整理起来很麻烦呀！

魔法师：这个不用担心，我们可以通过Dreamweaver的库来对网站中的资源进行统一管理，下面我就一一给你讲解吧！。

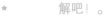

学习要点：

- 使用模板制作网页
- 编辑模板
- 应用模板
- 使用库管理网页元素

10.1 使用模板制作网页

小魔女：魔法师，你不是说要教我使用模板来制作网页吗？怎么还不教我呢！

魔法师：别急呀，还是一步一步来，先掌握使用模板制作网页的各种基本操作后，才能制作完整的网页模板。

小魔女：那使用模板制作网页都有哪些基本操作呀？

魔法师：首先需要先了解模板的概念，然后再掌握创建模板和对模板进行编辑的方法，下面我们就先来学习模板的知识吧！

10.1.1 什么是网页模板

所谓网页模板就是将网页中变动较小的部分固定下来，而将那些变动比较大的部分定义为编辑区域供用户编辑。

Dreamweaver CS6中的网页模板文件与一般网页文件有很大的不同，该类型文件的格式为.dwt，而不是.html。严格意义上讲，模板并不是真正意义上的网页，因为没有哪个网站会将模板作为正常的页面文件来使用，而必须在模板基础上创建基于模板的网页文件，这样模板才能够得到实际的应用。

10.1.2 创建模板

由于模板是Dreamweaver CS6中提供的一种对站点中文档进行管理的功能，因此，在创建模板前应先创建站点，否则创建模板时系统会提示先创建站点。在Dreamweaver CS6中创建网页模板可分为创建空白网页模板和将现有网页转换为模板，下面将分别对其进行介绍。

1. 创建空白网页模板

在Dreamweaver CS6中创建的空白网页模板和创建的空白网页文档相同，但创建的模板文件的扩展名为.dwt。当用户创建好空白网页模板后，就可以像编辑普通网页一样编辑网页模板了。其具体操作如下：

步骤 01 在Dreamweaver CS6工作界面中选择【文件】/【新建】命令，打开“新建文档”对话框。

步骤 02 选择“空模板”选项卡，在“模板类型”列表框中选择“HTML模板”选项，在“布局”列表框中选择“无”选项，如图10-1所示。

步骤 03 单击 创建(R) 按钮，完成模板文件的创建，进入模板的编辑状态。

步骤 04 选择【文件】/【另存为模板】命令，打开“另存模板”对话框。

步骤 05 在“站点”下拉列表框中选择模板保存的站点，在“另存为”文本框中输入保存模板的名称，这里输入“moban”，如图10-2所示。

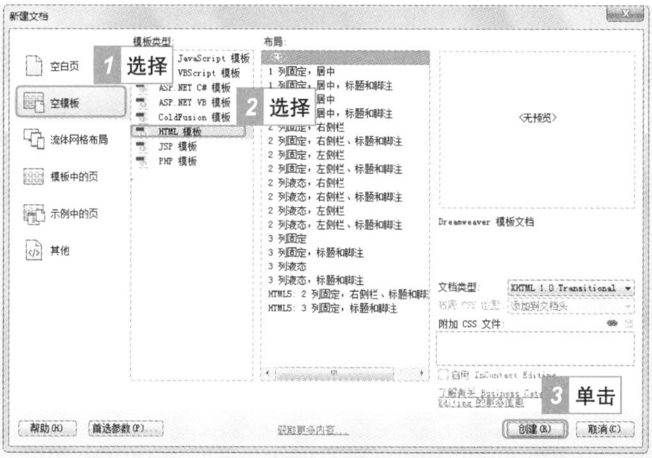

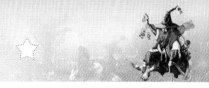

图10-1　创建空白模板

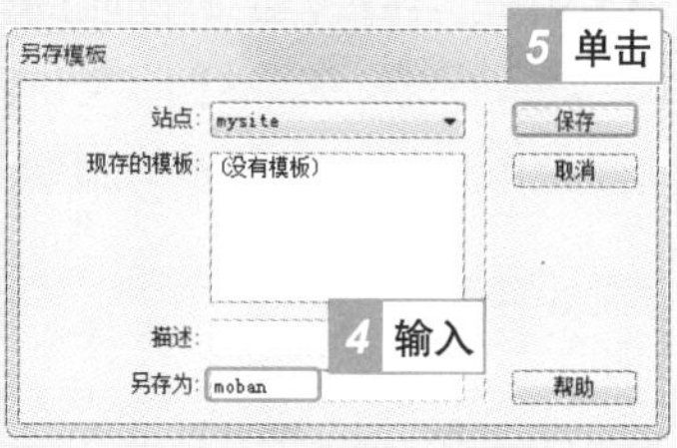

图10-2　保存模板

步骤 06 单击 保存 按钮，保存创建的模板。

2. 将现有网页转换为模板

当用户制作好一个页面后，如果需要将该页面应用到其他网页文档中，可将该网页保存为模板，然后再将其应用到其他页面中。其具体操作如下：

步骤 01 启动Dreamweaver CS6，打开index.html网页（光盘:\素材\第10章\adornment\index.html）。

步骤 02 选择【文件】/【另存为模板】命令，打开“另存模板”对话框。

步骤 03 在“另存为”文本框中输入“template”，单击 保存 按钮完成模板的保存，如图10-3所示。

步骤 04 返回到工作界面，在“文件”面板中新建一个名为Templates的文件夹，展开该文件夹，即可查看新建的模板文件template.dwt（光盘:\最终效果\第10章\adornment\Templates\template.dwt），如图10-4所示。

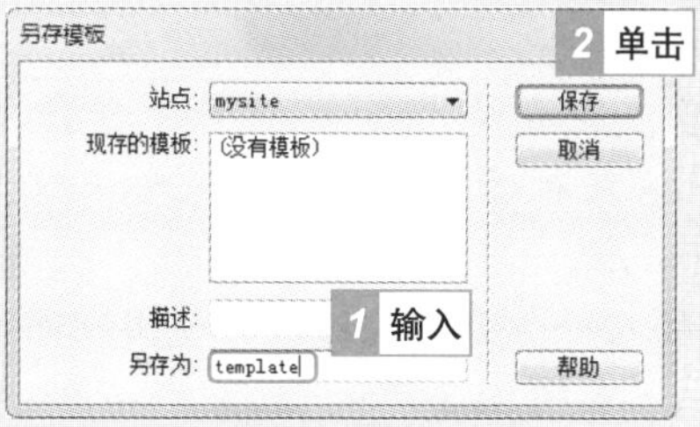

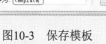

图10-3　保存模板

图10-4　查看模板

10.1.3 编辑模板

当用户创建了模板后，即可对模板进行编辑，编辑模板包括创建可编辑区域、创建重复区域、创建可选区域、创建可编辑可选区域和更改可编辑区域的名称等操作。

1. 创建可编辑区域

所谓可编辑区域，是指该区域是基于模板的文档中未锁定的区域。它是模板中可编辑的部分，要使创建的模板生效，在创建的模板中至少应该包含一个可编辑区域。在模板中创建可编辑区域的具体操作如下：

步骤 01 打开创建的模板文件，将鼠标光标定位到需创建可编辑区域的位置或选择要设置为可编辑区域的对象，如表格、单元格及文本等。

步骤 02 选择【插入记录】/【模板对象】/【可编辑区域】命令或在“常用”插入栏中单击“模板”按钮后的按钮，在弹出的下拉列表中选择“可编辑区域”选项。

步骤 03 打开“新建可编辑区域”对话框，在“名称”文本框中输入创建可编辑区域的名称，这里输入“FlashEditRegion”，如图10-5所示。

步骤 04 单击 确定 按钮，返回到工作界面中即可查看新建的可编辑区域，如图10-6所示。

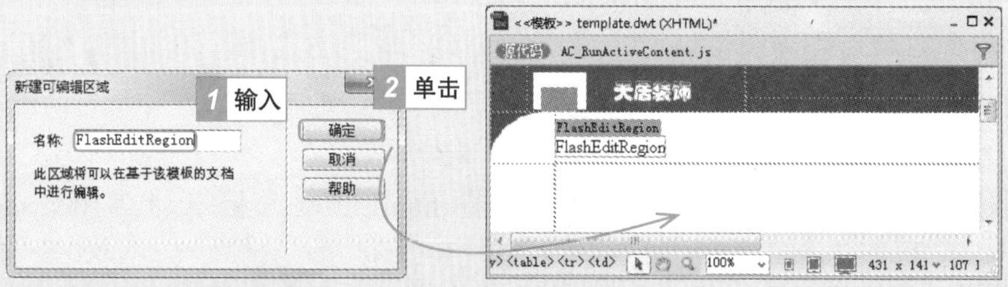

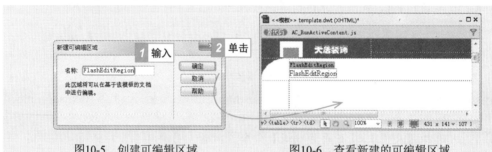

图10-5 创建可编辑区域　　图10-6 查看新建的可编辑区域

2. 创建重复区域

当用户在模板中创建了可编辑区域后，还可创建多个重复区域，以创建多个相同的可编辑区域。但重复区域不是可编辑的区域，要想使重复的区域可编辑就必须在重复区域内指定可编辑区域。在模板中创建重复区域的具体操作如下：

步骤 01 将鼠标光标定位到要创建重复区域的位置。

步骤 02 选择【插入】/【模板对象】/【重复区域】命令，打开“新建重复区域”对话框，在“名称”文本框中输入新建重复区域的名称，这里输入“RepeatRegion1”如图10-7所示。

步骤 03 单击 确定 按钮，将在网页文档中插入一个重复的区域，使用相同的方法即可在网页文档中创建多个重复区域，如图10-8所示。

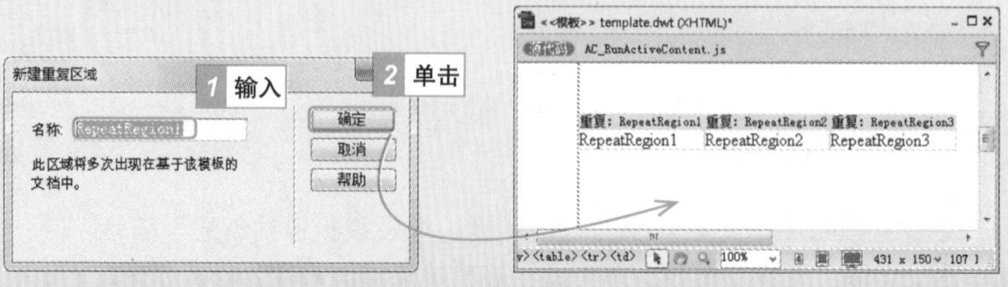

图10-7 创建重复区域　　图10-8 创建多个重复区域

3. 创建可选区域

可选区域是指模板中放置内容的部分可显示在网页中，也可进行隐藏。在可选区域中用户无法编辑其中的内容，只能控制该区域在所创建的页面中是否可见，其具体操作如下：

步骤 01 选择需要设置为可选区域的页面元素，如这里选择包含导航条的单元格。

步骤 02 选择【插入】/【模板对象】/【可选区域】命令，打开“新建可选区域”对话框保持默认设置不变，则可选区域在默认状态下可见，如图10-9所示。

步骤 03 单击 确定 按钮返回网页，选择的单元格被标记了OptionalRegion1，如图10-10所示。

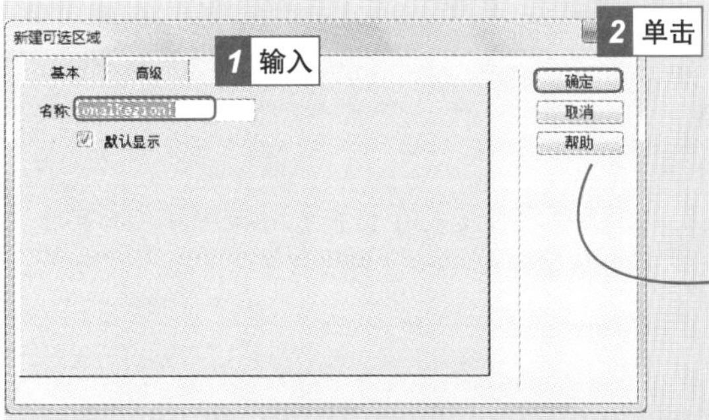

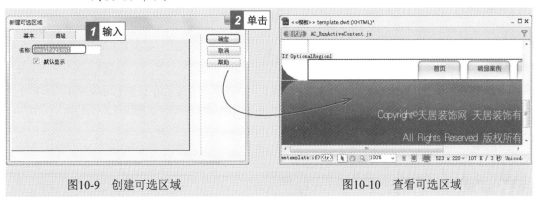

图10-9 创建可选区域

图10-10 查看可选区域

4. 创建可编辑可选区域

可编辑的可选区域除了可控制是否显示某区域外，还可在该区域中进行编辑，其创建方法与可选区域的创建相似，只需选择需要创建的区域，选择【插入】/【模板对象】/【可编辑的可选区域】命令或单击“常用”插入栏中的“模板”按钮后的▾按钮，在弹出的下拉列表中选择“可编辑的可选区域”选项，在打开的对话框中进行设置即可，如图10-11所示。

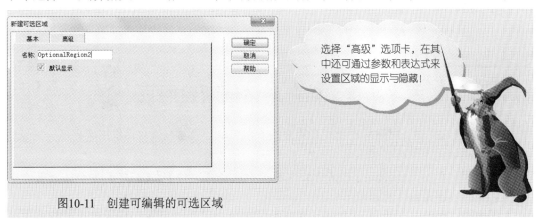

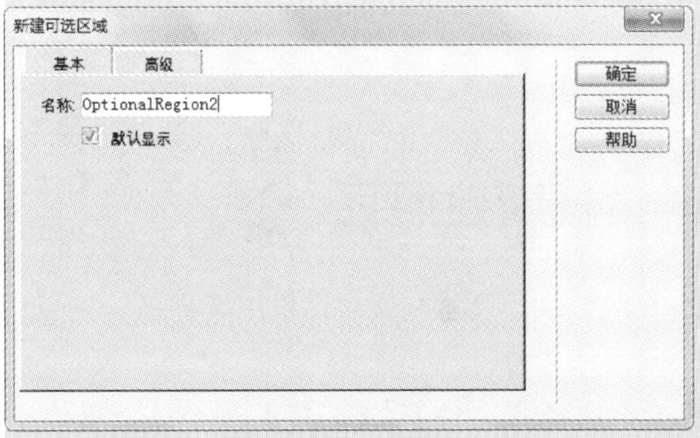

图10-11 创建可编辑的可选区域

选择“高级”选项卡，在其中还可通过参数和表达式来设置区域的显示与隐藏！

5. 更改可编辑区域的名称

当用户在创建可编辑区域时，默认的区域名称为EditRegion3。如果用户要修改创建的可编辑区域名称，可在“属性”面板中对其进行修改。其具体操作如下：

步骤 01 单击可编辑区域名称上方的标签，选中该可编辑区域。

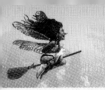

步骤 02 在“属性”面板的“名称”文本框中显示了选择可编辑区域的名称，如图10-12所示。

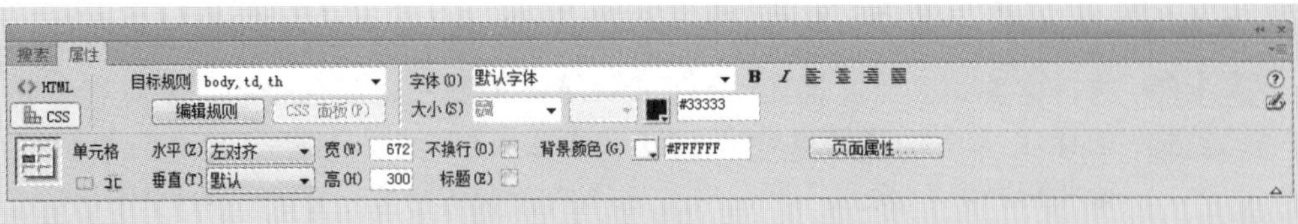

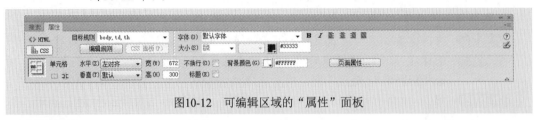

图10-12 可编辑区域的“属性”面板

步骤 03 选中“名称”文本框中的可编辑区域名称，直接输入新的名称即可。

晋级秘诀——CSS样式各种类型的含义

在网页模板中单击可编辑区域上方的可编辑区域标签，选择【修改】/【模板】/【删除模板标记】命令或在可编辑区域左上角的可编辑区域标签上单击鼠标右键，在弹出的快捷菜单中选择“删除标签”命令即可取消对该可编辑区域的标记。

10.2 应用模板

魔法师：创建并编辑模板后，就可以在网页文档中使用模板来制作网页了，而且模板的使用方法非常简单。

小魔女：好的，那应该怎样应用模板，使它达到我需要的效果呢？

魔法师：呵呵，当你创建好模板后，若要应用模板，可以使用“新建文档”对话框根据模板新建网页，也可以使用“资源”面板从已有模板创建新的网页，还可以将当前网页应用到模板中。

10.2.1 使用“新建文档”对话框新建网页

使用“新建文档”对话框新建网页的方法非常简单，只需在该对话框中选择任一站点然后选择站点中的模板即可。其具体操作如下：

步骤 01 在Dreamweaver CS6的工作界面中选择【文件】/【新建】命令，打开“新建文档”对话框。

步骤 02 在对话框中选择“模板中的页”选项卡，在“站点”列表框中选择所需站点，这里选择mysite，然后在右侧的列表框中选择所需的模板，如图10-13所示。

步骤 03 单击 创建(R) 按钮，通过模板创建的新网页将出现在窗口中，网页文档中模板部分除可编辑区域外是不可编辑的，如图10-14所示。

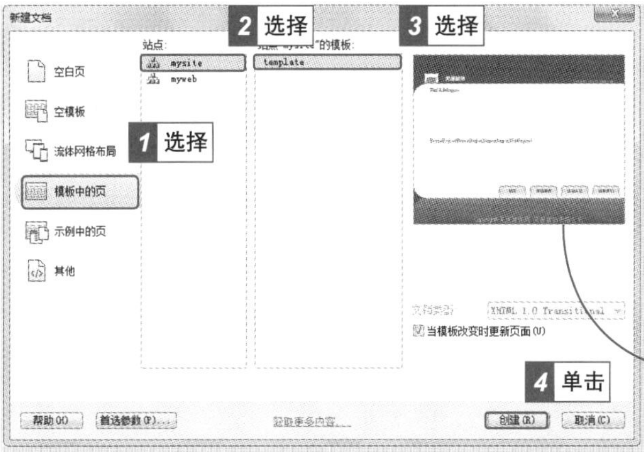

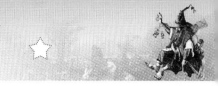

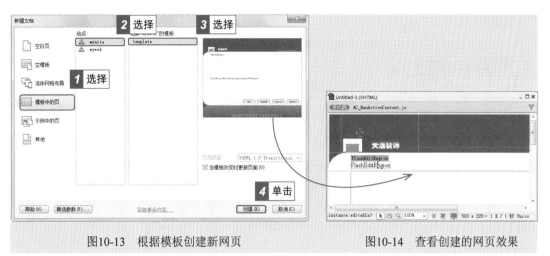

图10-13　根据模板创建新网页　　图10-14　查看创建的网页效果

10.2.2　使用“资源”面板从已有模板创建新网页

在“资源”面板中只能使用当前站点的模板创建网页，其具体操作如下：

步骤 01 选择【窗口】/【资源】命令，打开“资源”面板。

步骤 02 在该面板中集合了该站点中所有的元素，默认情况下打开该面板时，将显示站点中的图像元素，如图10-15所示。单击面板左侧的“模板”按钮，在右侧将显示出该站点中创建的所有模板文件。

步骤 03 选择任意一个模板文件以后，在上方的预览窗口中将显示出模板文件的预览效果，将鼠标移动到该预览窗口中，通过拖动鼠标可放大或缩小窗口的大小。

步骤 04 在所需的模板上单击鼠标右键，在弹出的快捷菜单中选择“从模板新建”命令，如图10-16所示，从模板新建的网页将会在编辑窗口中打开。

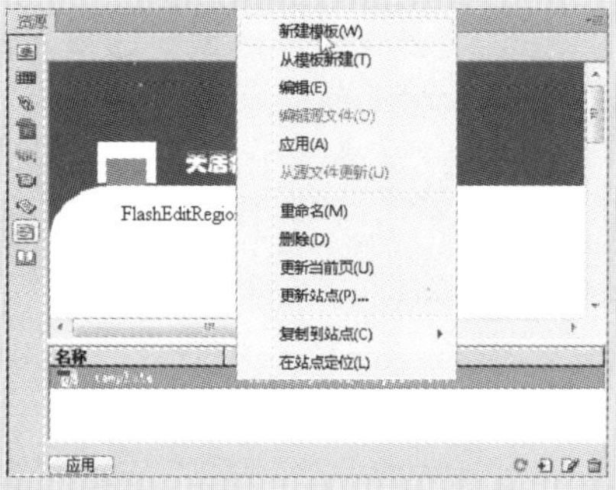

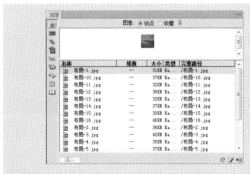

图10-15　“资源”面板　　图10-16　创建新网页

10.2.3　将当前网页应用到模板

将当前网页应用到模板，就是将编辑好的网页套用到模板中，其具体操作如下：

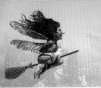

步骤 01 在Dreamweaver CS6中打开需应用模板的网页myflower.html（光盘:\素材\第10章\myflower\myflower.html）。

步骤 02 选择【窗口】/【资源】命令，打开“资源”面板，单击面板左侧的“模板”按钮，显示出模板列表。

步骤 03 在模板列表中选中要应用的模板，单击鼠标右键，在弹出的快捷菜单中选择“编辑”命令，打开该模板。

步骤 04 将鼠标光标定位到模板中间的单元格中，在“常用”插入栏中单击“模板”按钮后的按钮，在弹出的下拉列表中选择“可编辑区域”选项或选择【插入记录】/【模板对象】/【可编辑区域】命令。

步骤 05 打开“新建可编辑区域”对话框，在“名称”文本框中输入创建可编辑区域的名称，这里输入“EditRegion4”，如图10-17所示。

步骤 06 单击 确定 按钮，返回到工作界面中即可查看新建的可编辑区域，如图10-18所示。

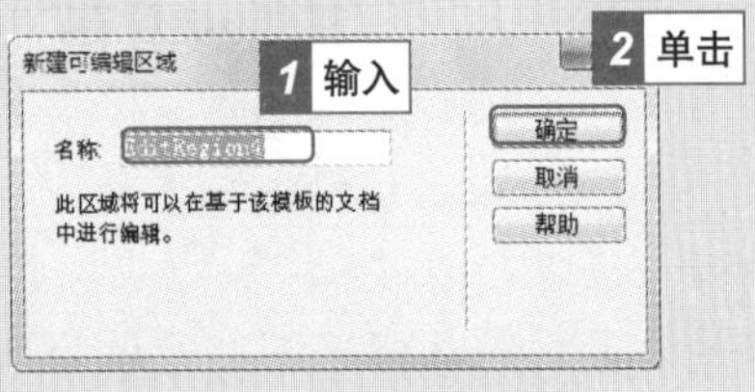

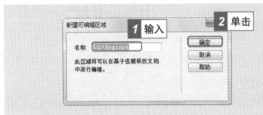

图10-17 创建可编辑区域

图10-18 查看可编辑区域

步骤 07 保存并关闭模板文件，切换到打开的myflower.html网页文档，在“资源”面板中选择编辑的模板，单击 应用 按钮。

步骤 08 如网页中有不能自动指定到模板区域的内容，将打开“不一致的区域名称”对话框，如图10-19所示。

步骤 09 在“可编辑区域”列表框中选择未解析的选项，在“将内容移到新区域”下拉列表框中选择现有模板中的区域，这里选择EditRegion4选项。如选择“不在任何地方”选项表示在新网页中删除不一致的内容。

步骤 10 单击 确定 按钮即可将该页面中的内容应用到模板中，如图10-20所示（光盘:\效果\第10章\adornment\myflower\myflower.html）。

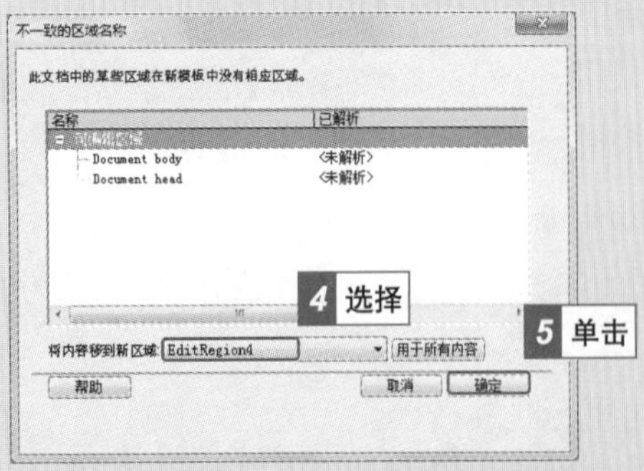

图10-19 “不一致的区域名称”对话框

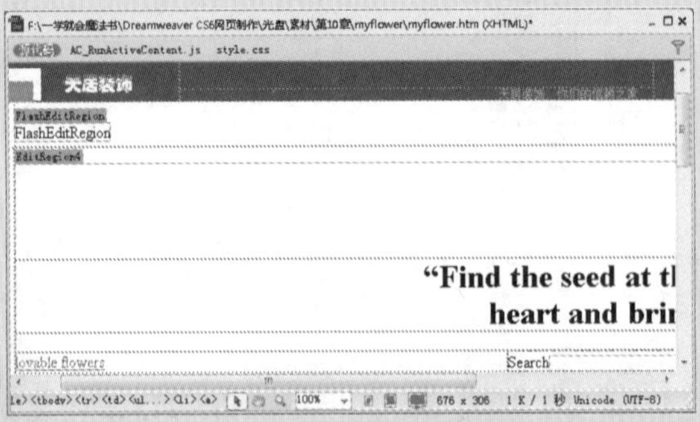

图10-20 应用模板后的效果

10.2.4 管理模板

Dreamweaver CS6中的管理模板分为更新模板、删除模板和分离模板，下面分别对其进行介绍。

1. 更新模板

当用户在网页中创建了模板文档后，如发现创建的模板中某部分并不如意，可对其进行修改。对模板进行修改并进行保存时，Dreamweaver CS6会打开“更新模板文件”对话框提示是否更新站点中使用该模板创建的网页，单击 更新(U) 按钮可更新通过该模板创建的所有网页，单击 不更新(D) 按钮则只是保存该模板而不更新通过该模板创建的网页，如图10-21所示。

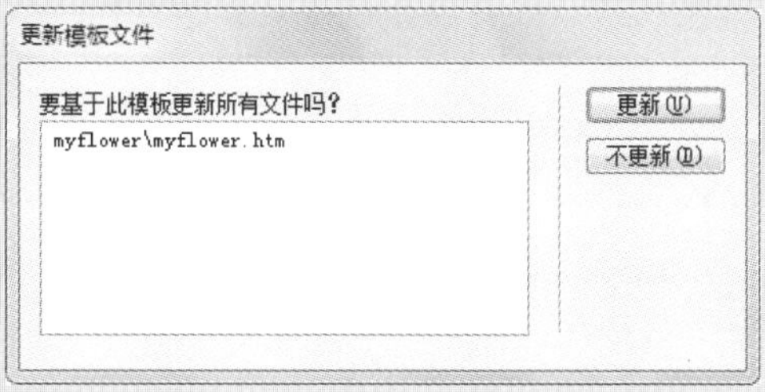

图10-21　“更新模板文件”对话框

2. 删除模板

如果用户不需要使用某种模板时，可将其删除，其具体操作如下：

步骤 01 在“资源”面板中选择要删除的模板文件。

步骤 02 按【Delete】键删除模板文件，如站点中有通过该模板创建的网页，则会打开如图10-22所示的对话框。

步骤 03 单击 是(Y) 按钮则删除，如不删除则单击 否(N) 按钮。

图10-22　提示对话框

删除模板将使模板文档彻底从电脑中删除，无法恢复，因此执行删除模板操作时应确认该模板文档不再需要使用。

3. 分离模板

如果用户需要直接对网页模板进行编辑，可直接将网页文档中的模板分离。分离后的模板就如同普通的网页文档一样可任意编辑，但更新原模板文件后，脱离模板后的网页是不会发生变化的，因为它们之间已没有任何关系。

分离网页模板的方法为：打开用模板创建的网页，选择【修改】/【模板】/【从模板中分离】命令，即可将网页脱离模板。

10.3 使用库管理网页元素

魔法师：小魔女，你发现了吗？在创建或编辑模板时，如果需要使用的网页文档、图像、多媒体文件等并未包含在站点文件夹中时，都会提示文件位于站点根文件夹外，发布站点时不能进行访问。

小魔女：嗯，是呀，所以每次制作网页前，我都先把需要使用的文件复制到站点文件夹中，这有什么问题吗？

魔法师：呵呵，这样做并没有什么不对的，但是如果能够将一些经常使用的网页元素整理到一起，就可以在使用时直接调用了，这样可比每次都复制文件更快捷哟！

小魔女：真的呀，那该怎么做呢？

魔法师：可以使用“库”来对这些公共的元素进行管理，方便网页的制作，下面我就给你讲讲创建、插入、编辑和更新以及设置库项目属性的方法。

10.3.1 创建库项目

在“资源”面板中单击“库”按钮可打开库列表，在其中即可对库项目进行创建操作。创建库项目的具体操作如下：

步骤 01 在文档窗口中选择需要转换为库项目的网页元素，这里选择图像文件。

步骤 02 在“资源”面板中单击“库”按钮，在库列表右下角单击按钮，如图10-23所示。

步骤 03 在库项目列表中为新建的库项目命名，在“名称”列中输入“国鹰图片导航”，如图10-24所示，按【Enter】键确认设置。

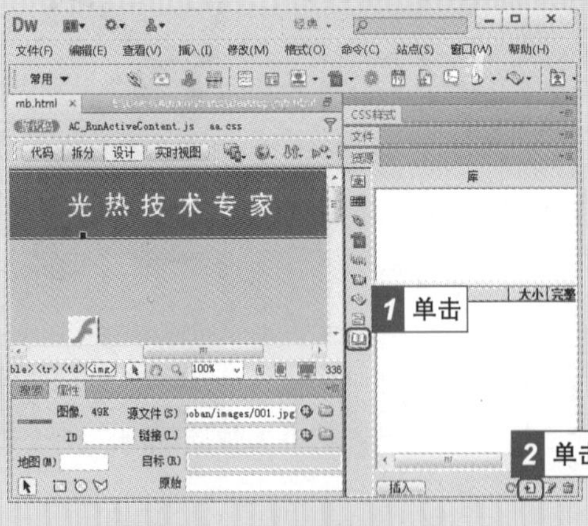

图10-23 创建库项目

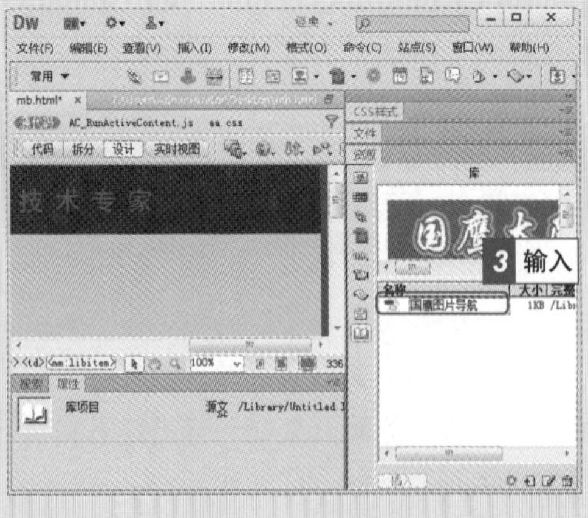

图10-24 修改库项目的名称

步骤 04 保存文档，文档窗口中被设为库项目的部分背景将变化。

晋级秘诀——可转换为库项目的网页元素

“库”中可以加入网页体（body标签）中的任何网页元素，如文本、图像、表格、表单、JavaScript脚本程序、插件和ActiveX对象等。被转换为库项目的网页元素只是对其实际元素项目的引用。如果是以文件实体形式存在的库元素，其原始文件被保存在每个站点的本地根路径下的Library文件夹中。另外，Dreamweaver中定义的“行为”（关于行为的知识将在第12章进行讲解）也可转换为库项目，但在库项目中编辑“行为”有一些特殊的要求。“需要注意的是，“库”项目中不能包含时间轴或样式表，因为这些元素的代码包含在网页头（head标签）中，不能作为网页体（body标签）的一部分。

10.3.2　插入库项目

库中的各项目都可以直接插入到网页文档中进行使用，插入库项目的方法比较简单，首先在需要插入库项目的网页文档中定位插入点的位置，然后在库项目列表中选择需要插入的库项目，单击 插入 按钮即可，如图10-25所示。

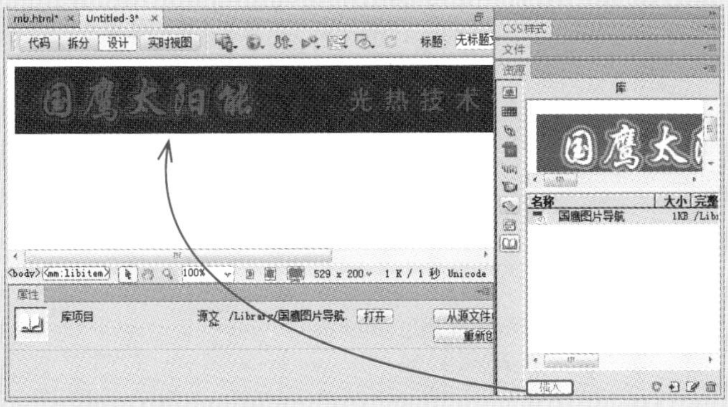

图10-25　插入库项目

10.3.3　编辑和更新库项目

插入到网页中的库项目只是对库项目的一个引用，在文档中无法对这个插入的库元素进行编辑。因此需对库项目进行编辑或更新，使用户能对库项目进行其他操作，下面分别进行讲解。

1. 编辑库项目

在Dreamweaver CS6中可对库项目的内容进行修改，用户只需打开库项目即可将其转换为可编辑状态。打开库项目的方法主要有以下两种：

- 选择文档中需要修改的库项目后，单击库项目“属性”面板中的 打开 按钮，如图10-26所示。

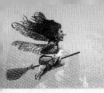

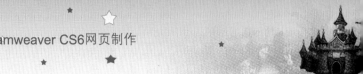

- 选择文档中需要修改的库项目后，再在库项目列表中选择需要修改的库项目，然后再单击按钮，如图10-27所示。

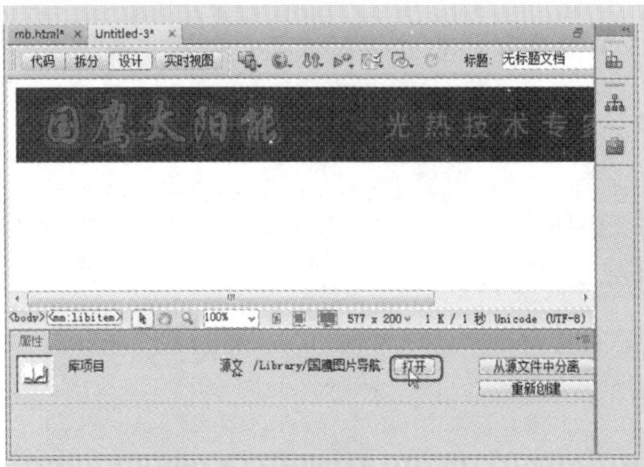

图10-26　在“属性”面板中打开

图10-27　在库项目列表中打开

2. 更新库项目

修改库项目后，还需对包含库项目的网页进行更新，使库项目的更改能与网页中的效果同步。此时可选择【修改】/【模板】/【更新当前页】命令对单个网页文档进行库项目的更新，也可通过“更新库项目”对话框对站点中包含该库项目引用的页面进行统一更新，如图10-28所示。

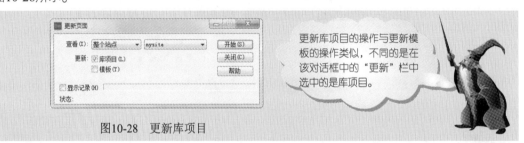

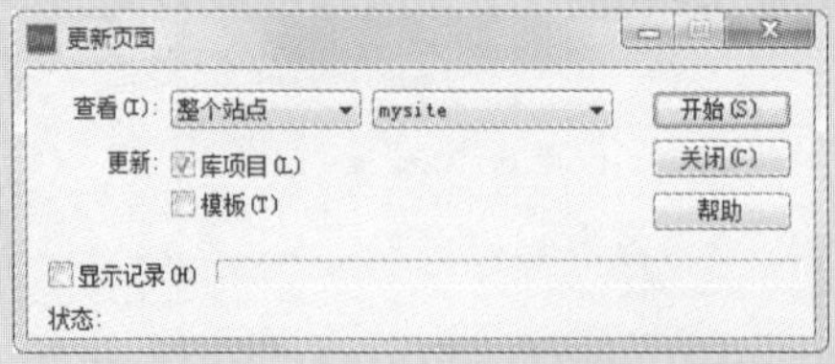

图10-28　更新库项目

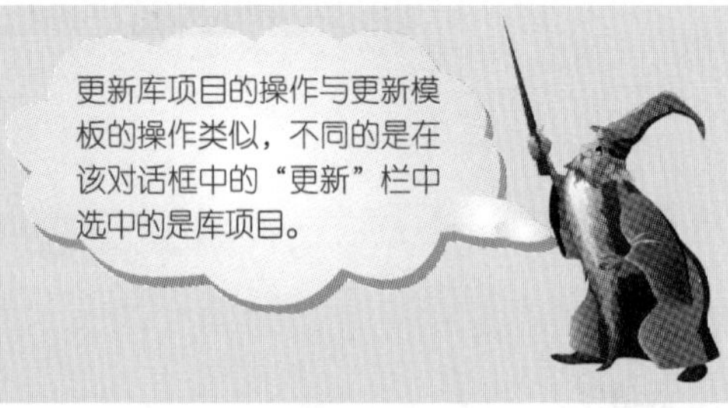

更新库项目的操作与更新模板的操作类似，不同的是在该对话框中的“更新”栏中选中的是库项目。

10.4　典型实例——制作“天籁之音”网页

小魔女：有了模板和库，现在我制作网页可就方便多了！

魔法师：呵呵，是的，模板和库是提高我们制作网页效率的一种有效的途径，因此还需多加练习，熟练掌握它们的使用方法。接下来我们就先来制作一个网页，让自己对所学的知识运用得更加熟练！

小魔女：嗯，我非常喜欢听歌曲，可以做一个与音乐有关的网页吗？

魔法师：那我们就制作“天籁之音”网页。先打开一个网页，并将其转换为模板，然后在模板中创建可编辑的区域，再根据模板新建一个网页文档，在文档中添加相应的内容，并为其设置CSS样式，效果如图10-29所示（光盘:\效果\第10章\temp\index1.html）。

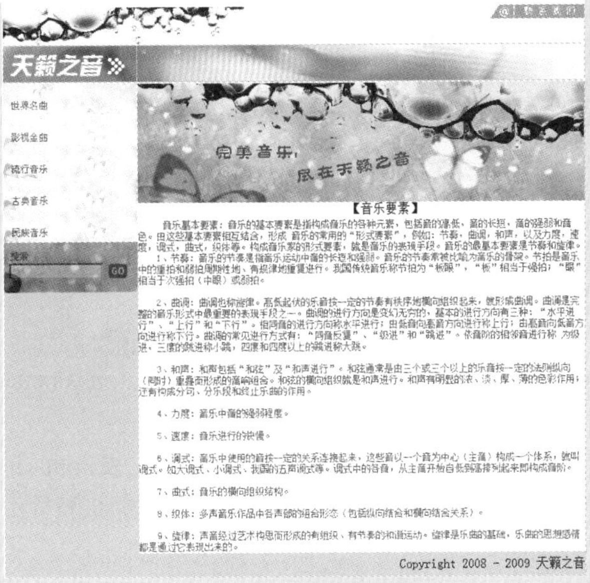

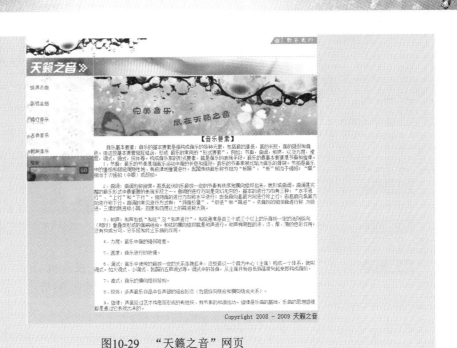

图10-29　“天籁之音”网页

其具体操作如下：

步骤 01 将temp文件夹中的内容复制到站点文件夹中，然后打开index.html网页文档（光盘:\素材\第10章\temp\index.html）。

步骤 02 在工作界面中选择【文件】/【另存为模板】命令，打开“另存模板”对话框。

步骤 03 在“另存为”文本框中输入“index”，单击 保存 按钮完成模板的保存，如图10-30所示。

步骤 04 打开提示对话框，单击 是(Y) 按钮，完成网页的更新，此时在站点文件夹中新建了一个名为Templates的文件夹，在该文件夹中可查看到index.dwt模板文件，如图10-31所示。

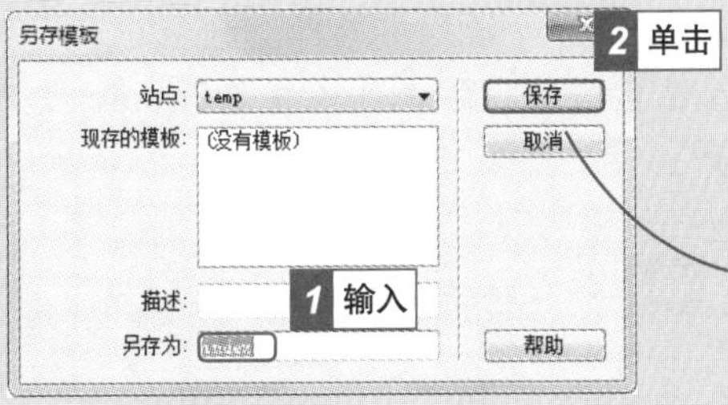

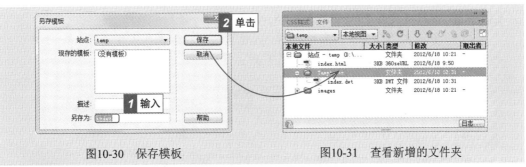

图10-30　保存模板

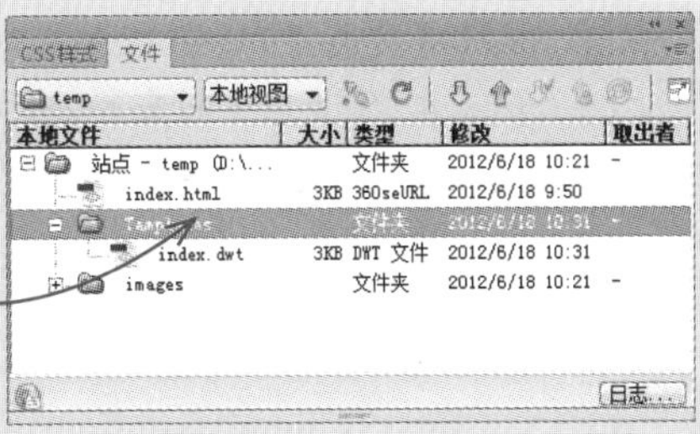

图10-31　查看新增的文件夹

步骤 05 将鼠标光标定位到网页文档中间的图像下方的表格中，如图10-32所示。

步骤 06 选择【插入】/【模板对象】/【可编辑区域】命令，打开“新建可编辑区域”对话框。

步骤 07 在“名称”文本框中输入可编辑区域的名称为“内容区域”，单击 确定 按钮完成可编辑区域的创建，如图10-33所示。

图10-32　定位鼠标光标

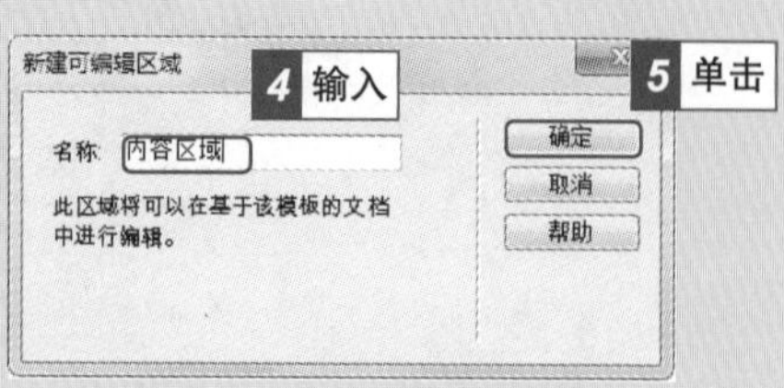

图10-33　创建可编辑区域

步骤 08 选择【窗口】/【CSS样式】命令，打开“CSS样式”面板，单击全部按钮，在打开的列表中单击按钮，打开“新建CSS规则”对话框。

步骤 09 在“选择器名称”文本框中输入“myfont”，单击确定按钮，如图10-34所示。

步骤 10 打开“.myfont 的 CSS 规则定义”对话框，在Font-size下拉列表框中选择12，在Color文本框中输入“#999900”，如图10-35所示。

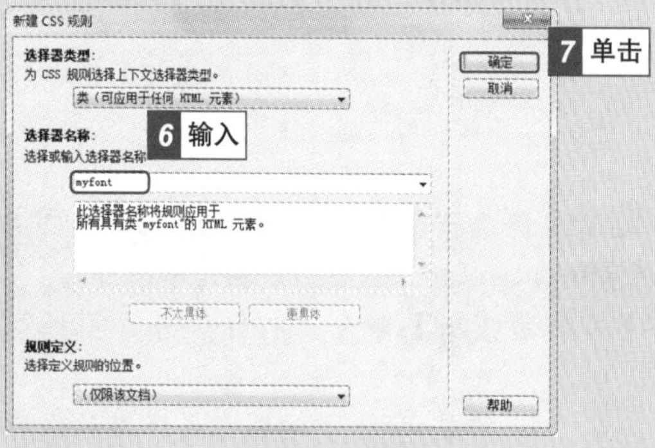

图10-34　创建CSS样式

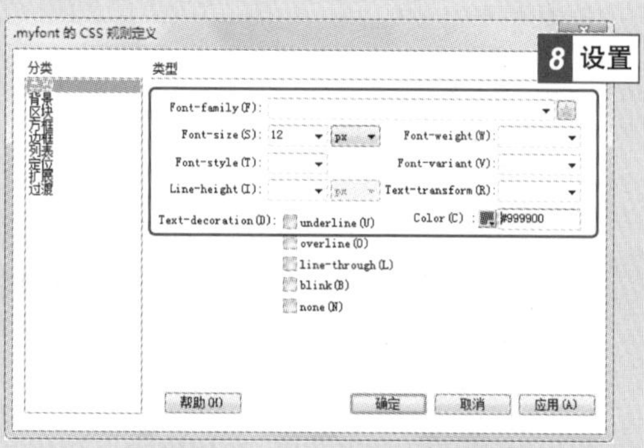

图10-35　定义字体样式

步骤 11 选择“方框”选项卡，在打开列表中的Padding栏中取消选中全部相同(S)复选框，在下面的下拉列表框中分别输入“8、6、8、6”，单击确定按钮，如图10-36所示。

步骤 12 选择【文件】/【新建】命令，在打开的对话框中选择“模板中的页”选项卡，在“站点”列表中选择mysite选项，在右侧列表中选择index选项，单击创建(R)按钮，如图10-37所示。

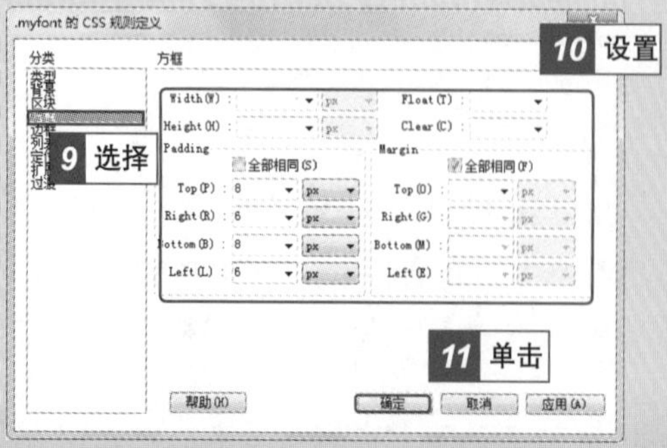

图10-36　设置区块的位置

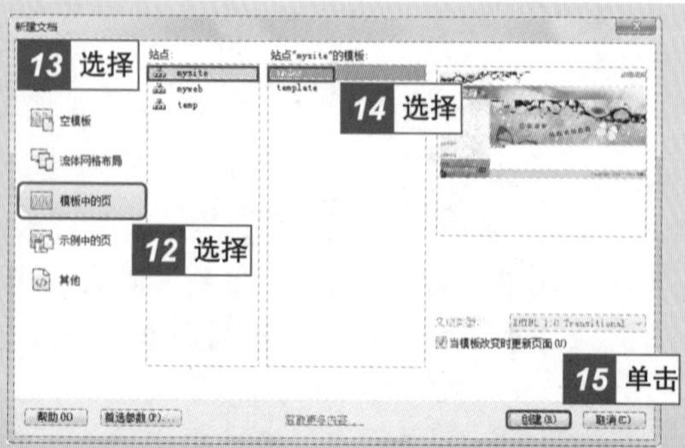

图10-37　创建基于模板的网页文档

步骤 13 将网页另存为index1，选择内容区域中的文本，并在其中输入相应的文本，调整文件的位置，其效果如图10-38所示。

步骤 14 选择可编辑区域的标签“内容区域”，单击鼠标右键，在弹出的快捷菜单中选择【CSS样式】/【myfont】命令，应用设置的CSS样式，效果如图10-39所示。

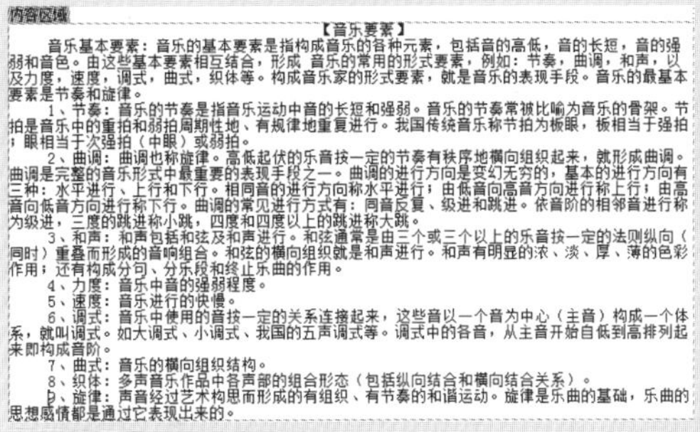

图10-38　输入文本

图10-39　应用CSS样式

步骤 15 根据需要可将网页中的文本添加到库项目中，如果以后需要使用，可直接进行调用。

步骤 16 保存网页，完成网页的制作。

10.5　本章小结——模板的使用技巧

小魔女：制作的这个音乐网站真是又方便又好看，我以后就拥有了自己的网站了，嘿嘿~~

魔法师：是的，但是可不要以为只掌握了这些知识就够了，所谓学海无涯，我们除了熟练掌握这些知识外，还应该不断学习新的知识，让自己不断进步。

小魔女：嗯，我平时一定会不断学习的！

魔法师：那从现在开始，我就先教你一些更多关于模板和库的使用方法，以后你就得自己多多摸索了！

第1招：导出模板

如果创建的模板还需要运用到其他文档或站点中，可将模板导出到需要使用的站点根目录下，其方法为：选择【修改】/【模板】/【不带标记导出】命令，打开“导出为无模板标记的站点”对话框，在“文件夹”文本框中输入需要导出的路径，如图10-40所示。或单击文本框后的浏览...按钮，打开“解压缩模板 XML”对话框，在其中选择需要导出的文件位置，然后单击确定按钮即可，如图10-41所示。

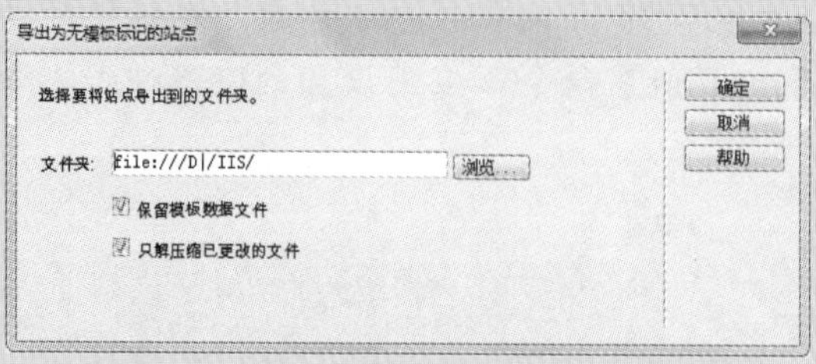

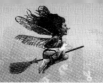

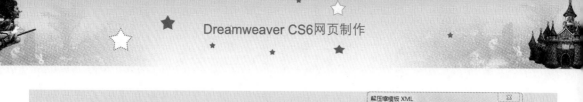

图10-40　输入文件夹路径

图10-41　选择文件位置

第2招：分离库项目

直接插入到网页文档中的库项目是不能直接进行编辑的，除了通过打开库项目的方法进入编辑状态外，还可将库项目从库中分离出来，使其成为一个单独的网页元素，其方法为：在网页文档中插入库项目，在“属性”面板中单击 从源文件中分离 按钮即可。

10.6　过关练习

（1）打开index.html网页文档（光盘:\素材\第10章\lianxi1\index.html），将其另存为网页模板，然后新建模板网页，并填充内容，其最终效果如图10-42所示（光盘:\效果\第10章\flash.html）。

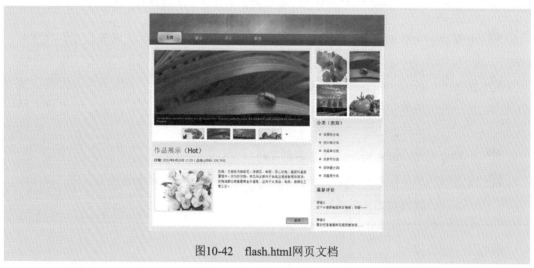

图10-42　flash.html网页文档

（2）在Dreamweaver中打开自己平时使用较多的网页文档，将其中的元素添加到库项目文件中，整理这些库项目，以便日后使用。

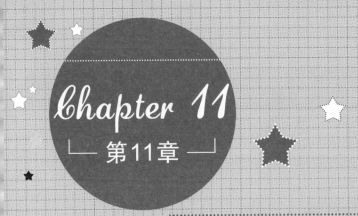

Chapter 11

第11章

使用表单和Spry制作交互性网页

小魔女：魔法师，你在做什么呢？

魔法师：我在论坛中解决一些网友提出的问题，你有什么事吗？

小魔女：你看别人制作的网页都有投票和注册用的表格等，这些都是怎么做出来的呢？

魔法师：这个主要是通过表单和Spry构件来制作的网页，主要用来实现浏览者与网站的交互，你也可以在自己的网页中实现。

小魔女：真的吗？那要怎么做呢？

魔法师：呵呵，其实它们的制作方法很简单，只要在网页中添加相应的表单对象和Spry构件就可以了。

学习要点：

- 创建并设置表单
- 添加表单对象
- 添加文本区域
- 使用Spry表单构件

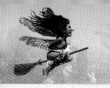

11.1 创建并设置表单

小魔女：魔法师，当我浏览网页的时候，经常会遇到要求填写资料或提供信息的页面，如申请QQ号码时需填写相应信息等，这些信息的填写就是使用表单页面来完成的吗？

魔法师：是啊！小魔女，你真聪明。

小魔女：嗯，虽然知道它是表单了，但是表单究竟是用来做什么呢？

魔法师：表单主要用于输入信息，它是网页中收集材料最重要、最有效的手段之一，也是网页编程的基础！通常都用来进行页面的交互。下面我们就来学习一下吧！

11.1.1 什么是表单

表单是用于提交信息的一类网页元素，是通过表单标签与其包含的表单对象共同组成的，其中表单标签用于定义表单的总体属性，如提交的目标地址、提交方式和表单名称等，但在浏览网页时并不会显示，只是用于定义表单的必要属性。表单对象则是组成表单的主要元素，如文本框、单选按钮、复选框、文本字段、列表框和菜单等。

11.1.2 创建表单

表单是表单对象的容器，它主要通过“表单”插入栏来添加。但在Dreamweaver CS6的网页文档中添加的任何表单对象都必须在表单中，如果用户在添加表单对象时并未创建表单，这时系统将自动在文档中添加表单。表单的创建比较简单，但创建后的表单在默认情况下是以100%宽度显示，所以在创建表单前一般都会创建一个表格，然后将表单插入其中。创建表单的具体操作如下：

步骤 01 选择【插入】/【表格】命令，在打开的对话框中创建一个1行1列，“表格宽度”为“600像素”，其余属性为0的表格。

步骤 02 选择插入的表格，在“属性”面板的“对齐”下拉列表框中选择“居中对齐”选项，将插入的表格居中对齐，如图11-1所示。

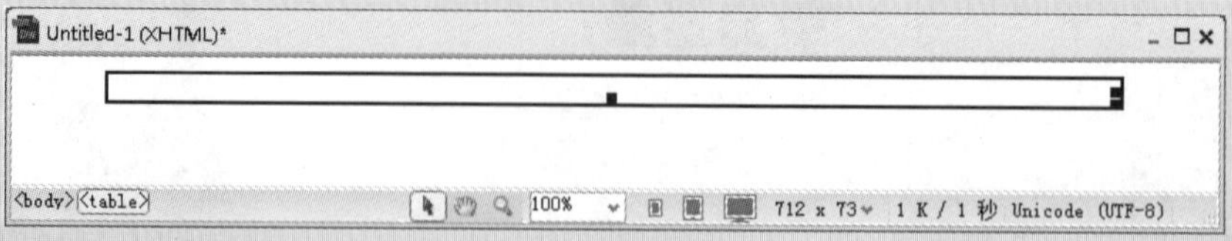

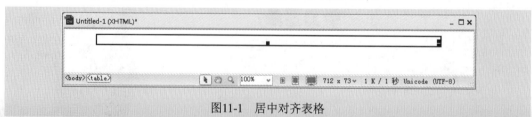

图11-1 居中对齐表格

步骤 03 将鼠标光标定位到插入的表格中，单击“表单”插入栏中的“表单”按钮

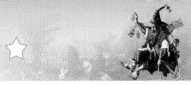

，完成表单的插入，插入的表单以红色线段表示，如图11-2所示。

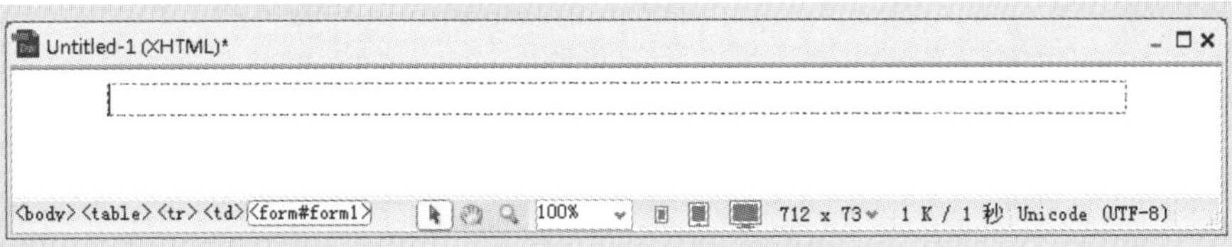

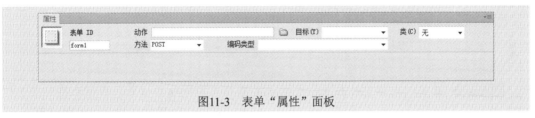

图11-2　插入表单

11.1.3　设置表单的属性

将鼠标光标定位到表单后，在“属性”面板中可对表单的属性进行设置，如图11-3所示。

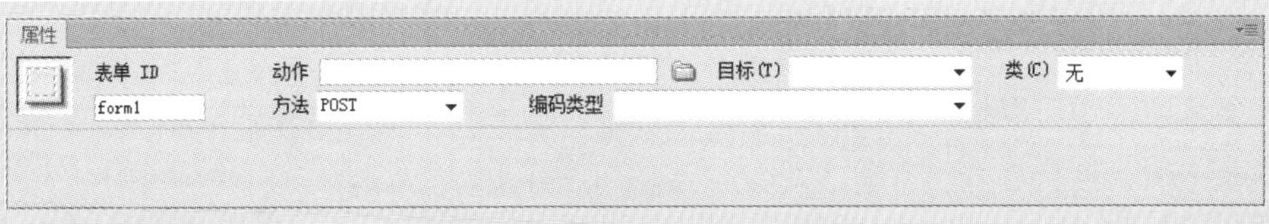

图11-3　表单“属性”面板

表单“属性”面板中各功能项的含义介绍如下。

- **“表单ID”文本框**：为表单命名，以便引用表单。如在JavaScript脚本中，usrinfo表示表单，而用usrinfo.usrname表示usrinfo表单中的usrname表单对象。
- **“动作”文本框**：指定处理表单的动态页或脚本的路径，如usrinfo.asp。可以是URL地址、HTTP地址，也可以是Mailto地址。
- **“方法”下拉列表框**：设置将数据传递给服务器的方式，常用POST方式。该方式将所有信息封装在HTTP请求中，是一种可以传递大量数据的较安全的传送方式。GET方式则直接将数据追加到请求该页的URL中，只能传递有限的数据，并且不安全（在浏览器地址栏中可查看到，如usrinfo.asp?usrname=ggg的形式）。
- **“目标”下拉列表框**：设置打开处理页面（如usrinfo.asp）的方式。
- **“编码类型”下拉列表框**：指定提交数据时使用的编码类型。默认设置为application/x-www-form-urlencoded，通常与POST方法协同使用。如果要创建文件上传表单，则应选择multipart/form-data类型。
- **“类”下拉列表框**：用于选择可应用的样式类型，通常为已定义的CSS样式等。

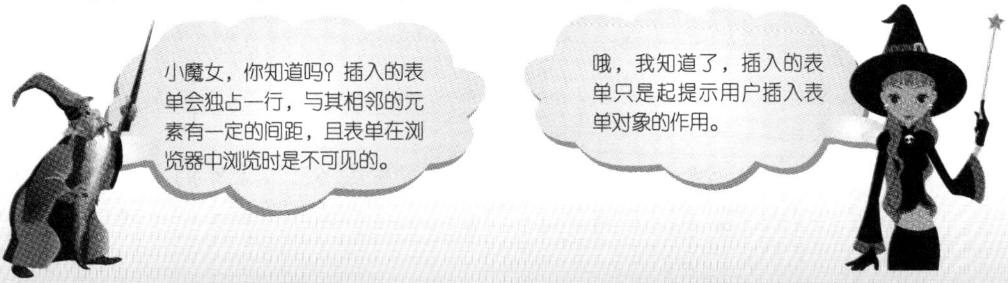

小魔女，你知道吗？插入的表单会独占一行，与其相邻的元素有一定的间距，且表单在浏览器中浏览时是不可见的。
哦，我知道了，插入的表单只是起提示用户插入表单对象的作用。

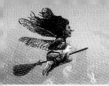

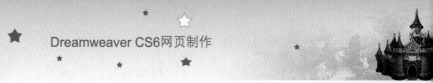

11.2 添加表单对象

魔法师：学习了表单的基本知识后，下面就先看看如何在网页中添加表单对象吧！

小魔女：嗯，表单对象都包含哪些呢？

魔法师：表单包括的种类较多，如文本字段、隐藏域、文本区域、复选框、复选框组、单选按钮、单选按钮组、选择（列表/菜单）、跳转菜单、图像域、文件域、按钮和字段集等，下面我就给你一一介绍添加表单对象的方法。

11.2.1 添加文本字段

在文本字段中可以输入任何类型的文本内容，它是表单中最常见的对象之一。添加文本字段的具体操作如下：

步骤 01 将鼠标光标定位在表单中需添加单行文本字段的位置，在“表单”插入栏中单击“文本字段”按钮，打开“输入标签辅助功能属性”对话框。

步骤 02 在ID文本框中输入表单对象的ID名称，这里输入“01”，在“标签”文本框中输入要在该表单对象前或后显示的文本，这里输入“姓名”，在“样式”栏中设置是否添加标签标记，在“位置”栏中设置标签文字相对于表单对象的位置，如图11-4所示。

步骤 03 单击 确定 按钮完成文本字段的添加，如图11-5所示。

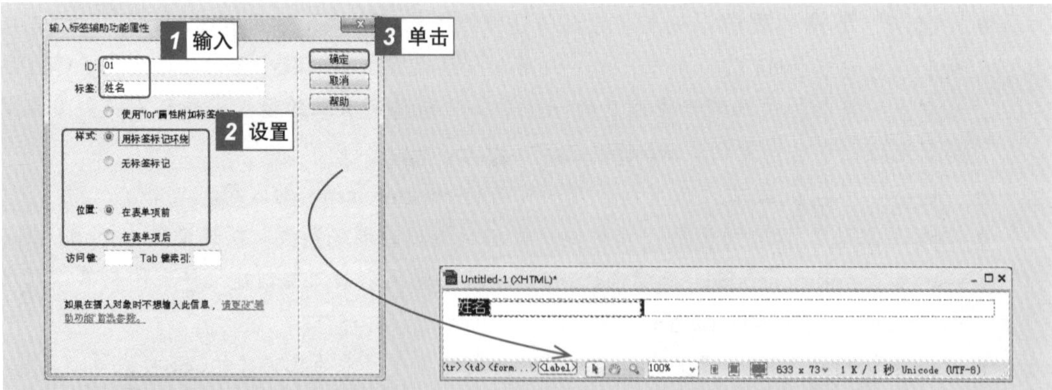

图11-4 “输入标签辅助功能属性”对话框　　图11-5 插入单行文本字段

步骤 04 选择新添加的文本字段，在“属性”面板的“文本域”文本框中可更改输入文本字段的名称。

步骤 05 在“字符宽度”文本框中输入文本字段中最多可以显示的字符数，即限定文本字段的宽度。该数值可以等于、小于或大于“最多字符数”文本框中输入的值。

步骤 06　在“类型”栏中选中◉单行(S)单选按钮表示添加的是单行文本字段。如果选中◉多行(M)或◉密码(P)单选按钮，则添加的文本字段将变为多行文本字段及密码文本字段。

步骤 07　在“最多字符数”文本框中输入单行文本字段中所能输入的最大字符数。在“初始值”文本框中输入文本字段默认状态时显示的内容，如“请输入用户姓名”，若不输入内容，文本字段默认状态将显示空白，如图11-6所示。

步骤 08　按【Enter】键完成设置，如图11-7所示。

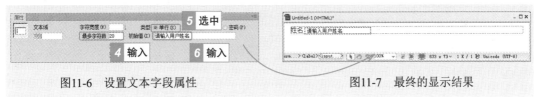

图11-6　设置文本字段属性

图11-7　最终的显示结果

魔法档案——文本字段的类型

添加文本字段后，可对文本字段的属性进行设置，在“属性”面板中可将其设置为单行、多行及密码文本字段。其中单行文本字段可接受的文本内容较少，常用于输入账户名称、邮箱地址等；多行文本字段可接受的文本内容较多，常用于留言、个人介绍等；密码文本字段用于输入具有保密性质的内容，因此在密码域中输入的数据是不可见的，通常用“●”符号代替。

11.2.2 添加隐藏域

隐藏域是不能被Web浏览器显示的一类表单对象，浏览者也无法在网页中直接对隐藏域进行操作，但是隐藏域对于表单数据的提交有非常重要的意义，在很多网络应用程序中都使用到了隐藏域。添加隐藏域的具体操作如下：

步骤 01　将鼠标光标定位到需添加隐藏域的位置。

步骤 02　选择“表单”选项卡，在显示功能项中单击“隐藏域”按钮，在编辑窗口中将会添加一个隐藏域，显示为图标，如图11-8所示。

步骤 03　选择该隐藏域图标，在“隐藏区域”文本框中输入隐藏域的名称，该名称可以被脚本或程序所引用。

步骤 04　完成设置后按【Enter】键确认设置，如图11-9所示。

图11-8　插入隐藏域

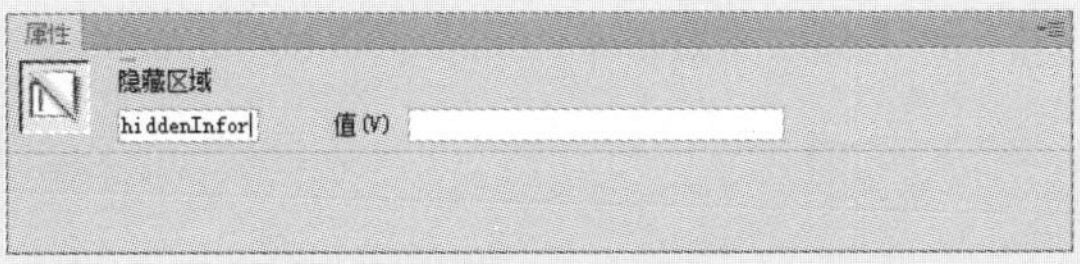

图11-9　设置“隐藏域”属性

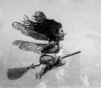

11.2.3 添加文本区域

在“表单”插入栏中单击“文本区域”按钮，打开“输入标签辅助功能属性”对话框进行设置即可。文本区域与多行文本字段的设置方法与作用相同，如图11-10所示为在“输入标签辅助功能属性”对话框中插入文本区域，如图11-11所示为在“属性”面板中设置其属性。

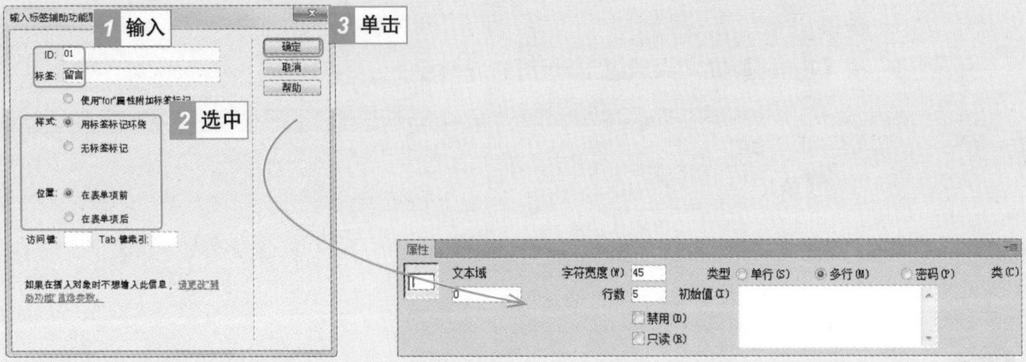

图11-10 插入文本区域

图11-11 设置文本区域的属性

11.2.4 添加复选框

复选框常常用于在线调查、信息反馈等页面，它允许用户进行多项选择。添加复选框的具体操作如下：

步骤 01 将鼠标光标定位到表单中需添加复选框的位置。

步骤 02 在“表单”插入栏中单击“复选框”按钮，在打开的“输入标签辅助功能属性”对话框的“标签”文本框中输入标签文本，这里输入“武侠剧”，在“位置”栏中选中 在表单项后 单选按钮，如图11-12所示。

步骤 03 单击 确定 按钮完成复选框的添加，使用相同的方法在表单中添加多个复选框，效果如图11-13所示。

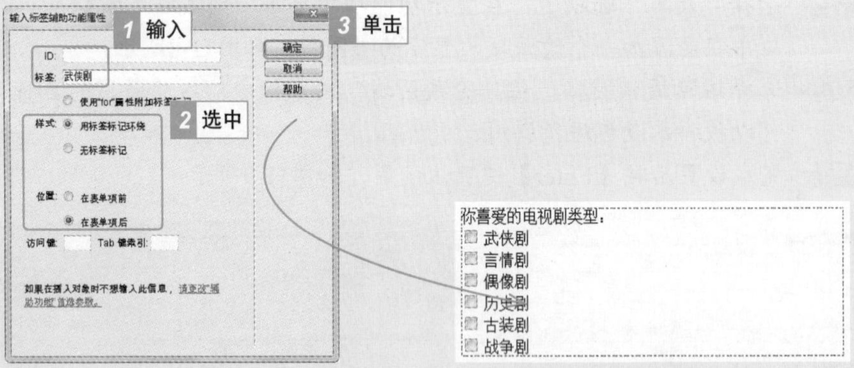

图11-12 “输入标签辅助功能属性”对话框

图11-13 添加多个复选框

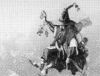

步骤 04 选中添加的复选框，在“属性”面板的“复选框名称”文本框中输入复选框名称，在“选定值”文本框中输入复选框被选中时发送给服务器的值。

步骤 05 在“初始状态”栏中设置在浏览器中首次载入表单时复选框是否处于选中状态。

步骤 06 使用相同的方法完成其他复选框的设置，按【Enter】键确认设置。

11.2.5 添加复选框组

复选框组的效果与添加多个复选框的效果相同，但其操作比重复添加复选框更加便捷，其具体操作如下：

步骤 01 将鼠标光标定位到表单中需添加复选框组的位置，在“表单”插入栏中单击“复选框组”按钮，打开“复选框组”对话框。

步骤 02 在“名称”文本框中输入复选框组的名称“CheckboxChange”。

步骤 03 选择“复选框”列表框中“标签”列中的第一个选项，修改其名称为相应的标签文字，用相同的方法修改其下的标签为“羽毛球”。

步骤 04 单击按钮新添加一个复选框，修改标签文字及值，单击 确定 按钮完成复选框组的添加，如图11-14所示。

步骤 05 返回网页文档即可发现在表单中插入了按钮组，效果如图11-15所示。

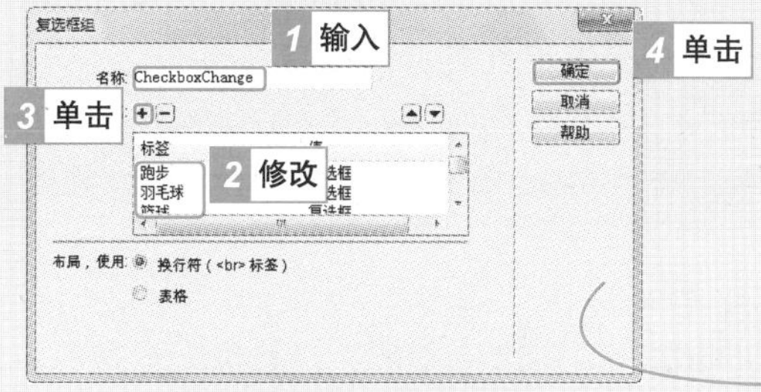

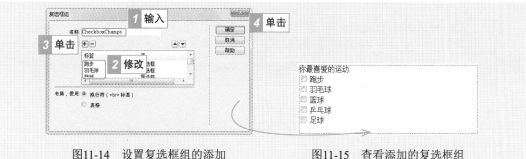

图11-14　设置复选框组的添加

图11-15　查看添加的复选框组

11.2.6 添加单选按钮

当用户在填写在线调查时，常会遇到只能选择单项回答的问题，这时需使用单选按钮。添加单选按钮时只需在“表单”插入栏中单击“单选按钮”按钮，在打开的对话框中进行设置即可，添加完成后，可在“属性”面板中对其属性进行设置，如图11-16所示和图11-17所示分别为添加的单选按钮和设置其属性的方法。

图11-16　添加单选按钮

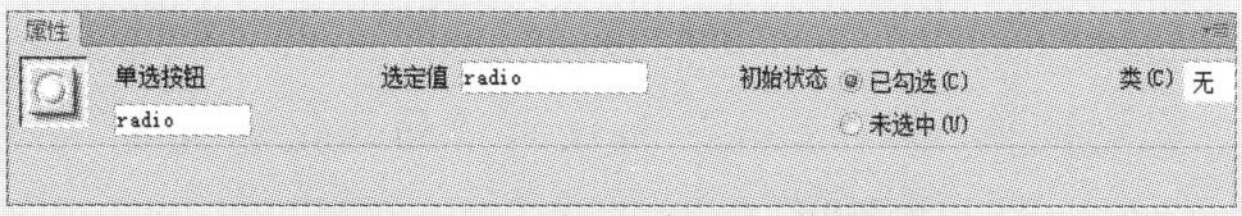

图11-17　设置单选按钮的属性

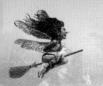

11.2.7 添加单选按钮组

当用户需要在网页文档中添加多个单选按钮时，可使用单选按钮组来进行添加。在“表单”插入栏中单击“单选按钮组”按钮，在打开的“单选按钮组”对话框中进行设置即可，其设置方法与添加复选框组的方法类似，如图11-18所示。

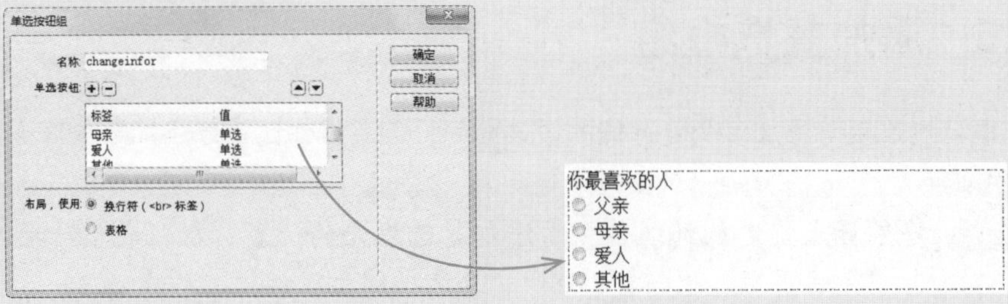

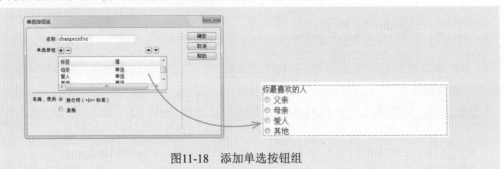

图11-18　添加单选按钮组

11.2.8 添加选择（列表/菜单）

表单中选择（列表/菜单）主要用于显示多项预定选项，以供浏览者选择。添加选择（列表/菜单）的具体操作如下：

步骤 01 将鼠标光标定位到表单中需添加列表框或菜单的位置。

步骤 02 在“表单”插入栏中单击“选择（列表/菜单）”按钮，在打开的对话框中直接单击 确定 按钮，将在指定位置添加选择（列表/菜单），如图11-19所示。

步骤 03 选择插入的选择（列表/菜单），在“属性”面板的“类型”栏中选中 菜单(M) 单选按钮，单击 列表值... 按钮将打开“列表值”对话框。

步骤 04 在“项目标签”栏中输入项目名称，单击按钮添加下一条项目，在“值”栏中输入各项对应的值。重复操作直至完成项目标签设置，如图11-20所示。

步骤 05 单击 确定 按钮关闭对话框完成菜单对象的创建，效果如图11-21所示。

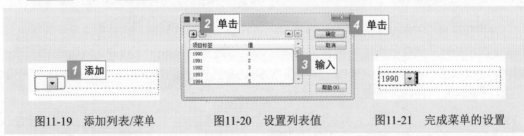

图11-19　添加列表/菜单

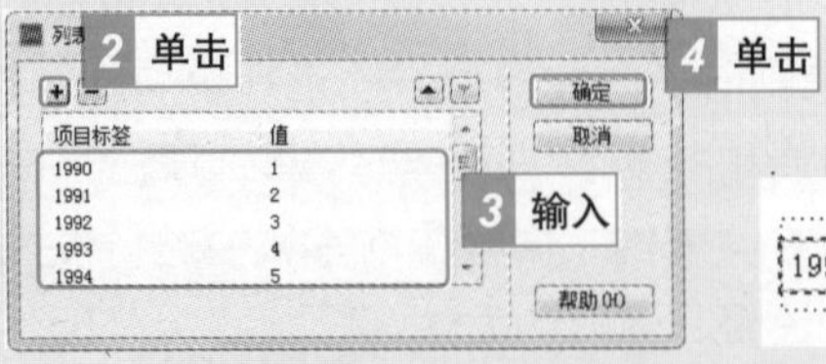

图11-20　设置列表值

图11-21　完成菜单的设置

步骤 06 在“属性”面板的“初始化时选定”列表框中选择在菜单中显示的初始项为1990。

步骤 07 在“属性”面板的“类型”栏中选中 列表(L) 单选按钮，在“高度”文本框中输入添加列表的高度“12”，如图11-22所示。

步骤 08 单击【Enter】键确认输入，如图11-23所示。

图11-22　将菜单转换为列表

图11-23　查看列表效果

11.2.9　添加跳转菜单

在Dreamweaver CS6中，跳转菜单主要用于创建Web站点内文档的链接，当浏览者选择一个选项后可跳转到相应的网页。创建跳转菜单的具体操作如下：

步骤 01 将鼠标光标定位到表单中需添加跳转菜单的位置。

步骤 02 在“表单”插入栏中单击“跳转菜单”按钮，打开“插入跳转菜单”对话框。

步骤 03 在“文本”文本框中输入菜单项的名称，这里输入“人物素材”，在“选择时，转到URL”文本框中设置该菜单项的超链接，这里设置超链接为int3.html。

步骤 04 在“打开URL于”下拉列表框中选择打开该超链接的位置，这里选择“主窗口”选项，在“菜单ID”文本框中输入该菜单项的名称，这里输入“muai”。

步骤 05 选中 菜单之后插入前往按钮 复选框，则在该菜单项后添加一个 前往 按钮，选中 更改 URL 后选择第一个项目 复选框则使用菜单选择提示，如显示“选择其中一项”。

步骤 06 单击按钮再添加一个菜单项，并使用相同的方法设置按钮的属性，如图11-24所示。

步骤 07 单击 确定 按钮，在页面中创建一个跳转菜单，如图11-25所示。

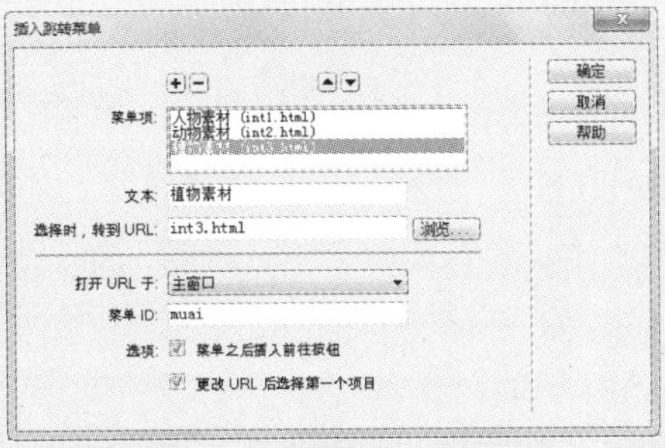

图11-24　设置跳转菜单

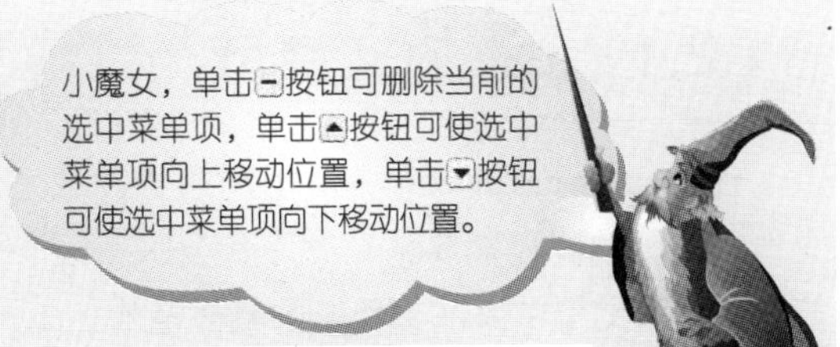

图11-25　查看跳转菜单的效果

11.2.10　添加图像域

所谓图像域就是在表单中添加图像区域，它如同在表格中插入图像一样。添加图像域的具体操作如下：

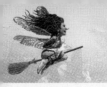

步骤01 将鼠标光标定位到表单中要创建图像域的位置。

步骤02 在“表单”插入栏中单击“图像域”按钮，打开“选择图像源文件”对话框，在其中双击要添加的图像，如图11-26所示。

步骤03 在打开的对话框中单击 确定 按钮，如图11-27所示。

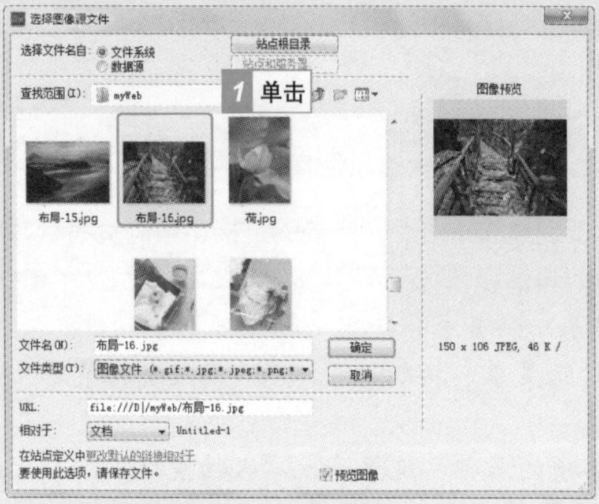

图11-26 选择图像源文件

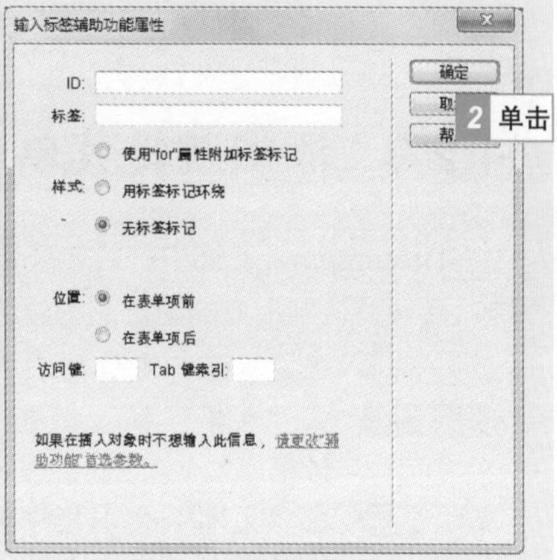

图11-27 “输入标签辅助功能属性”对话框

步骤04 选择添加的图像域，在“属性”面板中可设置插入图像的属性，如图11-28所示。

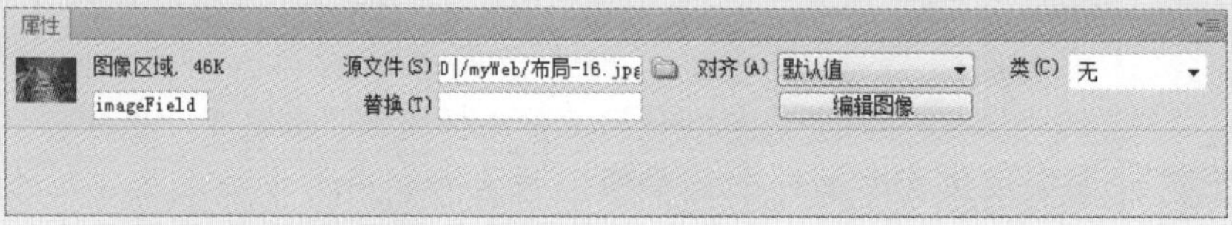

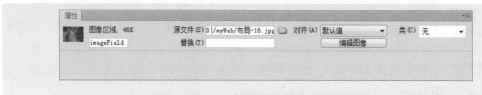

图11-28 图像域“属性”面板

11.2.11 添加文件域

在Dreamweaver CS6中可以利用文件域上传的功能，上传电脑中保存的文件，但要完成文件的上传功能还需要手动编写代码来实现，文件域只起到选择文件后记录下文件路径的功能。在网页文档中添加文件域的具体操作如下：

步骤01 将鼠标光标定位到表单中要添加文件域的位置。

步骤02 在“表单”插入栏中单击“文件域”按钮，在打开的“标签输入辅助功能属性”对话框中单击 确定 按钮，完成文件域的创建，如图11-29所示。

步骤03 选择添加的文件域，在“属性”面板的“文件域名称”文本框中输入文件域的名称，在“字符宽度”及“最多字符数”文本框中分别输入相应的值，完成文件域属性的设置，如图11-30所示。

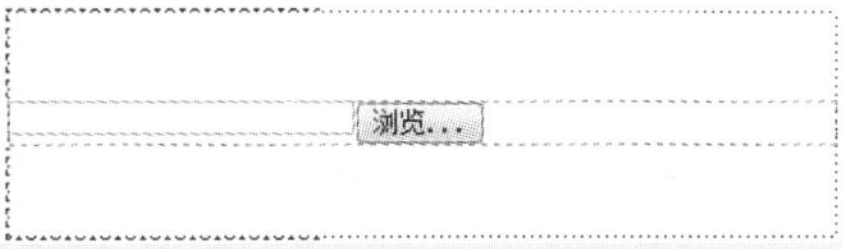

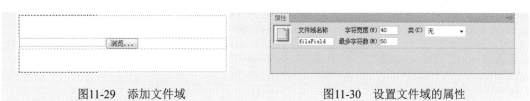

图11-29　添加文件域

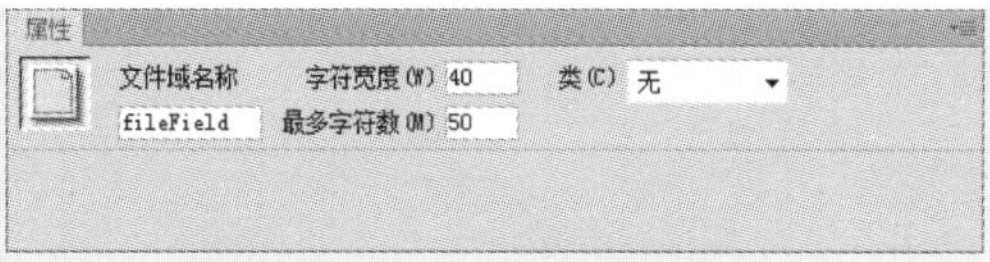

图11-30　设置文件域的属性

11.2.12　添加按钮

按钮是表单中最常用也是最基本的表单对象，可用作提交功能或重置表单等，只有在被单击时才能执行操作。添加按钮的具体操作如下：

步骤 01　将鼠标光标定位到表单中要添加按钮的位置。

步骤 02　在“表单”插入栏中单击“按钮”按钮，在打开的“标签输入辅助功能属性”对话框中单击确定按钮，如图11-31所示。

步骤 03　选择添加的按钮，在“属性”面板的“按钮名称”文本框中输入按钮的名称，在“值”文本框中输入按钮中显示的文本，如图11-32所示。

步骤 04　在“动作”栏中设置按钮的类型，完成对按钮的属性设置。

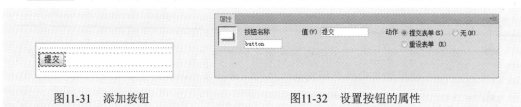

图11-31　添加按钮

图11-32　设置按钮的属性

魔法档案——按钮表单“属性”面板中各单选按钮的含义

选择添加的按钮，其属性面板中各单选按钮的含义有以下几种：选中 提交表单(S) 单选按钮表示可提交表单；选中 重设表单(R) 单选按钮表示可恢复到表单的初始状态，以便重新进行设置；选中 无(N) 单选按钮表示需手动添加脚本才能执行相应操作，否则单击无回应。

11.2.13　添加字段集

在网页文档中添加了字段集表单后，字段集表单将以圆形矩形方框显示，在方框的左上角将显示字段集的标题文字。添加字段集的具体操作如下：

步骤 01　将鼠标光标定位到要添加字段集的位置。

步骤 02　在“表单”插入栏中单击“字段集”按钮，在打开的“字段集”对话框的“标签”文本框中输入字段集的标签“用户信息”，如图11-33所示。

步骤 03　单击确定按钮，完成字段集的添加，如图11-34所示。

图11-33 “字段集”对话框

图11-34 插入的字段集表单对象

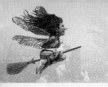

步骤 04 在字段集表单对象中添加两个文本字段，保存设置的文档，按【F12】键预览文档效果，如图11-35所示。

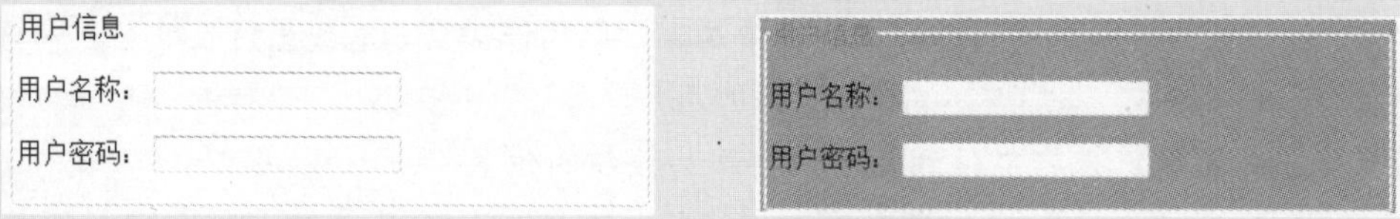

图11-35 预览添加的字段集效果

11.3 使用Spry表单构件

魔法师：小魔女，创建表单和添加表单对象的方法都比较简单，你学会了吗？

小魔女：嗯，魔法师，这些方法我都已经掌握了，但是我发现网上的很多表单都能实现自动检查和判断的功能，为什么我添加的表单就没有呢？

魔法师：呵呵，这其实是一种附加了处理脚本的表单，当发现有用户行为发生时，这些脚本程序会自动对相应表单元素进行检查，这在Dreamweaver CS6中可通过Spry表单元素来实现。

小魔女：原来是这样呀，那你快教教我怎么使用Spry表单吧！

魔法师：呵呵，没问题，我现在就教你？

11.3.1 添加Spry验证文本域

Spry验证文本域就是在普通文本域的基础上对用户输入的内容进行验证，并根据验证结果向用户发出相应的提示信息。其添加方法与添加普通的文本域方法类似，不同的是需要对其进行验证信息的设置。添加Spry验证文本域的具体操作如下：

步骤 01 将鼠标光标定位到要添加Spry验证文本域的位置。

步骤 02 单击“表单”插入栏中的“Spry验证文本域”按钮，在打开的对话框中单击 确定 按钮，返回网页文档可看到插入的Spry验证文本域，如图11-36所示。

步骤 03 在“属性”面板中的“提示”文本框中输入“请输入用户名”，在“最小字符数”和“最大字符数”文本框中分别输入“4”和“10”，选中☑必需的复选框，如图11-37所示。

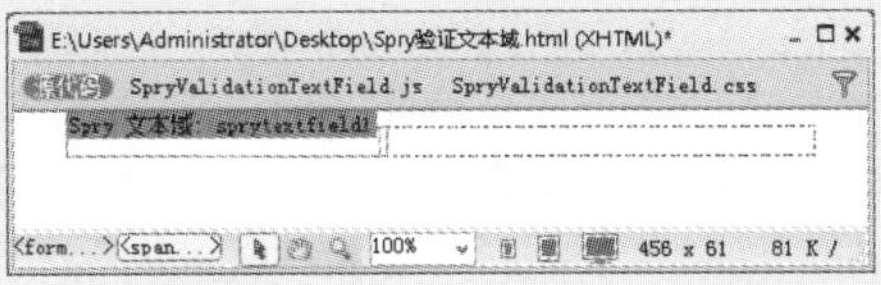

图11-36　添加Spry验证文本域

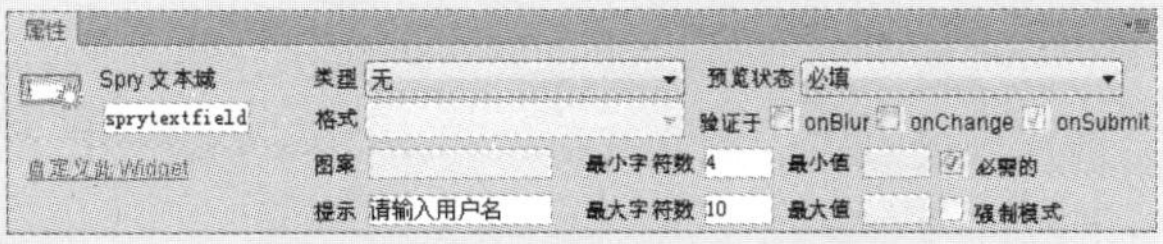

图11-37　设置Spry验证文本域的属性

步骤 04 保存网页并进行预览，其默认显示状态如图11-38所示。当输入的内容小于4个字符时，则提示“不符合最小字符数要求”，当输入的内容大于10个字符时，则提示“已超过最大字符数”，如图11-39所示。

图11-38　Spry验证文本域的默认显示状态

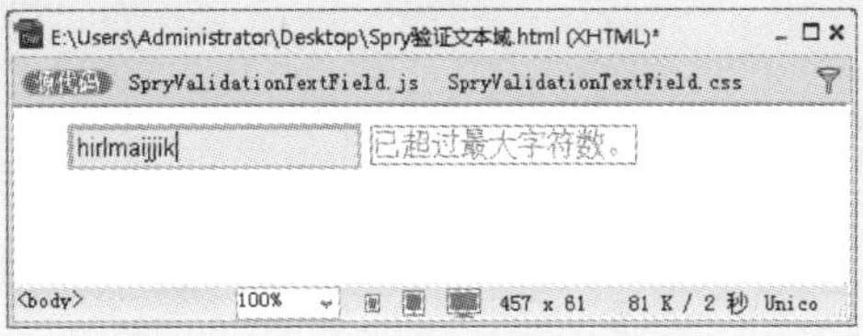

图11-39　查看输入内容后的效果

11.3.2　添加Spry验证文本区域

Spry验证文本区域就是多行Spry验证文本域，其操作方法与Spry验证文本域的操作方法完全相同，不同的是Spry验证文本区域是对多行文本（即列表框）进行验证，如图11-40所示为添加Spry验证文本区域并设置其属性后的效果。

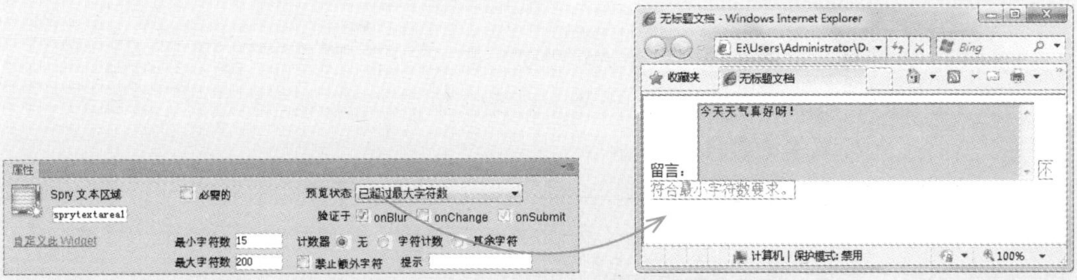

图11-40　添加Spry验证文本区域

晋级秘诀——Spry验证文本区域“属性”设置

Spry验证文本区域的“属性”面板中的 字符计数 单选按钮，表示会实时统计用户输入字符总数；而 其余字符 单选按钮需要与“最大字符数”设置配合，每当用户输入一个字符，文本区域旁都会显示当前可输入剩余字符数。 禁止额外字符 复选框也需要与“最大字符数”设置配合使用，如果选中该复选框，则当用户输入的字符数达到“最大字符数”时，将无法继续输入。

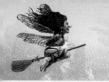

11.3.3 添加Spry验证复选框

Spry验证复选框与普通复选框相比，最大的特点是当用户选中（或取消选中）复选框时会根据预先设置的条件来提供相应的操作提示信息，如“至少要求选择一项”或“最多能同时选择几项”等。

插入Spry验证复选框的方法为：单击“表单”插入栏中的“Spry复选框”按钮或选择【插入】/【Spry】/【Spry验证复选框】命令，在打开的对话框中按照添加普通复选框的方法进行添加，完成后在“属性”面板中对其属性进行设置即可，如图11-41所示。

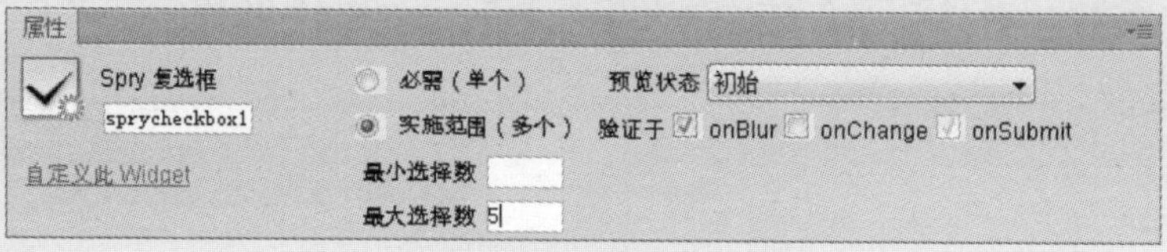

图11-41　设置Spry验证复选框的属性

Spqy验证复选框“属性”面板中主要参数的含义如下。

- 必需（单个）单选按钮：要求用户必须选中复选框才能通过验证。
- 实施范围（多个）单选按钮：需与“最小选择数”和“最大选择数”属性配合使用，通过后两项属性可设置用户选择时必须达到的最小项数及不能超过的最大项数。
- “最小选择数”文本框：表示可选择的最少的复选框个数。
- “最大选择数”文本框：表示可选择的最多的复选框个数。

11.3.4 添加Spry验证选择

Spry验证选择可对用户选择的菜单选项值进行验证，当出现异常（如选择的值无效时）则进行提示。Spry验证选择是由普通的选择（列表/菜单）和验证信息合成的，其添加的方法与普通的选择（列表/菜单）方法相同。

在“表单”插入栏中单击“Spry验证选择”按钮或选择【插入】/【Spry】/【Spry验证选择】命令添加选择，选择其中的选择（列表/菜单）部分，设置其属性后，再选择整个Spry验证选择，在其“属性”面板中进行设置，如图11-42所示。

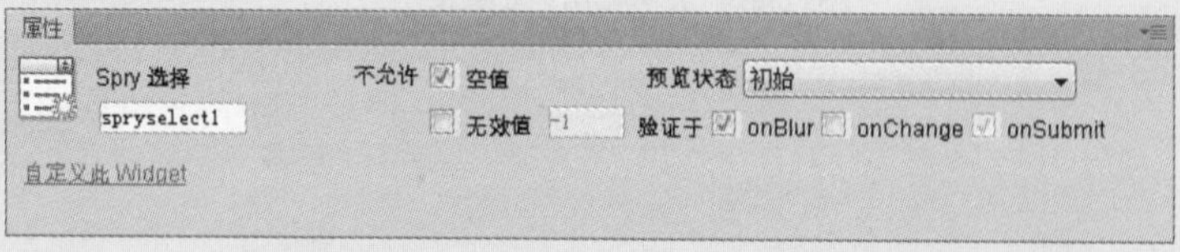

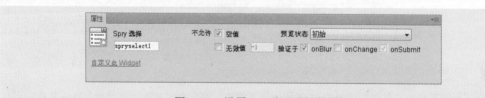

图11-42　设置Spry验证选择的属性

Spry验证选择“属性”面板中主要参数的含义如下。

- 空值复选框：表示当未选择该菜单中的项目时会出现错误提示。
- 无效值复选框：可将菜单中某项目的值设为“无效值”，当选中该复选框后，系统就会在预设的“验证于”动作发生时发出对应的错误提示信息。

11.3.5　添加Spry菜单栏

Spry菜单栏是一种复合构件，拥有比Spry表单对象更为丰富的交互效果。添加Spry菜单栏的具体操作如下：

步骤 01　将鼠标光标定位到需要插入Spry菜单栏的位置。

步骤 02　单击Spry插入栏中的“Spry菜单栏”按钮，打开“Spry 菜单栏”对话框。

步骤 03　在其中选择菜单栏的方向，这里选中水平单选按钮，如图11-43所示。

步骤 04　单击确定按钮，返回网页中可查看添加的Spry菜单栏，如图11-44所示。

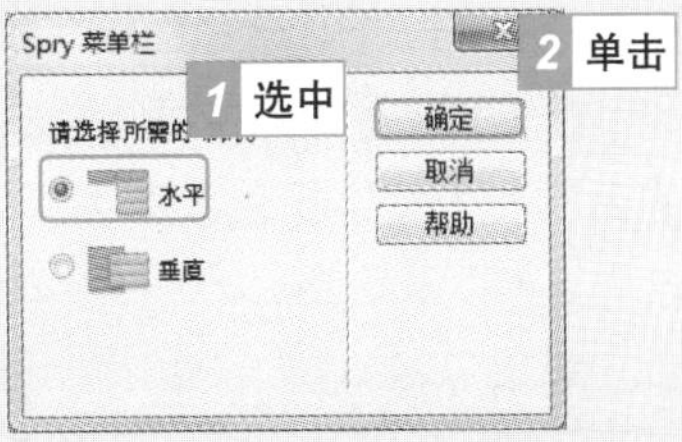

图11-43　设置菜单栏方向

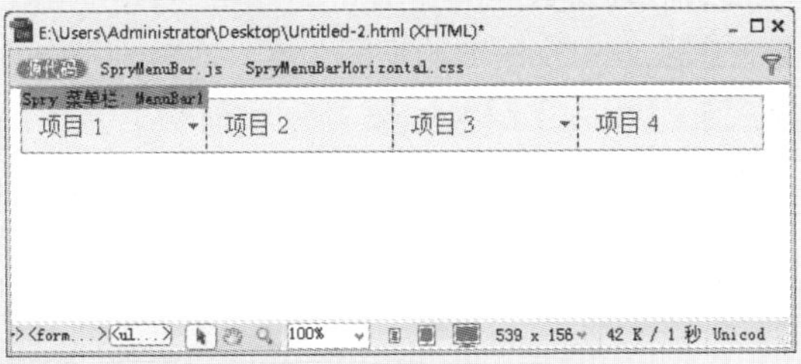

图11-44　查看添加的Spry菜单栏

步骤 05　在“属性”面板左侧的列表框中选择“首页”选项，在“文本”文本框中输入第1个菜单项目的名称“首页”，在“链接”文本框中输入需要链接到的网页地址，在“标题”文本框中输入标题，如图11-45所示。

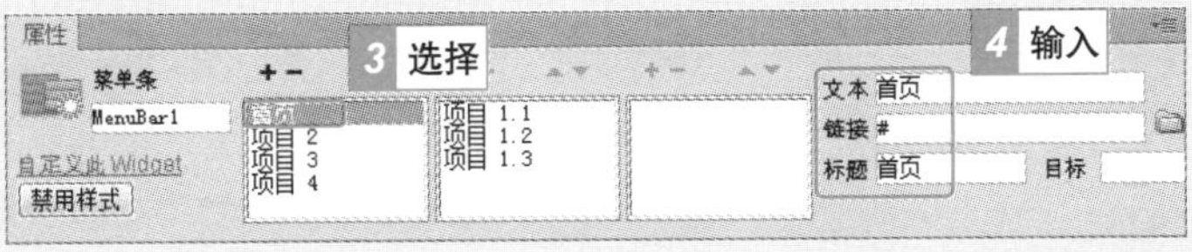

图11-45　设置首页1菜单项

步骤 06　选择第2个列表框中的“项目1.1”选项，单击上方的“删除菜单项”按钮，删除第1个子菜单项，使用相同的方法删除“首页”菜单项下的所有子菜单项，如图11-46所示。

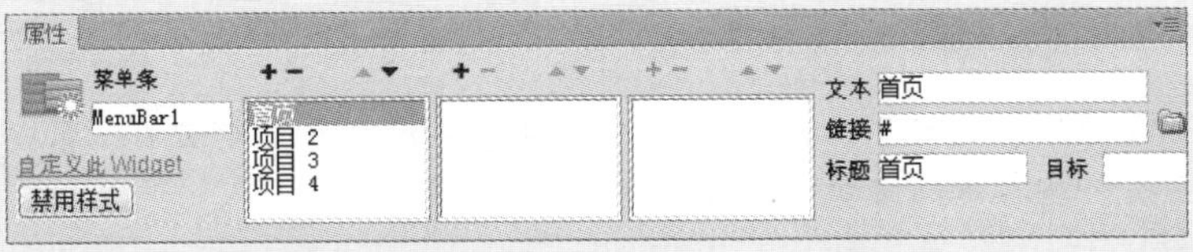

图11-46　删除首页下的所有子菜单项

步骤 07　使用相同的方法设置其他菜单项的属性，其中单击按钮可添加属性，单击或按钮可调整菜单栏的位置，其效果如图11-47所示。

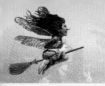

步骤 08 保存并在浏览器中进行预览，当将鼠标放在某个菜单项上时将弹出其对应的下级菜单，如图11-48所示。

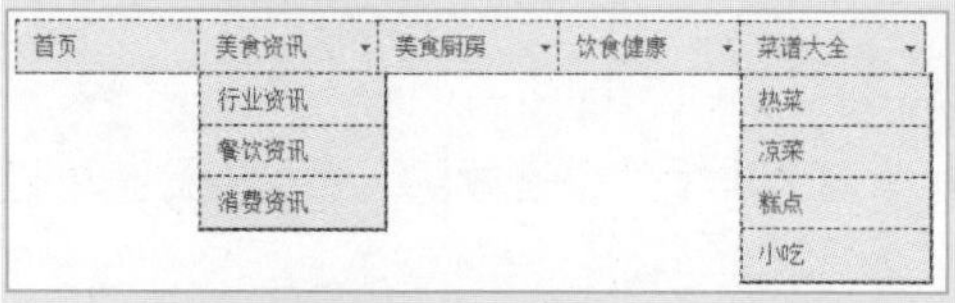

图11-47 Spry菜单栏效果

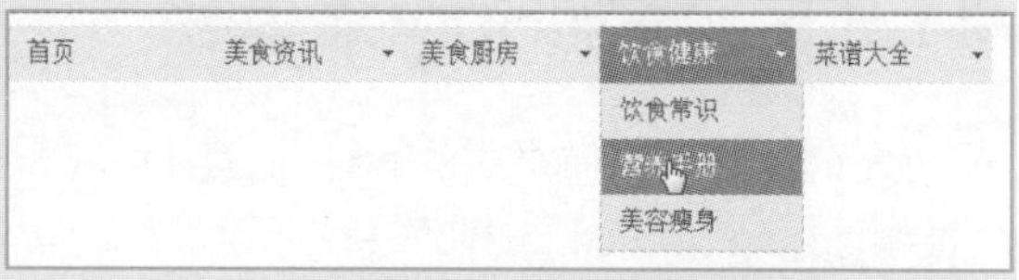

图11-48 预览Spry菜单栏

11.3.6 添加Spry选项卡式面板

Spry选项卡式面板与浏览器中的选项卡作用类似，可使访问者通过选择不同的选项卡来查看存储在选项卡式面板中的不同内容。在Spry插入栏中单击“Spry选项卡式面板”按钮或选择【插入】/【Spry】/【Spry选项卡式面板】命令，系统自动在网页文档中插入Spry选项卡式面板，如图11-49所示，然后直接在网页文档中对标签的名称和内容进行修改即可。

图11-49 插入Spry选项卡式面板

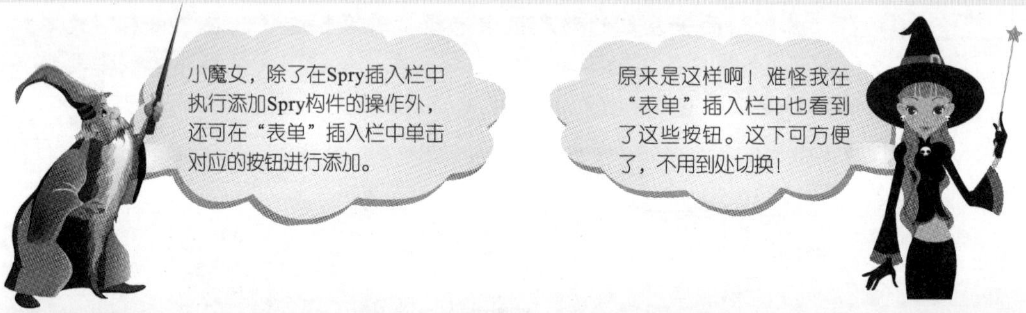

小魔女，除了在Spry插入栏中执行添加Spry构件的操作外，还可在“表单”插入栏中单击对应的按钮进行添加。
原来是这样啊！难怪我在“表单”插入栏中也看到了这些按钮。这下可方便了，不用到处切换！

11.4 典型实例——制作“用户注册”网页

魔法师：小魔女，学习了这些表单对象和Spry构件后，可以合理利用它们来制作交互性网页，如“产品调查”、“信息反馈”和“用户注册”等网页。

小魔女：真是太好了，这样我制作的网站内容就更加丰富了，那我们现在要制作哪一个网页呢？

魔法师：呵呵，这次我们还是制作“用户注册”网页吧！先新建网页，设置网页的基本属性，然后在其中插入表格，再根据需要插入文本字段、单选按钮、列表、按钮、Spry文本域和字段集等，效果如图11-50所示（光盘:\效果\第11章\resgiter\resgiter.html）。

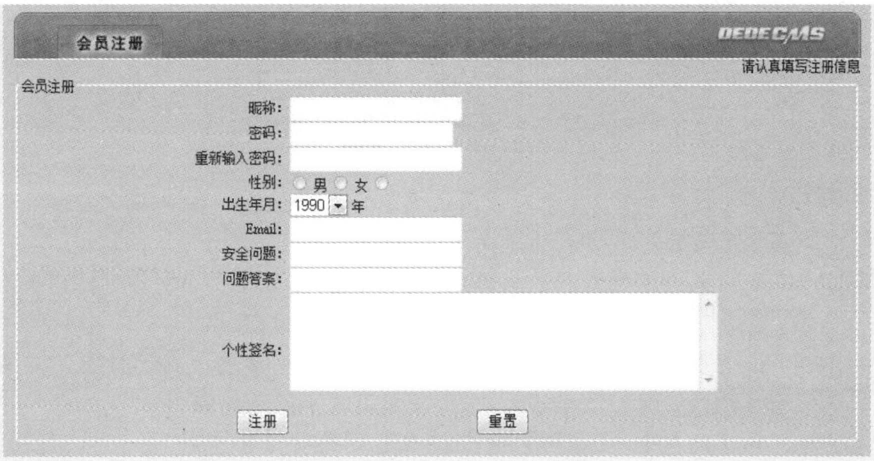

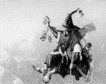

图11-50　“用户注册”网页

其具体操作如下：

步骤01 新建一个网页文档，并将其保存为resgiter.html。

步骤02 在“属性”面板中单击 页面属性... 按钮，打开“页面属性”对话框，在“大小”下拉列表框中选择12选项，在“背景颜色”文本框中输入“#dddfa5”，如图11-51所示。

步骤03 单击 确定 按钮完成页面属性的设置，选择【插入】/【表格】命令，打开“表格”对话框，在“行数”文本框中输入“3”，在“列”文本框中输入“1”，在“表格宽度”文本框中输入“760”，在其后的下拉列表框中选择“像素”选项，单击 确定 按钮，如图11-52所示。

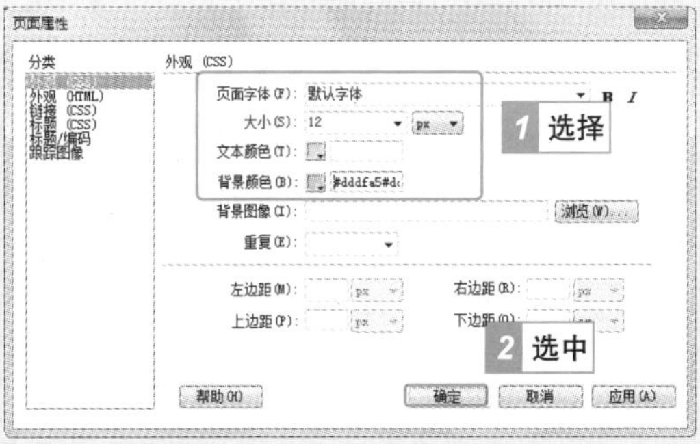

图11-51　“页面属性”对话框

图11-52　插入表格

步骤04 选择插入的表格，在“属性”面板的“对齐”下拉列表框中选择“居中对齐”选项，将插入表格居中对齐。

步骤05 将鼠标光标定位在插入表格的第1行，选择【插入】/【图像】命令，在打开的对话框中选择需要插入的图像bg.jpg（光盘:\素材\第11章\resgiter\bg.jpg），如图11-53所示。

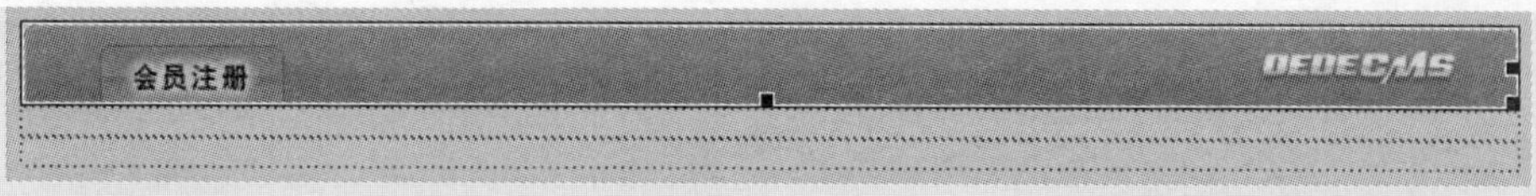

图11-53 插入图像

步骤 06 在插入表格的第2行输入“请认真填写注册信息”，并在“属性”面板中设置单元格的对齐方式为“向右靠齐”。

步骤 07 将鼠标光标定位到插入表格的第3行，在“插入栏”中的下拉列表框中选择“表单”选项，然后单击“表单”按钮插入表单。

步骤 08 单击“字段集”按钮，打开“字段集”对话框，在“标签”文本框中输入“会员注册”，单击 确定 按钮完成字段集的添加。

步骤 09 选择【插入】/【表格】命令，在打开的对话框中插入一个10行2列，宽度为“500像素”，其他参数为0的表格，并设置表格为“居中对齐”。

步骤 10 选择插入表格中所有的单元格，在“属性”面板的“宽”文本框中输入“200”，并设置插入表格的左侧表单“右对齐”，右侧表单“左对齐”。

步骤 11 分别在插入表格左侧表格中输入相应的文本，如图11-54所示。

图11-54 输入文本

步骤 12 在“昵称：”、“密码：”和“重新输入密码：”单元格对应的右侧单元格中依次单击“文本字段”按钮，插入文本字段，并设置插入文本字段的字符宽度为20，最多字符数为16，然后设置密码和再次输入密码单元格对应文本字段类型为“密码”。

步骤 13 在“性别：”对应的右侧单元格中单击按钮，在打开对话框的“标签”文本框中输入“男”，在“位置”栏中选中 在表单项后 单选按钮，单击 确定 按钮，如图11-55所示。

步骤 14 使用相同的方法插入一个“女”单选按钮，在“出生年月：”对应的文本框中单击按钮，在打开对话框中直接单击 确定 按钮插入一个选择（列表/菜单），选择该表单对象，在“属性”面板中单击 列表值... 按钮，打开“列表值”对话框，在该对话框中添加相应的参数，如图11-56所示。

步骤 15 在Email对应的右侧单元格中单击“Spry验证文本域”按钮，在打开的对话框中单击 确定 按钮，插入一个Spry验证文本域。

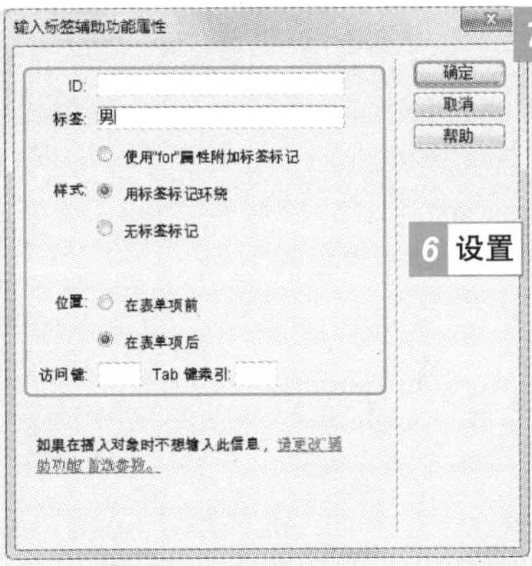

图11-55　插入单选按钮

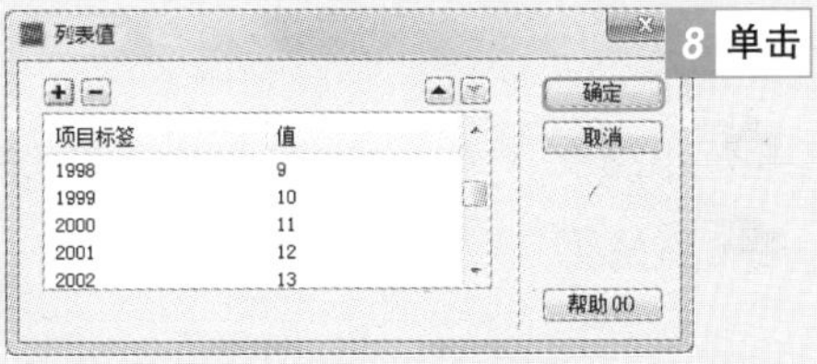

图11-56　设置列表值

步骤 16　在"属性"面板的"类型"下拉列表框中选择"电子邮件地址"选项，在"最小字符数"和"最大字符数"文本框中分别输入"10"和"20"，按【Enter】键确认设置，如图11-57所示。

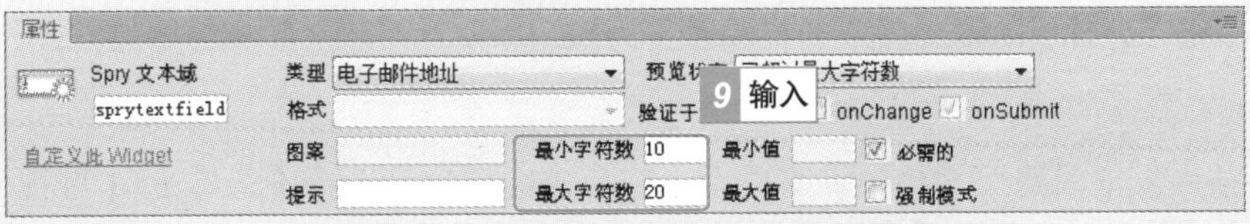

图11-57　设置EmailSpry验证文本域的属性

步骤 17　在"安全问题："和"问题答案："对应的单元格中插入文本域，然后将鼠标光标定位到"个性签名："对应的单元格中，单击"Spry验证文本区域"按钮，在打开的对话框中单击 确定 按钮，插入一个Spry验证文本区域。

步骤 18　在"属性"面板中取消选中 必需的 复选框，在"最大字符数"文本框中输入"200"，选中 其余字符 单选按钮，按【Enter】键确认设置，如图11-58所示。

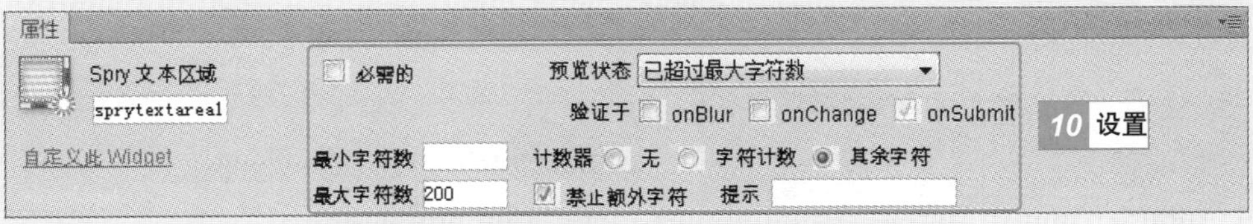

图11-58　设置其他Spry验证文本区域的属性

步骤 19　将鼠标光标定位在最后一行左侧的单元格中，单击"表单"插入栏中的"按钮"按钮，在打开的对话框中单击 确定 按钮，插入一个按钮。

步骤 20　在其"属性"面板中的"值"文本框中输入"注册"，设置按钮上显示的文字。使用相同的方法在右侧的单元格中插入一个"重置"按钮。

步骤 21　保存网页并进行预览即可。

11.5 本章小结——制作交互性网页技巧

魔法师：小魔女，使用表单和Spry构件制作的网页看起来就比较人性化，不仅能让用户浏览网页，还可让用户在网页中进行其他操作，如输入文字、选择某个选项等。

小魔女：嗯，这样制作的网页效果就更加丰富了，太好了！

魔法师：呵呵，看你这么高兴，就再给你讲一些关于它们的知识，可要仔细听哟！

第1招：美化按钮的外观

Dreamweaver CS6中插入的按钮的默认样式都是相同的，如希望制作个性化的按钮效果，可为按钮创建一个专门的CSS样式规则，通过在CSS样式规则中设置按钮文本样式、背景和边框等属性来修饰按钮。另外如果需要的是一个提交按钮，还可以直接使用表单对象中的图像域来代替按钮，这样就可以将任何一幅图像作为按钮来使用了。

第2招：隐藏与显示表单虚线框

如果插入表单后网页文档中没有显示出红色虚线框，可选择【查看】/【可视化助理】/【不可见元素】命令，可显示红色虚线框，再次选择该命令则可隐藏红色虚线框。

11.6 过关练习

（1）新建一个网页，先插入一个2行1列的表格，在第1行中插入图片（光盘:\素材\第11章\feed.jpg），添加相应的文字并设置其背景色为#BE926D，再设置第2行的背景色为#FFFFCC，然后在第2行中插入表单和一个6行2列的表格，在其中添加表单和SPry构件，其效果如图11-59所示（光盘:\效果\第11章\feed\feedback.html）。

（2）打开zhuce.html网页文档（光盘:\素材\第11章\注册\zhuce.html），在其中添加表单和SPry构件，其效果如图11-60所示（光盘:\效果\第11章\注册\zhuce.html）。

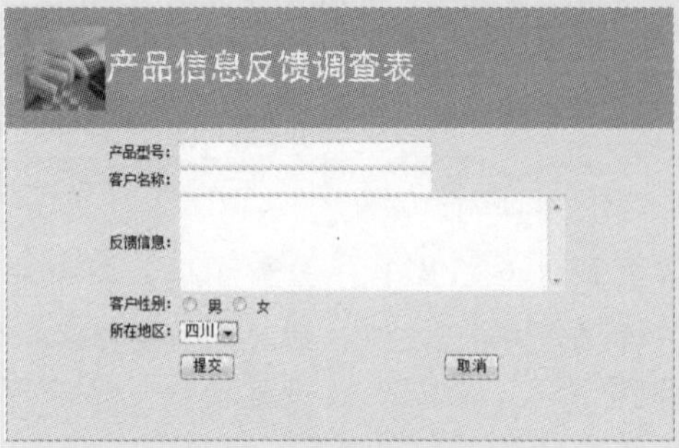

图11-59 feedback.html网页

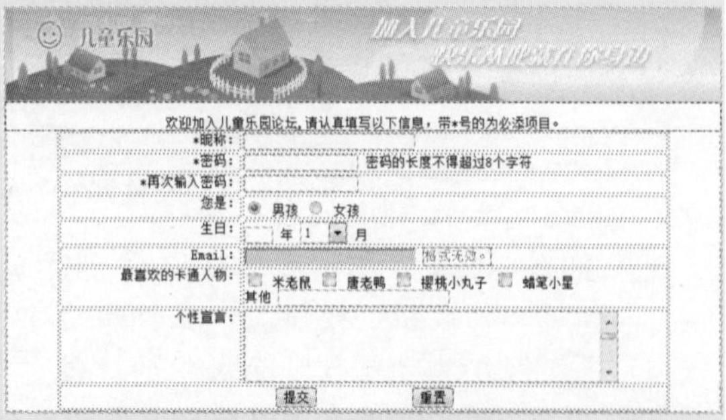

图11-60 zhuce.html网页

Chapter 12

第12章

使用行为制作特效网页

魔法师：小魔女，打起精神来，今天可要教你一些很重要的东西哟！

小魔女：看你神神秘秘的，到底是什么呀？

魔法师：呵呵，就是“行为”。

小魔女：行为？制作网页与行为有什么关系吗？

魔法师：呵呵，这可是Dreamweaver提供的一种特色功能，能创建网页互动的特效。

小魔女：嗯，它的功能这么强大，是不是很难学呀？

魔法师：不会！Dreamweaver将行为的JavaScript等脚本程序集成在行为设置过程中，相当简单，下面就来瞧瞧吧！

学习要点：

- 行为的基本知识
- 行为的使用
- 交换图像
- 跳转菜单

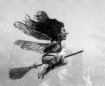

12.1 行为的基本知识

小魔女：魔法师，你别磨磨蹭蹭的呀！还是快给我讲讲吧！嘿嘿……

魔法师：别急呀！在使用行为制作特效网页前，我们还需要对行为的基本知识先进行一个了解，再开始讲解具体的行为特效。

小魔女：嗯，你不是刚刚才跟我说了吗？怎么又要讲呀？

魔法师：呵呵，那可是冰山一角，我们还需要了解行为的含义和“行为”面板，下面你还是老老实实地听听吧！

12.1.1 行为的含义

行为是通过一些预定义的JavaScript的脚本程序构成的，需要通过事件来进行触发。因此，行为也可看作是由事件和动作组成的，其中事件是触发动作的原因，动作则是事件的直接后果，需要两者配合使用。

1. 事件

事件是在浏览网页时用户执行的某个操作，如打开或刷新网页时将发生onLoad（加载页面）事件；关闭网页时将发生onUnload（关闭页面）事件；单击某个按钮时将发生onClick（鼠标单击）事件。

2. 动作

动作是由预先编写好的JavaScript代码组成的，当执行事件后即可触发动作，如播放声音、观看影片或弹出窗口等。

12.1.2 认识“行为”面板

在Dreamweaver中选择【窗口】/【行为】命令可打开“行为”面板，如图12-1所示。“行为”面板中主要参数的含义如下。

- “显示设置事件”按钮：单击该按钮，可显示当前正在设置的事件。
- “显示所有事件”按钮：单击该按钮，可显示网页中的所有事件。
- “添加事件”按钮：单击该按钮，在弹出的列表中可选择需要添加的事件。
- “删除事件”按钮：选择需要删除的事件，单击该按钮，可删除当前选择的事件。

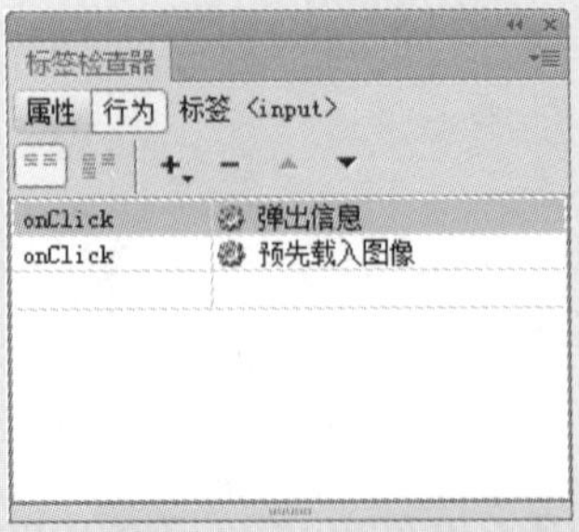

图12-1 “行为”面板

- “增加事件值”按钮：选择某个事件，单击该按钮，可将该事件的顺序向前调整。
- “降低事件值”按钮：选择某个事件，单击该按钮，可将该事件的顺序向后调整。

12.2　行为的使用

魔法师：小魔女，学习了行为的基本知识后，下面我们就来看看该怎样添加行为吧！Dreamweaver中的行为种类较多，你可要仔细听哦！

小魔女：行为难道不是一个吗？

魔法师：呵呵，不是的，Dreamweaver中可添加的行为很多，如交换图像、弹出信息、打开浏览器窗口、效果的使用、显示-隐藏元素、设置文本、调用JavaScript、跳转菜单和转到URL等。下面我就给你讲讲常用的一些行为特效吧！

12.2.1　交换图像

“交换图像”行为用于实现当在页面的某个图像上发生预设事件时，该图像被另一图像代替，而当另外一项触发事件发生时，使其切换为原始状态的图像，其具体操作如下：

步骤 01　打开changeImage.html网页文档，选择其中的图像。

步骤 02　选择【窗口】/【行为】命令，打开“行为”面板，单击“添加事件”按钮 +，在弹出的下拉列表中选择“交换图像”选项。

步骤 03　打开“交换图像”对话框，单击 浏览... 按钮，在打开的对话框中选择tux2.jpg图像文件（光盘:\素材\第12章\changeImage\tux2.jpg），单击 确定 按钮，如图12-2所示。

步骤 04　返回“交换图像”对话框，单击 确定 按钮，此时“行为”面板中添加了onMouseOut和onMouseOver行为，如图12-3所示。

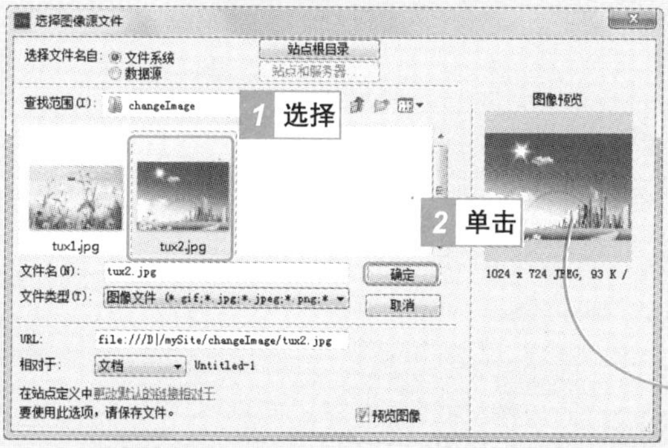

图12-2　“选择图像源文件”对话框

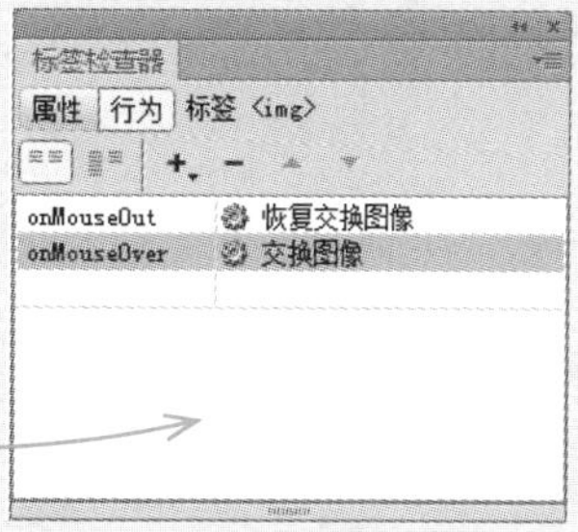

图12-3　查看“行为”面板

步骤 05　保存并预览网页，此时将鼠标放在图像上即可切换到tux2.jpg图像文件；移开鼠标则恢复为原始的图像文件（光盘:\效果\第12章\changeImage\交换图像.html）。

12.2.2 弹出信息

弹出信息用于在网页中打开提示对话框，给用户提供提示信息。添加“弹出信息”行为的方法为：在网页文档中选择需要承载行为事件的网页元素，单击“行为”面板中的“添加事件”按钮+，在弹出的下拉列表中选择“弹出信息”选项，在“弹出信息”对话框中设置提示内容，单击确定按钮完成设置即可，如图12-4所示。当在网页中进行预览时即可看到打开的提示对话框，如图12-5所示为单击提交按钮后打开的提示对话框，单击确定按钮可关闭该对话框。

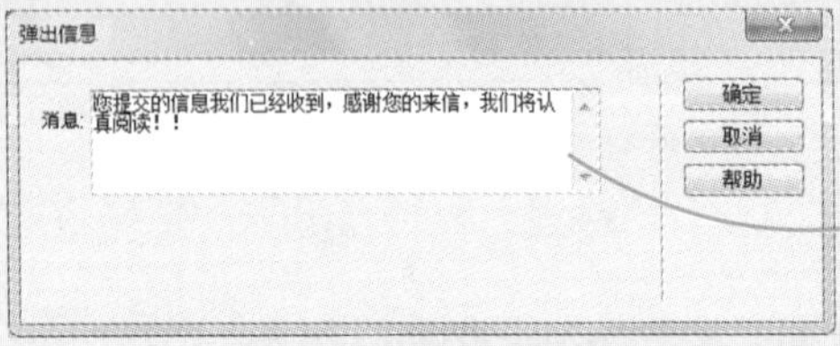

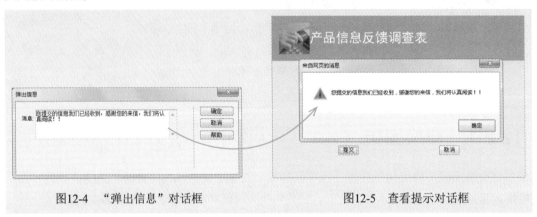

图12-4 “弹出信息”对话框

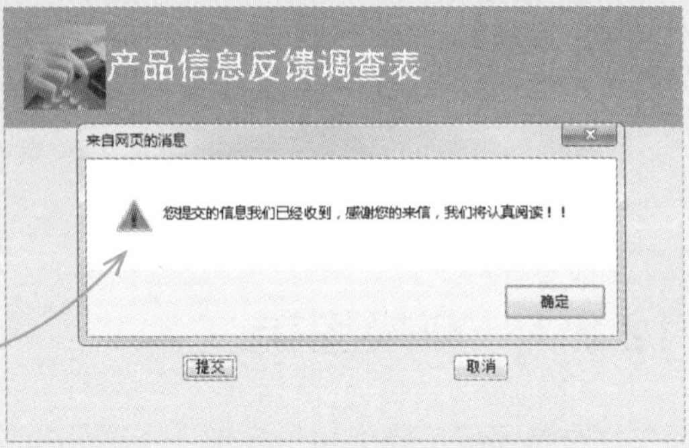

图12-5 查看提示对话框

12.2.3 打开浏览器窗口

“打开浏览器窗口”行为可在浏览器窗口中打开指定页面的URL地址，也可设置页面的宽度、高度、弹出位置、是否显示菜单栏和是否显示工具栏等属性。

在“行为”面板中单击“添加事件”按钮+，在弹出的下拉列表中选择“打开浏览器窗口”选项，打开“打开浏览器窗口”对话框进行设置即可，如图12-6所示。

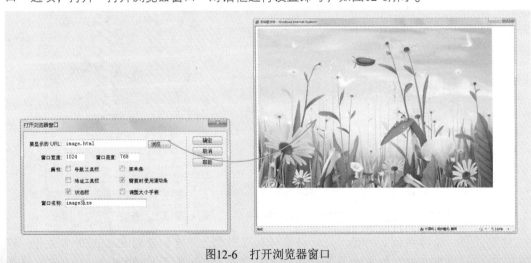

图12-6 打开浏览器窗口

12.2.4　效果的使用

“效果”行为主要用于设置图片的变换效果，使图片效果更加丰富、绚丽。Dreamweaver CS6中的“效果”行为主要可对图片进行增大/收缩、挤压、显示/渐隐、晃动、滑动、遮帘和高亮颜色，下面分别进行讲解。

1. “增大/收缩”效果

“增大/收缩”效果行为可设置网页元素的大小变换效果，当事件发生时，网页元素将表现出从大到小（或从小到大）的视觉变换，令原本静态的对象呈现生动的变换效果。其设置方法为：选择目标元素，在“行为”面板中单击“添加事件”按钮+，在弹出的下拉列表中选择【效果】/【增大/收缩】选项，打开“增大/收缩”对话框，如图12-7所示。

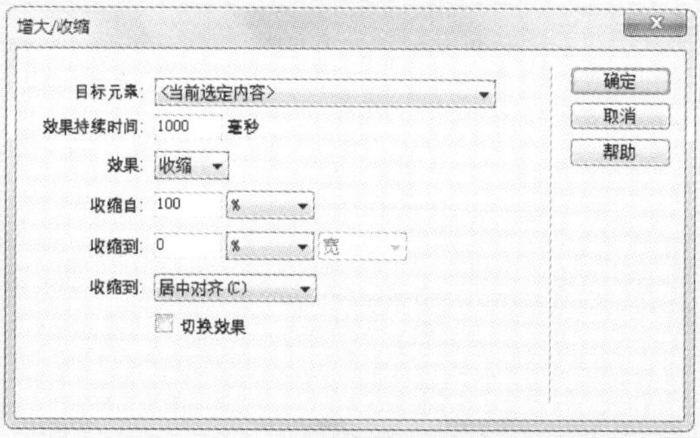

图12-7　“增大/收缩”对话框

该对话框中各参数的含义如下。

- **“目标元素”下拉列表框：** 用于设置要添加“增大/收缩”效果的目标网页元素。
- **“效果持续时间”文本框：** 用于设置目标元素增大（或收缩）过程所需的时间。
- **“效果”下拉列表框：** 用于设置效果的类型，可选择“增大”或“收缩”。
- **“收缩自”文本框：** 用于确定过渡效果执行前目标元素的起始大小。该类设置由“值”文本框和其后的下拉列表框组成，可选择收缩的单位。
- **“收缩到”文本框：** 用于确定过渡效果执行后目标元素的最终大小。该类设置由“值”文本框和其后的下拉列表框组成，可选择收缩的单位。
- **“收缩到”下拉列表框：** 用于设置收缩或增大的位置变换依据，可选择“居中对齐”或“左上角”两个选项。
- **切换效果复选框：** 选中该复选框，当再次单击目标元素时，可对元素实施放大或收缩的反向动作。

2. “挤压”效果

“挤压”效果行为是将网页元素从大到小进行变化效果，直至图像消失。选择需要添加效果的目标元素，添加“挤压”效果行为，在“行为”面板中单击“添加事件”按钮+，在弹出的下拉列表中选择【效果】/【挤压】选项，在打开的对话框中单击确定按钮即可，如图12-8所示。

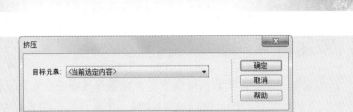

图12-8　“挤压”对话框

3. “显示/渐隐”效果

“显示/渐隐”效果可使网页元素呈现淡入/淡出的特效变换。添加该行为后，当设置的事件发生时，该网页元素将呈现慢慢显现（或慢慢消失）的视觉变换效果。

要对选中的目标元素添加“显示/渐隐”效果行为，可单击“行为”面板中的“添加事件”按钮，在弹出的下拉列表中选择【效果】/【显示/渐隐】选项，在打开的“显示/渐隐”对话框中进行相关属性设置即可，如图12-9所示。

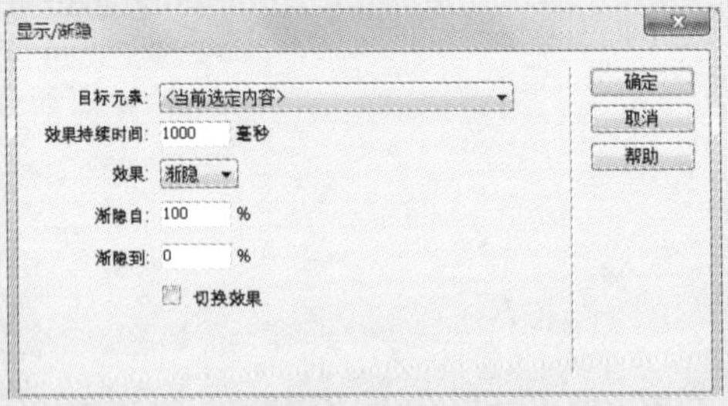

图12-9　“显示/渐隐”对话框

该对话框与“增大/收缩”对话框中的各参数设置相似，下面主要介绍其特有的属性设置。

- **“效果”下拉列表框：**用于设置变换效果的类型，可选择“显示”或“渐隐”。
- **“渐隐自”文本框：**用于设置过渡效果执行前目标元素的起始透明度。
- **“渐隐到”文本框：**用于设置过渡效果执行后目标元素的最终透明度。

魔法档案——“显示/渐隐”与“增大/收缩”效果的区别

“显示/渐隐”与“增大/收缩”的效果和设置方法十分类似，它们最大的不同点在于“显示/渐隐”效果是通过调整网页元素的显示透明度来实现特效变换，而“增大/收缩”效果是通过调整网页元素的大小来实现特效变换。

4. “晃动”效果

“晃动”效果主要是对网页元素进行晃动，增加其动态效果。“晃动”效果的设置方法非常简单，只需选择需要添加效果的目标元素，在“行为”面板中单击“添加事件”按钮，在弹出的下拉列表中选择【效果】/【晃动】选项，在打开的对话框中单击 确定 按钮即可，如图12-10所示。

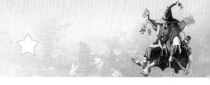

图12-10　“晃动”对话框

5. “滑动”效果

“滑动”效果不能直接对图像元素进行设置，只能通过对容器类网页元素（如图像周围的Div标签）进行设置，将图像上移进入遮罩层区域，使被遮罩层覆盖的部分隐藏，从而呈现出图像向上滑动并最终部分或全部消失的视觉变换效果。

添加“滑动”效果的方法为：选择目标元素，在“行为”面板中单击“添加事件”按钮+，在弹出的下拉列表中选择【效果】/【滑动】选项，在打开的“滑动”对话框中进行相关设置即可，如图12-11所示。

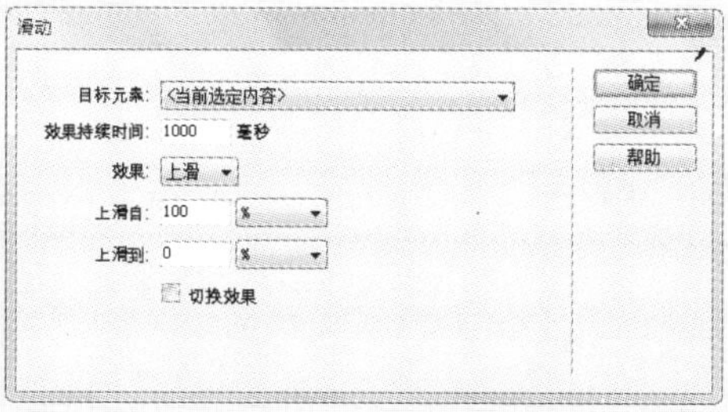

图12-11　“滑动”对话框

“滑动”对话框中参数的设置与“增大/收缩”对话框中相似，下面主要介绍其特有的属性设置。

- **“效果”下拉列表框**：用于设置滑动变换的方向，可选择“上滑”或“下滑”。
- **“上滑自（下滑自）”文本框**：用于确定过渡效果执行前目标元素的起始位置，用当前元素的显示部分高度与元素的实际高度之比表示。
- **“上滑到（下滑到）”文本框**：用于确定过渡效果执行后目标元素的最终位置，计量方法同“上滑自（下滑自）”。

如图12-12所示为对包含图像元素的AP Div标签设置“滑动”效果的前后效果。

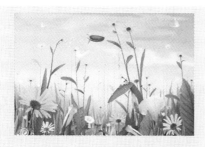

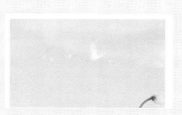

图12-12　查看设置“滑动”效果的前后效果

6. “遮帘”效果

“遮帘”效果与“滑动”效果的效果相似，但“遮帘”效果是通过遮罩的滑动来实现目标元素的折叠或展开的，元素本身的位置并不会发生变化。

选择需添加效果的目标元素，单击“行为”面板中的“添加事件”按钮+，在弹出的下拉列表中选择【效果】/【遮帘】选项，打开“遮帘”对话框进行相关设置即可，如图12-13所示。

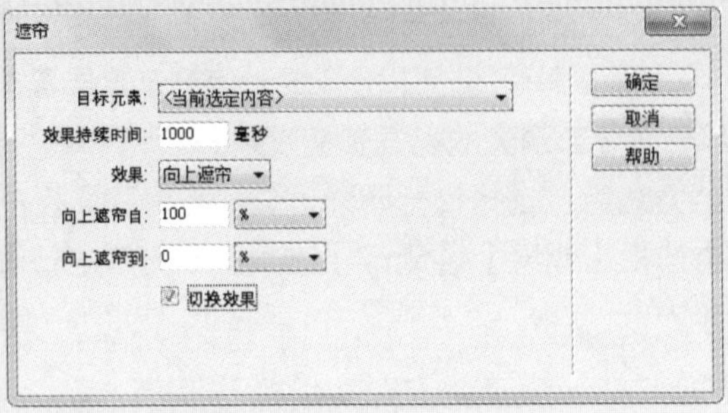

图12-13 “遮帘”对话框

“遮帘”对话框中参数的设置与“增大/收缩”对话框中相似，下面主要介绍其特有的属性设置。

- **“效果”下拉列表框：** 用于设置遮帘变换的方式，可选择“向上遮帘”和“向下遮帘”。
- **“向上遮帘自”文本框：** 用于设置过渡效果执行前目标元素可见部分的高度。该值是用当前元素的显示部分高度与元素的实际高度之比来进行表示的。
- **“向上遮帘到”文本框：** 用于确定效果执行后目标元素可见部分的最终高度，计量方法同“向上遮帘自”。

7. “高亮颜色”效果

“高亮颜色”效果用于实现网页元素背景颜色的变换。选择需要添加效果的目标元素，在“行为”面板中单击“添加事件”按钮+，在弹出的下拉列表中选择【效果】/【高亮颜色】选项，在打开的“高亮颜色”对话框中进行相关设置即可，如图12-14所示。

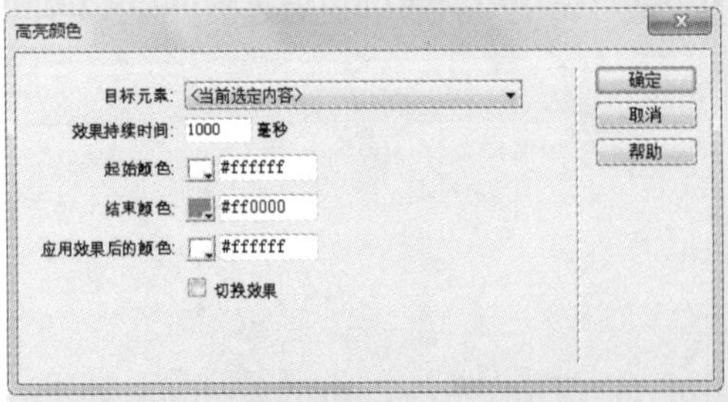

图12-14 “高亮颜色”对话框

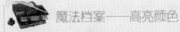

> **魔法档案——高亮颜色**
>
> “高亮颜色”效果可用于Div容器、文本段落等多种网页元素，当效果关联的事件被触发时，这些目标元素的背景颜色将呈现变换效果，但该效果对图像文件无效。

“高亮颜色”对话框中对应属性的设置，除有与前几个效果相同的设置外，还有如下几个特有的属性设置。

- “起始颜色”文本框：用于设置目标网页元素开始高亮显示的颜色。
- “结束颜色”文本框：用于设置目标网页元素结束高亮显示时的颜色。
- “应用效果后的颜色”文本框：用于设置完成高亮显示效果切换之后的颜色。

12.2.5 显示-隐藏元素

“显示-隐藏元素”是由“显示元素”和“隐藏元素”两个行为组成的，可实现网页元素的显示与隐藏。使用“显示-隐藏元素”行为可为网页添加生动的注释效果，其具体操作如下：

步骤 01 打开maidTech.html网页文档（光盘:\素材\第12章\MDTech\maidTech.html）。

步骤 02 选择其中的AP Div标签，在其“属性”面板中将该AP Div的“可见性”设置为hidden。

步骤 03 选择网页中的第1张图像，单击“行为”面板中的“添加事件”按钮+，在弹出的下拉列表中选择“显示与隐藏”命令。

步骤 04 打开“显示-隐藏元素”对话框，在列表框中选择div"apdiv"选项，单击显示按钮，再单击确定按钮，如图12-15所示。

步骤 05 再次打开“显示-隐藏元素”对话框，选择div"apdiv"选项，单击隐藏按钮，再单击确定按钮，如图12-16所示。

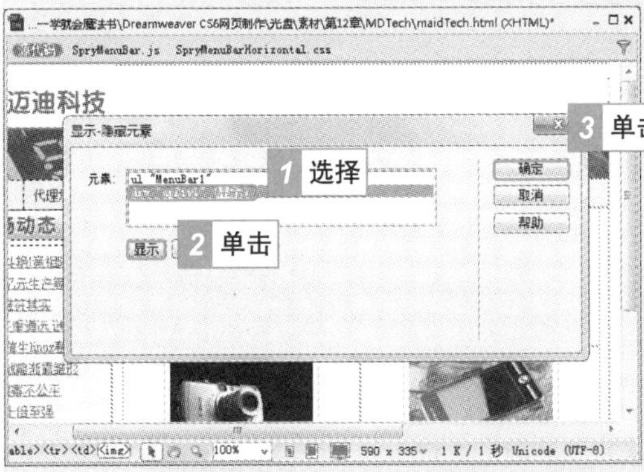

图12-15 显示元素

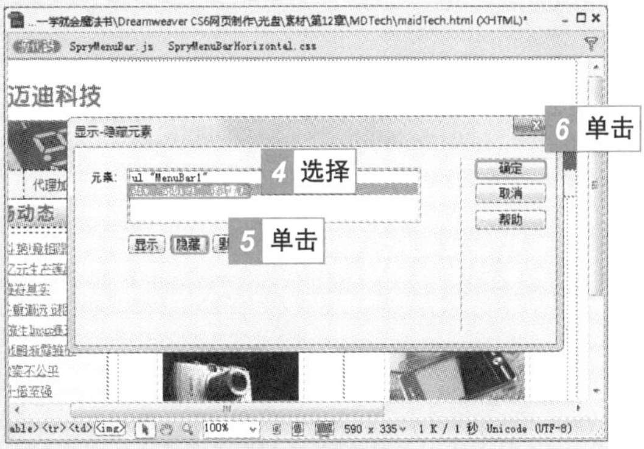

图12-16 隐藏元素

步骤 06 在“行为”面板中双击第1个事件，激活该下拉列表框并在其中选择onMouseOver选项，双击第2个事件，在其下拉列表框中选择onMouseOut选项，如图12-17所示。

步骤 07 返回网页文档，按【Ctrl+S】组合键保存网页，然后在浏览器中预览设置显示-隐藏后的效果。当将鼠标移动到图像上时，弹出一张放大的图像；当将鼠标移动到图片外时，弹出的图片则被隐藏，如图12-18所示（光盘:\效果\第12章\MDTech\maidTech.html）。

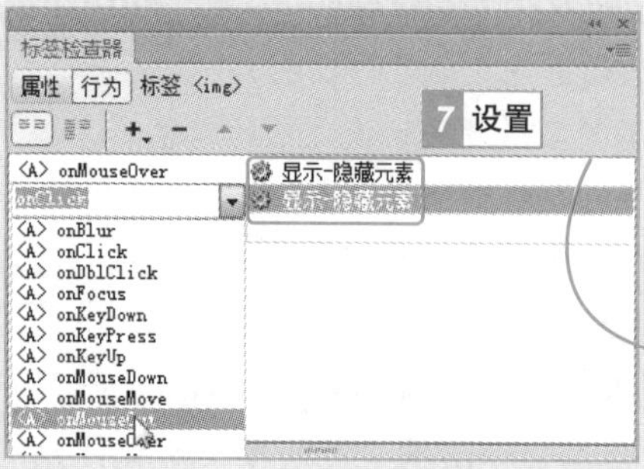

图12-17　设置行为的事件

图12-18　预览效果

12.2.6 设置文本

“设置文本”行为可对容器文本、文本域、框架文本以及状态栏文本进行设置，下面分别进行讲解。

1. 设置容器文本

当页面中含有AP Div等容器元素时，可使用该行为指定事件发生时容器内的内容被指定内容替换。

单击“行为”面板中的“添加事件”按钮+，在弹出的下拉列表中选择【设置文本】/【设置容器文本】选项，打开“设置容器的文本”对话框，如图12-19所示。在其中的“容器”下拉列表框中选择目标容器，在“新建HTML”文本框中设置用于替换的HTML代码内容即可。

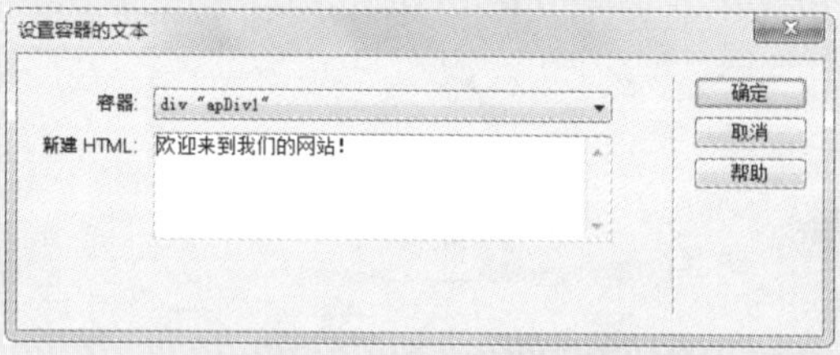

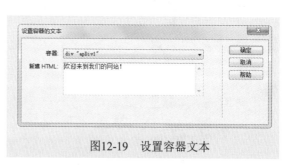

图12-19　设置容器文本

2. 设置文本域

当页面中含有文本域表单元素时，可使用该行为指定事件发生时对应的文本域中原有的文字被替换为指定的内容。

单击“行为”面板中的“添加事件”按钮+，在弹出的下拉列表中选择【设置文本】/【设置文本域文字】选项，打开如图12-20所示的对话框，在其中的“文本域”下拉列表框中选择目标文本域，在“新建文本”文本框中设置用于替换的纯文本内容即可。

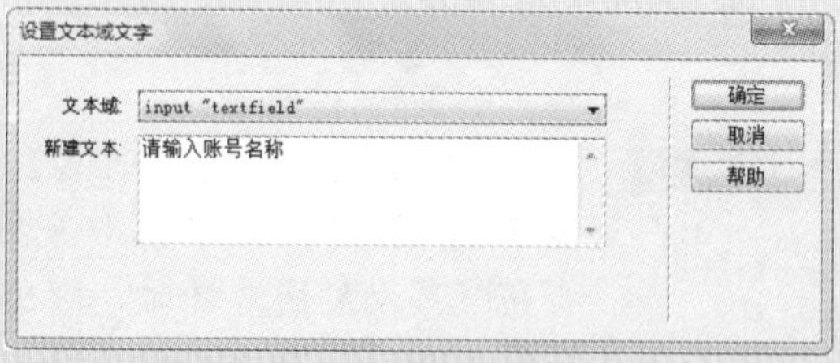

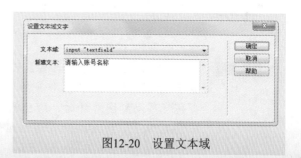

图12-20　设置文本域

3. 设置框架文本

如果网页类型为框架网页，可在框架中使用“框架文本”行为，使指定事件发生时指定框架中的内容被替换为其他的内容。

单击“行为”面板中的“添加事件”按钮+，在弹出的下拉列表中选择【设置文本】/【设置框架文本】选项，打开如图12-21所示的“设置框架文本”对话框。在其中的“框架”下拉列表框中选择目标框架，在“新建HTML”文本框中输入用于替换的HTML代码内容即可。

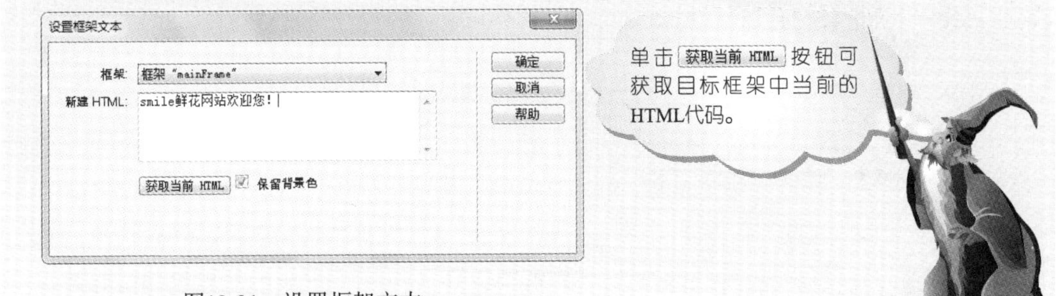

图12-21 设置框架文本

4. 设置状态栏文本

“状态栏文本”用于替换浏览器状态栏中原有的文字。但该行为不支持HTML编码，无法实现替换文本的样式设置。

单击“行为”面板中的“添加事件”按钮+，在弹出的下拉列表中选择【设置文本】/【设置状态栏文本】选项，打开如图12-22所示的对话框。在其中的“消息”文本框中输入替换浏览器状态栏当前内容的文本即可。

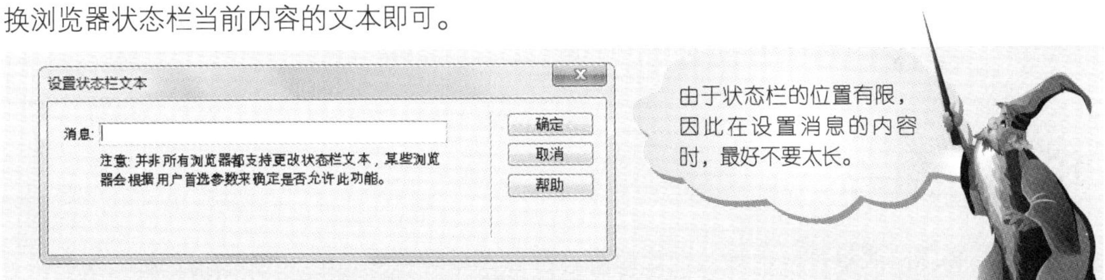

图12-22 设置状态栏文本

12.2.7 调用JavaScript

Dreamweaver CS6预设了大量行为供设计者调用，但相对于JavaScript脚本程序强大的扩展性而言，其应用范围并不广泛，此时，可使用Dreamweaver提供的“调用JavaScript”行为来调用JavaScript代码，使网页交互设计的范围得到延伸。

在“行为”面板中单击“添加事件”按钮+，在弹出的下拉列表中选择“调用JavaScript”选项，打开如图12-23所示的对话框。在其中的JavaScript文本框中输入JavaScript代码或函数名调用函数，然后单击确定按钮即可。

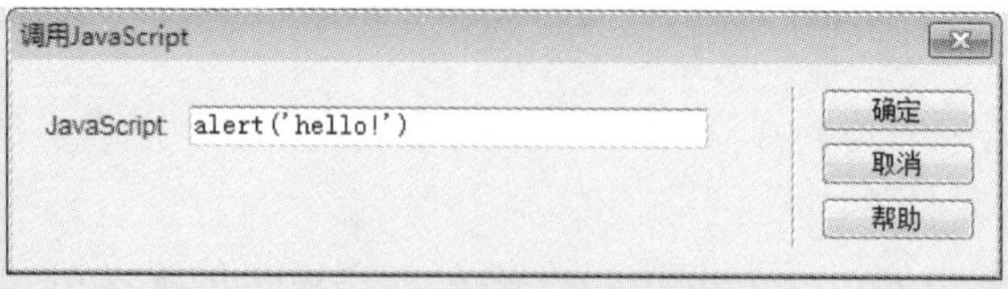

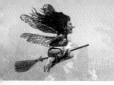

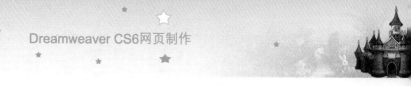

图12-23　调用JavaScript

12.2.8 跳转菜单

"跳转菜单"行为与第11章讲解的添加表单对象中的跳转菜单相同。如果页面中已经添加了跳转菜单，可在"行为"面板中单击"添加事件"按钮+，在弹出的下拉列表中选择"跳转菜单"选项，打开"跳转菜单"对话框对跳转菜单的设置进行修改，如图12-24所示。

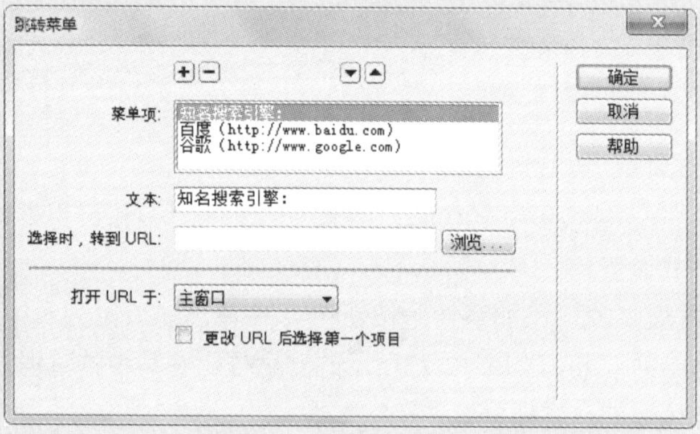

图12-24　跳转菜单

12.2.9 转到URL

一般网页上的超链接只能通过单击鼠标打开，但在浏览网页时，有时还能实现同时打开多个链接或当鼠标经过图像时打开超链接，这是通过Dreamweaver的"转到URL"行为来实现的。其具体操作如下：

步骤 01 打开vacation.html网页（光盘:\素材\第12章\vacation\vacation.html）。

步骤 02 选择网页中包含所有元素的表格，在"行为"面板中单击"添加事件"按钮+，在弹出的下拉列表中选择"转到URL"选项，打开"转到URL"对话框。

步骤 03 在"打开在"列表框中选择打开链接的窗口，在URL文本框中输入链接的地址，如图12-25所示。

步骤 04 单击 确定 按钮，返回网页文档。在"行为"面板中双击第1个事件，激活该下拉列表框，在其中选择onMouseOver选项，如图12-26所示。

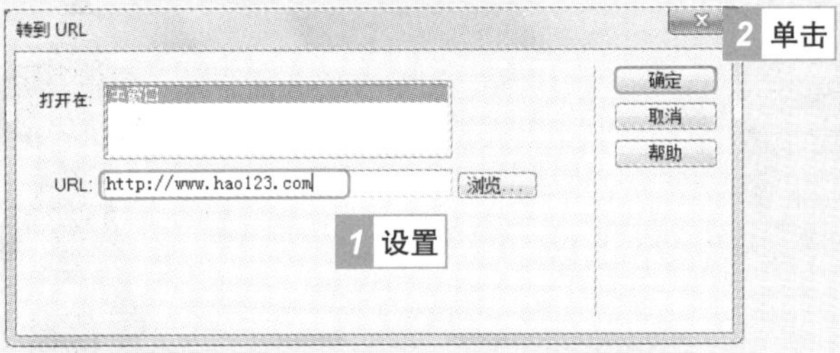

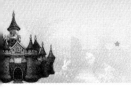

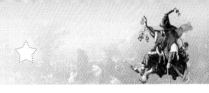

图12-25　“转到URL”对话框

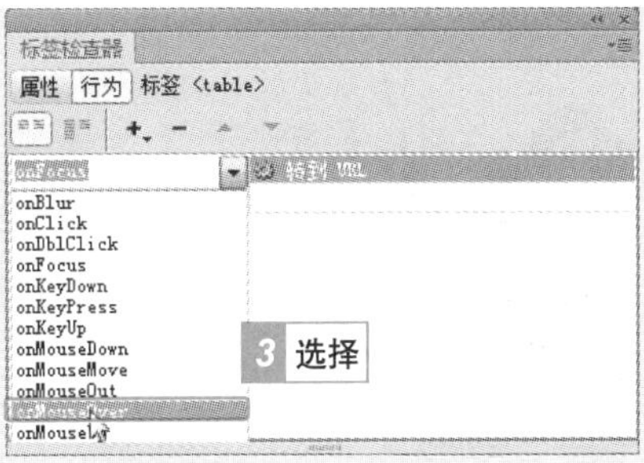

图12-26　修改触发的事件

步骤 05　保存并预览网页，当鼠标移至table包含的元素时，将打开设置的链接地址，如图12-27所示（光盘:\效果\第12章\vacation\vacation.html）。

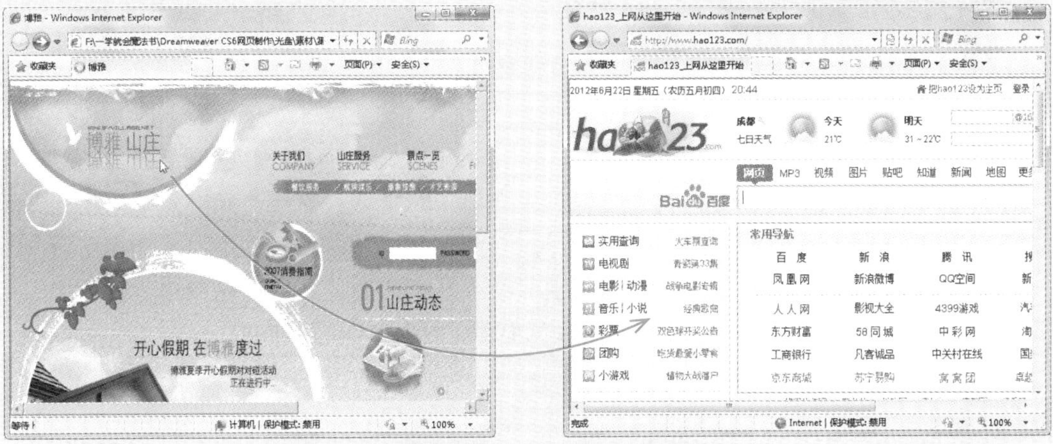

图12-27　查看效果

12.2.10　预先载入图像

“预先载入图像”行为是将需要进行其他操作才能显示的图像预先载入，使其显示的效果更加快捷。在“行为”面板中单击“添加事件”按钮+，在弹出的下拉列表中选择“预先载入图像”选项，在打开对话框的“图像源文件”文本框中输入图像文件所在的位置，或单击浏览...按钮选择图像文件所在的位置即可，如图12-28所示。

图12-28　预先载入图像

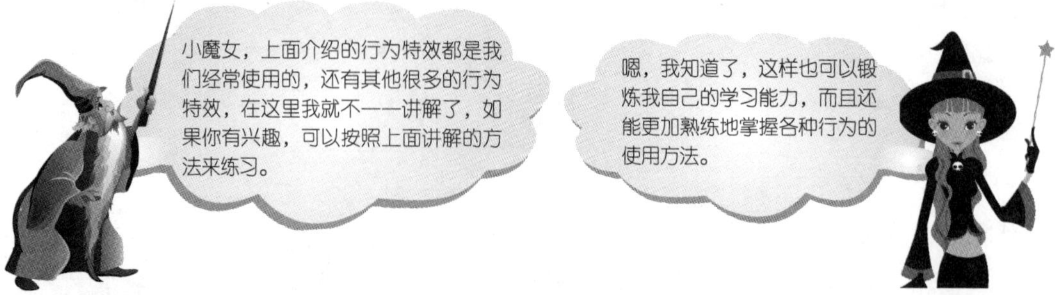

小魔女，上面介绍的行为特效都是我们经常使用的，还有其他很多的行为特效，在这里我就不一一讲解了，如果你有兴趣，可以按照上面讲解的方法来练习。
嗯，我知道了，这样也可以锻炼我自己的学习能力，而且还能更加熟练地掌握各种行为的使用方法。

12.3 典型实例——制作“Smile家居”网页

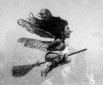

魔法师： 小魔女，学习了行为的使用方法后，就可以通过它来制作特效网页了。

小魔女： 嗯，使用行为可以制作的特效很多，但是这些特效应该运用在哪些地方才最适合呢？

魔法师： 呵呵，下面我们来制作一个“Smile家居”网页，让它来解答你的疑问吧！当打开网页时，弹出一个提示对话框，然后为网页左侧的图片添加“显示-隐藏元素”行为，为网页中间的4张图片添加“交换图像”行为，使鼠标放在图片上时上方导航的图片跟着一起变化，其效果如图12-29所示（光盘:\效果\第12章\furniture\index.html）。

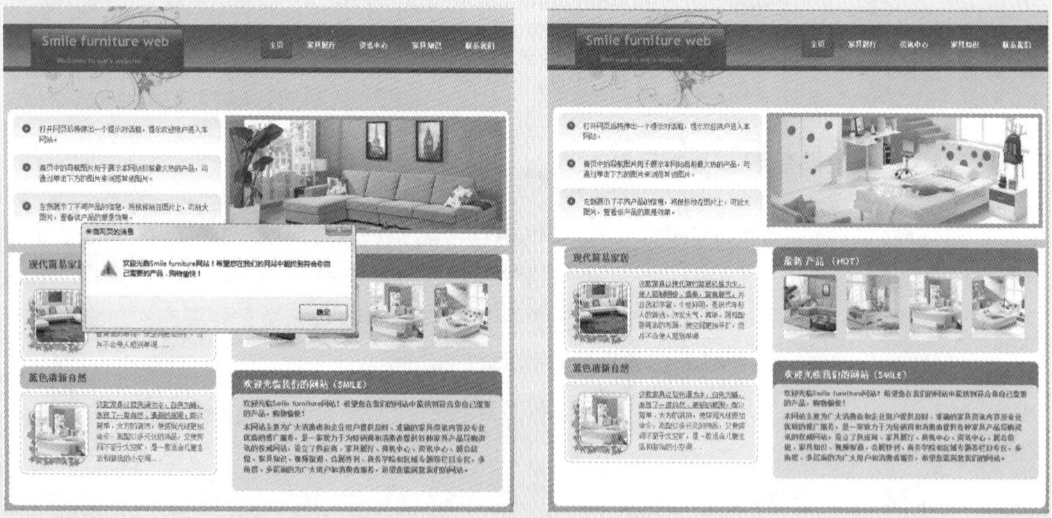

图12-29　“Smile家居”网页

其具体操作如下：

步骤 01　打开indexl.html网页（光盘:\素材\第12章\furniture\index.html）。

步骤 02　将鼠标光标定位到网页文档的内容标签中，在“行为”面板中单击“添加事件”按钮+，在弹出的下拉列表中选择“弹出信息”选项。

步骤 03 打开“弹出信息”对话框，在“消息”文本框中输入需要的提示信息，然后单击确定按钮，如图12-30所示。

步骤 04 返回网页文档中的“行为”面板可看到添加的onLoad事件，当加载网页时将弹出设置的提示对话框，如图12-31所示。

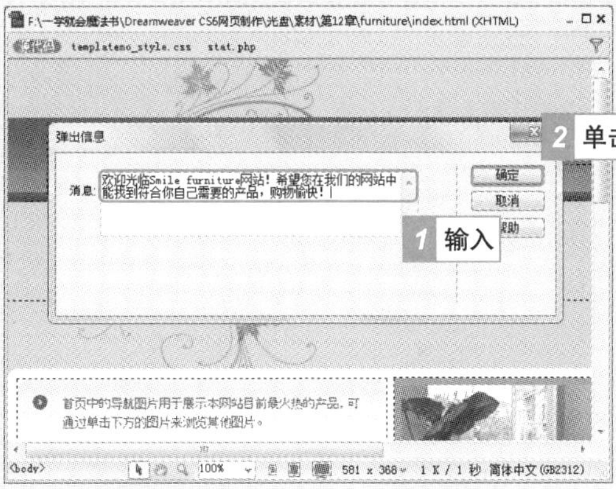

图12-30 “弹出信息”对话框

图12-31 查看添加的行为

步骤 05 选择与网页文档左侧第1张图片相邻的AP Div标签，如图12-32所示。

步骤 06 在其“属性”面板的“可见性”下拉列表框中选择hidden选项，使该AP Div标签默认呈隐藏状态。

步骤 07 选择左侧的图片，在“行为”面板中单击“添加事件”按钮+，在弹出的列表框中选择“显示-隐藏元素”选项。

步骤 08 打开“显示-隐藏元素”对话框，在“元素”列表框中选择div"apDiv2"选项，单击显示按钮，此时div"apDiv2"选项变为“div"apDiv2"（显示）”选项，单击确定按钮，如图12-33所示。

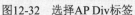

图12-32 选择AP Div标签

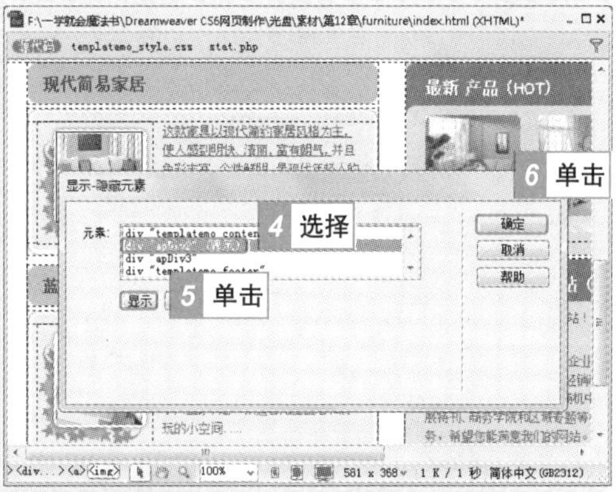

图12-33 设置元素的显示方式

步骤 09 返回文档，在“行为”面板中单击“添加事件”按钮+，在弹出的下拉列表中选择“显示-隐藏元素”选项。

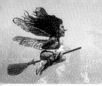

步骤 10　打开“显示-隐藏元素”对话框，在“元素”列表框中选择div"apDiv2"选项，单击隐藏按钮，此时div"apDiv2"选项变为“div"apDiv2"（隐藏）”选项，单击确定按钮，如图12-34所示。

步骤 11　在“行为”面板中双击第1个事件，激活该下拉列表框并在其中选择onMouseOver选项，双击第2个事件，在其下拉列表框中选择onMouseOut选项，如图12-35所示。

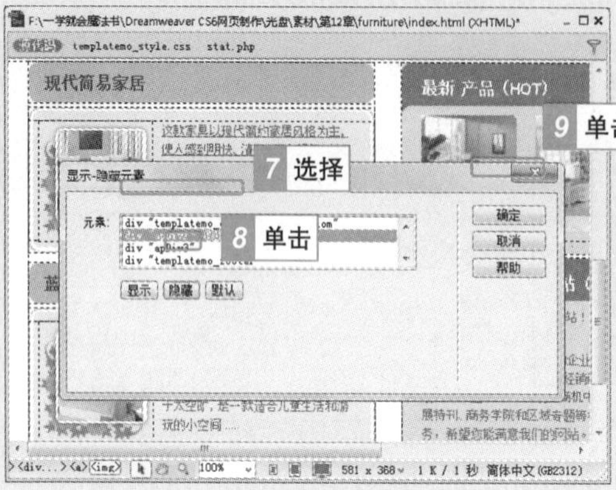

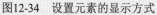

图12-34　设置元素的显示方式

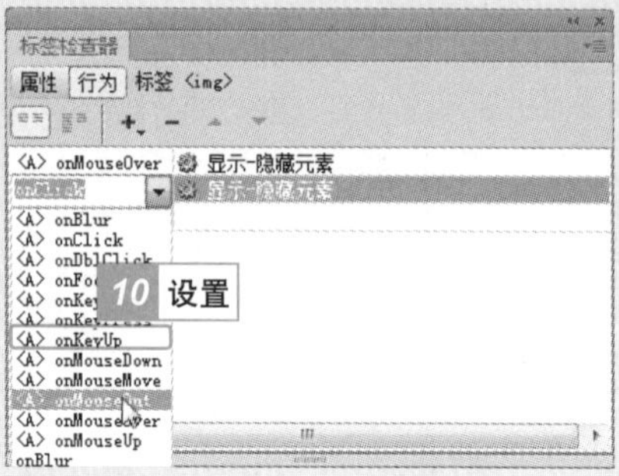

图12-35　修改触发的事件

步骤 12　使用相同的方法将apDiv3的可见性设置为hidden，并为其对应的图片添加“显示-隐藏元素”行为。

步骤 13　设置完成后预览其效果，当将鼠标放在图像上时将显示出其对应的大图像；移开鼠标后，则隐藏对应的图像，其效果如图12-36所示。

图12-36　查看效果

步骤 14　选择右侧的“最新产品”栏中的第1张图片，在“行为”面板中单击“添加事件”按钮+，在弹出的下拉列表中选择“交换图像”选项。

步骤 15　打开“交换图像”对话框，在“图像”列表框中选择需要替换的图像为第1个unnamed <img>选项，在“设定原始档为”文本框中输入需要被替换的图像文件所在位置（光盘:\素材\第12章\furniture\images\12-300.jpg），如

图12-37所示。

步骤 16 单击 确定 按钮，返回网页文档，为“最新产品”栏中第2张图片添加“交换图像”行为，且在“交换图像”对话框中的“图像”列表框中选择“图像‘Image1’”选项，在“设定原始档为”文本框设置图片为12-100.jpg（光盘:\素材\第12章\furniture\images\12-100.jpg），如图12-38所示。

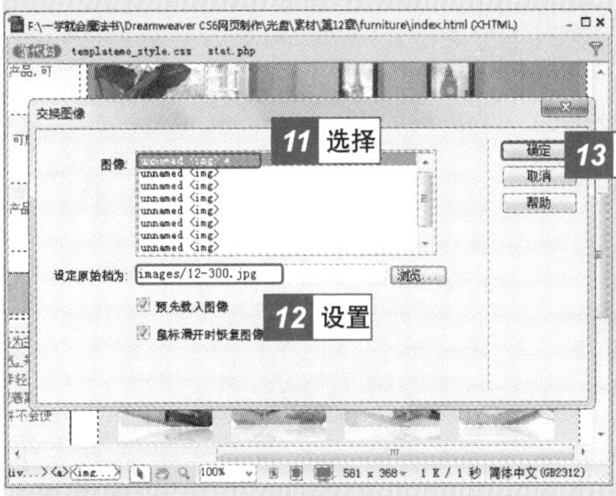

图12-37　为第1张图片设置“交换图像”行为

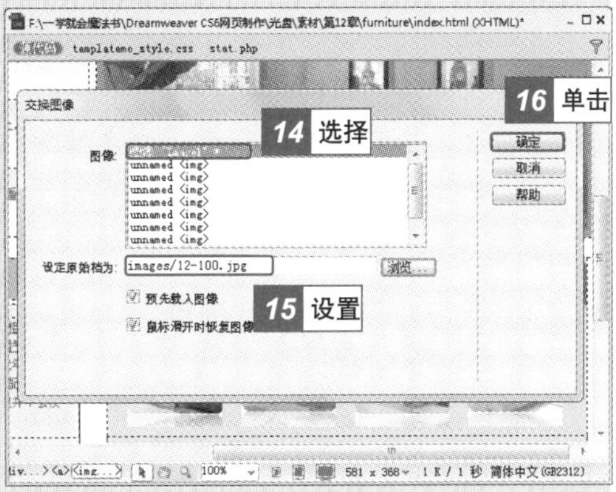

图12-38　为第2张图片设置“交换图像”行为

步骤 17 使用相同的方法，设置第3张和第4张图像的交换图像为12-5000.jpg（光盘:\素材\第12章\furniture\images\12-5000.jpg）和12-800.jpg（光盘:\素材\第12章\furniture\images\12-800.jpg）。

步骤 18 完成后返回网页文档，保存并预览网页。

12.4　本章小结——设置行为的技巧

小魔女：魔法师，我们刚刚制作的网页效果真漂亮，不仅色彩美观，而且还能实现图像的动态切换，可真方便！

魔法师：呵呵，是的，使用行为来制作特效，比自己通过JavaScript编程语言来编写代码要简单多了，但Dreamweaver 为我们提供的行为还是有限，如果需要设置更为复杂的效果，还需要不断学习新的知识，让自己更进一步！

小魔女：嗯，我也是这么认为的。

魔法师：那好，为了给你一点启发，下面我就再给你讲一些关于行为的使用技巧，你可要认真听哟！

第1招：为一个网页元素添加多个行为

在Dreamweaver CS6中可以为不同的网页元素添加行为，也可以为一个网页元素添加多个行为。添加多个行为有两种情况：一种是在元素上添加多种行为，并设置相同的触发事件；另一种是在元素上添加多种行为并为各项行为设置不同的触发事件。

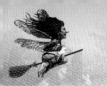

在添加多个行为前应先对需要添加的行为进行规划，确定这些行为应通过何种事件来触发。如需要通过不同的事件来触发不同的行为，则应分别设置多个行为的触发事件，且多个事件和行为应该在逻辑上保持相对的独立性；如需要在一个事件的触发下同时执行多个行为，则应添加多个行为并设置相同的事件。

第2招：适合网页元素的事件

不同的网页元素，其使用的行为所支持的触发事件各不相同，如果不能正确掌握网页元素适合哪种事件，可能造成行为无法正常执行。因此在添加行为前，应对网页元素所支持的事件进行了解。而添加行为后，则可以单击“行为”面板的“事件”设置列，并在其激活的下拉列表框中查看是否有误。另外，单击“行为”面板中的“显示所有事件”按钮，还可以直接查看该对象支持的所有事件。

12.5 过关练习

（1）继续在本章实例的基础上进行操作，为网页中带下划线的文字添加“转到URL”行为，其中第1个行为的网页为hall.html（光盘:\素材\第12章\furniture\hall.html）；第2个行为的网页为blue.html（光盘:\素材\第12章\furniture\blue.html），其效果如图12-39所示（光盘:\效果\第12章\furniture\index1.html）。

图12-39　查看效果

（2）新建一个网页，在其中插入图片，并练习“效果”行为的添加，查看应用各种效果后图片的切换效果。

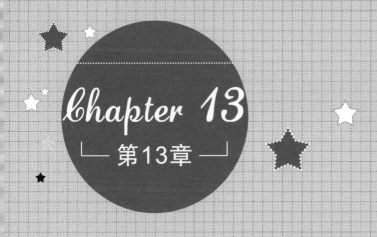

Chapter 13

第13章

制作动态网页

小魔女：魔法师，你快来帮我看看，我想修改网页里的内容，该怎么办呀？

魔法师：嗯，你这个网页是静态网页，要想修改它可比较麻烦。

小魔女：那可怎么办呀？

魔法师：呵呵，别着急，静态网页中的对象不好修改，但修改动态网页中的内容可十分方便哟！

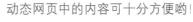

小魔女：动态网页？

魔法师：你忘了吗？在前面就讲过网页一般分为静态和动态，静态网页是不能进行交互、只能浏览的网页；而动态网页则是具有交互功能的网页。下面就再仔细讲讲吧！

学习要点：

- 了解动态网页
- 配置Web服务器
- 数据库的基本操作
- 创建动态站点并设置虚拟目录
- 创建数据源
- 制作数据库动态网页

13.1 了解动态网页

小魔女：魔法师，为什么我在Dreamweaver CS6里面创建的网页都是静态的？

魔法师：呵呵，那是因为Dreamweaver CS6在默认情况下创建的网页文件都是静态的，如果你需要修改创建的页面，就必须修改网页文件的源文件。但创建的静态页面非常不便于修改，为了避免出现这种情况，可为网页创建动态可修改的文件。

小魔女：那怎么才能创建动态的页面呢？我试了好几次都没有创建成功！

魔法师：你先别急，在学习创建动态网页前，我们还是先来了解一下动态网页，看看它究竟是怎么回事。

13.1.1 动态网页的含义

动态网页是可以动态产生网页信息的一种网页制作技术，它是通过Web编程语言并结合数据库制作的。在制作时，可以先用静态网页的方法制作公用的部分（这部分内容通常变化较少），然后使用编程语言将保存在数据库中的数据动态地显示在页面中指定的位置。如果数据较多，则可以分页显示，即每页显示固定条数的记录，单击“下一页”超链接时再显示其他的数据记录。常见的博客、校友录和电子邮箱等都是动态网页。

13.1.2 动态网页的开发语言

制作动态网页常用的开发语言有ASP、PHP和JSP等，分别介绍如下。

- ASP：ASP是Active Server Pages的缩写，中文意思为“活动服务器页面”，是Microsoft推出的专业Web开发语言。它具有功能强大、简单易学等优点，受到了广大Web开发人员的青睐。ASP只能在Windows平台下使用，虽然它可以通过增加控件在Linux下使用，但是其功能最强大的COM控件却不能在Linux系统中使用。
- PHP：PHP是编程语言和应用程序服务器的结合。和其他的编程语言类似，PHP使用操作符处理变量，使用变量存储临时数值，它的真正价值在于它是一个应用程序服务器（应用程序服务器是指把几个不同的技术组合为一个完整套件的程序），是一个强大的编程语言，支持Internet协议，尤其是电子邮件和HTTP协议，而且可以运行在Linux、UNIX和Windows等操作系统下，具有跨平台的特点，国外网站及跨国网站通常使用PHP语言进行动态网页的制作。
- JSP：JSP是Java Server Pages的简称，是由Sun公司和其他公司联合建立的一种动态网页技术标准。JSP与ASP在技术上非常相似，它们的明显区别在于ASP的编程语言是VBScript之类的脚本语言，而JSP使用的是Java语言。此外，ASP与JSP更为本质的区别在于两种语言引擎是用完全不同的方式处理页面中嵌入的程序代码。在ASP下，VBScript代码被ASP引擎解释执行；在JSP下，代码被编译成Servlet并由Java虚拟机执行。由于Java与计算机平台无关，所以JSP能在各种平台中正常运行，而不用进行额外的修改。

13.1.3　动态网页的开发流程

要创建动态网站，首先应确定使用的语言（ASP、PHP、JSP或其他语言）、数据库（Access、MSSQL、MySQL、Oracle、Sybase或其他数据库）和工具（Dreamweaver、FrontPage、记事本、EditPlus、AceHTML或其他工具），准备好以后再开始开发动态网站，并搭建相应程序的开发环境。如要进行ASP动态网页开发，则应先安装IIS，并配置IIS，安装数据库软件（如Access）并创建数据库及表，然后在Dreamweaver中创建站点（本地站点及测试站点），最后开始动态网页的制作。

在动态网页制作过程中，一般先制作静态页面，再创建动态内容，即创建数据库、请求变量、服务器变量、表单变量或预存过程等内容，然后将这些内容添加到页面中，最后对整个页面进行测试，测试通过即完成该动态页面的制作，如果未通过，则进行检查修改，直至通过为止。

13.2　配置Web服务器

魔法师：小魔女，现在你知道什么是动态网页了吧！

小魔女：嗯，动态网页一般是以数据库技术为基础，通过编程语言开发的，能与后台数据库进行交互和数据传递的网页。

魔法师：呵呵，小魔女，你总结得真不错！那你知道怎样在Dreamweaver中将数据库应用程序与网页连接起来吗？

小魔女：嘿嘿~~你又拿我寻开心！你还是直接跟我说吧！

魔法师：哈哈！我就不逗你了！其实连接数据库与网页需要通过Web服务器，下面我们就先学习如何安装与配置Web服务器吧！

13.2.1　安装IIS

Web服务器叫做HTTP服务器，它是根据Web浏览器的请求提供文件服务的软件。在Windows 2000、Windows XP、Windows NT和Windows 7等操作系统下常用的Web服务器为IIS，它是Internet Information Server的简称，是当今使用最广泛的Web服务器之一。下面将在Windows 7操作系统中安装IIS，其具体操作如下：

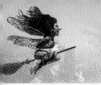

步骤 01 选择【开始】/【控制面板】命令，打开“控制面板”窗口。

步骤 02 在窗口中单击“程序和功能”超链接，如图13-1所示。

步骤 03 打开“程序和功能”窗口，单击窗口左侧的“打开或关闭Windows功能”超链接，打开“Windows功能”对话框，如图13-2所示。

图13-1　单击“程序和功能”超链接

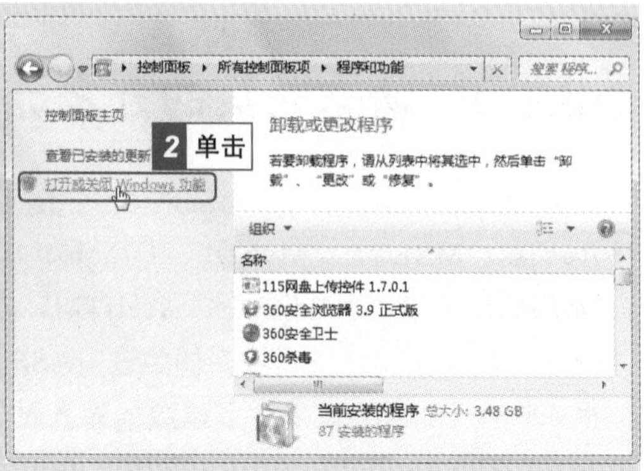

图13-2　打开“程序和功能”窗口

步骤 04 选中 Internet 信息服务 复选框，单击 确定 按钮，如图13-3所示。

步骤 05 系统自动开始更新Windows功能，并显示其更新进度，完成后，在打开的提示对话框中单击 立即重新启动(R) 按钮重启计算机即可，如图13-4所示。

图13-3　选择安装的选项

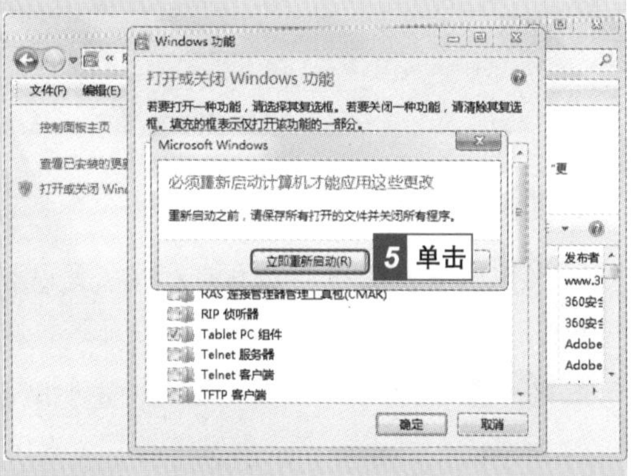

图13-4　完成安装

13.2.2　设置IIS

安装完IIS后，还需对IIS进行一定的设置才可使用。设置IIS的具体操作如下：

步骤 01 在“计算机”图标上单击鼠标右键，在弹出的快捷菜单中选择“管理”命令。

步骤 02 打开“计算机管理”对话框，单击“服务和应用程序”选项卡前的▷按钮，在展开的列表框中选择“Internet信息服务（IIS）管理器”选项。

步骤 03 打开“连接”栏，在其中双击默认的计算机名称，这里为WIN-9DND58D4T5I

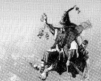

选项，在展开的下级目录中单击“网站”选项前的▷按钮，打开默认网站。

步骤 04 选择Default Web Site选项，在“操作”栏中单击“绑定”超链接，如图13-5所示。

步骤 05 打开“网站绑定”对话框，选择对话框中默认的选项，单击 添加(A)... 按钮可为网站绑定其他的端口号。单击 编辑(E)... 按钮可在打开的对话框中修改网站的默认端口号，如图13-6所示。

图13-5 单击“绑定”超链接

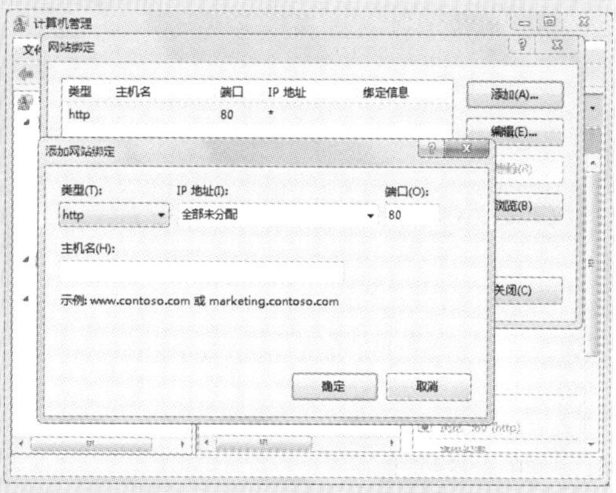

图13-6 修改默认的端口号

步骤 06 依次单击 确定 和 关闭(C) 按钮返回“计算机管理”对话框，在“操作”栏中单击“基本设置”超链接。

步骤 07 打开“编辑网站”对话框，单击“物理路径”文本框后的 ... 按钮，如图13-7所示。

步骤 08 打开“浏览文件夹”对话框，在其中选择物理路径所在的文件夹位置，单击 确定 按钮，如图13-8所示。

步骤 09 单击 确定 按钮，返回“计算机管理”对话框，单击 ✕ 按钮，完成IIS的设置。

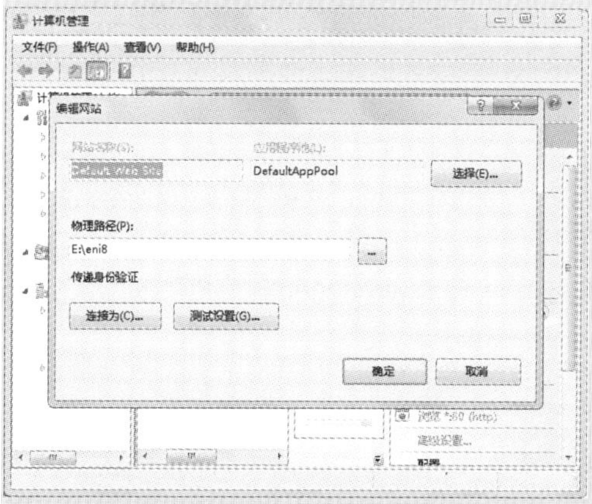

图13-7 “编辑网站”对话框

图13-8 选择文件夹位置

13.3 数据库的基本操作

魔法师：安装并设置好IIS后，就完成了对Web服务器的设置，接下来我们就可以继续进行其他的操作了！

小魔女：那我们是不是应该先设置数据库呢？

魔法师：是的，在制作动态网页时，要使浏览器端与服务器端发生交互，就必须借助数据库与网页开发语言来实现，下面将对数据库的知识进行讲解。

13.3.1 什么是数据库

数据库是按照数据结构来组织、存储和管理数据的“仓库”。在公司或企业的日常管理中，常需要把某些相关的数据放进这样的“仓库”，并根据需要进行相应处理。如公司或企业的人事部门常常要把本单位职工的基本情况（职工号、姓名、年龄、性别、籍贯、工资和简历等）存放在表中，这张表就可以看成是一个数据库。有了这个数据库，就可以根据需要随时查询某职工的基本情况。此外，在财务管理、仓库管理和生产管理中也需要建立众多的“数据库”，使其可以利用计算机实现财务、仓库和生产的自动化管理。

13.3.2 常用数据库介绍

数据库系统的种类非常多，在网站建设中常用的数据库有SQL Server、Access、Oracle 和MySQL等，下面将分别进行介绍。

1. SQL Server

SQL Server是一种大中型数据库管理和开发软件，具有使用方便、有良好的可扩展性等优点，尤其是它支持包括便携式系统和多处理器系统在内的各种处理系统（这个功能只有Oracle和其他一些昂贵的数据库才具备）。SQL Server在网站的后台数据库中有着非常广泛的应用，SQL Server是制作大型的网络数据库的理想选择。

2. Access

Access是一种入门级的数据库管理系统，具有简便易用、支持的SQL指令最齐全、消耗资源较少的优点，因此广泛应用于网站制作中。用ASP结合Access 2000制作动态网站受到不少用户的青睐，尤其是初级用户。

3. Oracle

Oracle是主导的大型关系型数据库，它具有支持多平台、无范式要求、采用标准的SQL结构化查询语言、分布优化多线索查询、支持大至2GB的二进制数据等优点。Oracle尤其适合制造业管理信息系统和财务应用系统。

4. MySQL

MySQL是一个多用户、多线程的SQL数据库服务器，它由一个服务器守护程序mysqld、很多不同的客户程序和库组成，是一种客户机/服务器结构。MySQL具有快速、易用等优点，并且能对文件和图像进行快速存储和提取。

13.3.3 创建数据库

Access是Office办公组件的一个成员，它是一种入门级的数据库管理系统，具有简便易用、支持的SQL指令最齐全、消耗资源比较少的优点，常用于中小型网站中。在Access 2010中创建数据库、表及输入数据的具体操作如下：

步骤 01 选择【开始】/【所有程序】/【Microsoft Office】/【Microsoft Access 2010】命令，启动Access 2010应用程序。

步骤 02 在“可用模板”栏中单击“空数据库”按钮，在“空数据库”栏中单击“文件名”文本框后的按钮，如图13-9所示。

步骤 03 打开“文件新建数据库”对话框，在其中选择保存数据库的位置，在“保存类型”下拉列表框中选择数据库的类型，在“文件名”文本框中输入数据库的名称，单击 确定 按钮，如图13-10所示。

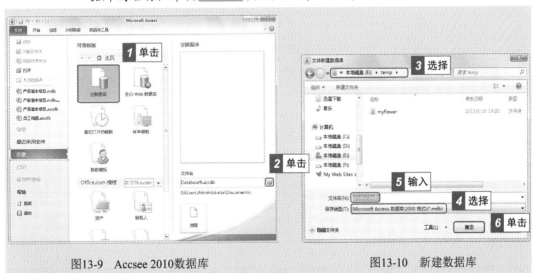

图13-9 Accsee 2010数据库

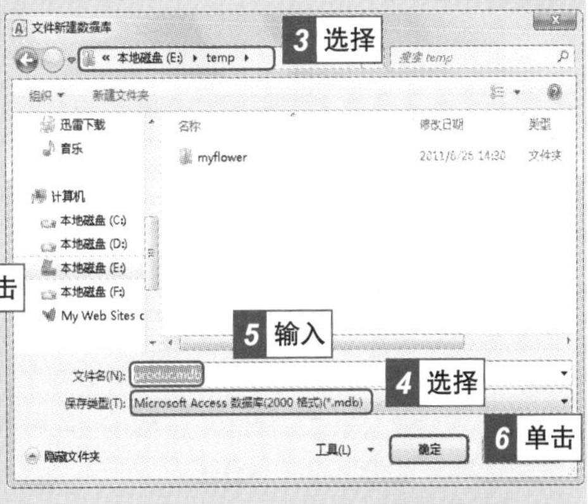

图13-10 新建数据库

步骤 04 返回Access 2010界面，单击“创建”按钮，创建名为product的数据库。

步骤 05 系统自动新建一个名为“表1”的表格，单击“单击以添加”栏右侧的按钮，在弹出的列表中选择“数字”选项，如图13-11所示。

步骤 06 系统将“单击以添加”命名为“字段1”，并呈选择状态，输入需要的名称，这里输入“number”，按【Enter】键即可。

步骤 07 使用相同的方法添加名为username和couter的字段，并设置其字段类型为“文本”和“数字”，完成后的效果如图13-12所示。

图13-11　添加字段

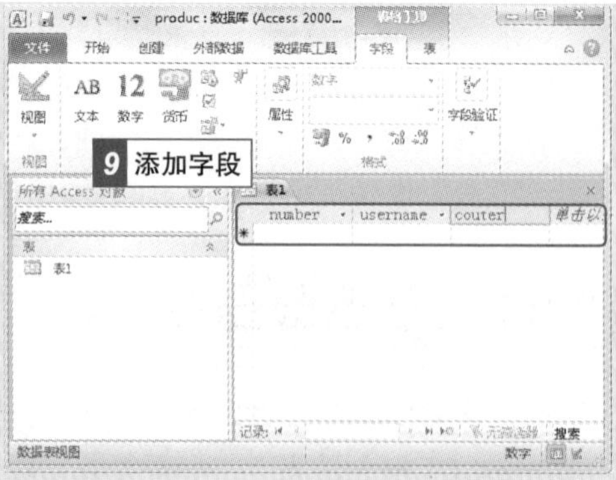

图13-12　查看添加字段后的效果

步骤 08 在右侧“表1”选项卡上单击鼠标右键，在弹出的快捷菜单中选择“保存”命令，打开“另存为”对话框，在“表名称”文本框中输入“CouInfor”，单击 确定 按钮保存表格，如图13-13所示。

步骤 09 在number、name和couter栏中分别输入数据，输入需要的数据集，如图13-14所示。

图13-13　保存表格

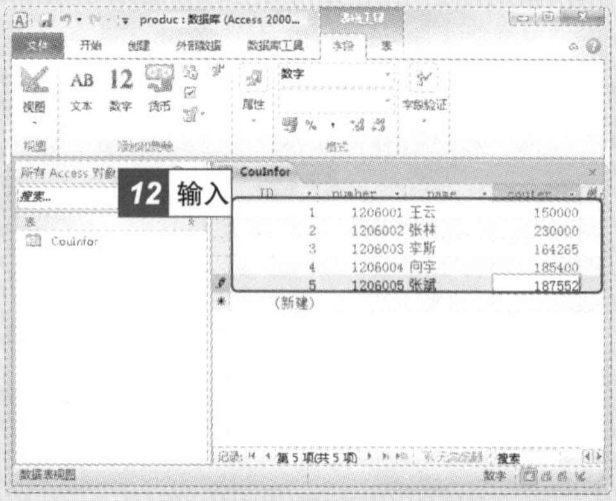

图13-14　输入表格数据

步骤 10 按【Ctrl+S】组合键保存设置，单击工作界面右上角的 × 按钮，退出Access 2010。

13.4　创建动态站点并设置虚拟目录

魔法师：小魔女，你知道吗？要制作动态网页，首先还需要创建动态的数据库站点，然后再在IIS中指定站点页面的链接。

小魔女：嗯，创建动态站点的方法我还是知道的，但是在IIS中指定页面的链接我就不太明白了！

魔法师：呵~~其实就是在IIS中设置虚拟目录，使用户能通过IIS预览网页的效果。

13.4.1 创建动态站点

动态站点的创建方法与静态站点的创建方法相似，且已经在前面讲解了创建各种动态站点的方法，这里不再赘述。用户可根据前面讲解的知识创建一个动态站点。

13.4.2 设置虚拟目录

在Dreamweaver CS6中创建的动态页面，可在IIS中预览其效果，其具体操作如下：

步骤 01 打开“控制面板”窗口，在其中单击“管理工具”超链接，在打开的窗口中双击“Internet 信息服务（IIS）管理器”选项。

步骤 02 打开“Internet信息服务（IIS）管理器”窗口，展开左侧的“网站”选项，在Default Web Site选项上单击鼠标右键，在弹出的快捷菜单中选择“添加虚拟目录”命令。

步骤 03 打开“添加虚拟目录”对话框，在“别名”文本框中输入虚拟目录的名称“temp”，在“物理路径”文本框中输入“E:\temp”，单击 确定 按钮，如图13-15所示。

步骤 04 这时Default Web Site选项下方的子目录将添加temp目录，选择该目录，在右侧的列表框中将显示出该目录下的所有对象，如图13-16所示。

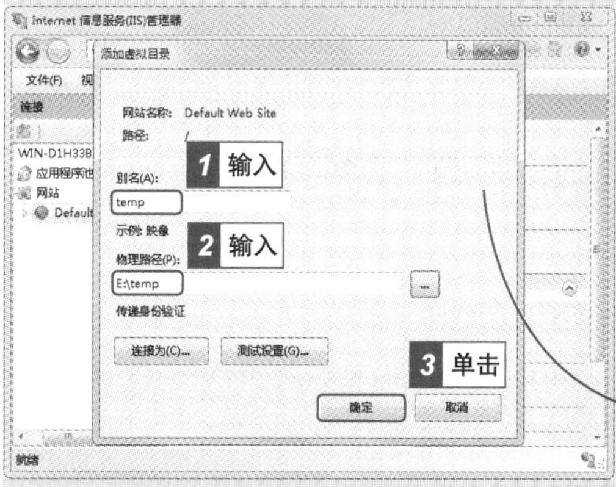

图13-15　设置虚拟目录

图13-16　查看目录列表

13.5 创建数据源

魔法师：完成以上操作后，还需要创建数据源，便于与Dreamweaver进行连接。

小魔女：那创建数据源连接的方法是什么呢？

魔法师：可以通过自定义连接字符串和数据源（DSN）来进行创建，创建后，就能在Dreamweaver中进行测试并连接数据库，下面我们就来看看吧！

13.5.1 创建Access数据库的连接字符串

在Dreamweaver中创建Access数据库的连接字符串有两种方法，即运用绝对路径和虚拟路径来定义连接字符串。

1. 绝对路径

当用户知道数据库的具体存储地址（如在自己电脑上），或上传的服务器的存储地址时可以通过绝对路径来定义Access的连接字符串。

通过绝对路径来定义连接字符串的格式为："Provider=Microsoft.Jet.OLEDB.4.0;UID=用户名;PWD＝用户密码;Data source=数据库的绝对路径"，如数据库db.mdb位于E:\myweb\data目录下，则连接该数据库的连接字符串为："Provider=Microsoft.Jet.OLEDB.4.0;UID=test;PWD＝test888;Data source=E:\myweb\data\db.mdb"。

2. 虚拟路径

如果不知道数据库的完整存储路径，可通过虚拟路径来定义连接字符串。

通过虚拟路径来定义连接字符串的格式为："Driver={Microsoft Access Driver (*.mdb)};UID=用户名;PWD＝用户密码;DBQ＝数据库路径"，其中数据库路径常使用相对于网站根目录的虚拟路径，则可写为："Driver={Microsoft Access Driver (*.mdb)};UID=用户名;PWD＝用户密码;DBQ="& server.mappath("数据库路径")，如"Driver={Microsoft Access Driver (*.mdb)};UID=test;PWD＝test888;DBQ="& server.mappath("database/login.asa")就是一个合法的Access连接字符串。

13.5.2 创建SQL Server数据库的连接字符串

连接SQL Server数据库的连接字符串的格式为："Provider=SQLOLEDB;Server=SQL SERVER服务器名称;Database=数据库名称;UID=用户名;PWD=密码;DATABASE=数据库名称"。如"Provider=SQLOLEDB;Server=gg;Database=login;UID=sa;PWD=admin888;DATABASE=data"就是一个合法的SQL Server数据库连接字符串。

13.5.3 创建数据源（DSN）

数据源（DSN）的类型有多种，但其创建方法则类似，下面就以创建Access的数据源为例进行讲解，其具体操作如下：

步骤 01 打开“控制面板”窗口，单击“管理工具”超链接，在打开的的窗口中双击“数据源（ODBC）”选项，如图13-17所示。

步骤 02 打开“ODBC数据源管理器”对话框，选择“系统DSN”选项卡，单击 添加(D)... 按钮，如图13-18所示。

图13-17　双击“数据源（ODBC）”选项

图13-18　添加DSN

步骤 03 打开“创建新数据源”对话框，在“名称”列表框中选择“Microsoft Access Driver（*.mdb）”选项，单击 确定 按钮，如图13-19所示。

步骤 04 打开“ODBC Microsoft Access安装”对话框，在“数据源名”文本框中输入名称为“new”，单击 选择(S)... 按钮，如图13-20所示。

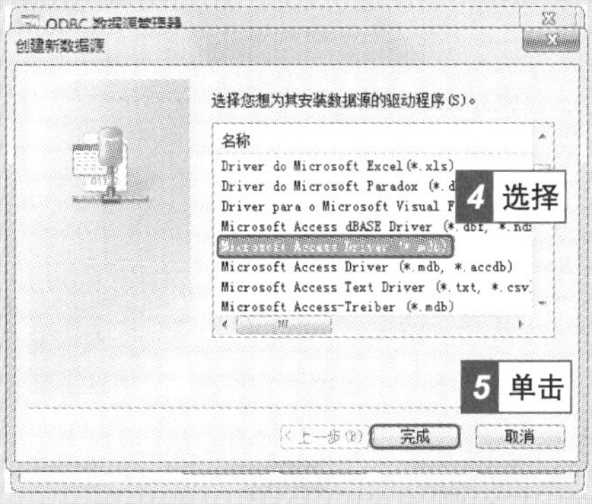

图13-19　“创建新数据源”对话框

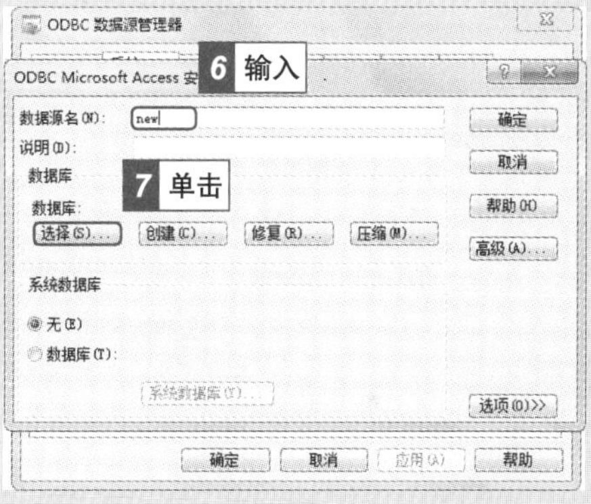

图13-20　“ODBC Microsoft Access安装”对话框

小魔女，如果建立Driver do Microsoft Access（*.mdb）数据源，则需要使用虚拟路径。

嗯，那这里新建的Microsoft Access Driver（*.mdb）数据源就是绝对路径了吧！

步骤 05 打开“选择数据库”对话框，在“驱动器”下拉列表框中选择数据库所在的磁盘位置，在“目录”列表框中选择数据库文件所在的目录文件夹，这里选择temp选项，在“数据库名”列表框中选择数据源数据库new.mdb（光盘:\素材\第13章\new.mdb），单击 确定 按钮，如图13-21所示。

步骤 06 返回“ODBC Microsoft Access安装”对话框，单击 确定 按钮，在返回的对话框中可看到创建的数据源，如图13-22所示。

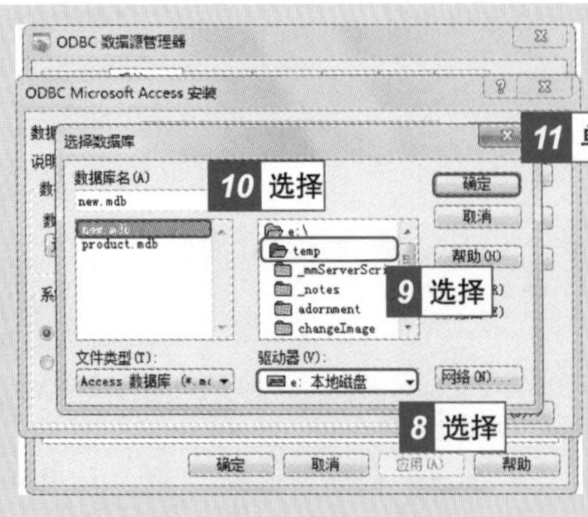

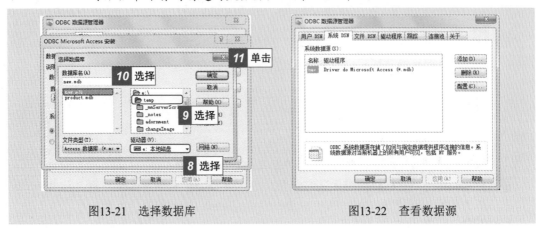

图13-21　选择数据库

图13-22　查看数据源

13.5.4 创建数据源连接

了解了自定义数据库连接的方法，创建了动态站点和数据源后，就可以在Dreamweaver中创建数据库连接了，其具体操作如下：

步骤 01 选择【文件】/【新建】命令，在打开的“新建文档”对话框左侧选择“空白页”选项卡，在“页面类型”列表框中选择ASP VBScript选项，在“布局”列表框中选择“无”选项，单击 创建(R) 按钮，如图13-23所示。

步骤 02 选择【窗口】/【数据库】命令，打开“数据库”面板，单击其中的 + 按钮，在弹出的下拉列表中选择“自定义连接字符串”选项，如图13-24所示。

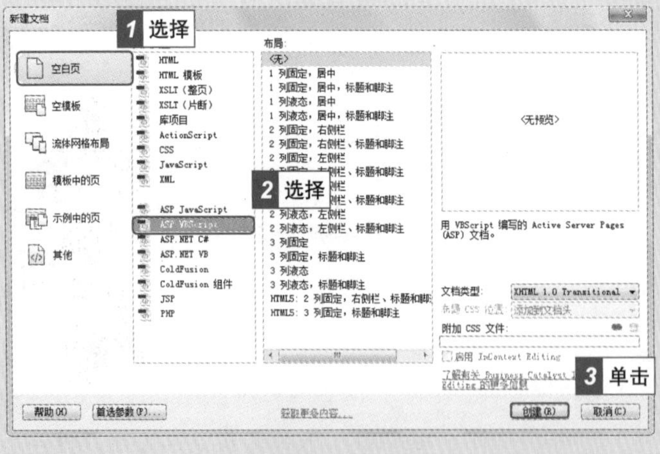

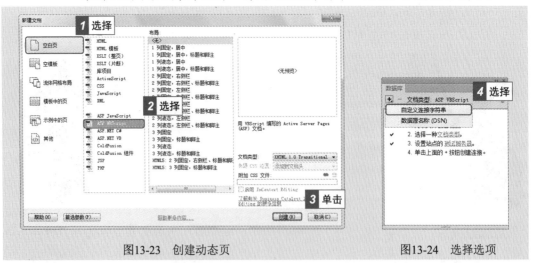

图13-23　创建动态页

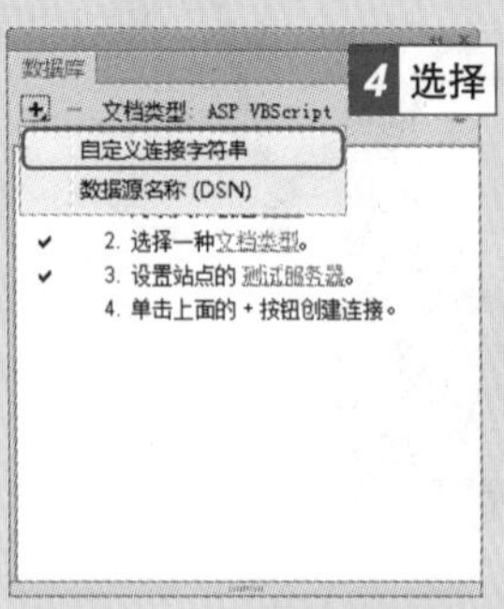

图13-24　选择选项

步骤 03 打开“自定义连接字符串”对话框，在“连接名称”文本框中输入“conn”，在“连接字符串”文本框中输入“"Provider=Microsoft.Jet.OLEDB.4.0;Data source=E:\temp\new.mdb"”，选中 ◉ 使用此计算机上的驱动程序 单选按钮，如图13-25所示。

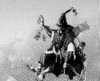

步骤 04 单击 测试 按钮，如果连接成功将弹出提示对话框，将提示“成功创建连接脚本”，单击 确定 按钮，如图13-26所示。

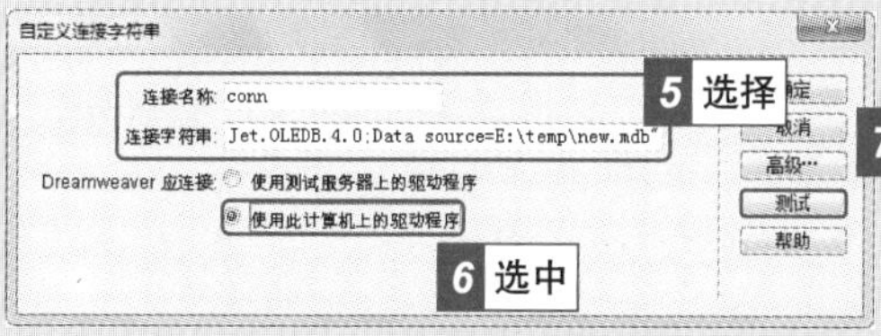

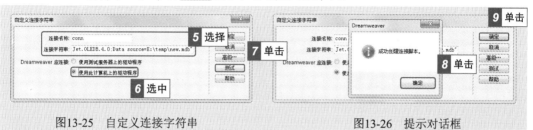

图13-25　自定义连接字符串

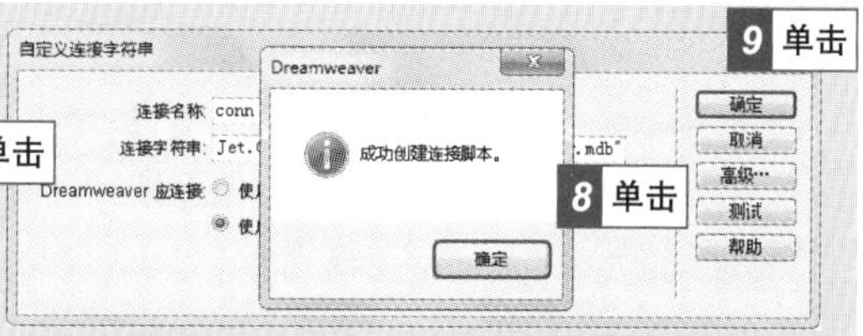

图13-26　提示对话框

魔法档案——驱动程序的选择

在本例中选择了此计算机上的驱动程序，这是因为创建的动态站点是基于本地网络，如果创建了其他远程站点，如FTP或WebDAV站点，则需选择使用服务器上的驱动程序，并且在创建数据源和自定义连接字符串时也需要使用相应的虚拟路径。

步骤 05 返回到“自定义连接字符串”对话框，单击 确定 按钮完成数据库连接的创建。在“数据库”面板中可查看到新建的数据库连接，如图13-27所示。

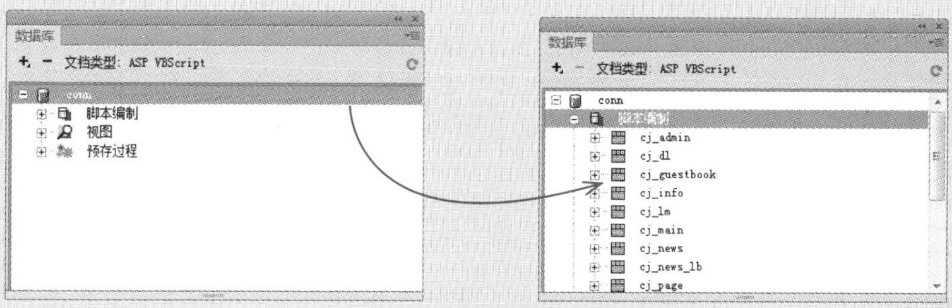

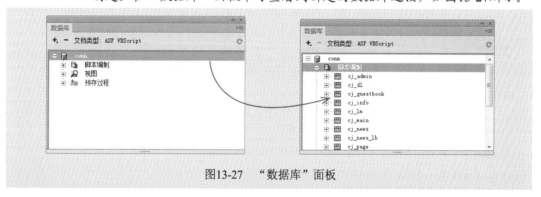

图13-27　“数据库”面板

13.6　制作数据库动态网页

魔法师： 小魔女，完成以上操作后，我们就可以开始创建动态网页了！这下可满足了你的好奇心了！

小魔女： 嘿嘿！那魔法师你就快教我动态网页的制作方法吧！

魔法师： 呵呵，在制作动态网页前，可以先进行静态页面的制作，然后再制作动态部分。当制作动态部分时，应先创建记录集，然后通过记录集来连接数据库中的数据。下面我们开始动态网页的制作吧！

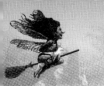

13.6.1 创建记录集

记录集是对数据库进行查询后得到的查询结果，要显示数据库中的内容，就必须先创建记录集。创建记录集的具体操作如下：

步骤 01 选择【窗口】/【绑定】命令，打开“绑定”面板，单击其中的+按钮，在弹出的下拉列表中选择“记录集（查询）”选项，如图13-28所示。

步骤 02 打开“记录集”对话框，在“名称”文本框中输入记录集的名称“user”，如图13-29所示。

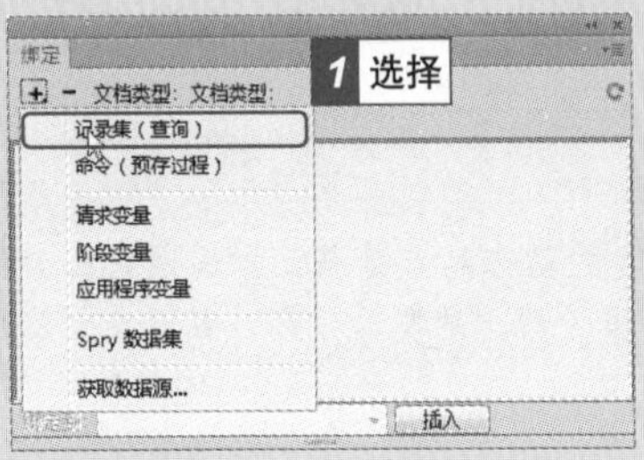

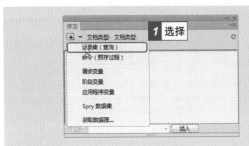

图13-28 选择选项

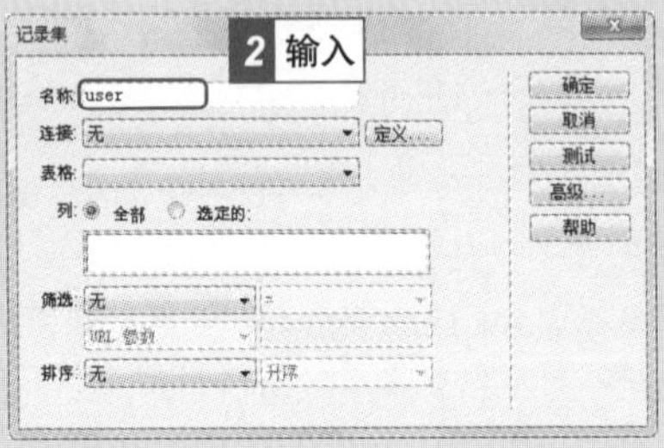

图13-29 “记录集”对话框

步骤 03 在“连接”下拉列表框中选择一个数据库连接选项，如还没有创建数据库连接，可以单击 定义... 按钮创建一个数据库连接。这时在“表格”下拉列表框中将显示该数据库中包含的表，选择要对其进行查询的表。

步骤 04 在“列”栏中设置查询结果中包含的字段名称，如果选中 全部 单选按钮，则表示查询结果将包含该表中所有字段；按住【Ctrl】键可进行多选。

步骤 05 在“筛选”栏中设置查询的条件，在“排序”栏第1个下拉列表框中可选择要排序的字段，在第2个下拉列表框中可选择按升序或降序进行排序，完成设置，如图13-30所示。

步骤 06 单击 测试 按钮，在打开的“测试SQL指令”对话框中即可看到测试的结果，如图13-31所示。

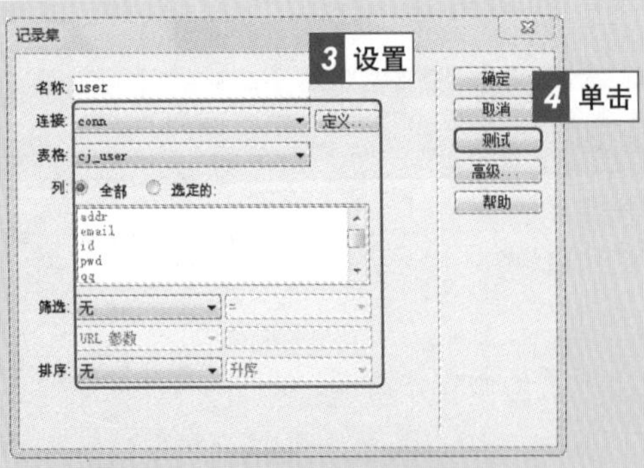

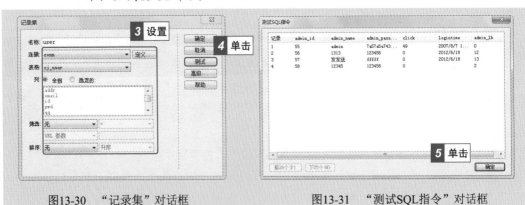

图13-30 “记录集”对话框

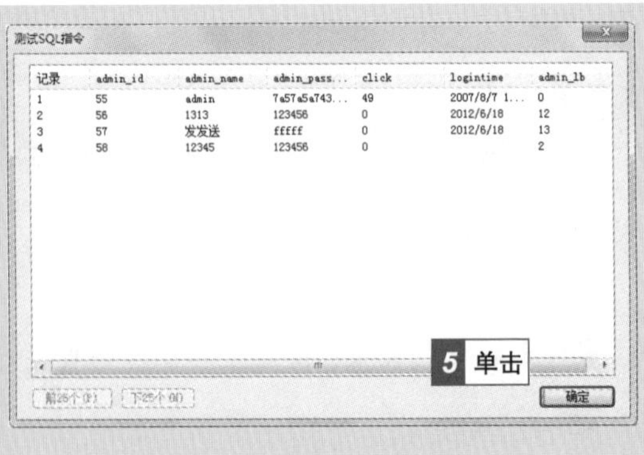

图13-31 “测试SQL指令”对话框

步骤 07 单击 确定 按钮关闭“测试SQL指令”对话框，再单击 确定 按钮关闭“记录集”对话框，返回“绑定”面板可以看到创建的记录集。

13.6.2 制作动态页面

当用户在网页文档中创建记录集后，就可以开始制作动态页面，动态页面的制作主要是通过对记录进行操作。

1. 插入动态表格

要在网页中显示连接的数据库中的数据，需在网页中插入动态表格，其具体操作如下：

步骤 01 在“数据”插入栏中单击“动态数据”按钮后的按钮，在弹出的下拉列表中选择“动态表格”选项，打开“动态表格”对话框。

步骤 02 在“记录集”下拉列表框中选择创建的记录集infor，在“显示”栏中设置当前页面显示的记录条数，这里在“记录”文本框中输入“10”，在“边框”、“单元格边框”和“单元格间距”文本框中设置表格的边框样式，如图13-32所示。

步骤 03 单击确定按钮返回网页文档，可查看插入的动态表格，如图13-33所示（光盘:\效果\第13章\user\user.asp）。在浏览器中预览，还可查看到该表格中的数据。

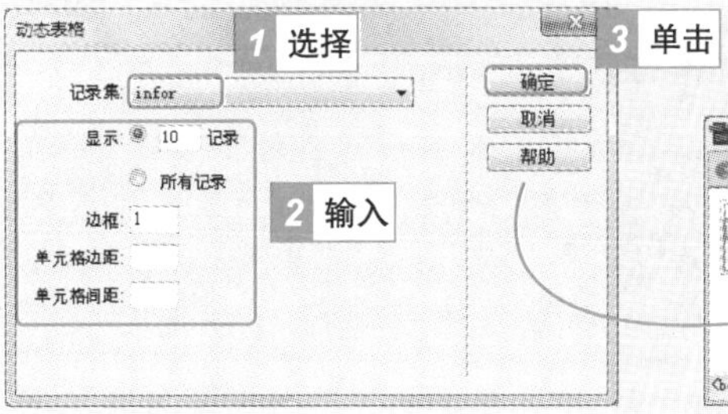

图13-32 插入动态表格

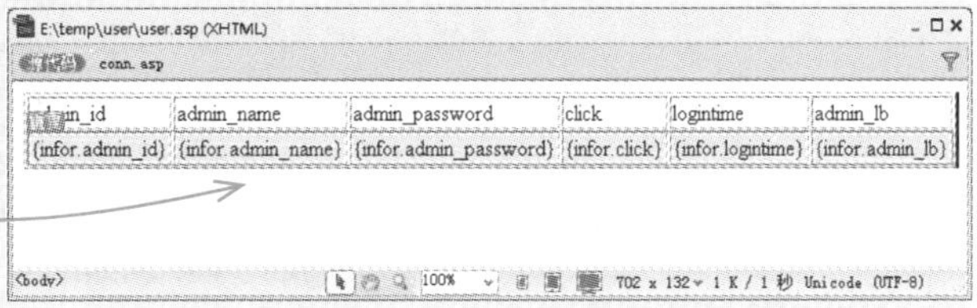

图13-33 查看表格

晋级秘诀——使用记录集分页来设置每页中显示的数据

插入动态表格后，继续在“数据”插入栏中单击“记录集分页”按钮后的按钮，在弹出的下拉列表中选择“记录集导航”选项，在打开的对话框中选择记录集和分页的显示方式即可对页面中的数据进行分页显示。

2. 插入记录

当需要收集用户的信息并保存到数据库中时，可通过“插入记录”功能来实现，其具体操作如下：

步骤 01 新建index.asp网页文档，单击“数据”插入栏中“插入记录”按钮右侧的按钮，在弹出的下拉列表中选择“插入记录表单向导”选项。

步骤 02 打开“插入记录表单”对话框，在“连接”下拉列表框中选择连接为conn；在“插入到表格”下拉列表框中选择要插入数据的表为cj_admin；在“插入后，转到”文本框中输入连接的网页的URL地址。

步骤 03 在“表单字段”列表框中设置需要显示在表单中的字段，如不需要则选中后再单击⊟按钮将其删除。

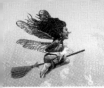

步骤 04 在“表单字段”列表框中选择每一个字段，并在“标签”文本框、“显示为”下拉列表框、“提交为”下拉列表框及“默认值”文本框中进行设置，以确定其在表单中的显示及如何提交数值，如图13-34所示。

步骤 05 单击 确定 按钮，完成操作，此时编辑窗口中显示的内容如图13-35所示。

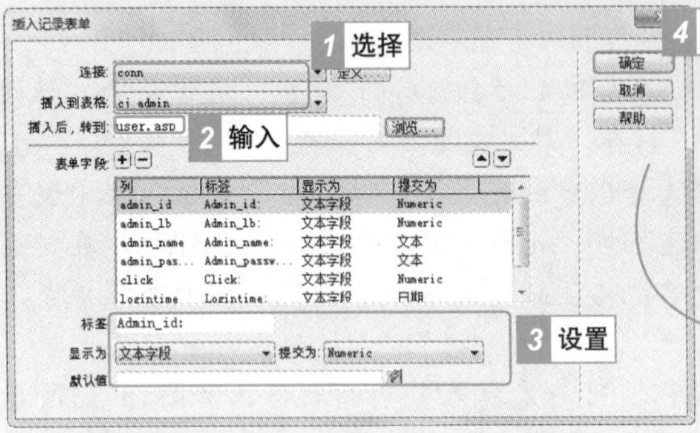

图13-34 “插入记录表单”对话框

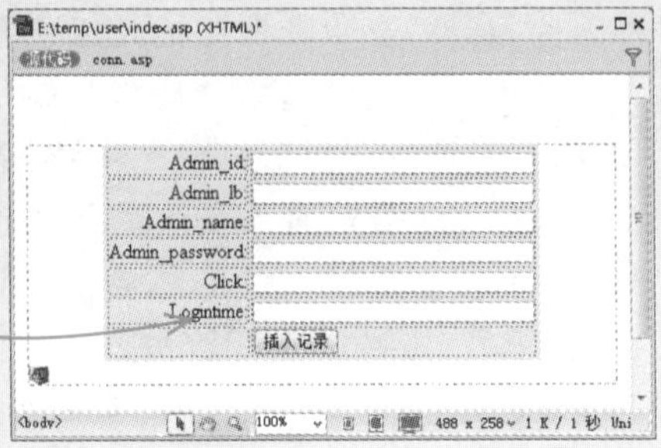

图13-35 插入的记录表单

步骤 06 保存并预览网页，输入相应数据后，单击 插入记录 按钮，即可插入一条记录，如图13-36所示（光盘:\效果\第13章\user\index.asp、user.asp）。

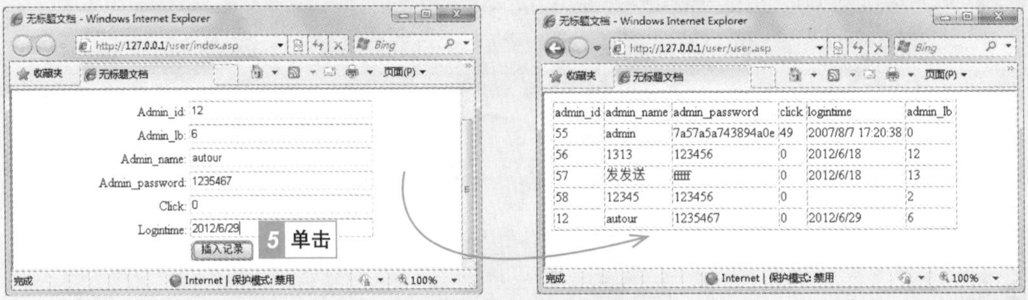

图13-36 预览效果

3. 删除记录

当数据库中某些数据无用时，可将其删除。要删除数据库中的某条记录，可以使用“删除记录”功能，其具体操作如下：

步骤 01 打开上例中的user.asp网页文档，并在表格的最后增加1列。将鼠标光标定位到最后1个单元格中，插入1个表单，并添加1个提交按钮，将其值修改为“删除”，如图13-37所示。

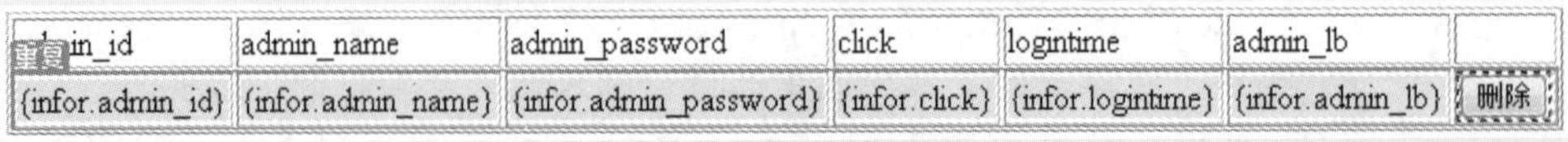

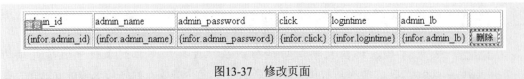

图13-37 修改页面

步骤 02 在“数据”插入栏中单击“删除记录”按钮，打开“删除记录”对话框。

步骤 03 在“连接”下拉列表框中选择要删除记录的数据库连接，在“从表格中删除”下拉列表框中选择要删除数据的表，在“选取记录自”下拉列表框中选择记录集，在“唯一键列”下拉列表框中选择admin_id选项，在“提交此表单以删除”下拉列表框中选择添加的表单名称，在“删除后，转到”文本框中输入“user1.asp”，如图13-38所示。

步骤 04 单击 确定 按钮完成删除记录功能的添加，如图13-39所示。

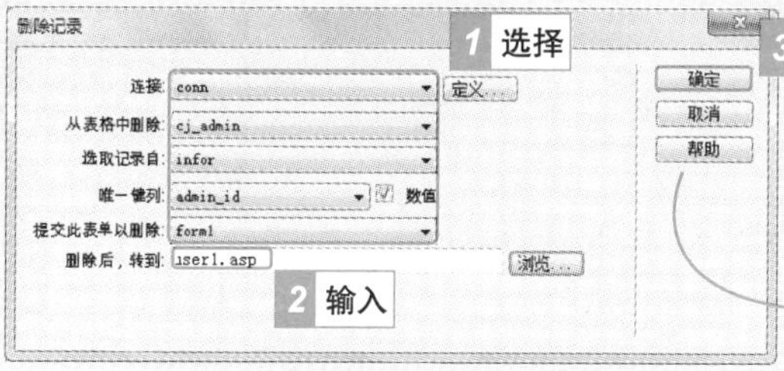

图13-38 “删除记录”对话框

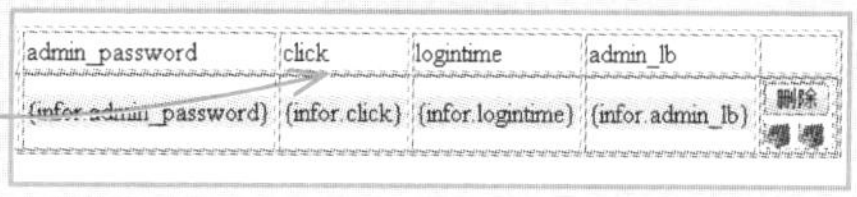

图13-39 完成删除记录功能的添加

步骤 05 保存网页并按【F12】键进行预览，单击某条记录后面的 删除 按钮，即可在数据库中删除该记录，如图13-40所示（光盘:\效果\第13章\user\user1.asp）。

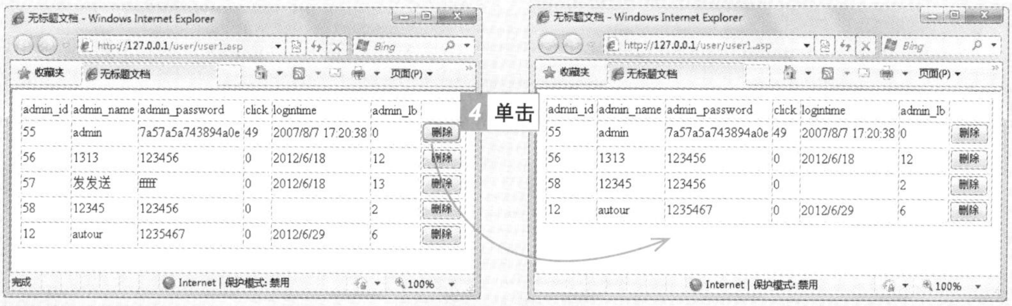

图13-40 预览效果

13.7 典型实例——制作“产品信息”网页

魔法师：掌握以上操作后，我们就可以制作动态网页！下面就来做一个“产品信息”网页，实现产品信息的动态显示！

小魔女：嗯！我可等好久了。制作这个网页需要用到哪些知识呢？

魔法师：需要先建立一个动态网站，如名为test的本地/网络动态网站，并对IIS进行相应设置，然后将制作网页需要的素材文件复制到其中，再为网页建立数据库连接，最后再通过记录集来实现产品信息的动态显示。其效果如图13-41所示（光盘:\效果\第13章\test\index.asp）。

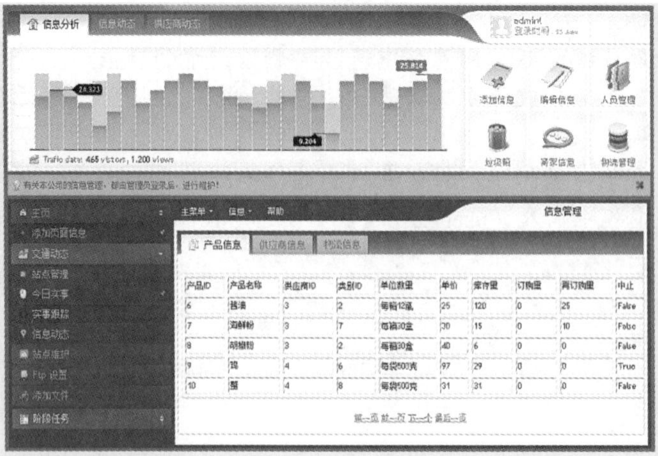

图13-41 产品信息

其具体操作如下：

步骤 01 打开index.asp网页文档（光盘:\素材\第13章\test\index.asp），选择【窗口】/【数据库】命令，打开“数据库”面板。

步骤 02 单击其中的+按钮，在弹出的下拉列表中选择“自定义连接字符串”选项，打开“自定义连接字符串”对话框。

步骤 03 在“选择名称”文本框中输入“productInfor”，在“连接字符串”文本框中输入“"Provider=Microsoft.Jet.OLEDB.4.0;Data source=D:\test\Information.mdb"”，选中◉使用此计算机上的驱动程序单选按钮，如图13-42所示。

步骤 04 单击 测试 按钮，如提示“成功创建连接脚本”，则单击 确定 按钮，返回“数据库”面板中可查看到创建的连接，如图13-43所示。

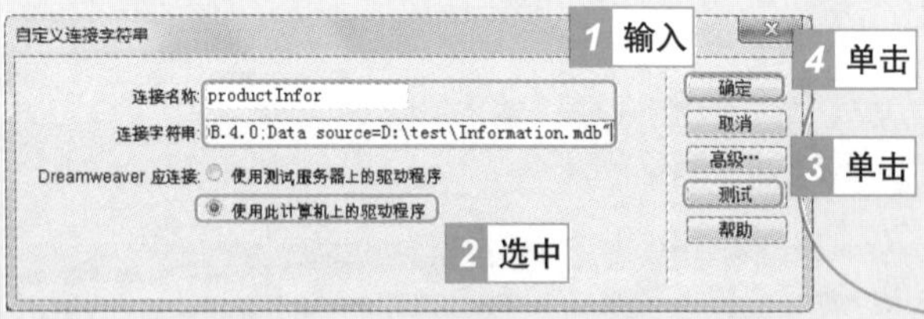

图13-42 创建连接

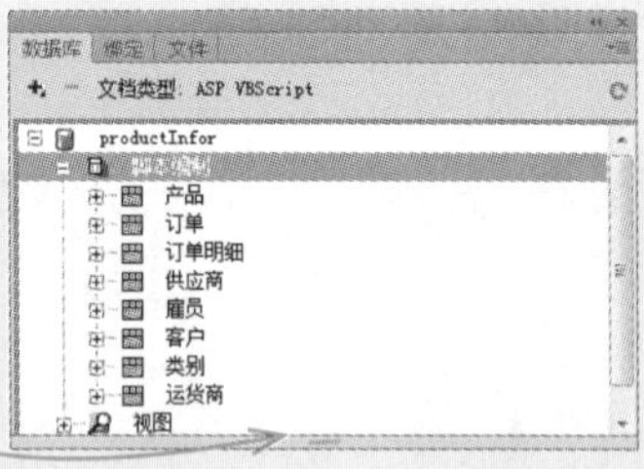

图13-43 查看连接

步骤 05 选择【窗口】/【绑定】命令，打开“绑定”面板，单击其中的+按钮，在弹出的列表中选择“记录集（查询）”选项。

步骤 06 打开“记录集”对话框，在“名称”文本框中输入“productInfor”，在“连接”下拉列表框中选择productInfor选项，在“表格”下拉列表框中选择“产品”选项，如图13-44所示。

步骤 07 单击 确定 按钮，返回“绑定”面板可以看到创建的记录集。

步骤 08 将鼠标光标定位到网页中“产品信息”选项卡下方的Div标签中，单击“数据”插入栏中的“动态数据”按钮后的按钮，在弹出的下拉列表中选择

“动态表格”选项。

步骤 09 打开“动态表格”对话框，在“显示”文本框中输入“5”，单击 确定 按钮，如图13-45所示。

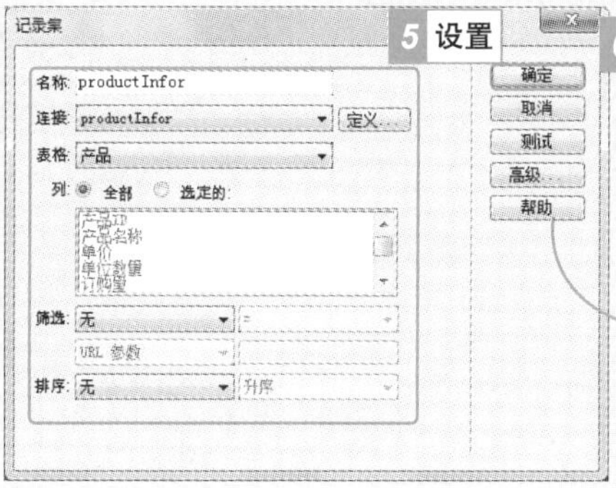

图13-44　“记录集”对话框

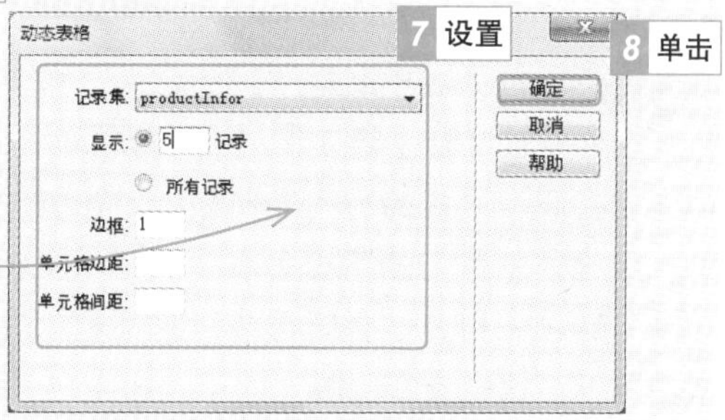

图13-45　“动态表格”对话框

步骤 10 选择插入的表格，在其“属性”面板中设置其宽度为700，填充为2，间距为5，如图13-46所示。

步骤 11 按【Enter】键换行，单击“数据”插入栏中的“记录集分页”按钮后的按钮，在弹出的下拉列表中选择“记录集导航条”选项。

步骤 12 打开“记录集导航条”对话框，在“记录集”下拉列表框中选择productInfor选项，选中 文本 单选按钮，如图13-47所示。

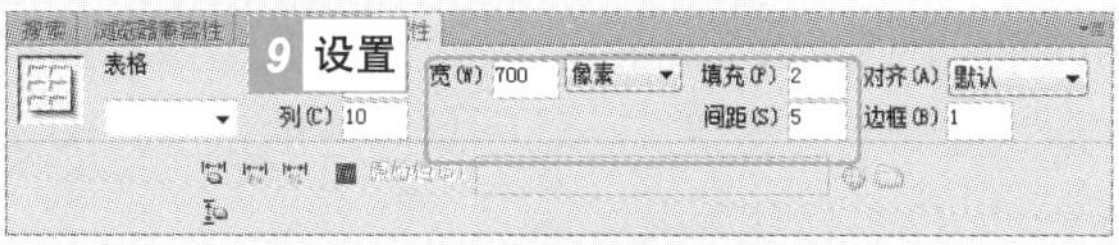

图13-46　设置表格的属性

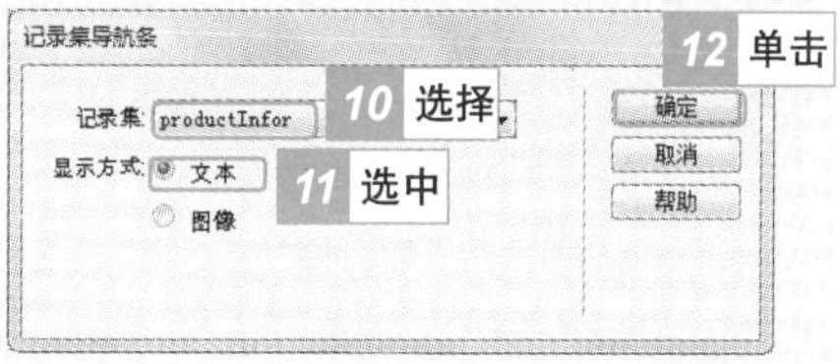

图13-47　“记录集导航条”对话框

步骤 13 单击 确定 按钮，返回网页文档中选择插入的记录集分页，在其“属性”面板中设置其对齐方式为“居中对齐”。

步骤 14 保存并预览网页，查看产品的信息。

13.8　本章小结——动态网页的其他知识

小魔女：经过这段时间的学习，我又掌握了更多制作网页的方法，使自己制作网页的能力不断提升，真是太感谢你了，魔法师！

魔法师：呵呵~~不用客气！你能够做到这些与你自己的努力也是分不开的。

小魔女：嗯，魔法师你还有更多制作网站的知识吗？我想再多学一点知识！

魔法师：嘿嘿，那当然了！下面我就再教你几招，你可听好了！

第1招：更新记录

在网页中创建记录集后，如果需要使用的表格不符合要求，可通过更新记录来重新设置记录集，其方法为：在“数据”插入栏中单击“更新记录”按钮后的按钮，在弹出的下拉列表中选择“更新记录表单向导”选项；或选择【窗口】/【服务器行为】命令，打开“服务器行为”面板，单击其中的按钮，在弹出的下拉列表中选择“更新记录”选项，打开“更新记录”对话框，在其中重新设置记录集的属性即可，如图13-48所示。

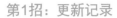

图13-48　更新记录

第2招：设置服务器行为

动态网站的一个重要特点就是用户所定义的操作都可在“服务器行为”面板中进行。选择【窗口】/【服务器行为】命令，打开“服务器行为”面板，单击其中的按钮，在弹出的下拉列表中可选择用户需要设置的各种操作，如添加记录集、记录集分页、重复区域和设置用户登录等。

13.9　过关练习

（1）打开index1.asp网页文档（光盘:\素材\第13章\test\index1.asp），在其中练习数据库的连接、添加记录集和表格，在表格中设置每页显示10条记录，并删除其中的供应商ID、国家和主页3个字段，查看供应商的信息（光盘:\效果\第13章\index1.asp）。

（2）打开reg.asp网页文档（光盘:\素材\第13章\usrlogin\reg.asp），在网页文档中插入记录表单、表单验证行为，最终效果如图13-49所示（光盘:\效果\第13章\usrlogin\reg.asp）。

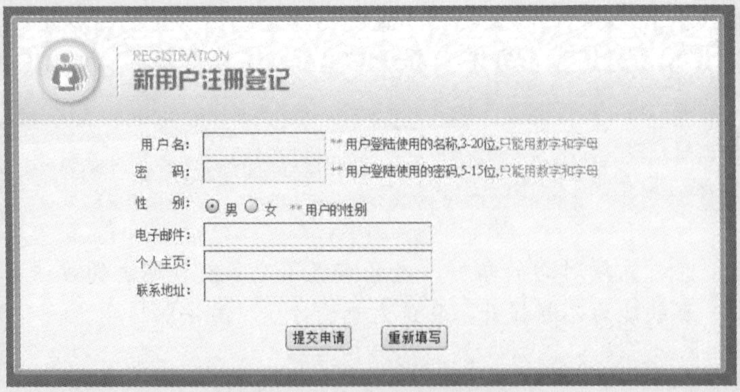

图13-49　reg.asp网页文档

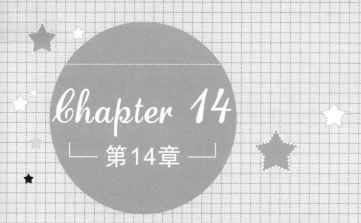

Chapter 14

第14章

发布和维护网站

小魔女：魔法师，我在网上看到小明的网站了，太漂亮了！

魔法师：小魔女，其实你制作的网站也不错啊，你也可以将自己制作的网站上传到网络中，让朋友们都看看哟！

小魔女：哦，太好了！那怎么才能将制作的网站上传到网络中呢？

魔法师：首先你得有一个域名和一个空间，然后再使用专用上传软件或Dreamweaver CS6将其上传到网络中去。最后还要对上传的网站进行定期的维护，保证网站的正常运行。

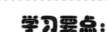

学习要点：

- 发布网站前的准备
- 申请域名及主页空间
- 测试本地站点
- 发布及维护网站

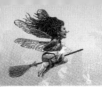

14.1 发布网站前的准备

魔法师：小魔女，你知道当我们制作好网站后，一般都会进行什么操作吗？

小魔女：应该是上传网站吧！

魔法师：没错！制作好网站后，为了让因特网用户能通过网络访问自己的网站，应该先上传网站。但在上传网站前，我们还需进行一定的准备工作，一般包括申请域名及主页空间和测试本地站点等，下面我们就来看看吧！

14.1.1 申请域名及主页空间

通常可以简单地将空间和域名比作是房间和钥匙，其中房间用于存放，钥匙用于打开存放物品的门。一般情况下有免费和收费两种域名及主页空间，分别如下：

- 免费主页空间的大小和运行的支持条件会受一定限制。
- 收费主页空间一般由网站托管机构提供，其空间大小及支持条件可供用户根据需要进行选择。

1. 申请免费域名及主页空间

在网络中可以申请免费域名和网站空间的网站很多，申请的流程基本相同，下面以www.5944.net网站为例进行介绍。首先申请成为注册会员，这里只进行免费网站空间的申请，其具体操作如下：

步骤 01 启动IE浏览器，在地址栏中输入“http://www.5944.net/”，按【Enter】键打开网页，然后单击 立刻注册 按钮，如图14-1所示。

步骤 02 打开会员注册页面，在页面中填写相应的信息，如图14-2所示。

图14-1 打开网页

图14-2 填写注册信息

步骤 03 单击 注册 按钮，如果用户注册信息填写正确，在打开的提示对话框中单击确定按钮。

步骤 04 系统自动以注册的账号进行登录，然后在打开的页面中单击点击获取免费空间按钮，如图14-3所示。

步骤 05 获取成功后，将打开提示对话框，单击确定按钮，系统自动为用户分配一个免费的空间，如图14-4所示。

图14-3　登录网站

图14-4　查看免费空间

2. 申请收费域名

申请收费域名的方法比较简单，如打开http://www.net.cn/页面，在“域名查询”栏的文本框中输入需要注册的域名，这里输入“tianyu”，在其下方选中需要查看的域名类型，如图14-5所示。单击查询按钮弹出域名查询结果页面，如图14-6所示。

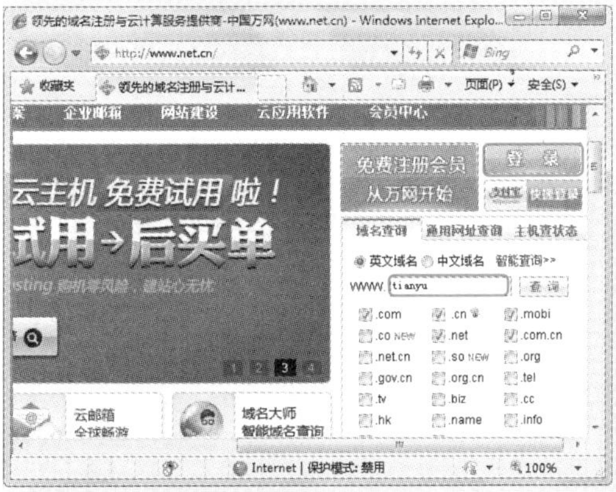

图14-5　打开网页

图14-6　查询结果

如果查询域名已被注册，则需要输入其他的域名；如果查询域名未被注册，则应及时向域名注册机构申请注册。在网上申请域名会要求填写相应的个人信息或单位资料，申请国内域名还需单位加盖公章后方可办理。在填写资料时，个人的地址信息及其他联系信息如电话、E-mail等应填写，以便及时联系。域名申请成功后，通常还需要将该域名指向自己的主页空间，以便用户能通过该域名访问到对应的网页内容。

3. 申请收费空间

如果用户的网站是个人网站，在网站中并没有什么重要的信息，那么可以使用免费的空间。但如果网站的信息非常重要，而且必须保证网站的正常、稳定运行，就必须为网站申请收费的空间。下面将在万网申请收费的空间，其具体操作如下：

步骤 01 启动IE浏览器，在地址栏中输入网址“http://www.net.cn/”，按【Enter】键打开登录网页，如不是网站的会员，则必须申请一个新的用户名，如图14-7所示。

步骤 02 在网站的导航条中单击“云主机”超链接，在弹出的下级菜单中单击“云虚拟主机”超链接，如图14-8所示。

图14-7 打开网页

图14-8 单击超链接

步骤 03 在打开的页面中将显示出所有的虚拟主机（空间），在满意的虚拟主机下方单击 加入购物车 按钮，如图14-9所示。

步骤 04 在打开的提示对话框中单击 查看购物车 按钮，打开购物车页面，在其中查看购买的虚拟主机信息，无误后单击 立即结算 按钮，如图14-10所示。

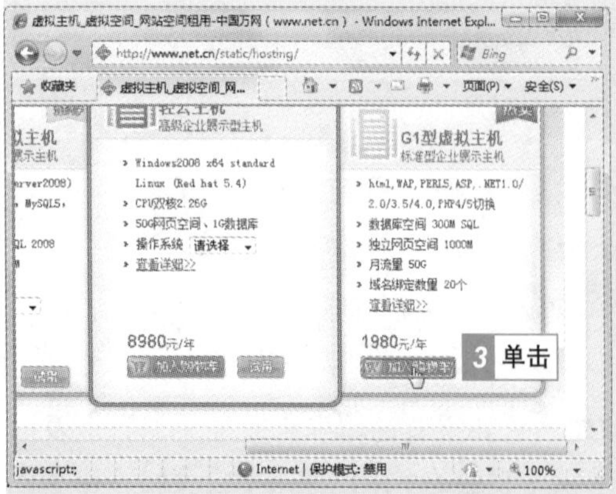

图14-9 选择虚拟主机

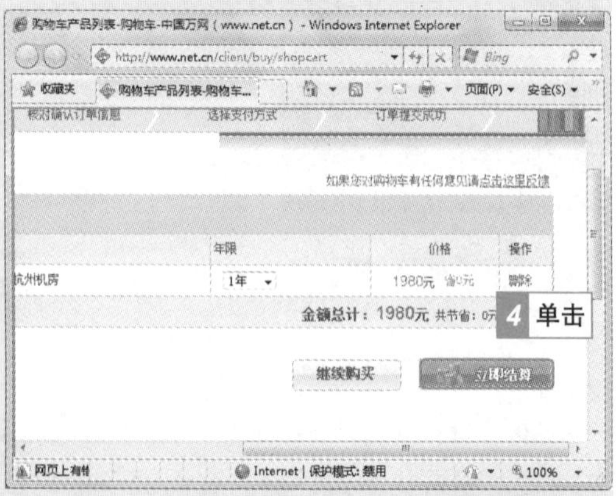

图14-10 查看购物车

步骤 05 打开“确定订单”页面，确定订单信息后，单击 确认订单，继续下一步 按钮，如图14-11所示。

步骤 06 在打开的页面中选择付费的方式，选中 中国建设银行 单选按钮，这里通过网上银行进行支付，单击 立即支付 按钮完成购买，如图14-12所示。

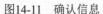

图14-11 确认信息

图14-12 确认购买

14.1.2 测试本地站点

制作好网页并申请好主页空间及域名后，还不能立即将网站上传。为了保证页面的内容能在浏览器中正常显示、链接能正常进行跳转，还需要对站点进行本地测试，如兼容性测试和检查并修复链接等。

1. 兼容性测试

测试兼容性主要是检查文档中是否有目标浏览器所不支持的标签或属性，当有元素不被目标浏览器所支持时，网页将显示不正常或部分功能不能实现。

目标浏览器的兼容性检查提供了3个级别的潜在问题的信息，即告知性信息、警告和错误，其含义如下。

- 告知性信息：表示代码在特定浏览器中不支持，但没有可见的影响。
- 警告：表示某段代码将不能在特定浏览器中正确显示，但不会导致任何严重的显示问题。
- 错误：表示代码可能在特定浏览器中导致严重的、可见的问题，如导致页面的某些部分消失。

检查浏览器兼容性的具体操作如下：

步骤 01 在“文档”工具栏中单击“检查浏览器兼容性”按钮，在弹出的菜单中选择“设置”命令，打开“目标浏览器”对话框，如图14-13所示。

步骤 02 在该对话框中选中需要检查的浏览器复选框，在其右侧的下拉列表框中选择浏览器的最低版本。

步骤 03 单击 确定 按钮关闭对话框，完成要测试的目标浏览器的设置，打开“检查浏览器兼容性”面板，如图14-14所示。

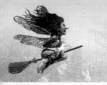

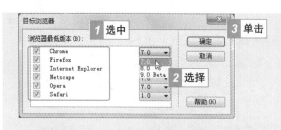

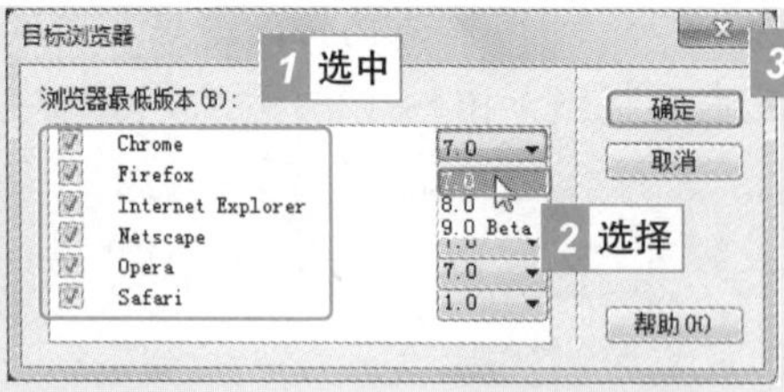

图14-13 “目标浏览器”对话框

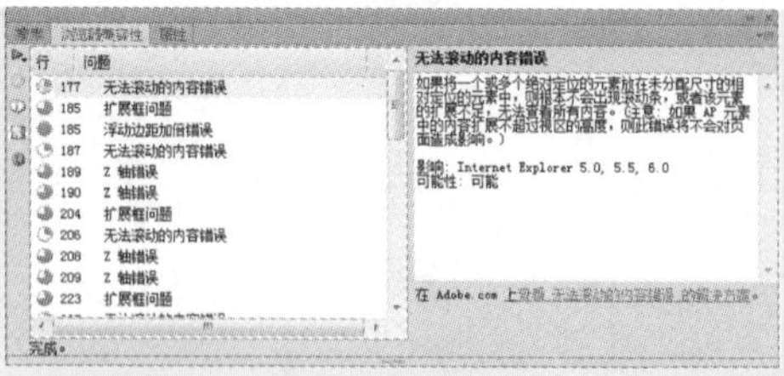

图14-14 “检查浏览器兼容性”面板

步骤 04 双击“检查浏览器兼容性”面板的错误信息列表中需要修改的错误信息，在“拆分”视图中系统自动选中不支持的标记，将不支持的代码更改为目标浏览器能够支持的其他代码或将其删除。

魔法档案——检查整个站点

检查对象有当前文档和整个站点两种情况，若要对整个站点进行检查，则应在“站点”面板中选择要测试的站点。当检查结果中出现错误时一定要及时修复错误，否则会影响网页的正常显示。

2. 检查并修复链接

在发布站点前，为了确保站点页面内所有超链接的URL地址的正确性，还需对站点中的超链接进行检查，当查出错误后，应立即对其进行修改。

下面将检查并修复网页中的超链接，其具体操作如下：

步骤 01 在Dreamweaver CS6中打开需检查的网页文档。

步骤 02 选择【文件】/【检查页】/【链接】命令，在“链接检查器”面板中将显示出断掉的链接，如图14-15所示。

步骤 03 单击“断掉的链接”列表框中要修复的超链接，使其呈改写状态。

步骤 04 在其中可重新输入链接路径，也可单击右侧的图标，在打开的“选择文件”对话框中重新选择链接的网页文档，如图14-16所示。

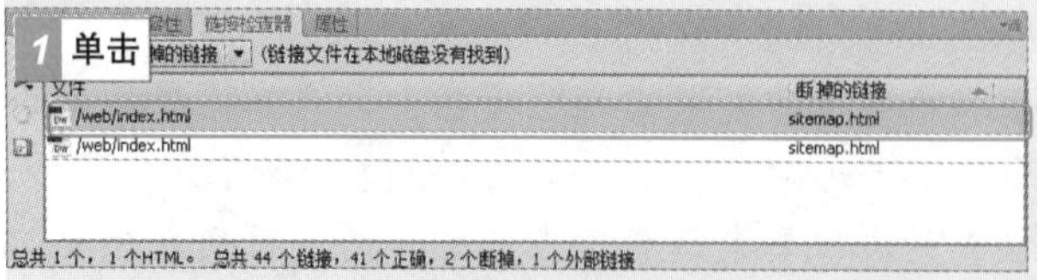

图14-15 检查断掉的超链接

图14-16 重新链接文件

步骤 05 如果多个文件都有相同的中断链接，当用户对其中的一个链接文件进行修改后，系统会打开提示对话框，询问是否修复余下的引用该文件的链接。

步骤06 单击 是 按钮关闭提示框，系统自动将其他具有相同中断链接的文件重新指定链接路径。

14.2 发布及维护网站

小魔女：魔法师，申请了域名、空间并对站点进行测试后，还应该做些什么操作才能发布网站呢？

魔法师：呵呵，不用了，所有的准备工作都已经完成了，下面我们就可以开始学习网站的发布了。通常发布网站都要通过FTP来上传。但是发布网站后，还需要做一件事，你知道是什么吗？

小魔女：是不是对网站进行维护呀！就像我家的电器使用了一段时间后要进行维修一样？

魔法师：嗯，那下面我们就来看看制作网站的最后步骤——发布及维护网站。

14.2.1 配置站点

上传网站可通过FTP命令和FTP软件实现，如LeapFTP和CuteFTP等，一般情况下网站都是使用LeapFTP上传，该软件的视图非常直观，用户可以清楚地查看上传网站的有关信息。LeapFTP软件上传站点前首先需要对上传站点进行配置，配置站点的具体操作如下：

步骤01 启动LeapFTP软件，选择【站点】/【站点管理器】命令，打开“站点管理器”对话框。

步骤02 选择【站点】/【新建】/【站点】命令，打开“创建站点”对话框，在“站点名称”文本框中输入需配置的站点名称“temp”，如图14-17所示。

步骤03 单击 确定 按钮，返回“站点管理器”对话框，在对话框的右侧输入相应的站点信息，如图14-18所示。

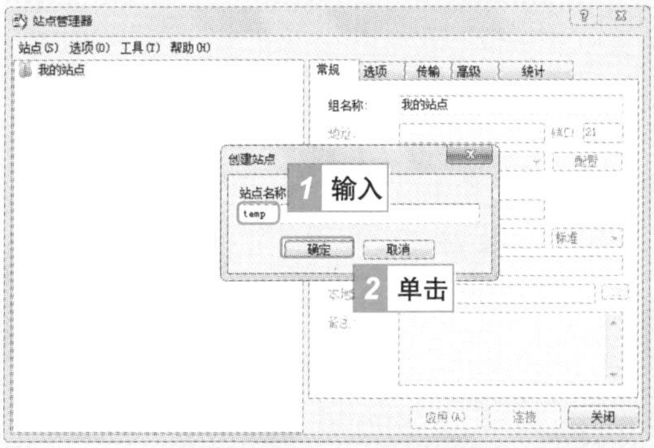

图14-17　输入站点名称

图14-18　输入站点的相应信息

步骤04 单击 应用(A) 按钮应用设置，再单击 关闭 按钮，完成站点的配置。

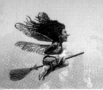

14.2.2 上传站点

对站点进行配置后即可进行站点的上传，其具体操作如下：

步骤 01 启动LeapFTP软件，选择【站点】/【站点管理器】命令，打开“站点管理器”对话框，在对话框左侧的站点列表中选择配置好的站点temp，如图14-19所示。

步骤 02 单击 连接 按钮，LeapFTP即开始连接FTP服务器。在左侧列表框中选择myflower.html，按住鼠标左键不放，将其拖入到右边的列表框中，如图14-20所示。

图14-19 连接服务器

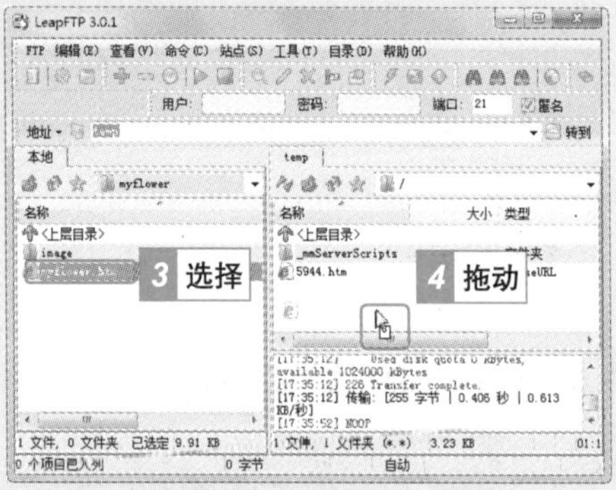

图14-20 上传文件

步骤 03 释放鼠标开始上传文件，稍等片刻即可发现所选择文件已经上传到空间中，如图14-21所示。

图14-21 完成网页文件的上传

14.2.3 下载站点

使用LeapFTP连接到FTP服务器后，即可进行上传或下载操作。下载文件的方法与上传文件的方法基本相同，从右侧的文件列表中选择要下载的文件或文件夹后，将其拖动到左侧的文件列表中释放鼠标即可完成文件的下载操作。另外，也可以在选中的文件上单击鼠标右键，在弹出的快捷菜单中选择“下载”命令，完成文件的下载操作。

14.2.4 宣传站点

用户将制作的网站上传到网络后，为了提高网站的访问量，还需要对网站进行必要的宣传，宣传网站的方法有许多种，下面分别进行讲解。

1. 使用网站导航登录

一个流量不大，知名度不高的网站，进行导航网站登录是最有效的方法之一。如比较常用的有网址之家（http://www.hao123.com）、265网址（http://www.265.com）、精彩网址（http://www.wujiweb.com）和中国网址（http://www.cnww.net）等。

2. 友情连接

友情连接可以给网站带来稳定的访问量，同时也有利于网站在搜索引擎中的排名。进行友情链接时，最好能链接一些流量比自己高、有知名度的网站，然后是与自己网站内容互补的网站，再是同类网站，这些因素都能影响Google等搜索引擎的排名，提高网站的知名度。

3. 媒体宣传

媒体越来越成为社会的主流，它覆盖面很广但花费较大，适合大型网站和商业网站。此外，现在有专门从事网站推广的公司，也可直接与其联系，让他们替自己的网站进行宣传，当然这也是要付费的。

4. SEO搜索引擎优化

SEO搜索引擎优化是通过优化网站的内容、结构与相关的链接等，使搜索引擎能更多地收录网站的内容，提高网站在搜索引擎中的排名，提高网站访问量。因此在创建网站时，需要准确选择与设置关键字，以增加网站被搜索引擎搜索到的几率，如美食站点可选中国美食、中国食物和food China等作为关键字，并可在标题（title）和正文中都出现，增加关键字的曝光率。

5. 微博宣传

由于微博具备信息发布便捷、传播速度快、互动性强和用户量大等特点，逐步在网络营销中占据了强大的市场，而通过微博宣传网站时，主要可通过关注他人、发展粉丝以及多参与微博活动提升自己的名气，增加网站的访问量。

6. 邮件推广

邮件推广也是目前宣传推广中的主力军，但由于现在的用户每天接收的邮件都很多，且对垃圾邮件很反感，因此，在使用邮件推广时，一定要适量，不要盲目乱发，最好设计一个标题醒目且内容完善的邮件，以引起浏览者的阅读兴趣。

7. 投放广告

网络广告投放虽然要花钱，但是给网站带来的流量却是很可观的，如何花最少的钱，获得最好的效果有一些技巧，具体介绍如下。

- 低成本，高回报：在名气不大，流量大的网站上投放广告。目前，许多个人站点虽然名气不是很大，但是流量特别大，在它们上面做广告，价格一般都不贵。
- 高成本，高收益：首先了解网站的潜在客户是哪类人群，他们有什么习惯，然后再寻找他们访问频率比较高的网站进行广告投放。

8. 在留言板、BBS、聊天室、社区上做宣传

在人气比较旺的一些留言板、BBS、聊天室和社区上发表一些吸引人的帖子，并留下网址，别人看到你的文章后如果有兴趣就会访问你的网站。使用此方法需注意以下几点。

- 不要直接发广告：这样做会被认为是垃圾帖，会对用户的网站产生不良影响。
- 用好头像、签名：可以专门设计一个头像，宣传自己的品牌。签名可以加入自己网站的介绍和链接。
- 发帖要求质量第一：不要追求发帖的数量多少，发的地方有多少，质量高的帖子总是会被相互转贴的，因此质量是第一位的。

14.3 本章小结——管理空间

魔法师：小魔女，学习了这些知识后，我们的网页制作课程就告一段落了，你还有什么想知道的吗？可要赶紧问我哟！

小魔女：嗯，我想知道发布网站后是不是网站就一直在网络中，可以让他人访问呀？

魔法师：呵呵，不是的，网站是存放在我们申请的空间中的，如果空间不能使用，就不能访问网站了，我就再给你讲讲空间的管理吧！

第1招：登录并管理空间

在网站中申请免费的空间后，应该每隔一段时间就登录并管理空间，保持空间处于可使用的状态，否则供应商为了缓解空间压力，将自动认为该空间是已废弃的空间而将其删除。

第2招：将自己的电脑作为个人网站空间

如果自己的电脑连入了Internet，而且有固定的IP地址，安装了相应的Web服务器并对网络进行了正确的配置，也可将其作为个人网站空间来使用。

14.4 过关练习

（1）在“中国网格”网（http://www.cnwg.cn）中注册一个域名并申请一个空间。

（2）申请一个免费的域名空间，并将自己制作的网站上传到空间中。

Chapter 15

第15章

综合实例——制作“美乐装饰”网站

小魔女：魔法师，虽然学习完了这些知识，但制作网站的时候，我还是感觉无从下手，你可以帮帮我吗？

魔法师：小魔女，制作网站前，你可以先想想需要制作什么风格的网站，确定网站的主色调，然后收集制作网页需要的素材等！

小魔女：做完了这些以后，那接下来又该怎么做呢？

魔法师：接下来就得先创建站点、将制作网页需要的素材放到站点文件夹中，然后在Dreamweaver中新建页面、布局页面、编辑页面，最后再将网站上传！

学习要点：

- 案例目标
- 案例分析
- 制作过程

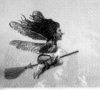

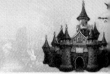

15.1 案例目标

魔法师：小魔女，你知道吗？在开始制作网页前，我们要先理清制作的思路，以减轻后期的工作量，提高工作的效率。

小魔女：那我应该从哪些方面入手呢？

魔法师：呵呵，这个简单，只要你按照我之前给你介绍的方法，对网站进行定位，收集网站需要制作的素材，然后划分每一个部分的内容即可。

小魔女：好呀。我准备制作一个装饰网站，并确定其名字为“美乐装饰”。我将划分网站页面的最上方为网站Logo和导航条，其下为Flash广告，下方左侧为公司的分布图和联系信息，右侧为网站各部分的展示信息，包括最新动态、装修案例和产品展示等部分，最下方是版权信息区，其最终效果如图15-1所示（光盘:\效果\第15章\mldecorate\index.html）。

图15-1 最终效果

15.2　案例分析

魔法师：小魔女，你准备怎样制作呢？能给我说说你的制作流程吗？

小魔女：嗯，我决定以古典装饰风格为主，将网站色调设置为深褐色，并且为了更加符合网站古典风格，将采用稍淡的颜色进行搭配，然后再对网站的框架进行构思。在制作时首先需创建站点，将素材文件复制到其中，然后制作网页模板，最后根据模板新建页面，其流程如图15-2所示。

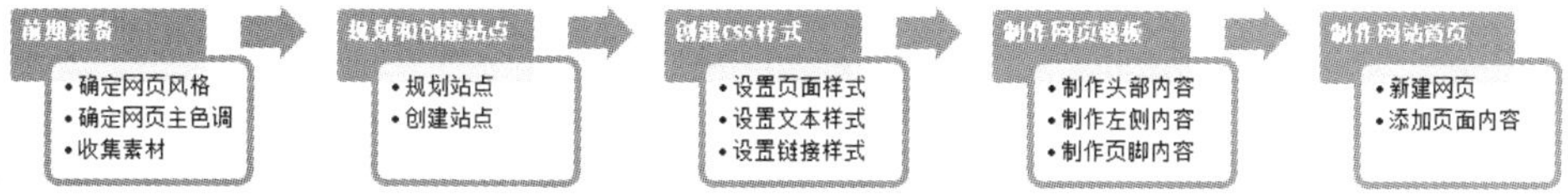

图15-2　制作分析

15.3　制作过程

魔法师：小魔女，看了你的案例分析，我觉得你的思路很清晰，很不错！那你能给我说说你详细的网页制作过程吗？

小魔女：好的，主要分为规划和创建站点、设置CSS样式、创建网页模板和创建首页4个部分，下面我就先规划和创建站点。

15.3.1　规划和创建站点

为了更好地对网站的内容进行管理，在制作网页前需要先创建一个文件夹用于保存网站的内容，然后再创建一个站点，其具体操作如下：

步骤 01 启动Dreamweaver CS6，选择【站点】/【新建站点】命令，在打开的对话框中的“站点名称”文本框中输入“mldecorate”，在“本地站点文件夹”文本框中输入“D:\mldecorate\”，如图15-3所示。

步骤 02 单击 保存 按钮，系统自动在设置的路径下新建站点文件夹并在Dreamweaver中的“本地文件”面板中显示其结构，如图15-4所示。

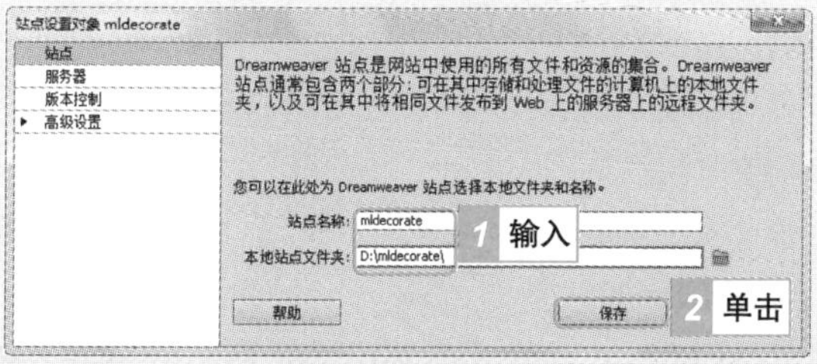

图15-3　新建站点

图15-4　查看站点文件夹

15.3.2 设置CSS样式

在创建网页文件时，为了使页面中的文本、图像等对象更加美观，可为网站定义CSS样式，其具体操作如下：

步骤 01 选择【文件】/【新建】命令，打开“新建文档”对话框，选择“空白页”选项卡，在“页面类型”列表框中选择CSS选项，如图15-5所示。

步骤 02 单击 创建(R) 按钮，系统自动新建一个名为Untitled的CSS文件。

步骤 03 选择【窗口】/【CSS样式】命令，打开“CSS样式”面板，单击“新建CSS规则”按钮，打开“新建CSS规则”对话框。

步骤 04 在“选择器类型”下拉列表框中选择“标签（重新定义HTML元素）”选项，在“选择器名称”下拉列表框中选择td选项，如图15-6所示。

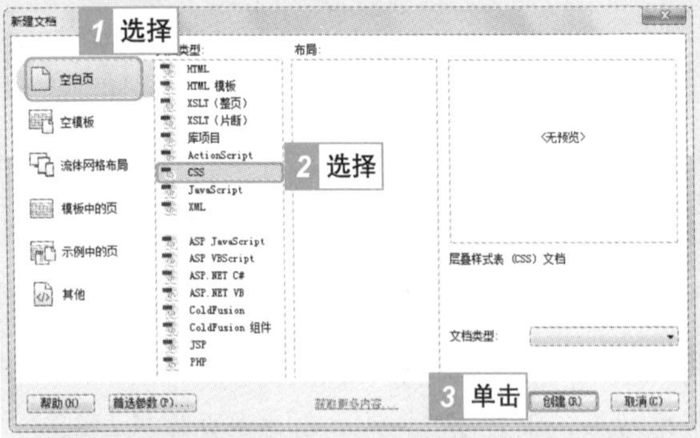

图15-5 新建CSS文件

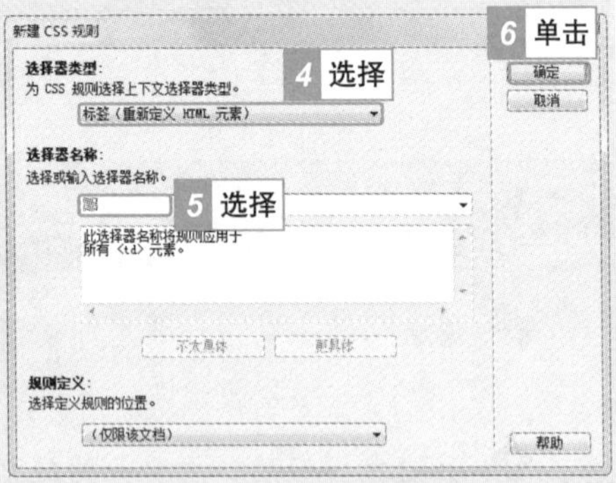

图15-6 新建CSS规则

步骤 05 单击 确定 按钮，打开“td 的CSS规则定义”对话框，在Font-size下拉列表框中选择12选项，如图15-7所示。

步骤 06 单击 确定 按钮，返回CSS文件中可查看新建的CSS样式，如图15-8所示。

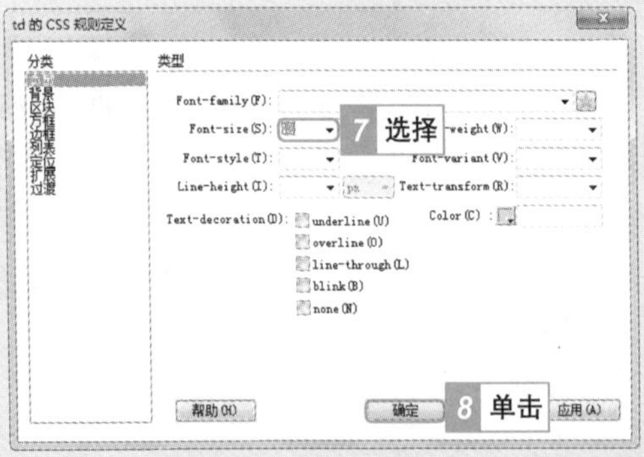

图15-7 设置td的样式

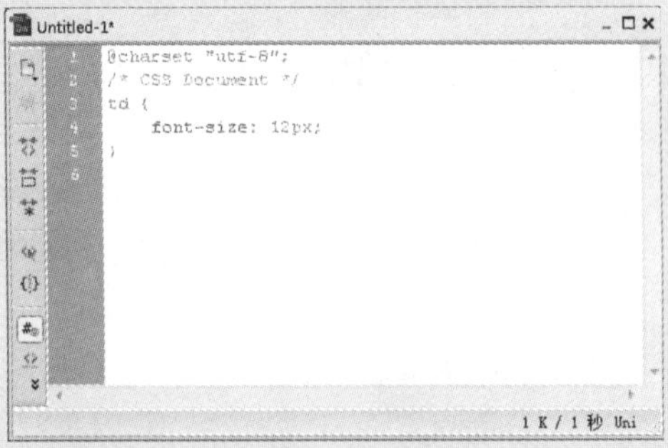

图15-8 查看CSS样式

步骤 07 使用相同的方法重新定义table的CSS样式，设置其Font-size属性的值为12px，Color属性的值为 #ffcc99。

步骤 08 单击“新建CSS规则”按钮，打开“新建CSS规则”对话框，在“选择器类型”下拉列表框中选择“复合内容（基于选择的内容）”选项，在“选择器名称”下拉列表框中选择a:link选项，如图15-9所示。

步骤 09 单击 确定 按钮，打开“a:link的CSS规则定义”对话框，在Font-size下拉列表框中选择12选项，在Color文本框中输入“#704e0e”，选中 none(N) 复选框，如图15-10所示。

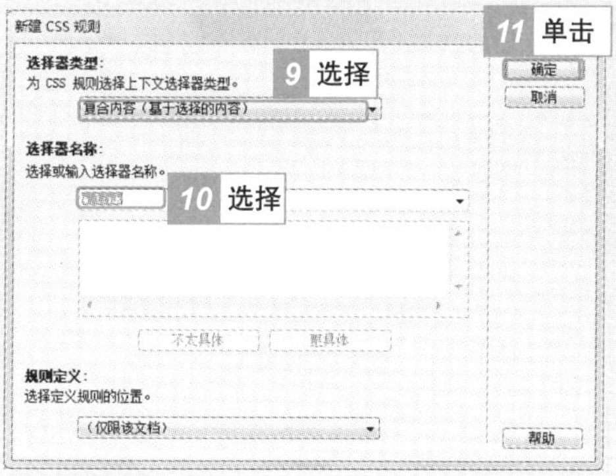

图15-9 新建a:link的CSS样式

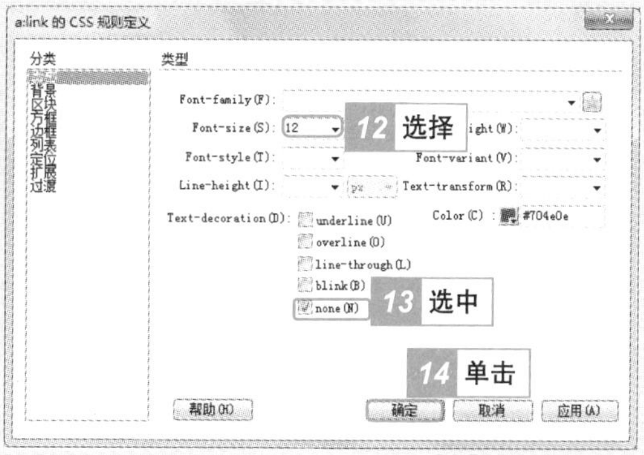

图15-10 设置a:link的样式

步骤 10 单击 确定 按钮，返回CSS文件中可查看新建的CSS样式。使用相同的方法新建基于复合内容的a:visited、a:hover和a:active的CSS样式，其CSS样式如图15-11所示。

步骤 11 在“CSS面板”中单击“新建CSS规则”按钮，打开“新建CSS规则”对话框，在“选择器类型”下拉列表框中选择“类（可应用于任何 HTML 元素）”选项，在“选择器名称”下拉列表框中输入“p”，单击 确定 按钮，如图15-12所示。

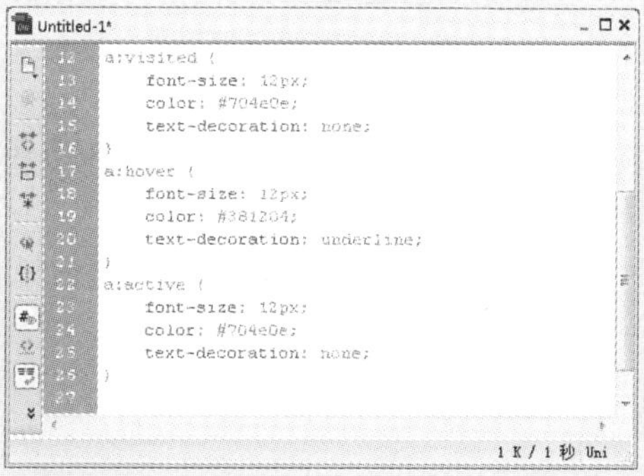

图15-11 新建其他基于复合内容的CSS样式

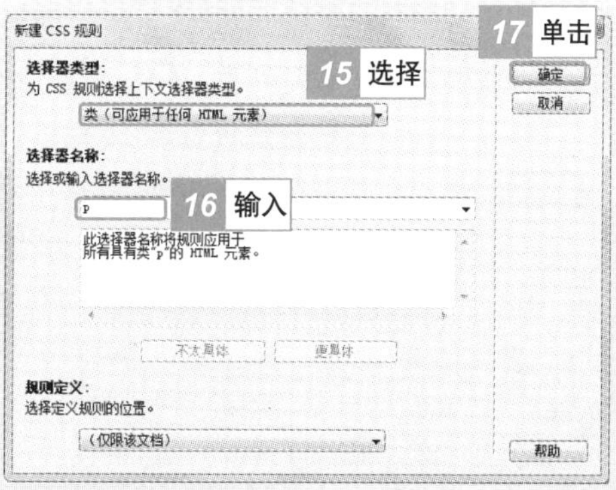

图15-12 新建p的CSS样式

步骤 12 在打开的对话框中单击 是(Y) 按钮，打开“.p的CSS规则定义”对话框，在其中设置Color的值为#867042，然后选择“区块”选项卡。

步骤 13 在Word-spacing下拉列表框中选择“（值）”选项，并在其中输入“2”，在后方的下拉列表框中选择px选项。

步骤 14 使用相同的方法设置Letter-spacing的值为2px，然后在Vertical-align下拉列表框中输入“80”，如图15-13所示。

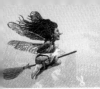

步骤 15 使用相同的方法新建welcome类CSS样式，设置其Font-size属性的值为12px，Color属性的值为#ffcc99，如图15-14所示。

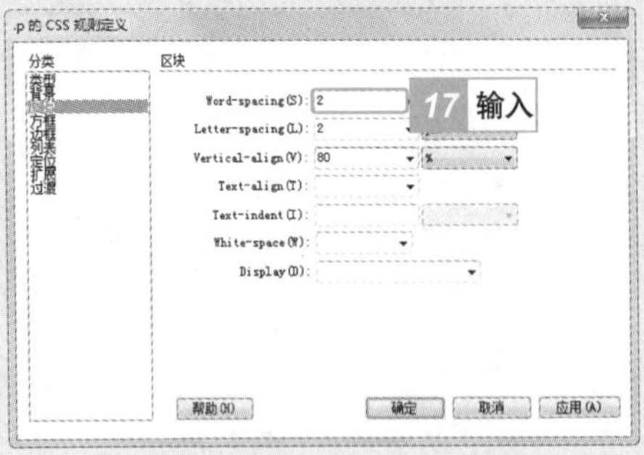

图15-13 设置CSS样式的属性

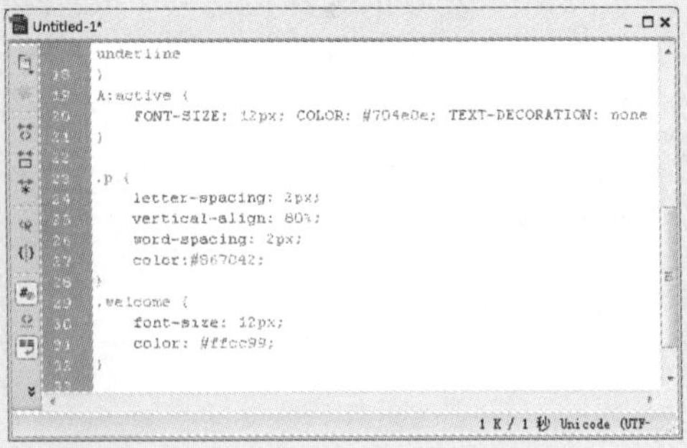

图15-14 查看新建的CSS样式

步骤 16 选择【文件】/【保存】命令，在打开的对话框中将CSS文件保存到站点根目录下，并将其命名为style.css。

15.3.3 创建网页模板

由于同一个网站中的页面风格、样式都基本相同，在制作网站时，可先将网站中每个页面都需要使用的内容制作出来，如网页标题、导航部分等，然后将该页面制作为模板，再根据模板文件新建其他的页面。下面将制作网页模板，其具体操作如下：

步骤 01 选择【文件】/【新建】命令，在打开对话框的左侧选择“空模板”选项卡，在“模板类型”列表框中选择“HTML模板”选项，在“布局”列表框中选择“无”选项，单击 创建(R) 按钮新建空白模板，如图15-15所示。

步骤 02 选择【文件】/【保存】命令，在打开的提示对话框中单击 确定 按钮，打开“另存模板”对话框。

步骤 03 在“站点”下拉列表框中选择mldecorate选项，在“另存为”文本框中输入“template”，如图15-16所示。

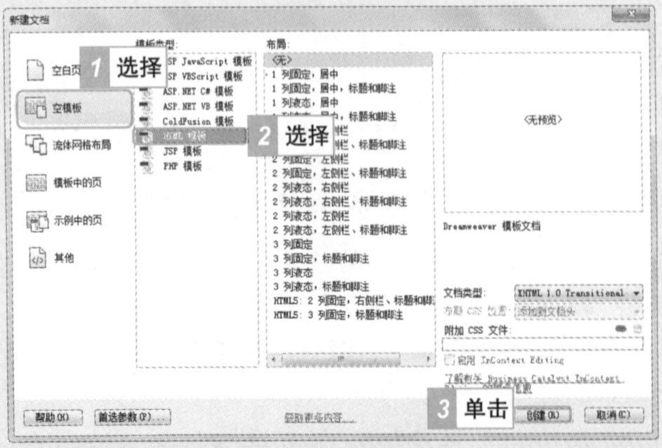

图15-15 新建空白模板

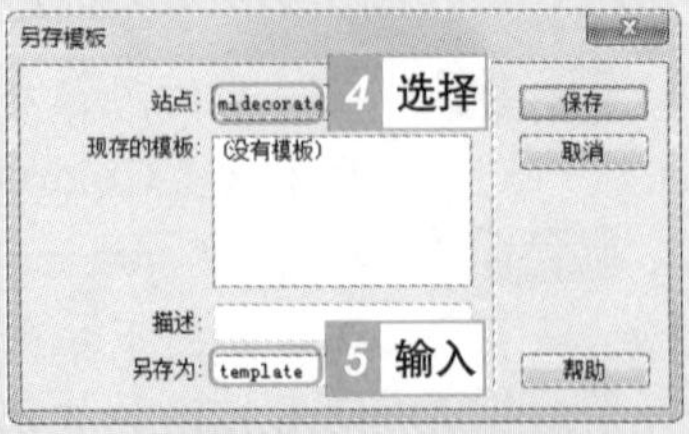

图15-16 保存模板

步骤 04　按【Ctrl+J】组合键打开“页面属性”对话框，在“背景图像”文本框中输入背景图像所在的路径（光盘:\素材\第15章\mldecorate\image\t_bg.gif），在“重复”下拉列表框中选择repeat选项，如图15-17所示。

步骤 05　单击 确定 按钮，返回网页中选择【插入】/【表格】命令，在打开的对话框中设置行数为3，列数为1，表格宽度为766像素，如图15-18所示。

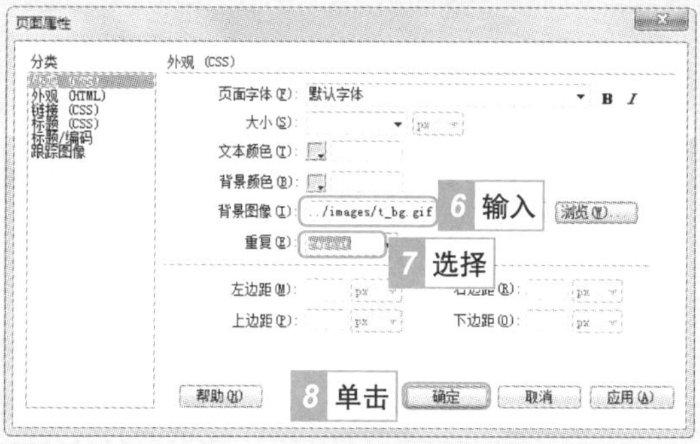

图15-17　设置页面属性

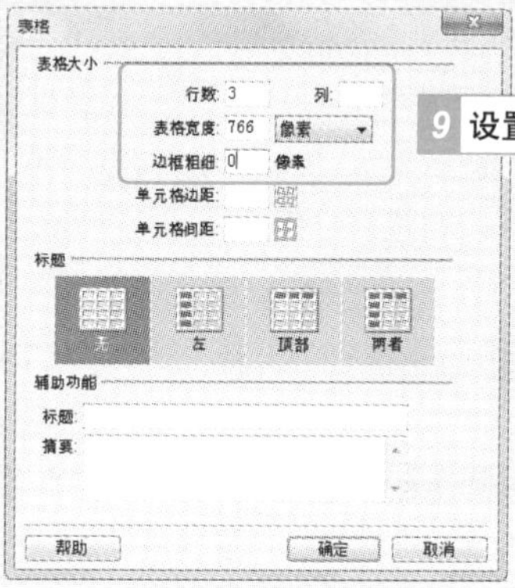

图15-18　插入表格

步骤 06　设置表格为居中对齐，在第1行中插入一个5行1列，宽度为100%，边框粗细为0的表格，如图15-19所示。

步骤 07　将鼠标光标定位到插入表格的第1行中，单击鼠标右键，在弹出的快捷菜单中选择【表格】/【拆分单元格】命令。

步骤 08　在打开的对话框中选中 ◉列(C) 单选按钮，在“列数”数值框中输入“2”，如图15-20所示。

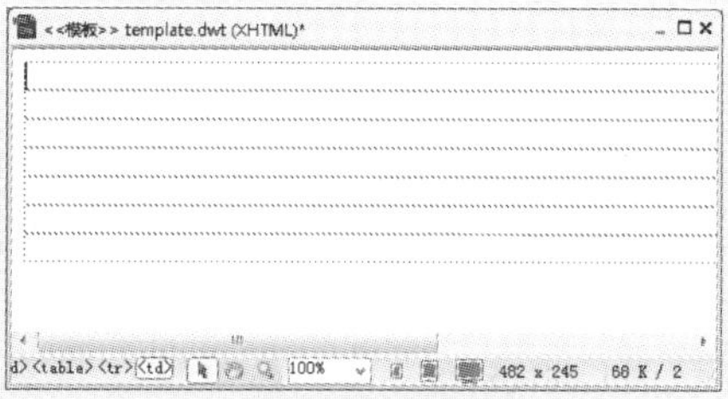

图15-19　插入表格

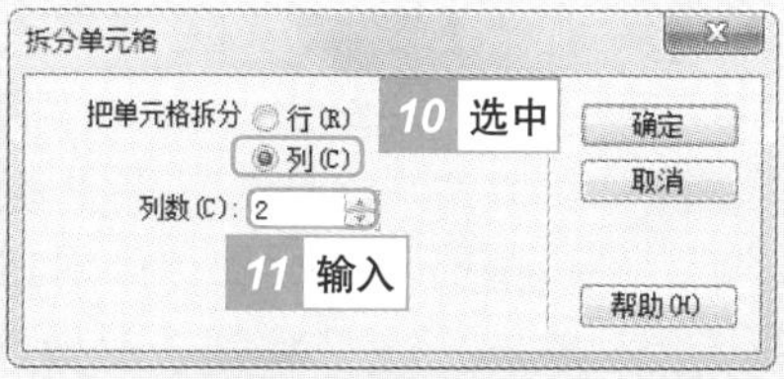

图15-20　拆分单元格

步骤 09　在“属性”面板中分别设置单元格的宽度为173和593，然后将鼠标光标定位到插入的第1列单元格中，选择【插入】/【图像】命令，打开“选择图像源文件”对话框。

步骤 10　在其中选择需要插入的图像logo1.jpg（光盘:\素材\第15章\mldecorate\iamge\logo1.jpg），单击 确定 按钮，如图15-21所示。

步骤 11　切换到代码视图，将鼠标光标定位到第2列单元格中，输入代码“background="../images/t_01.jpg"”，设置单元格的背景图像为t_01.jpg（光盘:\素材\第15章\mldecorate\iamge\t_01.jpg），如图15-22所示。

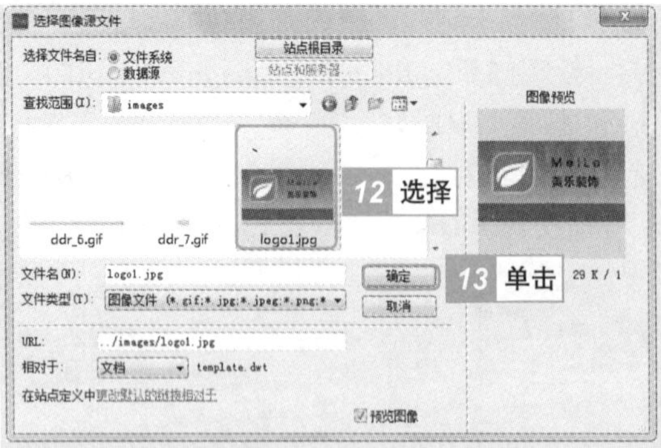

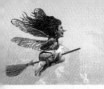

图15-21 选择图像源文件

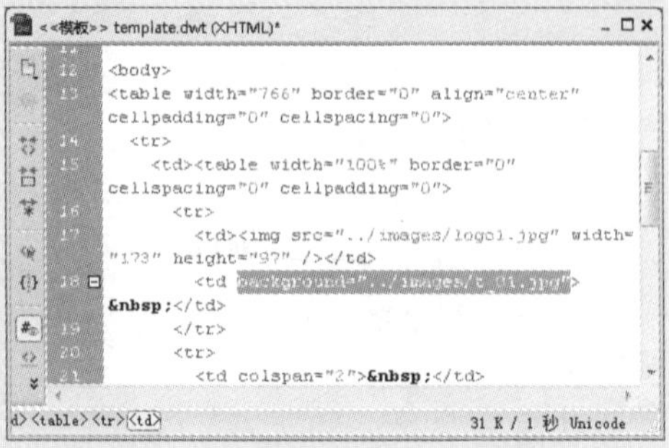

图15-22 设置单元格的背景图像

步骤 12 将鼠标光标定位到该单元格中，插入一个3行1列的表格，在“属性”面板中设置第1行的高度为40，第2行的高度为29。

步骤 13 将鼠标光标定位到第2行中，选择【插入】/【布局对象】/【Div 标签】命令，在其中插入一个Div标签，设置其对齐方式为“居中对齐”，然后在其中输入如图15-23所示的文本。

图15-23 插入Div标签并输入文本

步骤 14 分别选择“设为首页”、“企业邮箱”、“产品管理”和“联系我们”文本，在其对应的“属性”面板的“链接”下拉列表框中输入“#”，设置超链接。

步骤 15 选择【窗口】/【CSS样式】命令，打开“CSS 样式”面板，单击“附加样式表”按钮，打开“链接外部样式表”对话框。

步骤 16 在“文件/URL”文本框中输入需要链接的CSS样式文件的路径，选中 ◉链接(L)单选按钮，如图15-24所示。

步骤 17 单击 确定 按钮，返回网页自动链接CSS样式文件，此时可看到单元格中的文本都应用了相应的样式，效果如图15-25所示。

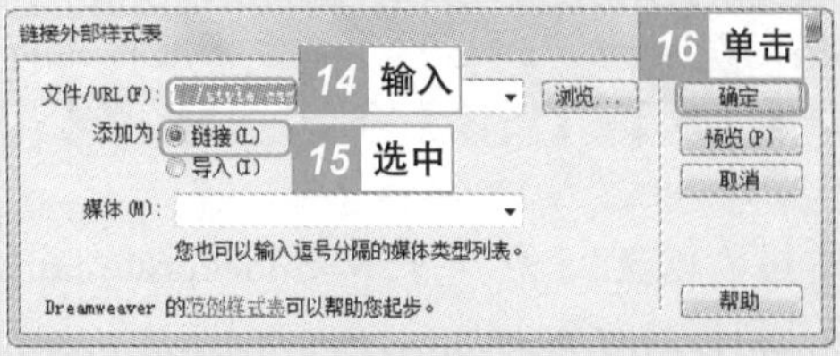

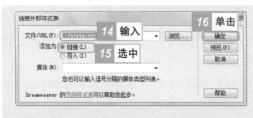

图15-24 链接外部CSS样式

图15-25 查看应用样式后的效果

步骤 18 将鼠标光标定位到第3行中，插入一个Div标签，设置其为“居中对齐”，然后输入文本“欢迎来到美乐装饰有限公司，希望我们公司的产品能符合您的心意！祝你生活愉快！”。

步骤 19 在该单元格中单击鼠标右键，在弹出的快捷菜单中选择【CSS样式】/【welcome】命令，为文本应用定义的CSS样式，其效果如图15-26所示。

图15-26　应用CSS样式

步骤 20 将鼠标光标定位到下一行，插入一个1行3列的表格，然后在代码视图中定位鼠标光标到该表格中，输入代码“bgcolor="#d5c4a3" height="36"”，设置表格的背景颜色和高度。

步骤 21 设置第1列和第3列的宽度为48，并分别在其中插入t_03.gif和t_04.gif图像（光盘:\素材\第15章\mldecorate\iamge\t_03.gif、t_04.gif）。

步骤 22 在第2列中插入一个Div标签，输入文本，并设置其链接为#，效果如图15-27所示。

图15-27　设置超链接

步骤 23 将鼠标光标定位到下一行，设置其背景图像为t_01.gif（光盘:\素材\mldecorate\iamge\t_01.gif），高度为5，并删除其对应的代码视图中的“ ”代码，使高度属性设置生效。

步骤 24 将鼠标光标定位到下一行，设置对齐方式为“居中对齐”，背景颜色为#d5c4a3，然后选择【插入】/【媒体】/【SWF】命令，打开“选择SWF”对话框。

步骤 25 在其中选择需要插入的SWF文件（光盘:\素材\第15章\mldecorate\iamge\banner.swf），单击 确定 按钮，如图15-28所示。

步骤 26 使用相同的方法在SWF文件的下一行中设置其背景图像为t_01.gif，高度为5，效果如图15-29所示。

图15-28　“选择SWF”对话框

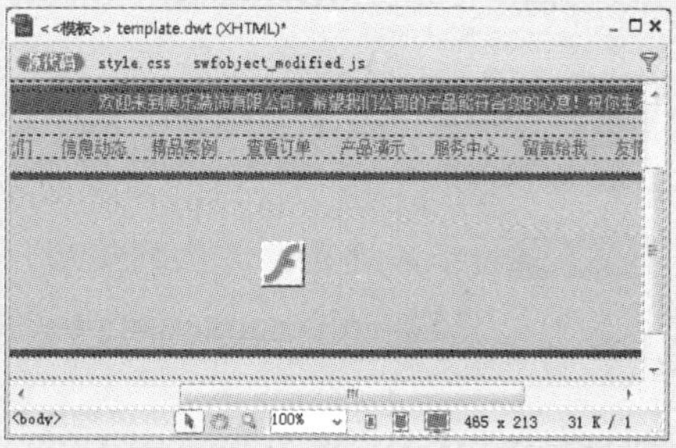

图15-29　查看效果

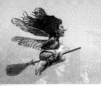

步骤 27 将鼠标光标定位到下一行，插入一个2行2列的表格，设置对齐方式为“居中对齐”，背景颜色为#f7e7d6，第1列的宽度为235，第2列的宽度为531。

步骤 28 在表格的第2行中插入一个6行1列，宽度为100%的表格，然后在该表格的第1行中插入一个1行1列，宽度为98%的表格，再设置表格的对齐方式为“居中对齐”，在该表格中再插入一个3行1列，宽度为98%的表格。

步骤 29 设置表格的对齐方式为“居中对齐”，设置插入表格的第1行背景图像为ddr_1.gif（光盘:\素材\第15章\mldecorate\iamge\ddr_1.gif），第3行背景图像为ddr_6.gif（光盘:\素材\第15章\mldecorate\iamge\ddr_6.gif），高度为2。

步骤 30 将第2行拆分为3列，设置第1列和第3列的背景图像为ddr_4.gif（光盘:\素材\第15章\mldecorate\iamge\ddr_4.gif），宽度为2。

步骤 31 在第2列中插入一个3行1列，宽度为100%的表格，设置其为居中对齐。

步骤 32 设置第1行的背景图像为t_titlebg.gif（光盘:\素材\第15章\mldecorate\iamge\t_titlebg.gif），高度为21，插入图像title03.gif（光盘:\素材\第15章\mldecorate\iamge\title03.gif）。

步骤 33 设置第2行的背景图片为ddr_1.gif，高度为2，然后在第3行中插入图像photo_01.gif（光盘:\素材\第15章\mldecorate\iamge\photo_01.gif），完成后的效果如图15-30所示。

步骤 34 使用类似的方法设置第3行和第5行中的内容，并为表格中的文字应用p CSS样式，其效果如图15-31和图15-32所示。

图15-30 第1行效果

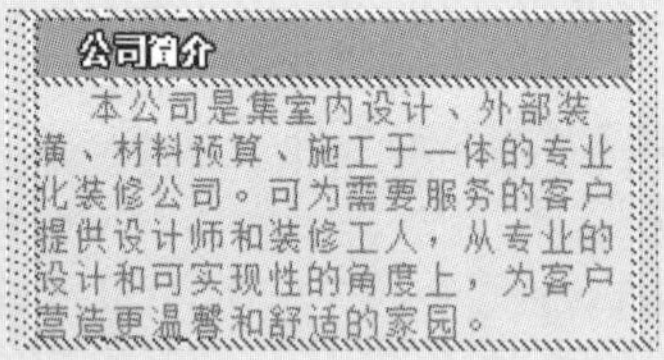

图15-31 第3行效果

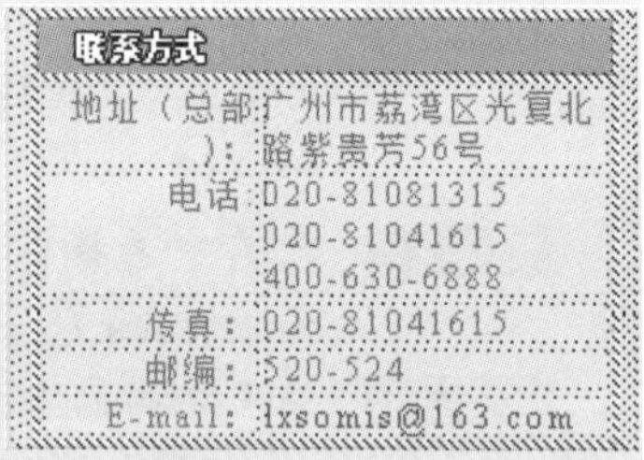

图15-32 第5行效果

步骤 35 将鼠标光标定位到右侧的第2行中，选择【插入】/【模板对象】/【可编辑区域】命令，打开“新建可编辑区域”对话框。

步骤 36 在“新建可编辑区域”对话框中的“名称”文本框中输入“content”，单击 确定 按钮，如图15-33所示。

步骤 37 将鼠标光标定位到最后1行，设置其背景图像为t_footer.jpg（光盘:\素材\第15章\mldecorate\iamge\t_footer.jpg），然后在其中添加版权信息，其效果如图15-34所示。

步骤 38 返回网页文档，按【Ctrl+S】组合键保存模板，完成制作。

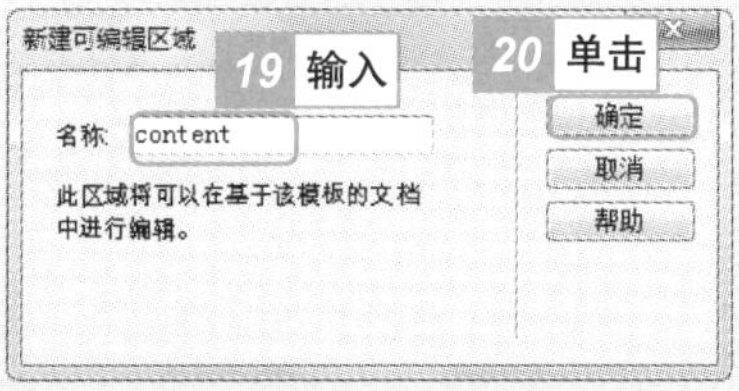

图15-33　新建可编辑区域

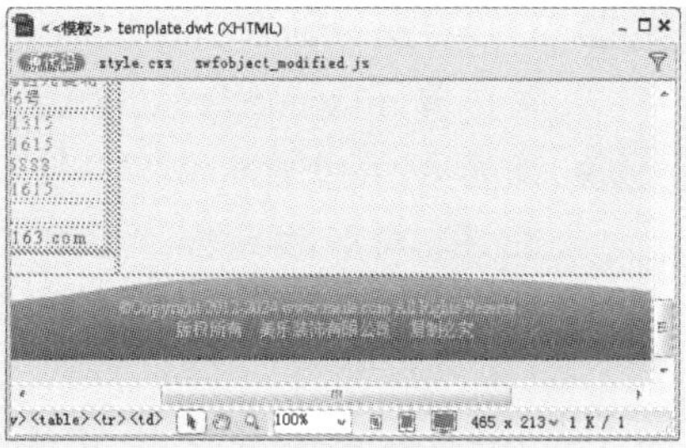

图15-34　设置页面底部

15.3.4　创建首页

当用户创建好网页模板以后，就可以通过模板创建网页文档了。下面将通过模板文档创建网站的首页，其具体操作如下：

步骤 01　选择【文件】/【新建】命令，打开“新建文档”对话框。在其中选择“模板中的页”选项卡，在“站点”列表框中选择mldecorate选项，然后在右侧的列表框中选择所需的模板，如图15-35所示。

步骤 02　单击 创建(R) 按钮，通过模板创建的新网页将出现在窗口中，网页文档中模板部分除可编辑区域外是不可编辑的，如图15-36所示。

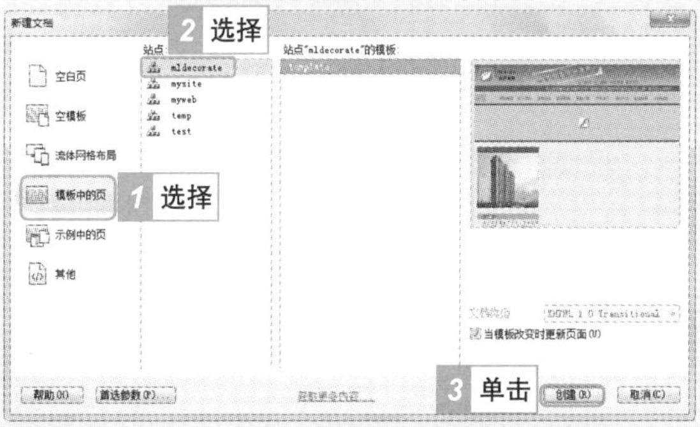

图15-35　创建模版中的页

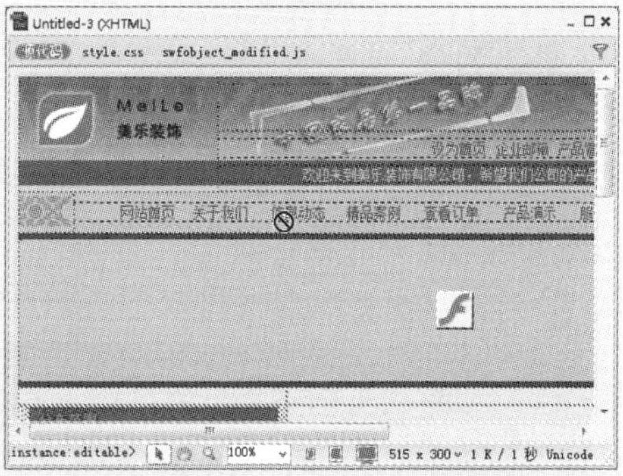

图15-36　查看新建的网页

步骤 03　选择【文件】/【保存】命令，在打开的对话框中保存网页到站点根目录下，并将其命名为index.html。

步骤 04　将鼠标光标定位到模板中的可编辑区，删除可编辑区中的文本，选择【插入】/【表格】命令，在打开的对话框中设置表格的属性，如图15-37所示。

步骤 05　将鼠标光标定位到插入表格中的第1行，插入一个1行1列，宽度为100%的表格。

步骤 06　在第1行和第3行中插入Div标签，分别设置其背景图像为ddr_1.gif和ddr_6.gif，且将其高度都设置为4。

步骤 07　在第2行中插入一个3行1列，宽度为100%的表格，设置第1行的背景图片为t_titlebg.gif（光盘:\素材\第15章\mldecorate\iamge\t_titlebg.gif）。

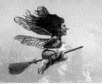

步骤 08 将该行拆分为2列，设置第1列宽度为86%。插入图像title06.gif（光盘:\素材\第15章\mldecorate\iamge\title06.gif），设置其对齐方式为“左对齐”。

步骤 09 设置第2列宽度为14%，插入一个Div标签，为其应用welcome CSS样式，并设置其对齐方式为“居中对齐”，然后在其中输入文本“更多...”，其效果如图15-38所示。

图15-37 插入表格

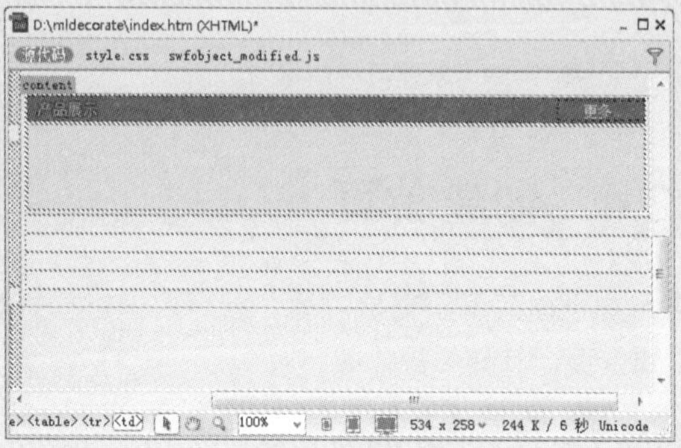

图15-38 插入图片

步骤 10 设置第2行的背景颜色为#ffffff，高度为2，在第3行中插入图像photo_02.gif（光盘:\素材\第15章\mldecorate\iamge\photo_02.gif），完成“产品展示”模块的设计，其效果如图15-39所示。

步骤 11 使用相同的方法在其中设计“最新动态”和“装修案例”模块，其效果如图15-40所示。

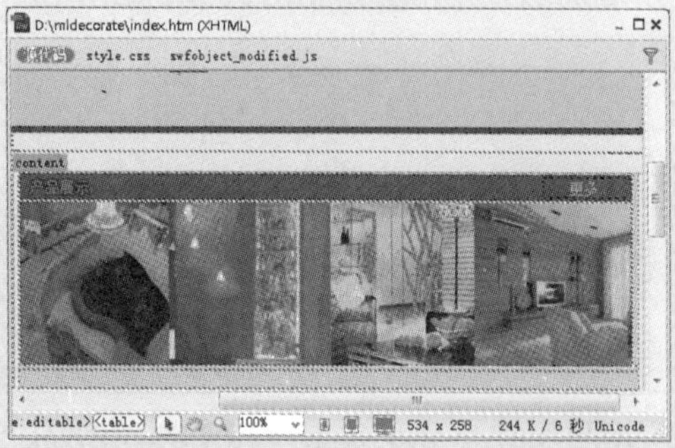

图15-39 查看“产品展示”模块的效果

图15-40 查看其他模块的效果

魔法档案——设置文本字体颜色

在设计“最新动态”和“装修案例”的过程中，用户可根据喜好重新设置文本的颜色，如本例设置为#8c5d08和#666666。除了可通过CSS样式来定义外，也可在需要设置字体样式的文本之间添加<font></font>标签，如<font color=#666666>……</font>表示文本颜色为#666666。

步骤 12 完成以上操作后，选择【插入】/【布局对象】/【AP Div】命令，网页中插入一个AP Div标签，并将其拖动到合适的位置，如图15-41所示。

步骤 13　在AP Div中插入图像active1.jpg（光盘:\素材\第15章\mldecorate\iamge\active1.jpg），并通过鼠标调整图片与AP Div的大小，效果如图15-42所示。

图15-41　插入AP Div

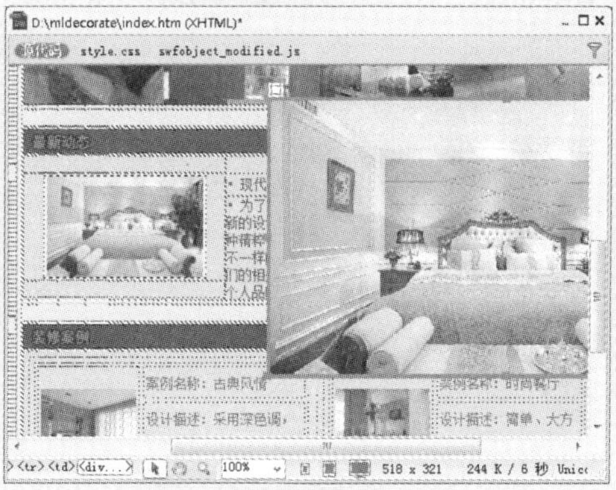

图15-42　在AP Div中插入图像

步骤 14　在AP Div“属性”面板的“可见性”下拉列表框中选择hidden选项，使该AP Div标签默认呈隐藏状态。

步骤 15　选择AP Div左侧的图片，选择【窗口】/【行为】命令，打开“行为”面板。

步骤 16　在“行为”面板中单击“添加事件”按钮+，在弹出的列表框中选择“显示-隐藏元素”选项。

步骤 17　打开“显示-隐藏元素”对话框，在“元素”列表框中选择div"apDiv2"选项，单击显示按钮，此时div"apDiv2"选项变为“div"apDiv2"（显示）”选项，如图15-43所示。

步骤 18　单击确定按钮，返回文档，再次在“行为”面板中单击“添加事件”按钮+，在弹出的列表框中选择“显示-隐藏元素”选项。

步骤 19　打开“显示-隐藏元素”对话框，在“元素”列表框中选择div"apDiv2"选项，单击隐藏按钮，此时div"apDiv2"选项变为“div"apDiv2"（隐藏）”选项，如图15-44所示。

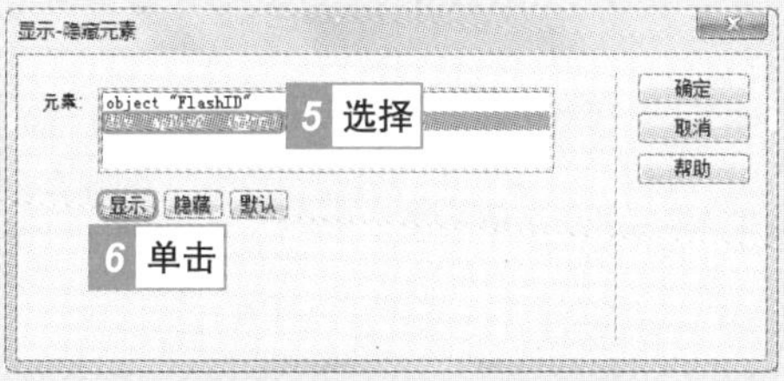

图15-43　设置AP Div的显示

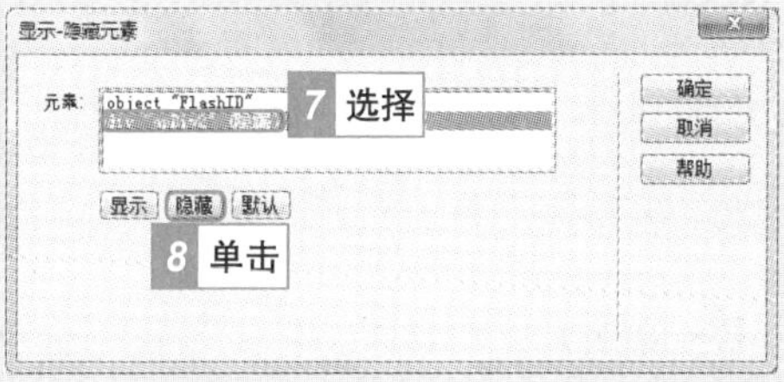

图15-44　设置AP Div的隐藏

步骤 20　在“行为”面板中双击第1个事件，激活该下拉列表框并在其中选择onMouseOver选项，双击第2个事件，在其下拉列表框中选择onMouseOut选项，如图15-45所示。

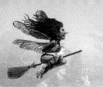

步骤 21 使用相同的方法在网页中再添加两个AP Div，在其中分别插入图像为anlie1.jpg和anlie2.jpg（光盘:\素材\第15章\mldecorate\iamge\anlie1.jpg、anlie2.jpg），如图15-46所示。

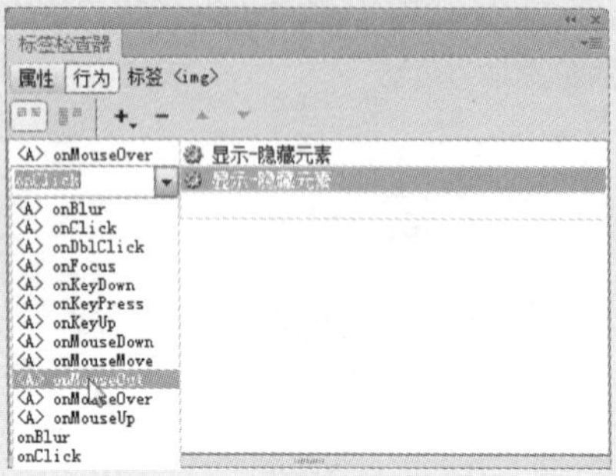

图15-45 修改触发事件

图15-46 插入其他AP Div

步骤 22 然后使用相同的方法设置这两个AP Div的显示与隐藏，设置完成后，当将鼠标放在左侧的图像上时，AP Div中的图像被显示；当移开鼠标时，AP Div中的图像则被隐藏，其效果如图15-47所示。

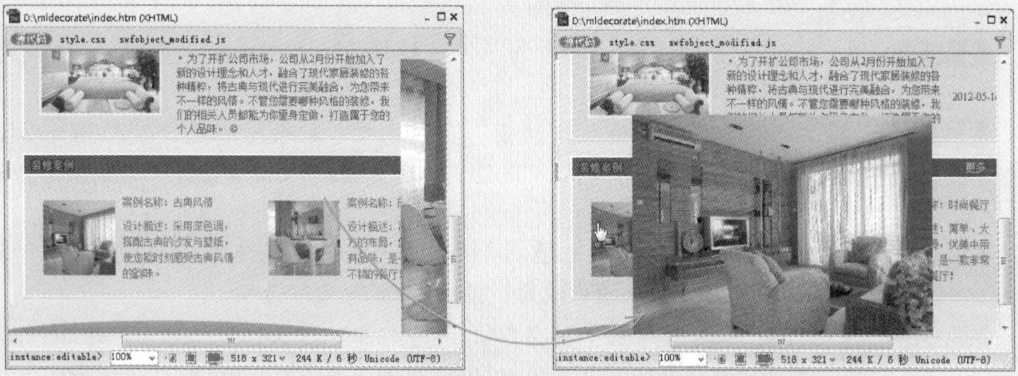

图15-47 查看效果

步骤 23 按【Ctrl+S】组合键保存网页，在浏览器中预览制作完成后的效果。

15.4 本章小结——网页制作总结

魔法师：小魔女，你觉得我们制作的网页效果怎么样？

小魔女：嗯，真是太漂亮了！真不敢相信这是我自己制作的网页！

魔法师：呵呵，只要掌握了前面讲解的知识并合理利用，制作出漂亮的网页可不是难事！但千万不要自满，要时刻总结和学习，提高制作网页的能力。

第1招：提高制作网站的效率

掌握了制作网站的方法后，还需要多练习并总结制作网页的经验，提高自己制作网页的效率。一般来说，可从以下几个方面着手：

- 分类管理素材，通过资源管理器合理管理并使用素材，提高素材的使用率。
- 独立保存各类CSS、JavaScript代码，当需要使用时可直接调用。
- 总结在制作网页过程中遇到的问题，将其解决方法进行记录并保存，当再次遇到时可迅速处理。
- 学习优秀网页制作者制作网页的经验，扩充自己的知识。
- 多与其他网页设计者进行交流，探讨网页制作的方法，增强自己的能力。

第2招：在模板中设置超链接

当用户制作完模板和其他网页后，只需在模板中对需要设置的链接进行修改，不需要在每个页面中设置相同的链接属性，选择使用可提高自己的工作效率。

第3招：网页与浏览器不兼容的解决方法

在不同的浏览器中浏览制作的网页时，可能会发生网页跨浏览器不兼容的问题。产生该问题主要是由于CSS文件和JavaScript并不能实现支持每个浏览器的功能，因此，当出现该问题时，用户应修改CSS和JavaScript代码。如果用户对CSS和JavaScript并不熟练，可在网络中查找关于网页与浏览器兼容性的教程和手册，以解决问题。

15.5　过关练习

（1）根据提供的素材文件（光盘:\素材\第15章\sun\）新建模板网页和CSS文件，然后在其基础上创建网页，其效果如图15-48所示（光盘:\效果\第15章\sun\index.html）。

图15-48　网页效果

（2）新建一个空白网页模板，根据素材文件（光盘:\素材\第15章\lianxi\）编辑网页模板，并根据模板创建网页，制作完成后的效果如图15-49所示（光盘:\效果\第15章\lianxi\index.html）。

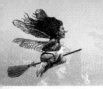

图15-49 网页效果